家具制造工艺

■陶　涛　主编■陈星艳　高　伟　副主编■邓背阶　主审

化学工业出版社

·北京·

本书编写人员名单

主　　编： 陶　涛

副 主 编： 陈星艳　高　伟

主　　审： 邓背阶

企业顾问： 华日家具董事长　周天堂

宜华木业总经理　吴华东

参编人员：（按姓氏拼音排序）

曹上秋　陈飞健　陈　瑶　杜洪双　郭颖艳　何中华　黄及新

黎明仕　李　慷　刘雪梅　娄军委　马　涛　毛　慧　倪长雨

申丽娟　孙德彬　王明刚　王闻杰　王喜爱　闫丹婷　杨垂幼

杨凌云　张　萍　钟　玲

图书在版编目（CIP）数据

家具制造工艺/陶涛主编．—2版．—北京：化学工业出版社，2011.1（2017.9重印）

ISBN 978-7-122-10143-3

Ⅰ．家… Ⅱ．陶… Ⅲ．家具-生产工艺 Ⅳ．TS664.05

中国版本图书馆CIP数据核字（2010）第247902号

责任编辑：王　斌　　　　文字编辑：冯国庆

责任校对：陈　静　　　　装帧设计：刘丽华

出版发行：化学工业出版社（北京市东城区青年湖南街13号　邮政编码100011）

印　　装：北京盛通商印快线网络科技有限公司

787mm×1092mm　1/16　印张18¼　字数496千字　　2017年9月北京第2版第5次印刷

购书咨询：010-64518888　　　　售后服务：010-64518899

网　　址：http://www.cip.com.cn

凡购买本书，如有缺损质量问题，本社销售中心负责调换。

定　　价：56.00元

第二版前言

FOREWORD

我国家具制造产业经过改革开放三十多年的不断进步，特别是加入世界贸易组织近十年来的跨越式发展，现已成为世界家具生产与家具出口第一大国，从业人数与企业数量均居世界首位。中国现已成为世界家具生产制造与流通的中心。然而，当前我国家具制造产业面临着前所未有的严峻考验与巨大挑战：人民币不断升值，原材料价格上涨，劳动力成本攀升，全球性经济衰退及西方国家需求锐减等。为加快科学发展步伐，我国家具产业推进结构调整与产业升级的各项工作已全面展开，家具制造业正努力加速由传统手工业生产方式向集系统化、柔性化、信息化、自动化、装备现代化于一体的现代先进制造工业迈进。从这一紧迫的产业要求出发，为了满足家具制造工艺课程的教学要求，在本书第一版取得丰硕成果、经验及优势的基础上，通过结合近几年来广大读者、学术界及企业界对本书第一版的中肯建议，同时着力于以信息技术、自动控制技术、柔性化制造技术在家具制造中的应用为切入点，我们特别组织了部分高校与企业合作编写了本书。

本书在继承传统家具制造工艺精华的基础上，注入了信息化时代背景下现代家具制造的新技术、新工艺、新思路，全面、系统地反映了现代家具制造工业的先进水平与发展方向。本书以现代家具制造工艺流程为主线，系统介绍了家具机械加工工艺基础、配料工艺、实木零部件制造工艺、板式零部件制造工艺、弯曲件制造工艺、雕刻工艺、家具表面装饰工艺、家具装配工艺、软体家具制造工艺、竹藤家具制造工艺、金属家具制造工艺、工艺设计等内容，全书共12章，其中，本书有关雕刻、装配、软体家具制造工艺等内容，与同类书籍相比更为系统完整，具有独特风格。作为课后练习，每章后均附有与课程内容紧密相关的思考题。全书理论密切联系生产实际，视野开阔，深入浅出，图文并茂，便于掌握。本书不仅可作为高等院校和高职高专工业设计、环境艺术设计、木材科学与工程、建筑设计、园林工程等专业的教材，还可供广大家具设计与制造相关专业的教育工作者、家具企业的工程技术与管理人员及业余爱好者作为学习参考资料。

本书由中南林业科技大学木材科学与技术国家重点学科陶涛担任主编，由中南林业科技大学陈星艳，广西大学高伟担任副主编，我国现代家具设计与制造专业的主要创始人邓背阶教授担任主审。其中，第1～5章、第6章6.1～6.3节、第8、9章由陶涛主持编写，第7章7.1和7.2节、第10～12章由陈星艳主持编写，第6章6.4节、第7章7.3节和7.4节由高伟主持编写，赵强参与了第10～12章后期图文处理工作。全书由陶涛统稿和修改。

本书与化学工业出版社近期计划出版的《家具设计与开发》（第二版）、《高端家具销售实战宝典》两本书为配套教材，目的是将家具设计、制造与销售融合为一个有机整体，以实现三者的无缝对接，促进家具教育与产业的和谐发展。参与本套教材编写的人员有华东交通大学钟玲，北华大学杜洪双，中南林业科技大学孙德彬、倪长雨，浙江工程学院申丽娟，惠州学院张萍，浙江工商职业技术学院娄军委，烟台大学马涛，深圳技工学校陈飞健，华南农业大学何中华，景德镇陶瓷学院曹上秋，温州高等职业技术学院陈瑶，湖南工程学院刘雪梅，长江师范学院闫丹婷，长春工程学院宋杏爽；在编写过程中还得到了华日家具实业集团周天堂董事长，宜华木业股份有限公司吴华东总经理，美盈家具集团黎明仕总监，仁豪家具集团王闻杰总监，富尔康家具集团杨垂幼总监等家具企业界领导和朋友们的热情帮助与大力支持。在此，特表示衷心感谢！

家具制造工艺将与时俱进、不断完善，本书仅起抛砖引玉作用，将会有更多更好的作品问世。限于编著者的水平和经验，书中的不足之处在所难免，恳请广大读者予以批评指正，不胜感谢。

作者

2010 年 10 月 26 日于中南林业科技大学雅林园

第一版前言

FOREWORD

中国家具制造业经过改革开放20多年来的强势发展，已从传统手工作业的生产方式发展成为集系统化、柔性化、标准化、装备现代化生产方式于一体的制造工业，现从业人数和企业数量均居世界首位。中国现已成为世界家具生产制造与流通的中心。

家具生产在逐步从传统的手工作业走向工业化、自动化、数字化的过程中，形成了独具特色的生产方式与制造技术。为了满足家具制造技术课程的教学要求，我们特别组织了部分高校和企业合作编写了本书。由中南林业科技大学邓背阶、陶涛和广西大学王双科担任主编，参加编写的人员还有华南农业大学何中华，华东交通大学钟玲，惠州学院张萍，常州工学院黄及新，烟台大学马涛，浙江工程学院申丽娟，浙江林学院李光耀，浙江工商职业技术学院娄军委，东莞虎门斯美家具厂陈飞健、周蓓等。

本书在继承传统家具设计与制造技术精华的基础上，增加了家具制造的新技术、新工艺，反映现代家具工业的先进水平与发展方向。全书理论密切联系实际，图文并茂，深入浅出，通俗易懂。本书可作为高等院校家具与室内专业方向、木材科学与工程专业、工业设计专业及高等职业技术教育的教材使用，还可供广大家具生产企业的工程技术人员与业余爱好者作为学习参考资料。

由于本书所涉及的知识与技术领域较为广泛且限于编著者的水平，书中不妥之处在所难免，恳请广大读者批评指正，不胜感谢。

编著者

2006年2月

目录

CONTENTS

第6章 雕刻工艺

第7章 家具表面装饰工艺

第8章 家具装配工艺

第9章 软体家具制造工艺

第10章 竹藤家具制造工艺

第11章 金属家具制造工艺

第12章 工艺设计

参考文献

第1章 家具机械加工工艺基础

本章系统地研究家具生产工艺的基础理论，学习工件加工的工艺过程、加工精度、表面粗糙度等基本知识，分析影响工件加工精度、粗糙度的主要因素，讨论提高加工精度与表面光洁度的技术措施，为家具制造工艺奠定坚实的理论基础。

1.1 工艺过程

1.1.1 生产过程

生产过程是指将原材料加工成产品的一系列相互联系的劳动过程的总和，即包括生产准备、生产组织管理、加工工艺等全部过程。

1.1.1.1 生产准备过程

家具生产的准备过程通常包括原辅材料的采购、运输及保管；生产设备维修、革新与改造；向生产岗位供应原、辅材料。

(1) 采购 采购是家具生产准备过程的重点内容之一，它应在供应链企业之间，在原材料和半成品生产合作交流方面架起一座桥梁，沟通家具生产需求与物资供应。为使供应链系统能够实现无缝对接，并提高供应链企业的同步化运作效率，就要加强对采购的管理。家具企业采购工作要做到5个恰当：恰当的数量、恰当的时间、恰当的地点、恰当的价格、恰当的来源。

(2) 库存 库存（inventory），从管理学上来讲，是为了满足未来需要而暂时闲置的资源。家具企业库存，根据所处状态，可以分为原材料库存、在制品库存和成品库存；根据库存作用，可以分为周转库存、安全库存、调节库存和在途库存。由于库存有利有弊，在家具生产管理中，必须对库存加以控制，使其既能为企业经营有效利用，又避免给企业带来太多的负面影响。家具企业常用降低库存的方法见表1-1。

表1-1 家具企业常用降低库存的方法

库存类型	基本策略	具体措施
周转库存	减少采购或生产批量	降低订货费用；缩短作业交换时间
安全库存	订货时间尽量接近需求时间； 订货数量尽量接近于需求量	改善需求预测工作；缩短生产周期与订货周期；减少供应的不稳定性；增加设备与人员的柔性
调节库存	使生产速度与需求变化一致	尽量拉平需求波动
在途库存	缩短生产或配送周期	减少生产或采购批量；慎重选择供应商与运输商

(3) 生产设备 生产设备是家具企业的有形固定资产，使企业可供长期使用并在使用过程中基本保持其原有实物形态，设备管理就是对设备寿命周期内的所有设备物质运动形态和价值运动形态进行的综合管理工作，包括前期和后期管理。家具企业生产设备的前期管理内容是根据企业生产系统需要，选择和购置所需设备，必要时组织设计与制造；组织安装和调试即将投入运行的设备。后期管理内容是对投入运行的设备正确和合理地使用；精心维护保养和及时检修设备，保证设备正常运行；适时改造和更新设备。

1.1.1.2 生产组织管理过程

生产组织管理过程主要包括生产计划、生产调度、行政组织领导；产品检验、入库与销售；员工技术培训及思想政治工作。

(1) 生产计划 生产计划是实现企业经营目标的最重要的计划，是编制生产作业计划、指挥企业生产活动的龙头，是编制物资供应计划、劳动工资计划和技术组织措施计划的重要依据。家具企业生产计划分为综合计划、主生产计划和物料需求计划。综合计划又称为生产大纲，是根据企业所拥有的市场能力和需求预测对企业未来较长一段时间内的产出内容、产出量、劳动力水平、库存投资等问题所作的决策性描述；主生产计划则要确定每一具体的最终产品在每一具体时间段内的生产数量；物料需求计划是在主生产计划确定以后，生产管理部门下一步要做的事情是保证主生产计划所规定的最终产品所需的全部物料（原材料、零件、部件等）以及其他资源在需要的时候供应上。

(2) 生产调度 生产调度，实际上是合理安排生产作业计划，是生产计划的执行计划。就是把企业要加工工件的生产计划任务最终落实到每一个班组、每一位员工、每一台设备，每天的工作任务和工件在每台设备上的加工顺序。在家具企业中，生产作业排序是生产调度的关键，因为许多绩效考核标准，例如准时交货率、制造周期、生产成本、产品质量等，都直接与工作安排的先后顺序有直接关系。具体而言，有效的作业排序系统必须满足不同功能工作的要求：对将要做的工作进行优先权设定，以使工作任务按最有效的顺序排列；针对具体设备分配任务及人力，通常以可利用和所需的能力为基础；以实施为目标分配工作，以使工作任务如期完成；持续监督确保完成任务，周期性检查是保证已分配的工作如期完成的最常用方法；分析、控制、解决工作中出现的异常状况，因为它们有可能改变已排序的进程；订单变化或出现异常时，对目前的作业排序进行调整、改进。

(3) 产品检验 任何家具产品的质量都有一个产生、形成和实现的过程。质量实现的过程是由多个相互联系、相互影响的环节所组成的，因此，产品检验要把影响质量的所有环节和因素都控制起来。

1.1.2 产品加工工艺过程

加工工艺过程亦称为生产工艺过程，是生产过程的主要部分与核心，是指用各种机械设备、工具、刃具直接改变原材料的尺寸、形状、色彩等理化性能，使之成为合格产品的一系列加工过程的总和。

以实木家具生产为例，其加工工艺过程包括木材干燥、配料、毛料加工、胶合、净料加工、部件装配、部件加工、总装配、装饰等工艺过程。木材干燥，是要求木材达到一定的含水率，以保证产品的质量。因此，用于制造家具的木材必须先进行干燥。木材干燥一般在配料以前完成，也可以在配料之后进行，但在配料时要预留木材干缩的余量。木材机械加工，从配料开始，锯切成一定尺寸的毛料，其中一些较长、较宽的毛料零件，往往需要采用较短、较窄的毛料胶合而成。毛料经过四个表面刨削加工和截端，而成为具有准确尺寸和几何形状的净料。净料经过榫头、榫眼、圆孔、槽榫、榫槽、型面、曲面、修整等一系列的切削加工，而成为符合设计图纸所要求的零件。然后，将零件装配成部件，进而对部件进行必要的修整加工，再进行总装配，最后涂饰为成品。对于板式家具而言，多数是先涂饰，最后才再装配为成品。这一加工工艺过程，如图 1-1 所示。

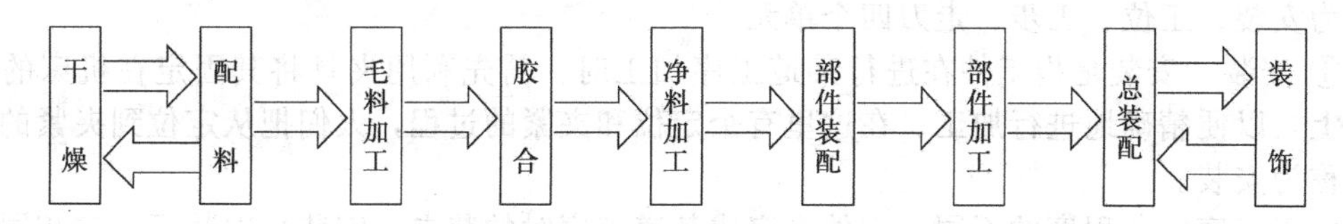

图 1-1　家具生产工艺过程

根据生产工艺过程的特征或组织实施方法的不同，可将家具产品的生产工艺过程分为若干个工段，如配料工段、零件加工工段、装配工段和涂饰工段等，每个工段都由若干个工序组成，也可分为若干个车间的生产工艺过程或若干个工厂的生产工艺过程。

1.1.2.1　家具产品生产工艺分为若干车间的生产工艺过程

若将家具产品的生产工艺分为若干个车间的生产工艺过程，一般家具厂可分为下列车间的生产工艺过程：

① 配料车间生产工艺过程；
② 零件切削加工车间生产工艺过程；
③ 板式部件制造车间生产工艺过程；
④ 弯曲件制造车间生产工艺过程；
⑤ 薄木拼花车间生产工艺过程；
⑥ 半成品装配车间生产工艺过程；
⑦ 涂饰车间生产工艺过程；
⑧ 总装配车间生产工艺过程等。

各个车间是相互联系的，某一车间的成品是另一车间的原料。如配料车间的成品是零件切削加工车间的原料、木工装配车间的成品是涂饰车间的原材料等。

1.1.2.2　家具产品的生产工艺过程分为若干厂的生产工艺过程

由于现代化生产正在逐步向分工更细的专业化、标准化、模块化和系列化生产方式的方向发展，有些家具产品是由几个厂共同生产的。如有专门的配料厂、集成材厂、弯曲件制造厂、涂饰厂等。如现在的家具五金配件厂，是从过去的家具厂分支出去的专业厂，这种产品的生产过程便成为各个厂的生产过程的总和。这样就会简化各个厂的生产工艺过程，便于管理，有利于生产效率与产品质量的提高，能较大幅度地降低产品的成本，是家具工业发展的的方向。

1.1.2.3　加工工艺过程的组成

加工工艺过程由一系列工序组成。产品是由原材料依次通过各道工序加工而成。每个零部件都要经过若干个工序加工而成。

(1) 工序　工序是指一个（或几个）工人，在一个工作位置上所完成的加工工艺过程中的某一部分工作，是加工工艺过程的基本单元，也是生产计划中的基本单元。例如某一平面弯曲零件，并需加工榫头与榫眼，其机械切削加工的工艺过程，见表 1-2。

表 1-2　某零件机械切削加工工艺过程

序号	工序名称	工作位置	备　注	序号	工序名称	工作位置	备　注
1	板材截断	横截圆锯		6	加工榫头	开榫机	
2	板材纵解	细木工带锯	先划线	7	加工榫眼	榫眼机	
3	加工基准面	平刨床		8	平面修整	光刨机	可砂光
4	加工相对面	压刨床		9	曲面修整	立式砂光机	
5	加工曲面	立式铣床					

（2）工序的组成单元 为了合理地确定工序的持续时间及工时定额，可以把工序进一步划分为安装、工位、工步、走刀四个单元。

① 安装 安装是指工件在进行某道工序加工时，需先利用夹具将其固定在机床的相对位置上，以便精确地进行加工。在这里有个定位和夹紧的过程，人们把从定位到夹紧的这一过程称为安装。

由于工序复杂程度的不同，零件在完成某道工序时的装夹（安装）次数不一定相同，有的只要装夹一次，有的要装夹多次，有的则不要装夹。例如，两端需要开榫头的工件在单头开榫机上加工时就有两次安装，而在双头开榫机上加工，只需安装一次就能同时加工出两端的榫头。而在平刨、压刨上加工工件，则无需设置夹紧装置。

② 工位 工件在机床上相对于切削刀具的位置称为工位。工件在机床上相对于切削刀具位置的数目不一定相同，可以是一个、两个或多个。工件在机床上相对切削刀具的数目愈多，工位数就愈多，人们将这种机床称为多工位机床。如单轴平刨、压刨、铣床等只有一个工位，称为单工位机床；而四面刨、开榫机上有4根切削主轴，称为多工位机床。多工位机床生产效率高，但结构复杂，操作技术要求高，且价格贵，适合于大批量生产。

③ 工步 在同一机床上，用同一刀具，在不改变切削用量（切削速度、吃刀量、进给速度）的条件下，加工工件同一表面所完成的操作。一个工序可能由若干个工步组成，如在同一平刨上既加工基准面，又加工基准边，则此工序是由两个工步组成。若规定只加工基准面或基准边，则这一工序就只有一个工步。

④ 走刀 在刀具和切削用量不变时，切去工件表面上一层材料的过程称为走刀。每切削一层材料就称为一次走刀。在一个工步中可以包含一次、两次或多次走刀。例如在平刨上加工基准面时，一般只需一次走刀（即刨去一层材料）就可加工好。但对于平整度较差的工件，则可能需要经过两次，甚至三次走刀才能加工好。

（3）工序分类的意义 将工序分为安装、工位、工步、走刀的意义主要是便于合理确定每道工序的工时定额。从理论上讲，根据四部分所消耗的实际时间来计算工时定额较为准确。同时，有利于分析各道工序影响生产效率与产品质量的因素，以便有针对性地进行改进。如在榫眼机上加工榫眼时，影响效率与质量的关键是安装，需要选用快速、准确的定位机构与夹紧装置，为提高效率与产品质量创造先决条件。

工件在加工过程中，消耗在切削上的加工时间往往要比在机床工作台上安装、调整、夹紧、移动等所耗用的辅助时间少得多。因而，为提高生产效率，需尽量减少机床的空转时间，减少工件的安装次数及装卸时间。采用多工位机床进行加工，是提高机床利用率和劳动生产率的有效措施。

1.1.3 工序的集中与分化

1.1.3.1 工序分化

（1）概念 工序分化是指把包含工作量大的复杂工序，分化为一系列的简单工序，其极限是把工艺过程分成仅包含有一个工步的工序。如把四面刨工序分化为平刨、压刨、立铣（加工型面、平面、榫头、榫槽）、立铣（加工榫槽）四个工序。

（2）工序分化的优、缺点 按照工序分化原则构成的工艺过程，其机床结构简单，调整便利，容易操作，对操作人员的技术水平要求较低。因而便于产品的更换，而且可以根据各个工序的具体情况来选择最合适的切削用量。但这样的工艺过程，需要设备数量多，操作人员多，生产场地大，生产效率低。

（3）工序分化适用范围 一是适用于初建厂，因为初建厂新工人多，技术水平低，难以掌握多工位复杂设备，所以采取工序分化的措施，可以充分地利用劳动力并减少投资。二是适用于单一产品大批量生产厂，由于单一产品大批量生产对机床的利用率高，故采用工序分化，能充分发挥单机的生产能力，以提高生产效率。

1.1.3.2 工序集中

(1) 概念 工序集中是指工件通过一次性安装或进给后，可以连续进行几个表面或多种类型的切削加工，其极限是整个零（部）件的全部加工，可在一道工序中完成。如一个零件的四面刨光、开榫、打眼、铣槽、铣成型面、表面修整等工序，可在一部自动联合机组上一次加工完成。

(2) 工序集中的优、缺点 按照工序集中原则构成的工艺过程，其特点是减少工序数量与工件的安装的次数，缩短了装卸时间、工艺流程与生产周期，从而提高了生产效率，还可简化生产计划与生产组织管理的工作，并能减少生产占用场地，节约劳动力资源，降低加工成本。如果使用高效率的专用机床，尚能减少机床和夹具数。特别是对于尺寸较大、装卸不便的工件，且各个表面的相互位置的精度要求又较高，最适合于采用工序集中的方式进行加工。工序集中是实现自动化生产的初级阶段，但工序集中，所用机床设备和夹具的结构比较复杂，调整机床耗用的时间较多，并且要求操作者具有较高的专业技术水平，且设备投资较大。因此，不适用于多品种、少批量家具产品的生产。

由此可见，工序分化与工序集中是两种不同的加工工艺方式，关系到工艺过程的分散程度。所以，在进行工艺设计时，需根据生产规模、设备情况、产品的种类与结构、技术条件以及生产组织等实际情况，合理地利用和优化工序分化或工序集中，科学设计加工工艺过程。

1.1.4 工艺规程

1.1.4.1 工艺规程的概念

将加工工艺过程中每道工序所用的工具、设备、刃具、量具及其操作要领与技术、质量要求等写成指导生产的技术文件，就是所谓的加工工艺技术规程。如工艺卡片、检验卡片等。在这些文件中，规定产品的工艺路线，所用设备、工具、夹具、模具的种类，产品的技术要求和检验方法，工人的技术水平和工时定额，所用材料的规格和消耗定额等。

1.1.4.2 工艺规程的作用

工艺规程对生产企业有着极其重要的作用，不仅是指导生产的技术文件，而且是组织生产、管理生产的基本依据，也是新建、扩建工厂的基础工作。

(1) 指导生产的主要技术文件 合理的工艺规程是在总结实践经验的基础上，依据科学理论和必要的工艺试验而制定的。所以按照工艺规程进行生产，就能保证产品的质量，达到较高的生产效率和较好的经济效益。工艺规程并不是一成不变的，它应及时地反映生产中的革新、创造，吸收国内外先进的工艺技术，不断地改进和完善，以便更好地指导生产。

(2) 生产组织和管理工作的基本依据 在生产中，原材料的供应，机床负荷的调整，工具、夹具的设计和制造，生产计划的编排，劳动力的组织以及生产成本的核算等，都应以工艺规程作为基本依据而进行。

(3) 新建或扩建工厂设计的基础 由于在新建或扩建工厂或车间时，需根据工艺规程和生产任务来确定生产所需机床的类型、规格和数量，车间面积，生产工人的工种、等级和人数以及辅助部门等，所以，工艺规程建厂的基础工作，应在建厂前做好。

1.1.4.3 制定工艺规程的要求

制定工艺规程时，应该力求在一定的生产条件下，以最快的速度、最少的劳动量和最低的成本加工出符合质量要求的产品。因此在制定工艺规程时必须考虑以下几个问题。

(1) 技术上的先进性 制定工艺规程时，应了解国内外家具生产的工艺技术，力争采用较先进的工艺和设备，尽可能地实现机械化和自动化的生产。

(2) 经济上的合理性 在一定的生产条件下，可以有多种完成该产品加工的工艺方案，应该通过核算和比较，在确保产品质量的前提下，选择经济上较合理的方案，以便尽可能地降低产品的制造成本，获得最好的经济效益。

(3) 工作条件的良好性 在制定工艺规程时，必须确保工人操作安全，尽可能地减轻繁重的体力劳动与提供较好的工作环境。

当前，我国大、中型家具企业所制定的生产工艺规程，一般参照了国际标准化组织(ISO) 制定的 ISO 9000 系列质量管理标准体系和 ISO 14000 系列环境管理标准体系，较为科学、先进，有利于企业创造名牌产品与提高经济效益。

1.1.4.4 制定工艺规程的方法

为制定较好的工艺规程，必须认真研究产品结构、新工艺、新设备、新材料，广泛收集技术资料，吸收先进技术，并在充分融会贯通的基础上，结合本厂已有的生产经验来进行此项工作，以确保产品质量与提高经济效益。为了使工艺规程更符合于企业的生产实际，还需注意调查研究，广泛征求意见。对新工艺、新技术的应用，应该经过必要的试验，取得成效后，方可采用。

1.2 加工基准

用来测量工件加工位置的点、线、面，称为加工基准。为了获得符合设计图纸上所规定的形状、尺寸和表面质量的零、部件，需经过多道工序进行加工。工件经过每道工序加工所形成的尺寸精度，需由工件和刀具之间的相对位置来保证。确定工件与刀具相对位置的过程称为定位。工件定位以后，为使它在切削加工过程中，能承受切削力而不移动，尚需将其夹紧，即约束工件的某些或全部自由度，才能获得精确加工尺寸。为使工件在机床上或夹具上获得正确定位，就需合理选择工件加工的定位基准和定位方法。

1.2.1 工件定位与工件自由度的关系

任何一个自由刚件（工件），均有 6 个自由度，即沿三维空间坐标轴 X、Y、Z 三个方向的移动和转动。为使工件相对于机床上的刀具有正确的位置，就需约束工件某些或全部自由度，以确保工件获得精确的切削加工尺寸与几何形状，如图 1-2 所示。

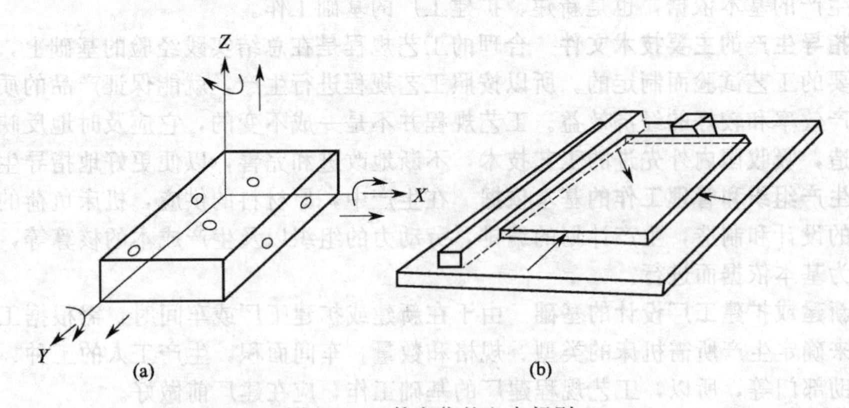

图 1-2 工件定位的六点规则

把工件放在 XOY 平面上（如平刨台面上），这时工件不再沿着 Z 轴移动，也不能绕 Y 轴与 X 轴转动，这样就约束它的 $Z^{\rightarrow}$、$Y^{\circlearrowleft}$、$X^{\circlearrowleft}$ 三个自由度。如将工件放在平刨上加工基准面时，就约束了这三个自由度。

接着，再把工件紧靠 XOZ 平面上，那么工件就不能沿 Y 轴移动，也不能绕 Z 轴转动，又约束了 $Y^{\rightarrow}$、$Z^{\circlearrowleft}$ 两个自由度，则工件只能沿 X 轴移动。如将工件靠在平刨台面上的导轨上加工基准边时，则工件只能沿 X 轴移动，即约束了工件 5 个自由度。

若再使工件紧靠 YOZ 平面上，工件也就不能沿 X 轴移动，又约束了 $\vec{X}$ 这一自由度。这样工件 6 个自由度全部被约束，不能移动。如在钻床上加工孔眼，则工件 6 个自由度应全部被约束。

至此，工件的 6 个自由度全被约束，这就是工件定位的“六点”规则。在进行切削加工时，根据加工要求，通常不需要将工件的 6 个自由度全部约束，有时仅需要约束 2 个自由度，有时需约束 3 个、4 个、5 个或 6 个自由度。如用排钻给工件钻孔时，必须约束 6 个自由度；在四面刨床上加工工件，则要约束 5 个自由度；用宽带式砂光机给工件砂光，就需约束 4 个自由度。

1.2.2 基准的概念

作为测量起点的点、线、面称为基准。这些点、线、面可以是工件上实际的点、线、面，也可以是几何的一些点、线、面（即中心点、中心线、中心面）。

工件在机床上相对刀具的位置，零部件在制品相对其他零部件的位置以及在设计或检测中确定零部件自身的几何尺寸与形状等，均需要利用实际的点、线、面或几何的点、线、面作为测量的起点。这些作为测量起点的点、线、面就是所谓的基准。

1.2.3 基准的分类

根据基准的作用不同，可以将其分为设计基准和工艺基准两大类，其中工艺基准又可分为测量基准、装配基准、定位基准三类。定位基准又可分为粗基准、精基准和辅助基准。特归纳如下：

- 基准
  - 工艺基准
    - 测量基准
    - 装配基准
    - 定位基准
      - 粗基准
      - 精基准
      - 辅助基准
  - 设计基准

1.2.3.1 设计基准

在设计中用来决定产品及其零部件自身几何形状或零部件之间相对位置的点、线、面，称为设计基准。这些点、线、面，可以是零部件上的实际的点、线、面，也可以是几何的点、线、面。

在家具设计时，所使用的一些尺寸界限、中心线等都是设计基准。如果在设计中，任意标注尺寸界限、中心线等，导致设计基准和工艺基准不统一，可能造成人为的尺寸误差。

1.2.3.2 工艺基准

工艺基准是指零、部件在测量、切削加工或装配时，所利用的某些点、线、面作为测量、定位、装配的基准，这些点、线、面即称为工艺基准。工艺基准按用途不同可分为测量基准、定位基准、装配基准三种。

(1) 测量基准 用来检测已加工好的零部件的几何形状与尺寸精度的点、线、面。应注意的是，工件的尺寸精度与测量基准的选取有关，若测量基准与定位基准一致，则会减少工件的尺寸误差。

(2) 定位基准 工件在机床上或在夹具上定位时，用来确定工件与刀具之间相对位置的点、线、面称为定位基准。例如，在打眼机上加工榫眼，如图 1-3 所示，工件与工作台接触的表面、靠住导尺的表面及顶住挡块的端面都是定位基准，即有三个定位基准。而在宽带式砂光机、精密裁边锯、圆锯机等生产设备上加工时，只需采用工件的一个面作为定位基准，即一个基准。一般情况下，定位基准的数目愈少，则加工精度愈高。

工件在加工过程中，所采用的定位基准，可以分为粗基准、精基准、辅助基准三种。

① 粗基准　凡用未经过加工或加工不精确的表面作为定位基准，都称为粗基准。如对毛边板进行截断，是用毛边作定位基准，毛边即为粗基准。同样，纵解毛边板时，起初也是用毛边作定位基准，进行锯解。

② 精基准　凡是用经过精确切削加工的面作为基准，都称为精基准。如在已加工出榫头的工件上加工榫眼时，一般是用榫肩作基准，则榫肩就是精基准。

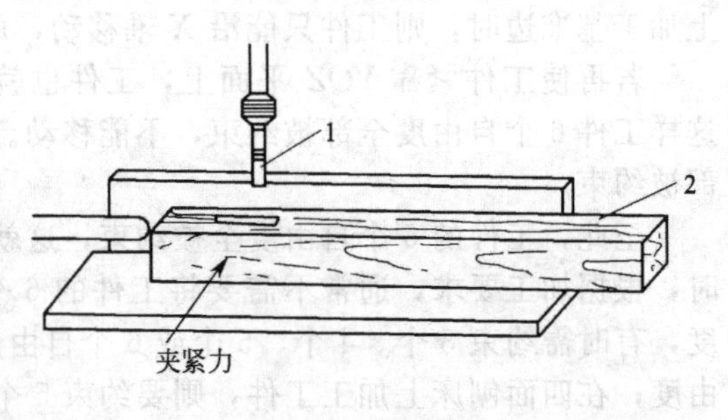

图 1-3　定位基准

1—钻头；2—工件

③ 辅助基准　在加工零部件时，只是暂时用来确定零部件加工位置的面，称为辅助基准。这种基准在零部件进一步加工时会切削掉，一般粗基准多为辅助基准。如在单锯片圆锯机上，对方料零件进行精确截端时，需先用未经精截的一端作为基准（即辅助基准），概略估计零件的长度，切去另一端。然后再用先经过精截的一端作基准，将辅助基准截去。

(3) 装配基准　产品在装配时，用来确定零部件之间相对位置的点、线、面，称为装配基准。如图 1-4 所示，木框由整体榫装配而成，其榫头侧面和榫肩以及榫端距都将影响到木框的尺寸和形状，所以它们都是装配基准。

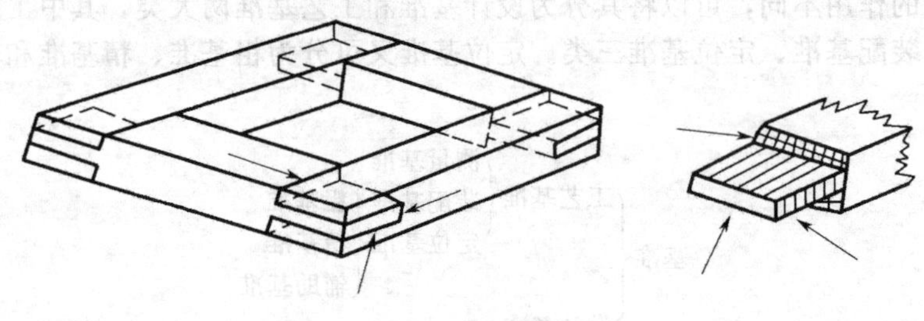

图 1-4　装配基准

如安装柜的顶板、底板、搁板一般均以地面作基准，以保证其表面与地面高度的准确性。安装搁板可以顶板下表面作基准，以保证搁板上表面与顶板下表面之间的高度。装配基准与设计基准相同，主要是为满足设计精度的要求。在部件装配或产品的总装配时，必须按照设计的要求，有顺序地进行装配，这样就需要确定装配基准，以保证部件或产品的精度。

1.2.4 基准的同一性

基准的同一性是指设计基准、定位基准、测量基准、装配基准的一致性，以提高产品的加工精度。但在实际生产中难以保证这一要求，如加工榫眼、铣削阶梯榫时，在工艺上要求保证榫眼的深度和榫头的厚度，但实际生产中的定位基准却与设计基准、测量基准刚好相反，无法统一。

1.3 加工精度

现代家具是一种工业产品，一般都强调其加工的工艺性。工艺性是按规定的质量要求，在一定劳动、材料物质的基础上，使产品零部件标准化、通用化，并确保在现有生产条件下，使组织加工、运输和包装的过程合理化。工艺性的核心在于保证产品的加工精度。因此，必须合理地安排零部件生产的工艺路线、工艺条件，提高零部件的加工质量，才能使家具产品具有较高的工艺性。

1.3.1 加工精度的基本概念

工件经切削加工后，所获得的实际尺寸和形状与设计图纸所确定的尺寸和形状相符合的程度称为加工精度。

相符合的程度愈高，精度就愈高，反之就愈低。任何一种加工方法，不论机床设备多么精密，经加工后都不可能与图纸上的尺寸完全一致，总有一定的误差。误差是不可避免的，是绝对的。即使是在同一机床上加工同一批工件，也可能存在不同的误差，这是因为在加工过程中，切削阻力、刀具磨损、机床松动等在逐渐变化，所造成的误差也不同。产品在进行装配时，也会产生不同的误差。所以，只能在产品加工或装配的过程中，将产品加工的误差控制在工艺允许的范围之内。

尺寸精度是指零部件加工后的实际尺寸与图纸规定尺寸相符合的程度。几何形状精度是指零部件加工后的实际形状与图纸规定的几何形状相符合的程度。在切削加工中，应当保证零部件的尺寸精度与几何形状精度。

在研究加工精度时，还要考虑工件表面加工的粗糙度。因为工件表面的粗糙度，会影响零件尺寸的测量精度。工件表面粗糙度不仅影响加工精度，而且还会影响工件的胶合强度和装饰效果。所以，在实际生产中，需根据产品的质量，对工件表面粗糙度提出合理的要求。

1.3.2 误差的种类及其产生的原因

工件在切削加工过程中出现误差是不可避免的，根据误差产生的原因不同，可将误差分为系统性误差和偶然性误差两大类。

1.3.2.1 系统性误差

在依次加工一批工件时，其加工误差保持不变，或变化很小，或是有规律地变化，这种误差称为系统性误差。如在压刨上加工工件时，随着加工时间的延长，由于刨刀磨损程度逐渐增大，其加工误差随之逐渐增大，具有一定规律的变化，这种误差即属于系统性误差。产生的原因主要是：机床本身的制造与安装精度，刀具的制造精度，磨损及调整误差，夹具的制造精度及安装误差等多种。

1.3.2.2 偶然性误差

当加工一批工件时，其误差变化较大，时大时小，很不稳定，没有明显的规律，这种误差称为偶然性误差。偶然性误差是由一个或若干个偶然性因素所造成，这些因素的变化没有规律性。

其产生的原因主要是：原材料的性质，如工件的硬度、湿度、应力、节子等的不同；人为因素，如手工进料忽快忽慢等偶然原因所致。

由于系统性误差和偶然性误差的存在，使零部件加工产生误差。为减少零部件的加工误差，保证零部件的加工精度，就必须了解影响加工精度的因素，以便采取措施控制加工误差，使零部件获得所需要的加工精度。

1.3.3 影响精度的主要因素

影响加工精度的因素涉及机床设备、切削刀具、工件材料性能、加工基准、测量工具精度、测量方式的正确性、生产工人的技术水平、劳动条件、劳动环境等多方面。在此，仅就其中主要因素进行分析。

家具零部件是通过一系列工序加工而成的，在加工过程中，所用机床、刀具、夹具和检测的量具等，对于加工精度有直接影响。因此，为了保证零部件的加工精度，就必须了解影响加工精度的各个因素，以便进一步控制加工误差。如图1-5所示是零部件在加工过程中影响其精度的主要因素分析图。从图中可以清楚地看出：将毛料加工成零件，其加工精度需受到机床、刀具、夹具、操作人员、劳动条件、检验诸因素的影响。下面将进行详细的剖析。

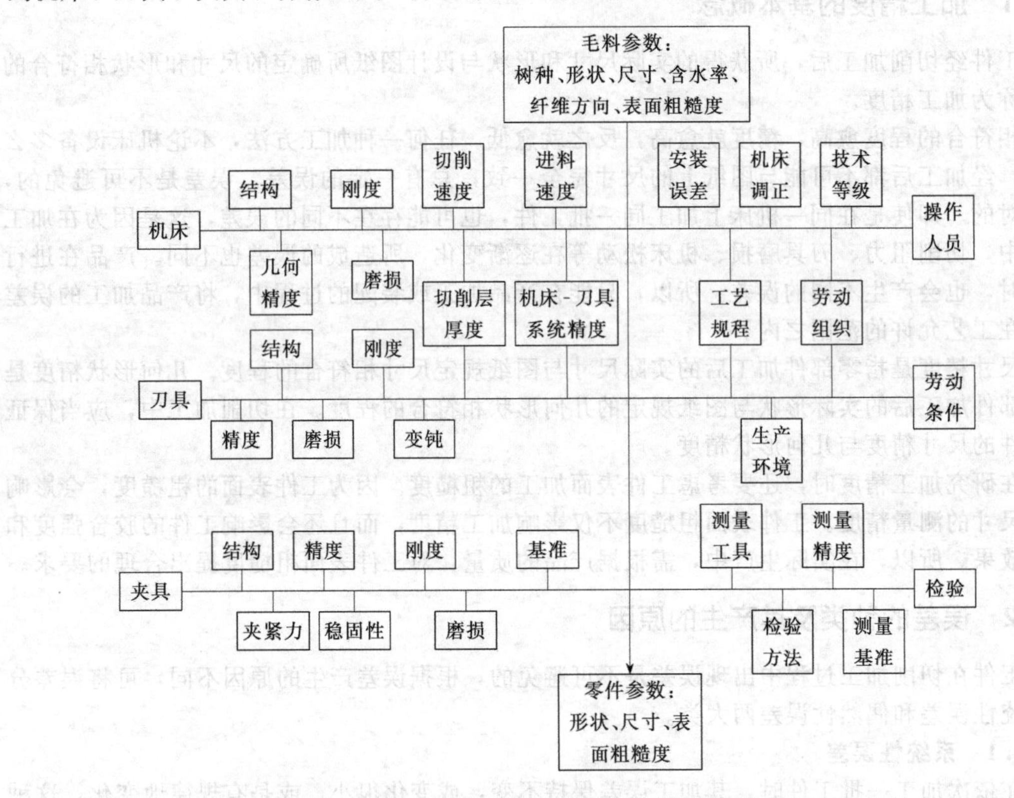

图 1-5　加工过程中影响零部件精度的因素分析

1.3.3.1　机床的制造及安装精度

木工机床与一般金属加工机床相比，有其自身的特点，即：刀轴转速快，一般为 3000～5000r/min，高的可达 20000r/min；刀刃线速度一般为 80～200m/min；进给速度快，一般为 30～50m/min；吃刀量大，一般为 0.5～5mm，有时更多；主轴数目多，多工位机床有 10 多根，多轴钻床多达几十根。由于木工机床具有上述特点，故要求机床制造精度高、刚性好，否则会严重影响产品的切削加工精度。

机床对产品精度影响有如下因素。

(1) 刀轴制造精度　刀轴的精度不高，就会出现严重的径向跳动和轴向移动，从而增大工件加工误差。

径向跳动是由于刀轴的轴承存在较大的径向间隙而引起刀轴快速振动。对铣床、刨床来说，刀轴快速振动会影响工件加工表面的粗糙度；对榫眼机来说，也会影响榫眼壁的平整度。同时会增加切削阻力，使工件变形加大。另外还会产生较大的噪声。

轴向移动是由于刀轴的轴承厚度方向存在较大的间隙，而引起刀轴沿其中心线方向移动。这对纵解圆锯机、截断圆锯机来说，由于刀轴的轴向移动，会分别增加工件宽（厚）度、长度方向尺寸误差。对成型铣床、燕尾榫机来说，会影响工件被加工的型面与燕尾榫的几何形状误差。

(2) 导轨和工作台的平直度及相互垂直度　如果压刨的台面不平直，则工件的加工表面会有较大的弯曲度。平刨上的导轨若不与台面相垂直，则会降低被加工件基准面与基准边的垂直度。

(3) 刀轴安装的水平度与垂直度　要求垂直安装的刀轴若不垂直，则会影响加工面的垂直度。如钻床的主轴与工作台面不垂直，则加工出的孔眼或榫眼与基准面也不会垂直。立式铣床的刀轴与工作台面若不垂直则铣削出的平面与基准面也不会垂直；若是铣削成型面，则型面的形状也会产生变形。

水平安装的刀轴必须与水平工作台面相平行，否则加工出来的工件表面与其相对面不平行，会是斜面。如平刨、压刨的刀轴水平度较低，加工件就会出现此种缺陷。对圆锯机来说，会降低工件锯切面与基准面的垂直度。

为此，在购买机床时，必须对机床刀轴的径向跳动与轴向移动、工作台与导轨的平直及其相互垂直度、主轴与工作台面及导轨的垂直度或平行度等都应提出合理的要求，并进行测试，以保证工件的加工质量。

1.3.3.2 刀具制造、安装精度及磨损程度的影响

只有高精度的机床设备，而无高质量刀具的安装与制造精确度，仍无法加工出高精度的产品。现就四种基本类型的刀具对加工精度的影响进行讨论。

(1) 固定尺寸的刀具 常用的固定尺寸有木工麻花钻、方壳钻、锁眼钻、铣槽端铣刀等。这类刀具的制造精度，会直接影响工件的加工精度。要求其尺寸精度必须满足工件加工的工艺要求。

(2) 非固定尺寸的刀具 包括各种刨刀、平面铣刀、圆锯片、带锯条等。对刨切平面的刨刀，铣削平面的铣刀，其刀刃需达到一定平直度要求，否则加工出的表面呈曲面。圆锯片、带锯条的锯齿不在同一平面上，或有少数锯齿突出平面（俗称飞齿），会严重影响工件加工面的粗糙度。若圆锯片的锯齿不在同一圆周上，带锯条的锯齿不在同一条直线上，均要增加切削阻力，影响加工表面的平直度与粗糙度。

(3) 成型铣刀 铣床上所用的各种成型铣刀，其刀刃的刃磨形状应与设计图形相一致，各刀片的安装位置也需使刀片上相对应的点在同一圆周上，否则会影响成型面的几何形状的精度。

(4) 既具有固定尺寸亦有成型作用的刀具 现使用较多的燕尾型铣刀属此类刀具，其制造精度自然会直接影响燕尾榫头、燕尾榫槽的尺寸及形状的精度。

(5) 刀具的刃磨精度与安装精度 刀具不仅要有较高的制造精度，而且需有较高的刃磨及安装精度，否则也无法保证加工精度要求。在切削过程中，刀具将因磨损而逐渐改变原有的尺寸和形状，引起加工误差。特别是成型铣刀、端铣刀、钻头等的磨损，对加工精度的影响更为明显。刀具的磨损取决于刀具的几何形状、切削厚度、材料种类及加工时间。刀具从开始切削加工起，就逐渐产生磨损，当磨损达到一定程度，就会严重影响到加工质量。为此，必须按时更换刀具，并提高刀具的刃磨质量与安装精度。

1.3.3.3 夹具的制造精度与安装精度

夹具的制造精度与安装精度不符合要求，会直接影响工件的加工精度。夹具制造的误差或夹具在使用过程中发生变形，都会引起工件的加工误差。例如，在铣床上加工弯曲形零件时，夹具上的定位机构位置不精确会影响到零件的尺寸精度，夹具的导向机构和工作台面位置不正确，也会造成工件尺寸和形状的误差。

当工件在夹具上安装时，夹紧的着力点及夹紧的方向不恰当，也可能影响工件的正确定位及加工精度。此外，工件本身可能因夹紧力过大产生变形而引起加工误差。为了减少这种误差，应提高夹具的刚度、制造精度与安装精度。

1.3.3.4 工艺系统弹性变形

在切削加工过程中，由于外力、切削阻力、工件进料产生的摩擦力、刀轴高速旋转产生的离心力等的作用，导致机床、夹具、刀具、样模、工件所构成的工艺系统产生弹性变形。同时，这个工艺系统中各部分的接触处，可能会有间隙而产生位移。由这种工艺系统的弹性变形和位移构成其总位移，而导致被加工件产生的加工误差，被称为工艺系统弹性变形误

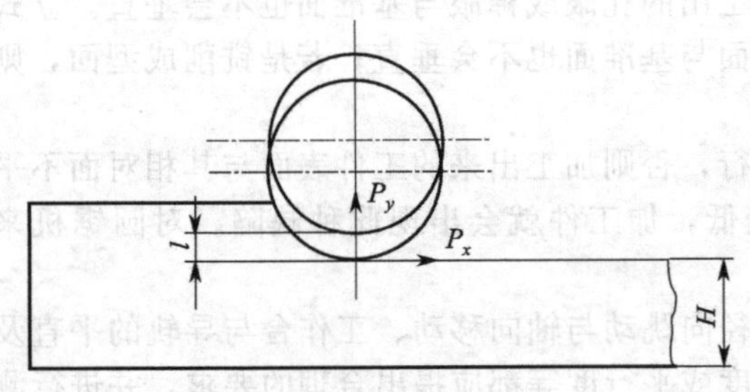

图 1-6　工件在切削力作用下所产生的变形

差。工艺系统总位移的多少，取决于外力的大小以及工艺系统抵抗变形的能力。这种抵抗变形的能力称为刚度，当工艺系统的刚度足够大时，尽管有切削力等外力的作用，也能使工艺系统的位移减至最低限度。因此，为了保证零件的加工精度，必须使工艺系统部分有足够的刚度。

工艺系统的刚度即工艺系统抵抗变形的能力。为了使工艺系统弹性变形所引起的加工误差减少到最小程度，就必须使工艺系统的各个组成部分具有足够的刚度。工艺系统的各个部分的刚度之和称为工艺系统总刚度。

从工艺角度来看，在切削力的作用下，刀具在工件表面加工时，发生了相对位置的变形，这种变形对加工精度影响最大。如图 1-6 所示为工件在切削力作用下所产生的变形。

工艺系统的刚度 J，可用作用力向上的切削阻力 P_y 和该方向上的位移 Y 之比值表示：

$$J=\frac{P_y}{Y}\ (\text{N/mm})$$

从上式可知，当工艺系统刚度 J 一定时，切削阻力 P_y 越大，总位移 Y 也越大；当工艺系统的刚度 J 足够大时，切削阻力 P_y 大时，总位移 Y 也不会有太大的变化。

这是一个复杂的力学关系，很难用一个公式来表达清楚。因为机床的每个部分（包括夹具、台面、刀轴、刀具及工件等）在切削过程中都会变形，而且是瞬时多变的，故这里所说的刚度只能是一个综合性的系数。在实际应用中，影响工艺系统误差有如下各种因素：①车削或仿型铣削细长的零件，因零件的刚度较低，难以保证其加工精度；②圆锯片的转速过高就会产生晃动变形，而增加削切阻力，降低切削精度；③木工麻花钻头、方壳钻头、端铣刀若过长、过细，会因刚度不够而变形，影响切削精度。

减少工艺系统弹性变形或解决刚度不足的主要措施：①提高机床、夹具、刀具、工件的刚度，以确保工件的加工精度；②减少刀具的吃刀量、工件的进给速度，以降低切削阻力，减少工艺系统的弹性变形，能有效地提高工件的加工精度；③采用优质钢制作的刀具，可提高刀具的刚度，减少刀具的变形；④提高刀具的刃磨质量，并按时换刀，确保刀具在切削过程中的锋利度，可减少切削阻力，既能减少工艺系统的弹性变形，又能提高加工精度。

1.3.3.5　量具制造精度与测量误差

量具制造精度及在长期使用中的磨损误差，会影响检测精度。测量方法不对或视力错觉，会造成测量误差。因此，所用量具的精度应符合工艺要求，测量要力求准确。

1.3.3.6　机床调整误差

机床调整误差是指调整机床时，切削刀具与工件相对位置的误差。机床调整的精确程度与调整方法、调整时使用的工具、操作人员的技术水平等都有影响，稍有差错，就会使机床产生调整误差。由于机床在静止状态与运动状态的位置有所差异，故不能以机床静止状态调整为准。所以，调整机床应按下面的方法进行：先在机床静止状态下，基本测准刀具与工件的相对位置。然后通过试加工若干根工件，检测所获得的实际尺寸是否符合要求。否则要继续调整，直到符合要求为止。

定时抽样检测：对于大批量生产的工件，由于机床较长时间运转，可能会松动，刀具会磨损，因而会影响工件加工尺寸的精度。因此，需定时抽样检查，若出现精度下降，则应重新调整机床。

1.3.3.7　零件基准误差

工件在加工时所采用的定位基准与测量基准或设计基准不同而产生的误差，称为基准误差。在前面已分析过，在铣床上加工阶梯榫会产生基准误差。如图 1-7 所示，设计基准为 A—A 面，要求保证榫头厚度 a 的尺寸精度。而工件在切削加工中却以 B—B 面作为定位基准与测量基准，保证的是榫肩高度 b 的尺寸精度，从而导致使榫头厚度尺寸 a 产生了基准误差。

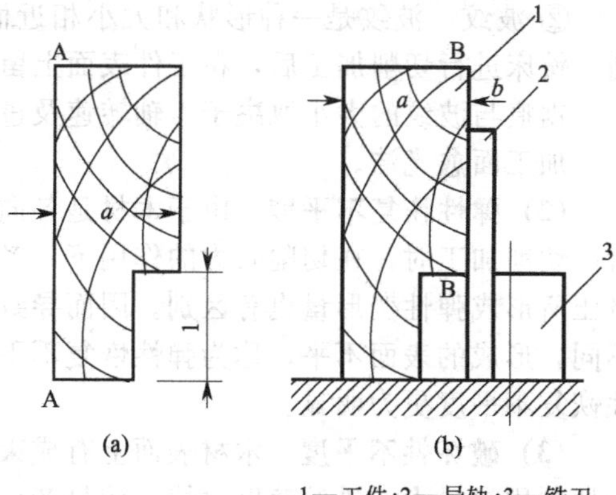

图 1-7 基准误差

为保证零件的加工精度，选择定位基准应遵循下列原则：

① 选择较长、较宽的面作基准，以提高工件加工时的稳定性；

② 尽可能地用平面作基准面，加工弯曲件，要尽可能地用凹面作基准，增加稳定性；

③ 尽可能以工件的设计基准面作为定位基准与测量基准，以减少基准误差；

④ 对于需要多次定位加工的零件，应尽量采用同一面作为位基准；

⑤ 尽量减少定位基准的数目，工件的定位基准愈少，定位就愈简便，精度就愈高；

⑥ 定位基准的选择，应便于工件的安装和加工；

⑦ 在工件加工时，应尽量采用经过精确加工的面作为定位基准，只是在锯材配料等工序才允许使用未加工表面作为定位基准。

1.3.3.8 材料性质不同所引起的误差

(1) 木材含水率的影响 工件材料含水率不同，工件精度也会有所不同，含水率高的工件在加工过程中或加工后，会发生干缩和翘曲变形，会降低精度。因此，在切削加工之前，成材必须预先干燥，并按要求保证干燥质量。

(2) 木材内应力的影响 木材内应力不同，加工后因变形不同会引起精度差异。为减少木材内应力，需正确选择木材干燥基准，并在木材干燥后期进行终了处理，以消除内应力。

(3) 木材硬度影响 木材的硬度不同，其切削阻力不同，所引起的工艺系统性弹性变形不同，尺寸精度也会有变化。为此，一般需将软、硬材工件分批加工，以减少加工误差。

(4) 木材各向异性的影响 由于木材是各向异性的材料，在三维方向上的物理、力学性能有所差异，再加上木材的节疤、斜纹、扭纹等天然缺陷程度的不同，使切削阻力发生变化，导致工艺系统弹性的不一致，因而使工件产生加工误差。

综上所述，引起加工误差的因素是多方面的，有的是可以避免的，有的是客观存在而难以避免的。对可以避免的误差，应有针对性地采取技术措施，使之减少到最低限度，以提高加工精度。

1.4 家具表面粗糙度

经切削加工后的木材表面，将会产生各种表面不平度，即粗糙度或光洁度，而直接影响到产品的质量与美观。因此，需严格控制被加工工件表面的粗糙度，使之在工艺允许的范围内。

1.4.1 家具表面粗糙度表现形式

(1) 锯痕与波纹

① 锯痕 用圆锯片锯解的工件表面会留有圆弧状的锯痕，经带锯机锯解的工件表面会产生斜条状的锯痕。

② 波纹　波纹是一种形状和大小相近而有规律起伏的波状，这是工件表面经平刨、压刨、铣床进行切削加工后，在工件表面上留下的圆弧状痕迹。

锯痕与波纹的大小取决于刀轴转速及进料速度，转速愈快，进料速度愈慢，则痕迹就愈小，加工面愈光洁。

(2) 弹性恢复不平度　由于木材是各向异性材料，即各部分的密度、硬度等具有差异，所以切削加工时，在切削阻力的作用下，各部分所产生弹性变形不一致，刀具对其加工表面挤压所形成弹性变形量也有区别。因而导致工件的加工压力解除后，木材弹性变形的恢复量不同，形成的表面不平，称为弹性恢复不平度。特别是刨削、铣削软质木材时，所产生的弹性恢复不平度更为明显。

(3) 破坏性不平度　木材表面上有成束的木纤维被撕开或成块地崩掉而形成的不平度。若切削用量过大，进给速度过快，较易产生这种不平度。一般具有死节、腐朽、虫蛀等缺陷的工件在铣削或车削时，常产生此种不平度。

(4) 木毛与毛刺造成不平度　木毛是指木材上单根纤维的一端仍与木材表面相连，而另一端竖起或黏附在表面上。毛刺则是指成束或成片的木纤维还没有与木材表面完全分开。两者都会影响木材表面的粗糙度。木毛和毛刺的形成与木材的纤维构造及加工条件有关。通常在评定表面粗糙度时，都不包括木毛，因为还没有适当的仪器和方法对它作确切的评定。在对表面粗糙度的工艺要求中，通常只指明是否允许木毛的存在。

(5) 木材结构　由于木材具有导管，而使其表面形成大大小小的管孔。由这种管孔而导致工件表面的粗糙度称为结构不平度。管孔较粗的木材称为粗孔材，管孔小的称为细孔材。管孔愈粗，工件表面也会显得愈粗糙。在工件的切削加工表面上，被切开的木材导管就呈现出沟槽或凹坑状，其大小和形态取决于木材导管的大小和它们与切削表面的角度。

由木材碎料板即刨花板制成的零部件，其表面所呈现的各种大小不同的碎料形状以及木材表面可能存在的虫眼、钉眼、裂缝等，也称为结构不平度。

家具产品表面粗糙度，是评定家具表面质量的重要指标。家具零部件的表面粗糙度，直接影响零部件胶接、胶贴、装饰的质量以及胶料与涂料的用量。

1.4.2 影响家具表面粗糙度的主要因素

(1) 切削用量　切削用量包括刀轴转速、进给速度（进料速度）、吃刀量等的大小。主轴的转速愈快，进给速度愈慢，吃刀量愈少，则加工表面的光洁度就愈高。降低进给速度，减少吃刀量，虽能提高表面的光洁度，但要以降低生产效率为代价。所以一般通过提高刀轴转速来提高工件表面切削光洁度。

(2) 切削刀具　刀具的材料、几何参数、制造精度、刀磨质量以及刀具工作表面的光洁度等，均会影响工件表面加工的粗糙度。

(3) 机床-夹具-刀具-工件工艺系统的刚度、精度及稳定性　机床、夹具、刀具、工件等的刚度、精度、稳定性差，不仅降低工件的加工精度，同时也会降低工件加工表面的光洁度。

(4) 木材含水率影响　含水率低的木材，其切削加工表面的光洁度比含水率高的木材好。含水率较高的木材，其被切削加工的表面易产生木毛，还会产生干缩，导致其表面光洁度降低。

(5) 切削方向影响　工件顺木材纤维方向进行切削加工的切削阻力，比逆纤维方向加工的要小，其切削表面的光洁度较高。同理，工件纵向切削的表面光洁度比横向切削的要高，而弦向切削的表面光洁度则要比径向切削的要高。

(6) 其他因素　刀具切削时的切屑排除状况（如方壳钻、刨刀）及其他偶然因素（吃刀量或进给速度突然增加）；木材物理力学性质，如硬度、密度、弹性等，都会影响表面切削加工的光洁度。

综上所述，必须从机床的类型及其精度、刀具、切削用量等多方面来寻求提高表面光洁度的有效措施。同时，还应强调指出：要根据不同的质量要求，合理地规定其表面粗糙度，正确解决提高表面光洁度与提高劳动生产率之间可能存在的矛盾。

1.4.3 产品表面光洁度对产品质量的影响

(1) 影响产品加工精度 家具表面光洁度愈高，加工精度也就愈高，测量尺寸的精确度也就愈高。因此，工件表面光洁度愈高，在正常情况下，其加工精度也会愈高，反之就愈低。

(2) 影响产品胶合强度 零部件表面的光洁度愈高，则彼此胶合的强度也就愈大，单位面积用胶量也愈少，反之亦然。

(3) 影响涂饰质量 产品表面愈光洁，木纹愈清晰，着色就愈均匀，涂膜附着力就愈强，其涂饰质量就愈好。

(4) 影响制品外观美 家具表面愈光洁，就愈美观，会产生精致光滑的美感。

1.4.4 木材制品表面光洁度的评定

对于精密仪表、精密机床设备表面的光洁度，可采用一系列精密的光电仪表来进行检测，但对于家具制造行业是否可行，是否必要，尚在待探讨之中，在目前的木材加工生产企业中尚未采用，因为绝大多数家具制品最终的表面光洁度是涂膜的光洁度，可用光泽仪进行检测。当前家具制造业，对工件表面光洁度的要求，主要是依靠加工的工艺来保证。工件表面光洁度分为粗光、细光、精光三个等级。粗光是指工件表面仅经过平刨、压刨、铣削加工，具有较细的波浪纹状。细光是指工件表面经过平刨、压刨、铣削加工后，再经粗、细砂光机进行砂光或经一般光刨机进行刨光，其表面基本无波浪纹状，仅有微细直线状砂痕或细小的撕裂。精光是指工件表面经过平刨、压刨、铣削加工后，用很精密、锋利的手工光刨进行刨光或用极细的（00#）高速砂带进行砂光，其表面用肉眼看不出砂痕与刨痕，手感十分光滑。

现在，一般家具企业对工件表面光洁度的检验是凭主观经验，以眼看、手摸触感为准，由有丰富实践经验的工人或技术员负责检验。在实际操作中，采用画粉笔的检测方法，即用粉笔在工件的加工表面上画一笔，若呈现出明显粉笔痕印的为粗光，粉笔痕印较明显的为细光，笔痕不明显或没有的则为精光。

思考题

1. 生产准备和生产组织管理过程包括哪些工作内容？
2. 实木家具的加工工艺过程包括哪些主要组成部分？可划分为哪些主要生产车间？
3. 工序可划分为哪四个组成单元？有何意义？
4. 何谓工序分化和工序集中？各有何优、缺点？怎样合理应用？
5. 何谓工艺规程？制定工艺规程有何具体要求？
6. 何谓基准？基准可分为哪些类型？
7. 何谓基准的同一性？试举例说明？
8. 何谓切削加工精度？试分析影响木材切削加工精度的主要因素有哪些？
9. 何谓系统性误差和偶然性误差？试分析各自产生的原因有哪些？
10. 举例说明机床刀轴的径向跳动与轴向移动对被加工件的加工精度有何影响？
11. 何谓工艺系统弹性变形？试分析减少其弹性变形有哪些主要措施？
12. 何谓基准误差？怎样合理选择加工基准？
13. 木材经切削加工后，其切削表面可能会产生哪些粗糙度？试分析影响木材切削加工表面粗糙度的主要因素有哪些？

第2章 配料工艺

按照零件尺寸规格和质量要求，将锯材及各种人造板材锯割成各种规格、形状毛料的过程称为配料。配料是切削加工工艺过程的第一个工段，工艺虽较简单，但配料工作的水平直接影响到产品的质量、合理用材、材料利用率和劳动生产率。因此，必须引起重视，应选派经验丰富、技术全面、责任感强的技术人员和工人去把关配料，以达到确保产品用材质量和充分利用原材料的目的。

在进行配料时，应考虑以下问题：根据产品质量要求合理选材；合理确定加工余量，确保锯材的含水率要求；正确选择配料的方式和加工的方法。

2.1 选材

2.1.1 配料选材的原则

不同等级的家具产品及同一产品中不同部位的零件，对材料的要求往往不是相同的。如高档家具与普通家具由于产品价格上的差距，必然造成用材品种、等级上的差异；对同一产品的正面和侧面、表面和里面、上面和下面等不同部位的用材，也常有差异。因而根据家具产品的质量要求，合理确定各零件所用材种、材级、含水率、纹理等因素，不仅可以在保证产品质量要求的前提下，节约使用优质材料，合理利用低质材料，做到物尽其用，而且也能保证提高产品质量、毛料出材率和劳动生产率，做到优质、高产、低消耗。

配料所采用的锯材可以是毛边板，也可以是整边板。采用毛边板可以更充分地利用木材。根据产品的质量要求，高级家具的主要零部件，以至于整个产品，往往需要用同一树种木材来配料。对于一般家具，生产中通常按硬材、软材来分类，将质地近似、颜色和纹理大致相同的树种混合配料，以确保产品的质量。此外，在选料时还应该考虑到零部件的受力情况，对于受力较大的零件，需使用优质材。对带有榫头的零件，其毛料端头不允许有节子、腐朽、裂纹等缺陷，以免降低其榫头的接合强度。

因为木材的品种很多，不同材料其物理力学性能不尽相同。对于同种材料来说，材质也有较大差异，有一等、二等、三等、等外级之分。因此，在配料时不仅要满足家具产品对材种、材质的合理要求，而且要尽可能地提高木材的利用率。

所以，配料应遵循以下的用材原则：大材不小用，长材不短用，优质材不劣用，低质材合理使用。做到材尽其用，最大限度地提高利用率。这也是家具设计和工艺技术人员在确定每个零部件的材种、材级时应掌握的基本原则。

2.1.2 配料选材的技术要求

根据家具用材标准的要求和生产实践中总结的经验，配料选材应注意以下技术要求。

2.1.2.1 木材含水率

木材含水率是木材重要的技术参数。含水率是否符合产品的技术要求，对产品质量具有重大影响，它直接关系到产品零部件接合的强度、整个加工工艺过程的周期长短及劳动生产率的提高。木材含水率过高，不仅会降低零件的尺寸精度和几何形状精度，而且还会削弱木材的胶接强度、榫接合强度、涂膜附着力及表面加工光洁度。

为使木材的含水率达到工艺技术要求，必须先将成材进行干燥。干燥方法有天然干燥和人工干燥两种。天然干燥成本低，周期长，成材贮存量多，占地面积大。人工干燥周期短，占地面积小，但成本较高。所以，需要综合运用这两种干燥方法，才能达到既经济，又满足木材含水率的要求。人工干燥应注意木材内外含水率的平衡性，消除内应力，减少木材在加工和使用过程中产生翘曲、开裂、变形等现象，以保证产品的质量。

由于家具的等级及使用地区的不同，对木材含水率的要求会有一定的差异。即使是同一种产品，因家具的使用地区不同，对其含水率要求也不一样。因此，规定木材含水率时，除了根据产品的技术要求、使用条件、质量要求外，还应该结合家具使用地区的木材年平均含水率而合理确定。木材的含水率不能高于家具使用地区的木材年平均含水率。普级家具用材的含水率，一般规定长江以南地区需低于16%，以北需低于14%。出口家具与高级家具用材的含水率需低于12%。制定合适的木材含水率标准，是关系到产品质量、木材利用率等的重要问题，在实际生产中应该高度重视。

2.1.2.2 产品外表用材

对于同一家具产品而言，产品的外表面，特别是正视面、台面、脚、牵脚档等的用材，需要选用优质材，一般不能带有死节、裂缝、腐朽、树脂囊、严重斜纹、缺棱等缺陷，以提高家具的质感与外观美。为确保家具外表用材质量的要求，家具国家标准特对不同等级的家具，做出如下规定。

(1) 普级家具 要求材质近似，颜色大致相同，无明显色差，且材内不得有活虫，若有则要先进行杀虫处理，方能配料。

(2) 中级家具 要求对称部件用同种木材，且纹理大致相同，色彩相同或近似，其他外表面只要求材质近似。

(3) 高级家具 要求材性稳定，纹理漂亮，颜色相同的单一材种的优质材。

2.1.2.3 制品内部用材

在不影响家具力学强度和使用要求的条件下，根据产品的市场定位，应合理利用低质材。如家具的后背板，不可见搁板、隔板、空心覆面板的衬条等零部件，由于在家具中所处位置不显眼或不可见，应尽可能利用低质材。特别是双面覆面的空心板衬条，还可选用初腐材、等外材、边角材料以及胶合板、纤维板等边角材料来制作。因为这样选材对家具使用强度与美观都没有影响，是合理的，能达到充分利用木材资源与降低产品成本的目的。

2.1.2.4 拼板用材

对于拼板部件的用材，一般使用材种、材级相近似的木材相拼，最好是选用同种、同等级的木材相拼，这样会减少拼板件的变形，确保拼板部件的质量。

2.1.2.5 其他要求

对于受力较大或经常受磨损的零部件，如家具的各种脚料、面板等的用料，应选用优质硬材；对于有榫眼、榫头的零件，其榫头、榫眼所用材料不应有节子、腐朽、裂缝等缺陷，以免影响接合强度或减少报废率。另外，选择产品表面材料还应考虑木材纹理的方向，特别要关注的是柜的门板、屉面板等部件，需选择木材顺纹方向与地面相垂直，以提高家具的美观性。

2.2 配料设备与配料工艺

2.2.1 配料设备

常用的配料设备主要有断料锯（横截锯）、纵解锯、带锯机、排锯机和人造板开料锯等，现分别介绍如下。

断料锯：
- 带辊筒工作台吊截圆锯
- 带辊筒工作台气动断料圆锯（图 2-1）
- 带推车圆锯
- 悬臂圆锯机（图 2-2）
- 自动优选锯（图 2-3）

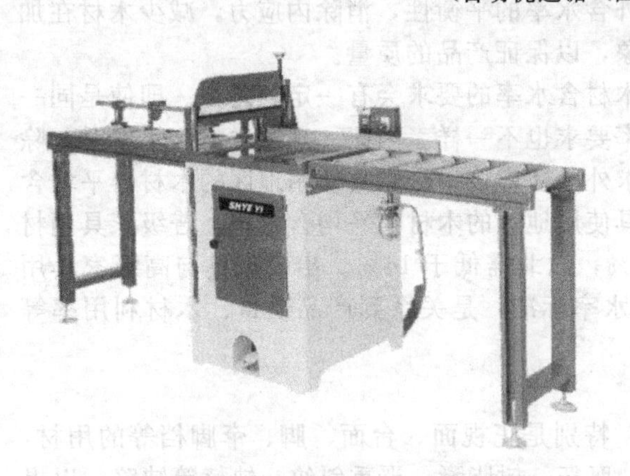

图 2-1 气动断料圆锯图

图 2-2 悬臂圆锯机

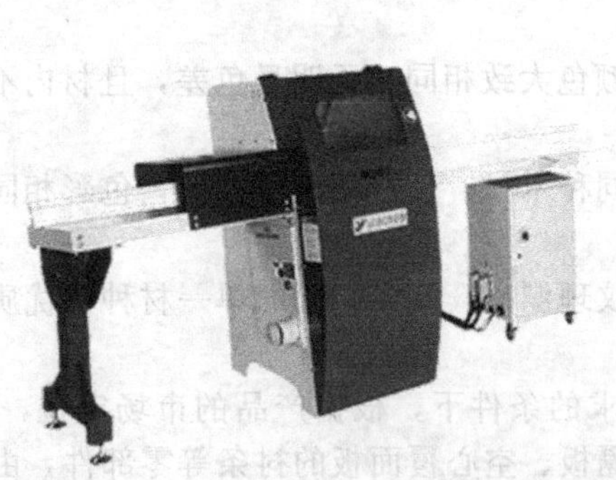

图 2-3 自动优选锯

纵解锯：
- 单片纵锯机（分手工进料与自动进料）（图 2-4）
- 自动进料多锯片纵解圆锯机
- 带锯机
- 排锯机
- 细木工带锯机

人造板开料锯：
- 电脑自动开料锯（图 2-5）
- 自动走刀开料锯
- 带推车开料锯（图 2-6）
- 自动立式裁板锯（图 2-7）

图 2-4　单片纵锯机

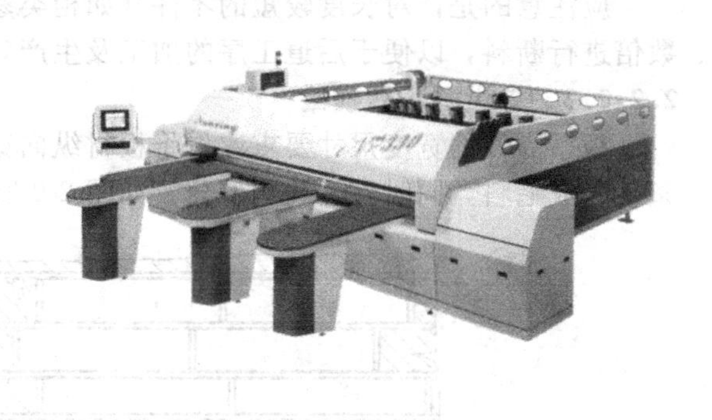

图 2-5　电脑自动开料锯

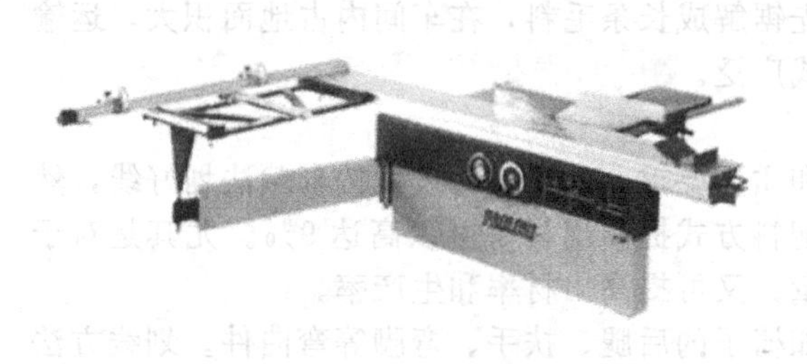

图 2-6　带推车开料锯

图 2-7　自动立式裁板锯

2.2.2 配料工艺

板材配料方案可归纳为五种方式，在生产实践中一般是将这些方式分别组合进行。

2.2.2.1　先截断，后纵解

根据零件长度尺寸要求，先将板材经横截锯截断成一定规格的长度，同时除去不符合工艺要求的缺陷部分，如裂缝、腐朽、死节等。然后将截断成规格板的长度板料再纵向锯解成方材或弯曲件的毛料，如图 2-8 所示。

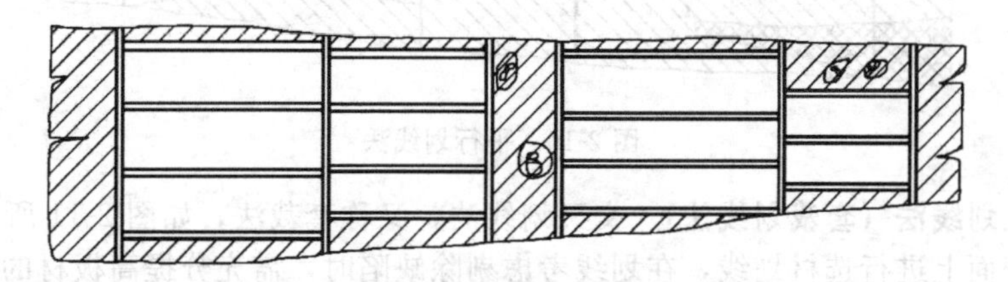

图 2-8　先截断，后纵解

这种方式的优点在于将长的板材先截成各种规格的短板，这样可以减轻下道工序纵解的劳动强度，操作轻便。同时也方便车间运输，减少车间占地面积。采用毛边板配料时，可以克服整块板材尖削度过大造成出材率低的缺陷，并可以长、短毛料搭配锯截，充分利用板材的长度，做到长材不短用。因此，这种配料方式，在目前使用最为广泛。

这种配料方式的缺点是出材率较低，因为在剔除木板上的死节、腐朽、裂缝等缺陷时，往往会同时截去部分有用的材料。

应注意的是，对长度较短的零件（如柜类家具的亮脚、木拉手等），应按零件长度的整数倍进行断料，以便于后道工序的加工及生产效率的提高。

2.2.2.2 先纵解，后横截

根据零件的宽度尺寸要求，先将板材纵向锯解成长条，然后根据零件的长度要求，将长条横截成毛料，同时除去缺陷部分，如图 2-9 所示。

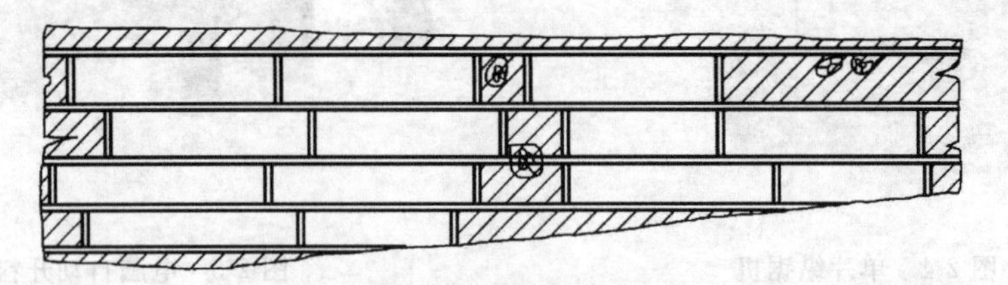

图 2-9 先纵解，后横截

这种方式适用于配制同一宽度（或厚度）规格的大批量毛料。可在机械进料的单锯片或多锯片纵解圆锯机上进行加工。应用多锯片圆锯机时，整块板材一次就能锯成多根板条，生产效率高，质量好。且将长条木材锯断成规格长度，需截去有缺陷的部分时，被锯掉的优质材较少，能提高木材的出材率。但由于板材先锯解成长条毛料，在车间内占地面积大，运输也不太方便，所以其应用不如上面的配料方式广泛。

2.2.2.3 先划线，后锯解

这种配料方式是根据零件的规格、形状和质量要求，先在板材表面按套裁法划好线，然后再按划好的线进行锯解。根据实验，这种配料方式提高出材率可以高达 9%。尤其是对于弯曲形零件，预先划好线，既保证了配料质量，又可提高出材率和生产率。

这种方式主要用于弯曲零部件的配料，如椅子的后腿、扶手、弯脚等弯曲件。划线方法有平行划线法和交叉划线法两种。

(1) 平行划线法 平行划线法如图 2-10 所示。先将板材按毛料的长度尺寸锯成短板，同时注意剔除板材中的缺陷部分，然后用样板（根据零件的形状、尺寸要求，再放出加工余量，所作成的样板）在短板上进行平行划线。此法配料加工方便，生产效率高，适合于机械大批量加工，因而应用较普遍。其缺点是出材率稍低。

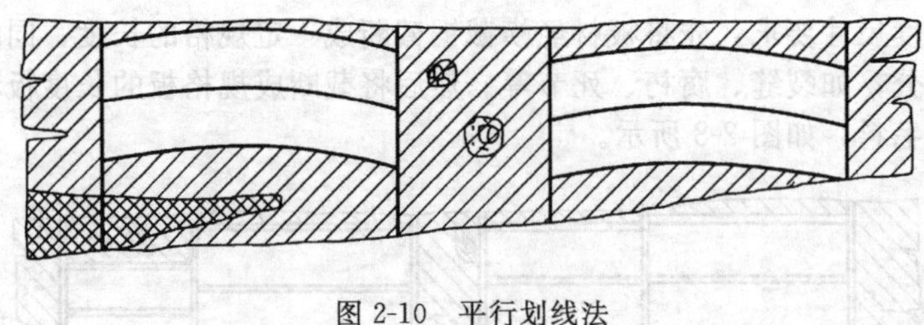

图 2-10 平行划线法

(2) 交叉划线法（套裁划线法） 交叉划线法，又称套裁法，如图 2-11 所示。先用样板在整个板材表面上进行选材划线，在划线考虑剔除缺陷时，需充分提高板材的出材率。这种方法虽能提高木材的出材率，但配料锯解很不方便，导致劳动强度大，生产效率低。这种配料方式一般用于特别贵重木材的配料，不适于大批量机械化生产，应用较少。

2.2.2.4 先粗刨，后划线

为了使板材表面上的缺陷、木材纹理及材色能清晰地暴露出来，便于更好地辨识材质和更合理地选材配料，采用先将板材两面进行粗刨，然后再划线进行配料的办法。即将板材先经单面压刨或双面压刨进行粗刨，操作人员可以合理避开木材上的缺陷进行划线，以提高出材率。另外，由于板材表面先经刨削，所以在锯解成毛料之后，对于质量要求不高的零件，

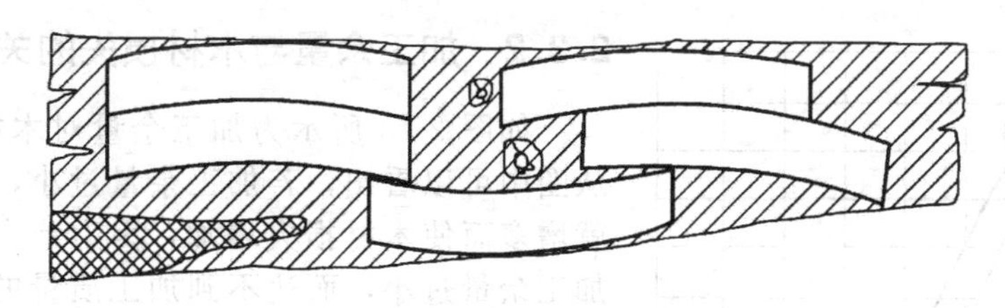

图 2-11 交叉划线法

就只需加工其余两个锯切面，减少了后续的加工工序。

但是，在刨削未经锯截的长板材时，长板材在车间内运输不便，占地面积也大。此外，板材通过压刨刨削一次，往往不能使板面上的锯痕和翘曲度全部除去，因此并不能代替基准面的加工，对于尺寸精度要求较高的零件，仍需要通过平刨、压刨进行基准面与相对面的加工，才能获得准确的尺寸和形状精度。此种方式主要用于高级木材的配料，以确保高级家具的材质要求。

2.2.2.5 先指拼，后锯解

这种配料方式是先将板材两面进行粗刨，再锯成长短不一的短板，同时锯掉板上的缺陷；然后用纵解锯机将短板纵解成窄板；再用齿榫机分别对窄板的端面、侧面加工齿形榫与齿形槽；接着将加工好齿形榫与齿形槽的窄板接长拼宽，使之成为较长较宽而无缺陷的整边板材，再按上述任何一种方法进行配料。或者将板材锯成短板，并将短板锯解成整边板后，再胶拼成宽板，然后锯成符合规格的毛料，如图 2-12 所示。也可先将板材锯成板条，并截去缺陷，然后对短板条端面加工出齿形榫，并利用齿形榫胶接成长料，再将长料锯成所需要的毛料。

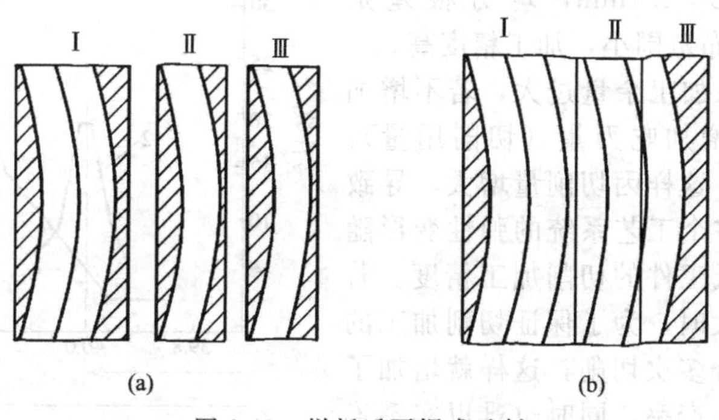

图 2-12 拼板后再锯成毛料

此种配料方法，虽较费工，生产率较低，但能有效地提高木材的利用率和零件的质量，是配料发展的方向，应大力提倡使用。

掌握了上述几种配料方式的优缺点以后，可以根据零件的工艺要求与厂房条件，并考虑木材出材率及劳动生产率的要求，合理选择组成最佳配料方案。

2.3 毛料加工余量与出材率

2.3.1 加工余量的概念

毛料加工余量是指将毛料加工成形状、尺寸和表面质量等方面符合设计要求的零件时，所切去的一部分材料。所以，加工余量也就是毛料尺寸与零件尺寸之差。如果采用湿材配料，则所配湿毛料的加工余量中还应该包括干缩量。

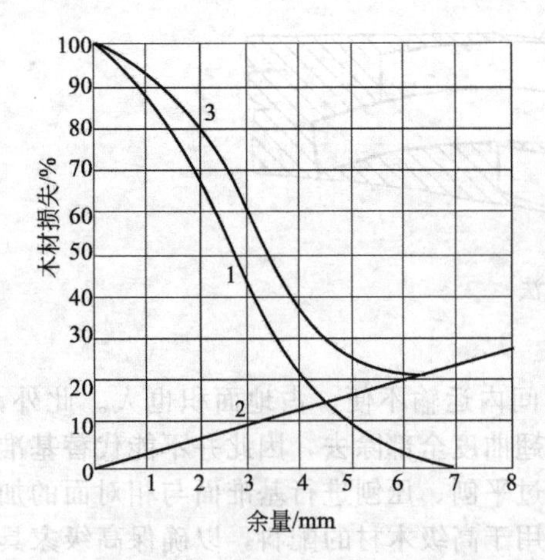

图 2-13 加工余量对木材损失的影响
1—废品损失；2—余量损失；3—总损失

2.3.2 加工余量与木材损失的关系

如图 2-13 所示为加工余量对木材损失的影响。从图中可以看出，若加工余量过小，加工出的废品就增多而使木材损失增加，因为绝大部分零件由于加工余量过小，而达不到加工质量的要求。虽然消耗在切削加工余量上的木材损失较小，但是因为达不到质量要求而产生了废品，使总的木材损失增加。相反，加工余量过大，虽然废品率可以显著降低，加工质量能保证，但木材损失因加工余量过多而增大。

因此，加工余量愈大，木材损耗就愈多；但加工余量不足，就难以达到零件切削加工精度要求，零件的废品率就增加，使木材损耗也相应增加，故需合理确定加工余量。余量过大不仅浪费木材，而且增加切削走刀的次数，降低了生产效率；否则就要增加吃刀量，以降低加工精度与光洁度为代价，是很不经济的。

2.3.3 加工余量与加工精度的关系

如图 2-14 所示为加工余量对加工精度的影响。曲线 1 切屑厚度为 2.5mm，均方根差是 0.125，公差大，分布范围广，加工精度低；曲线 2 切屑厚度为 1.4mm，均方根差是 0.042，公差小，分布范围小，加工精度高。

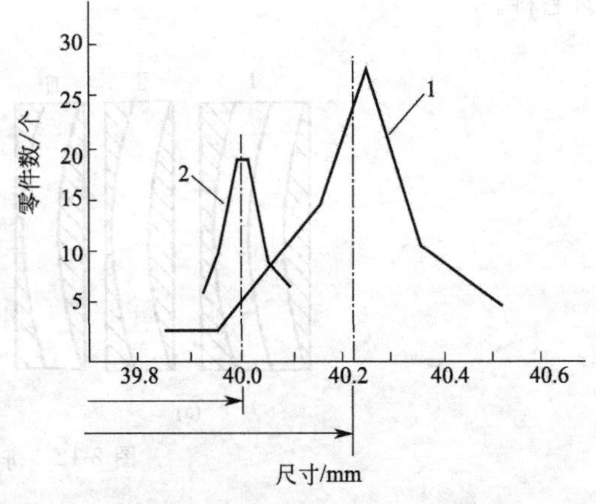

图 2-14 加工余量对加工精度的影响
1—切屑厚＝2.5mm，均方根差＝0.125；
2—切屑厚＝1.4mm，均方根差＝0.042

由此可见，如果加工余量过大，若不增加走刀次数，则势必增加吃刀量（切削用量），即增加切屑的厚度。这样因切削量增大，导致切削阻力增大，使整个工艺系统的弹性变形随之加大，所以会降低工件的切削加工精度。若毛料的加工余量过大时，为了保证切削加工的质量，往往不得不分多次切削，这样就增加了动力消耗，降低了生产率，同时也难以实现连续化、自动化生产。如果余量过小，则要求机床、夹具、刀具调整的精度高，这样就增加了调整的难度，提高了调整的技术要求，势必就会增加调整的时间，导致生产效率降低。即使这样，也无法避免产生报废的现象。

因此，正确规定加工余量，不仅可以合理利用木材，节省加工时间和动力消耗，而且能保证工件的加工精度与表面质量，并有利于实现连续化和自动化生产。

2.3.4 加工余量的确定

加工余量可分为工序余量和总余量两种。

(1) 工序余量 工序余量是为了消除上一道工序所造成的形状和尺寸的误差，而从零件表面上所切去的那一部分木材。所以，工序余量为零件加工的相邻两工序的尺寸之差。例如零件经平刨机、压刨机刨削后，仍留有波纹，尚需经过光刨机刨去一层木材，才能达到精度与光洁度的要求，故应给予一定的加工余量。因此，需要给每道切削工序以合理的加工余量。

(2) 总余量 总余量是指将毛料加工成形状、尺寸及表面质量都符合设计要求的零部件时，应从毛料表面切去的那一部分木材。它等于各道工序余量之和。若毛料为湿料，则还要加上毛料的干缩余量。

如果零件装配成部件或产品后，不需再切削加工的，总加工余量就等于零件加工余量，如椅凳、柜、台的脚架，装配后一般不再进行整体修整加工，最多是局部修整，则不必再留加工余量。

若零件装配成部件或产品后，尚需进行修整加工的，则总加工余量就等于零件加工余量和部件加工余量之和。如一些框架部件，其所构成的各种零件表面不一定在同一平面上，其周边与两表面都需要进行修整加工，所以其零件尚需增加宽度与厚度的修整余量。

2.3.5 零件厚度或宽度上的总加工余量的表示方法

① 基准面和相对面需经两次加工的湿材毛料的总加工余量为：

$$\Delta=\Delta_1+\Delta_2+\Delta_{12}+\Delta_{22}+Y_1+Y_2$$

式中 Δ_1——基准面第一次加工余量；

Δ_2——相对面第一次加工余量；

Δ_{12}——基准面第二次加工余量；

Δ_{22}——相对面第二次加工余量；

Y_1——木材干缩余量；

Y_2——表面修整余量。

② 如果零件不用进行第二次切削加工，只是装配成部件后需进行厚度修整加工的，其毛料的加工余量为：

$$\Delta=\Delta_1+\Delta_2+\Delta_0$$

式中 Δ_0——部件厚度修整加工余量。

③ 如果零件装配成部件后，其部件的外周边与厚度均需要进行切削加工的，其毛料的加工余量为：

$$\Delta=\Delta_1+\Delta_2+\Delta_2+\Delta_0 \quad (\Delta_2 \text{ 为宽度余量})$$

2.3.6 影响加工余量的主要因素

影响加工余量的因素很多，被加工材料的性质、干燥质量、设备精度、刀具的几何参数、切削用量以及机床-夹具-刀具-工件工艺系统的刚度等均有影响。其主要因素归纳如下。

(1) 木材含水率 若用湿材配成毛料后，再进行干燥，则在配料时需考虑毛料的干缩余量。毛料的干缩余量可按下式计算：

$$Y=\frac{N(W_0-W_z)\Phi_s}{100}$$

式中 N——毛料厚度或宽度的公称尺寸，mm；

W_0——毛料初含水率，%；

W_z——毛料终含水率，%；

Φ_s——木材含水率在0～30%范围内，含水率每变化1%的干缩系数，表2-1是部分树种板材的Φ_s值。

表 2-1 部分树种的干缩系数表 单位：%

树种	弦向材	径向材
杉木	0.31	0.18
云杉	0.24	0.14
桦木	0.32	0.27
柞木	0.28	0.18

(2) 毛料的尺寸误差 毛料的尺寸误差是指在配料过程中，毛料尺寸上所产生的偏差。若配料时所选用的成材规格与毛料尺寸不相符合（一般是成材的厚度大于毛料所要求的厚度）以及在锯解时定位不准确，会产生过大的尺寸误差，这都会导致加工余量的增加。

(3) 毛料的形状误差 毛料形状误差表现为毛料表面的不平行度及相邻面的不垂直度，而成翘曲或扭曲状。毛料产生形状误差的主要原因是木材干燥质量不好或含水率过高。毛料的翘曲度大，其加工余量也需相应增大。

(4) 毛料表面粗糙度 用于配料的板材表面锯痕较深、锯路不直以及毛料的锯解表面上留有较深的锯痕、撕裂等加工缺陷，则需适当增加毛料的加工余量。

(5) 工件加工定位误差 工件加工定位误差是指工件相对于机床刀具位置的误差以及定位基准和测量基准不相符合时产生的基准误差。此类误差小，则毛料的加工余量就小。

(6) 锯路宽度 工件在某些加工工序中，需进行截端、锯边或纵解，其所用锯片（锯条）的厚度、锯齿的拨齿量以及锯片偏斜度等因素，都将影响毛料的加工余量的大小。

由以上可知，木材干燥后的内应力愈大，零件的长度与宽度值愈长、愈宽，毛料的翘曲度和不平度愈大，则毛料的加工余量就愈大。若机床设备精度高、刀具质量好、工艺系统弹性变形小，则毛料的加工余量就小。

2.3.7 加工余量的经验数值

要确定零件或部件的总余量，首先需确定组成总余量的各工序余量。确定工序余量有两种方法，即分析计算法和试验统计法。分析计算法是根据零件、部件加工工艺过程的特点，对影响每一道工序加工余量的各因素进行分析和研究，合理计算出每一道工序的加工余量。试验统计法是对具体生产企业某一产品的配料加工进行实验，而后将得到的实验数据进行统计分析，以确定合理的加工余量。

当前家具行业采用的加工余量多为经验数据，一般采用下列数据：

① 厚度或宽度的余量为 2～5mm，其中较短的毛料取 2～3mm，1m 以上的毛料取 4～5mm，若材质不好还应适量增加；

② 长度加工余量为 5～20mm，对于带榫头的零件约为 5mm，无榫头的约为 10mm，用于拼板的板件取 15～20mm。

2.3.8 毛料出材率

板材配成毛料的出材率，是用所配出的毛料总材积与锯成毛料所消耗的板材总材积的百分比来表示，按下式计算：

$$P=\frac{V_{毛}}{V_{成}}\times 100\%$$

式中 P——毛料出材率；

$V_{毛}$——毛料总材积，m^3；

$V_{成}$——成材总材积，m^3。

按单一零件的毛料材积计算的出材率，比按整个家具产品零件的毛料材积计算的出材率要低得多。因为后者实为木材利用率，将板材配成较长毛料所剩下的短板，再配成较短的毛料，以充分提高板材的利用率。一般家具厂都是计算木材的利用率。

2.3.9 提高出材率的主要措施

在生产实际中，可采取以下一些措施，来提高木材的出材率。

① 认真实行零部件尺寸规格化，并使零部件尺寸规格与锯材尺寸规格衔接起来，以充分利用板材幅面与厚度规格。如零件的厚度为20mm，则利用厚度为22～23mm的板材配料，能较好地提高出材率。

② 配料时，截断锯上的操作人员应根据板材质量，将不同长度规格的毛料搭配下锯。纵解时，可以将锯下的边角材料集中管理好，供配制小毛料时使用。根据试验，此种措施可节省木材10%左右。

③ 操作人员在配料时，必须熟悉各种零部件的工艺要求，在保证产品质量的前提下，凡是零部件所允许的缺陷，如缺棱、节子、裂纹、斜纹等，可不必剔除。

④ 有些产品的零部件，在不影响使用强度与外观美的条件下，对于材面上的死节、树脂囊、裂纹、局部腐朽等缺陷，可用挖补、镶嵌的方法进行修补，以免整块材料被截去。

⑤ 一些短小零件，如较矮脚、拉手等，为了便于后续工序的加工和操作，在配料时可先按毛料倍数配料，待四面刨削光滑或车削光滑并进行其他切削加工后再截断成单个零件。这样既可提高生产率，又可减少每个毛料的加工余量。

⑥ 对于规格尺寸较大的零件，根据其技术要求，可以将小料胶拼成所要求的规格，以代替整板木材。这样既能保证强度，减少变形，又可提高木材利用率。

⑦ 在选择板材配料方案时，应尽量采用划线套裁及粗刨后划线的配料方案。经试验证明，采用先划线或粗刨后划线，然后再锯解配料，毛料的出材率可以分别提高9%和12%。虽然增加了工序，但由于提高了后续工序的生产率及出材率，也可以得到一些补偿。

在提高木材利用率方面，有些工厂采取了许多有利的措施，收到了很大效果。例如，将配料时剩下的小料再加工成细木工板，既节约了材料，又改善了产品的质量。此外，还采用将小料在长度、宽度和厚度方向上直接胶拼成较大的毛料。如用此法做成床梃、大衣柜的门框零件等毛料，加工后再贴上覆面材料，既美观，又不易发生翘曲变形，不仅提高了木材的利用率，而且提高了产品的质量。对于锯制弯曲件，如果先将较窄的板材胶拼成较宽的板木材，再划线后锯解，则能较大地提高木材利用率。如图2-12所示，原来三块窄板只能锯四个弯曲毛料，胶拼后再锯解，就可以获得五个毛料。此法虽增加了胶拼工序并要求良好的胶合质量，但出材率可以得到提高，从节约木材，特别从节约名贵木材角度来考虑，是值得的。

目前，各工厂在计算出材率时，常常不是分批统计零件出材率，而是加工出整批产品后综合计算出材率。其中不仅包括直接加工成毛料所耗用的材积，也包含锯出毛料时剩余材料再利用后的材积，这实际上是木材的利用率。各工厂的木材利用率因生产条件、技术水平和综合利用程度的不同，而有很大的差异。从原木到净料的木材利用率一般只有50%左右，对于扭曲、径级较小的原木，其利用率则更低，甚至不到30%。因此，如何提高木材利用率，合理使用木材，永远都是实际生产中需要引起高度重视的问题。

2.4 人造板及装饰板配料

在家具生产中，对胶合板、刨花板、纤维板、细木工板、装饰板等人造板材料的使用，正在逐年增加。由于这些板材的幅面尺寸大、质地比较均匀，所以配料时除了应考虑木纹方向搭配外，不必考虑材料色泽的差别及天然缺陷等因素，只需按毛料的尺寸和数量来配料，使配出的毛料幅面尺寸符合要求即可。

2.4.1 人造板配料方法

2.4.1.1 编制裁板图

现代家具所用的人造板主要有刨花板、纤维板、细木工板、胶合板、装饰板等多种。根据毛料的幅面尺寸规格，人造板配料的方案通常有两种，即套裁与不套裁。若人造板幅面尺寸刚好为毛料幅面尺寸的整数倍，则不需要进行划线套裁，直接利用开料锯锯解成所要求的毛料即可。不过这种机遇较少，在多数情况下，需采用套裁方案。通常需按多种幅面规格的毛料，先在人造板表面上进行划线套裁，并预留锯路的宽度。要求先编制裁板图。裁板图是根据人造板的幅面规格、毛料的幅面尺寸、锯口宽度和所用设备的技术特性在人造板上编制套裁图。套裁图应由家具设计人员，在进行产品设计时，进行全面考虑，合理确定，要千方百计，最大限度地提高人造板利用率。采用计算机辅助设计软件先设计套裁图，既快又准确，可设计多种套裁方案，要进行全面比较，从中选取最佳方案。应提出的是，所绘的套裁图需便于机械开料，否则利用率再高，也无法实施。

套裁锯截方案有单一的和组合的两种。如图 2-15(a) 所示为单一的锯截方案，是在一块人造板上只锯截一种规格的毛料。组合锯截方案是在一块人造板上锯出几种不同规格的毛料，如图 2-15(b) 所示。最佳锯截方案可利用计算机通过数学建模的方法来确定，以尽可能地提高板材的出材率。对于表面上有木材纹理或仿制木材纹理及其他具有方向性图案的人造板，在进行套裁时，尚需注意纹理与图案在家具中的方向要求，例如作为柜门板、抽屉面板、床屏板的部件，要求纹理与图案在家具中需处于垂直方向，且不能倒立，或者符合设计图纸要求，否则会严重影响家具的装饰效果，而难以销售出去。应提出的是，所绘的套裁图需便于机械开料，否则利用率再高，也不能实施。因此，套裁设计方案要着重考虑三方面的问题：一是提高出材率；二是注意协调好板材表面纹理和图案的方向；三是多种组合锯截方案完成裁板作业后，每件家具中各配套零件数量比例要统一，否则将增加废品损失和降低出材率。

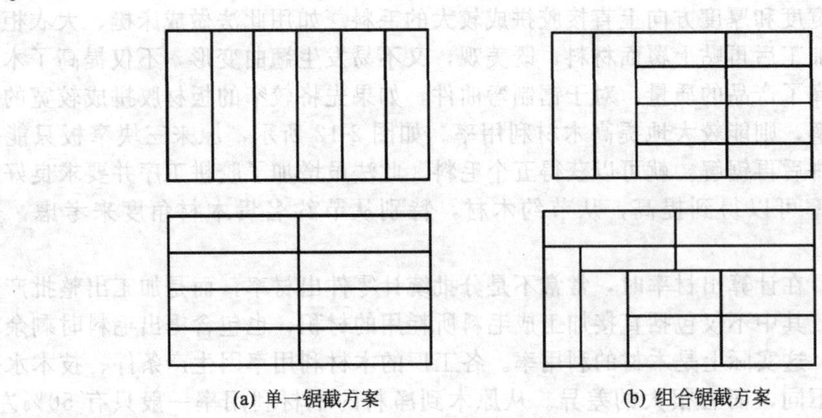

(a) 单一锯截方案　　(b) 组合锯截方案

图 2-15　锯截方案

2.4.1.2 锯截设备

人造板的幅面一般较大，有利于提高人造成板的利用率，但需要专用的人造板开料锯。人造板开料锯有立式和卧式两种基本类型，其中以卧式开料锯应用最为广泛。根据开料锯使用的锯片数量，又分为单锯片开料锯和多锯片开料锯，其中以单锯片开料锯应用较为普遍。目前，国内所用的开料锯主要有精密开料锯、往复式开料锯、自动开料锯、电脑自动开料锯等多种。所用的锯片有普通圆锯片和硬质合金圆锯片两种。普通碳素钢圆锯片容易磨损变钝，现使用较少。硬质合金圆锯片的使用周期长，加工表面光洁度高，应用广泛。常用的硬质合金圆锯片直径为300～400mm，切削速度为50～80m/s，锯片每齿进料量取决于被加工的材料，锯刨花板时为0.05～0.12mm，锯纤维板时为0.08～0.12mm，锯胶合板时为0.04～0.08mm。

(1) 精密开料锯 如图2-16所示，此种机床既可用于锯裁较大幅面的人造板，又可用于家具板式部件的裁边。加工时，锯片做高速旋转切削运动，工件放在移动工作台上，手工推动工作台，由工作台带动人造板在轨道上做进给运动进行开料。这种锯机造价低，使用方便，机动灵活，加工质量好，应用十分普遍。

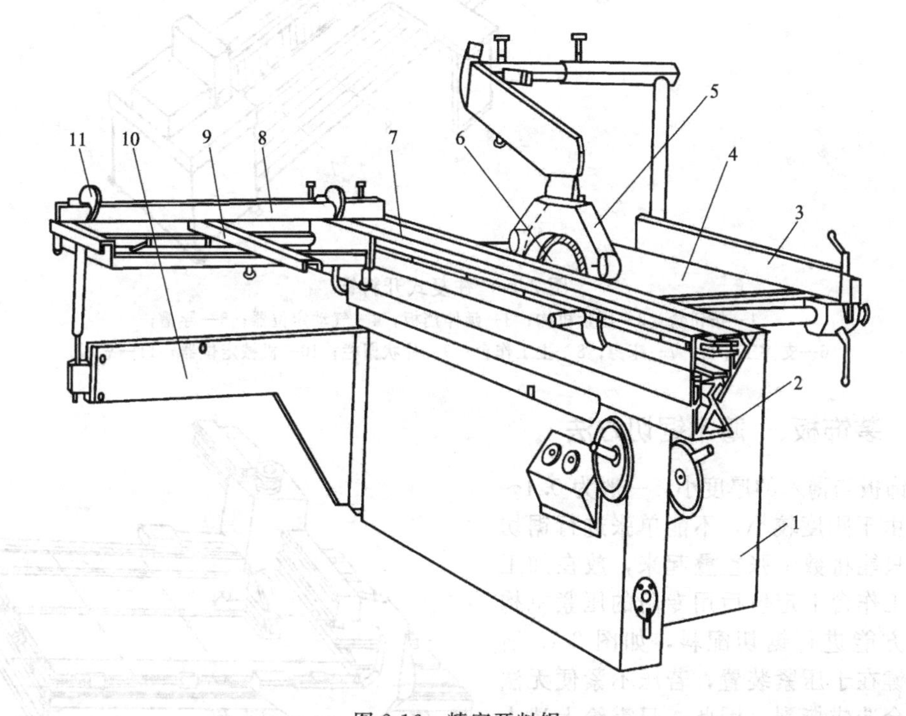

图2-16 精密开料锯

1—床身；2—支承座；3—导向装置；4—固定工作台；5—防护和吸尘装置；6—切削机构；7—双滚轮式移动滑台；8—靠板；9—横向滑台；10—支撑臂；11—挡块

(2) 往复式开料锯 如图2-17所示为往复式开料锯示意图。这是目前使用较普遍的一种人造板锯机，生产率高，锯切质量好，易于实现自动化和电脑控制。不进行加工时，锯片位于工作台下面，当板送进定位和压紧以后，锯片即自动升起做进给运动，对板进行锯切，锯切完后便自动复位，安全可靠。

(3) 自动开料锯 如图2-18所示为此种开料锯的示意图。工作时，将一叠人造板按要求放在开料锯的工作台上，启动开料锯，其锯片同时做旋转运动和在工作台中做纵向或横向往复进给运动，对人造板进行开料，直到每次走刀开料完毕，锯片回到原来位置停止运转。操作轻便，安全可靠，锯切质量好，生产效率高。

(4) 电脑自动开料锯 如图2-5所示为电脑自动开料锯。工作时，先将人造板放在开料锯工作台上，并将人造板锯切加工的程序输入电脑，接着启动机器，机器会按照所编的锯切加工程序，自动进行锯解配料。此类设备自动化程度高，加工质量好，生产效率高，且安全可靠，在大中型家具厂中应用较为普遍。

锯切后的板件应按规格平整地堆放在搁架上，每堆的高度需低于1800mm，以方便堆放与运输。同时要将工艺卡片填写清楚，以便于下道工序的连续加工。

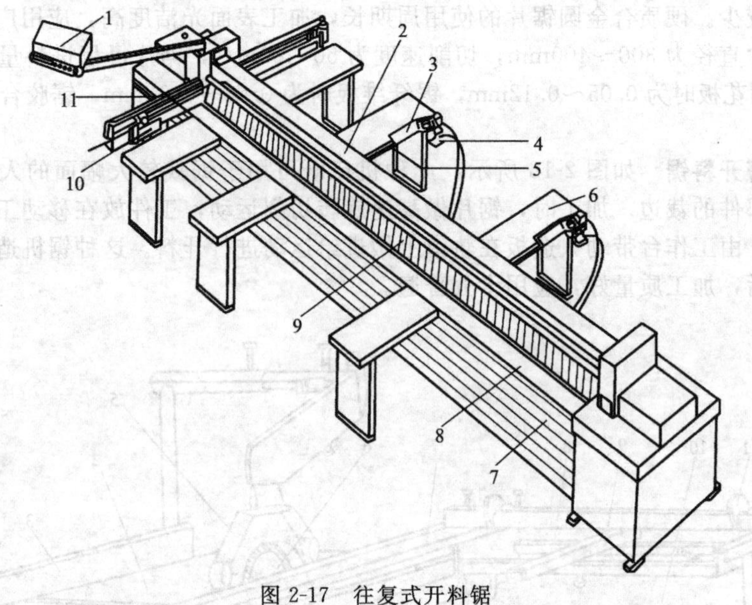

图 2-17 往复式开料锯

1—按钮盒；2—压紧机构；3—延伸挡板；4—气动定位器；5—导槽；
6—支撑工作台；7—床身；8—主工作台；9—片状栅栏；10—机械定位器；11—靠板

2.4.2 装饰板、薄木锯切方法

装饰板与薄木的厚度小，一般为 0.4～1mm，由于刚度较小，不能单张进行锯切配料。只能将数十张重叠起来，放在加工机床的工作台上定位后用专门的压紧机构压紧，方能进行锯切配料，如图 2-19 所示。关键在于压紧装置，若压不紧便无法锯切，会造成撕裂。因此，只需给上述人造板开料锯上配有压紧装置，就可用来锯切装饰板与薄木。对于使用装饰板与薄木较多的单位，可以添置剪切机进行配料加工，这是无切屑的理想配料方法，效率高，质量好。若薄木的侧面需修整，则可用立式铣床

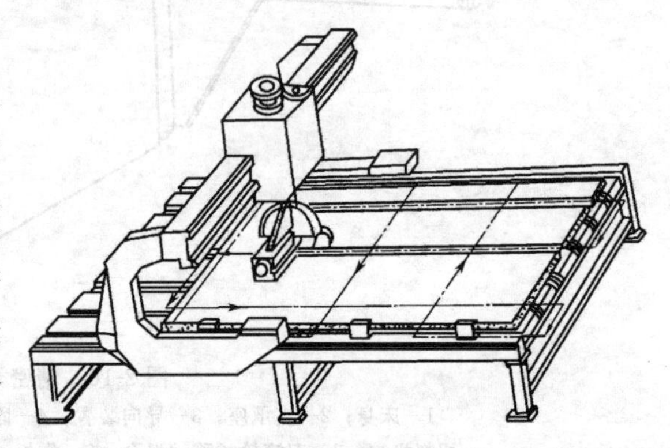

图 2-18 自动开料锯

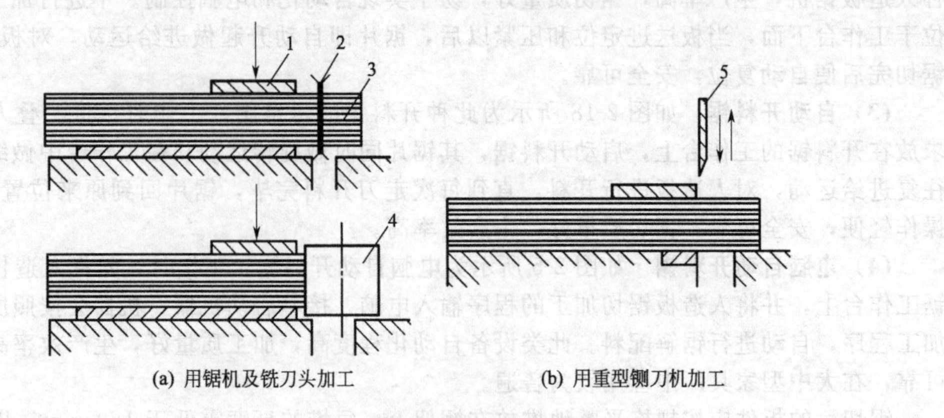

图 2-19 薄木的锯切

1—压尺；2—圆锯片；3—薄木；4—铣刀头；5—铡刀

进行加工。

2.4.3 提高人造板出材率的措施

(1) 毛料出材率计算方法 目前家具行业多用所得毛料总面积与锯解毛料所耗用人造板总面积的百分比来计算，其表示方式如下。

$$P=\frac{\sum B_i N_i}{\sum S_i X_i}\times 100\%$$

式中 B_i——某一规格的毛料面积，m^2；

N_i——某一规格的毛料数；

S_i——某一规格板的幅面面积，m^2；

X_i——某一规格板的数量。

用胶合板、细木工板、纤维板、刨花板等人造板配料时，为提高其出材率，应按多种规格的零件进行套裁下锯，做到用料合理，充分提高人造板的利用率。一般要求人造板的利用率大于90%。

2.4.4 人造板毛料零件的加工余量

一般来说，对于作覆面材料的薄胶合板，如作空心覆面板的覆面毛料，其长度与宽度方向均要预留裁边余量5～10mm。对于直接作为板式部件的，如中度纤维板、刨花板部件，可一次性锯切成符合规格要求的部件，不需留加工余量。

2.5 方材胶合工艺

家具中板方材零件一般是从整块锯材中锯解出来，这对于尺寸不太大的零件是可以满足设计要求的，但尺寸较大的零件往往由于木材干缩湿胀的特性，零件往往会因收缩或膨胀而引起翘曲变形，零件尺寸越大，这种现象就越严重。因此，对于尺寸较大的零部件可以采用短料接长、窄料拼宽或薄料层积（即方材胶合）工艺而制成，这样不仅能扩大零部件幅面与断面尺寸，提高木材利用率，节约大块木材，同时也能使零件的尺寸和形状稳定，减少变形开裂和保证产品质量，还能改善产品的强度和刚度等力学性能。

2.5.1 方材胶合的意义

方材胶合能充分提高木材的利用率，将较小的方料胶合宽的、长的、厚的木材。同时能减小制品变形，提高制品表面的平整度。

2.5.2 方材胶合的类型

方材胶合在实木家具生产中占有重要位置。其主要包括板方材长度上胶接（短料接长）、宽度上胶拼（窄料拼宽）和厚度上胶厚（薄料层积）等。

2.5.2.1 长度方向的胶接

长度方向的胶接就是将短材胶接成长材，其方法有以下三种。

(1) 对接 如图2-20所示，将木材的横截面进行胶接。由于一般木材横截面较粗糙，平整度差，所以胶接强度低，应用较少。这是由于胶合面与纤维方向垂直，木材又是多孔性体、端面面积小，同时端面不易加工光洁，胶合时胶液渗入管孔较多，所以难以获得牢固的胶合强度，一般只用于各种覆面板内框料或芯条料以及受压胶合材的中间层的接合。

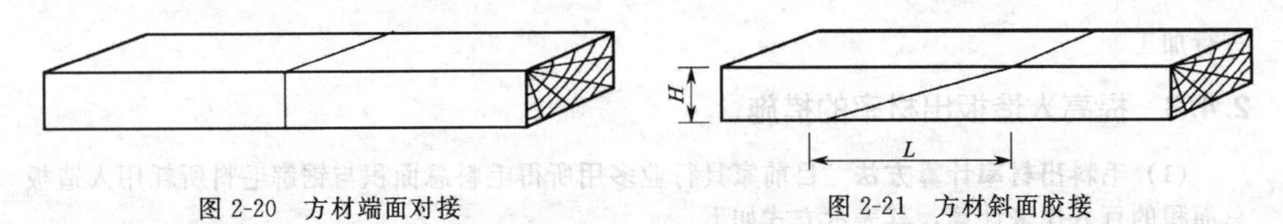

图 2-20 方材端面对接　　图 2-21 方材斜面胶接

(2) 斜面胶接 如图 2-21 所示，为提高木材横截面的胶接强度，可将木材的端面锯成斜面，以增加其胶接面积。木材端头的斜面 L 越长，胶接面积越大，接合强度就越高，但材料损耗也越多。因此，其胶合强度比对接有所增加，随着胶合面与纤维方向夹角的减小，斜面越长则接触面积越大，胶合强度就越高。但是斜坡的长度越长则加工的难度就越大，同时也浪费材料。从理论上讲，胶合面的长度为方材厚度的 10～15 倍，胶合强度最佳，但实际生产中，胶合面程度一般为方材厚度的 8～10 倍，特殊情况下也可为方材厚度的 5 倍，这样既可满足胶合强度又可减少木材损失。

(3) 齿形榫胶接 如图 2-22 所示，将木材两端加工成齿形榫进行胶接，是将小料方材两端加工成指形榫（或齿形榫）后采用胶黏剂将其在长度上胶合的方法。指形榫能在有限的长度内尽可能地增加接触面积，所以强度相对而言也是最高的。其齿形榫的方向有两种：一种是齿形呈现在木材的侧面，如图 2-22(a) 所示；另一种是齿形呈现在木材表面，如图 2-22(b) 所示，可根据产品美观性要求而定。指形榫主要有三角形和梯形两种形式，三角形指形榫不宜加工较长的榫，其指长主要为 4～8mm，属于微型指形榫接合。在实际生产中，一般常用梯形榫进行各类规格小料方材的指接，尤其是生产指接材（也称集成材），梯形榫指长一般为指距的 3～5 倍。因此木材采用齿形榫胶接，不仅接合强度大，而且材料损耗少，故应用最为广泛。

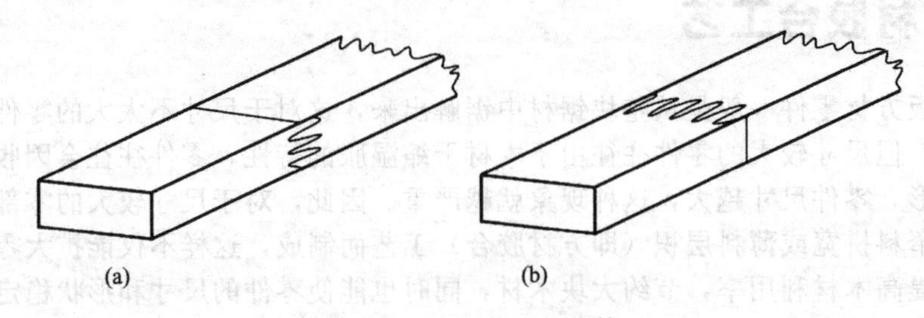

图 2-22 方材齿形榫胶接

2.5.2.2 宽度方向的胶合

采用特定的结构形式将窄的实木板胶拼成所需宽度的板材称为拼板。传统的框式家具的桌面板、台面板、柜面板、椅坐板、嵌板以及钢琴的共鸣板都采用窄板胶拼而成。实木拼板件经久耐用，但工艺技术要求高，对材质要求高，木材消耗也大。为了避免和减少拼板的收缩量和翘曲量，单块木板的宽度应有所限制。有些企业规定，当板宽超过 200mm 时，应锯成两块使用。采用拼板结构，除了限制板块的宽度外，同一拼板零件中的树种和含水率也应一致，以保持形状稳定。

(1) 拼板的主要方法及其特点

① 平面拼接　又称平拼，即将结合面刨切成平直光滑的面，借助胶黏剂进行结合，如图 2-23 所示。这种拼板结构由于不开槽不打眼，在拼板的背面上允许有 1/3 的倒棱，故在材料利用上较经济。但胶接强度低，且在胶拼的过程中，窄板的板面不易对齐，表面易发生凹凸不平的现象。所以材料厚度上的加工余量需适当增大。这种拼板方法工艺简便，接缝严密，是家具常用的拼板方法，可优先选用。

② 阶梯面拼接　又称裁口拼，是将接合面刨削成阶梯形的平直光滑的表面，借助胶进行拼接。如图 2-24 所示，这种胶接合的强度比平拼的要高，拼板表面的平整度也要好得多，

但材料消耗会相应增加，比平拼多6%～8%。

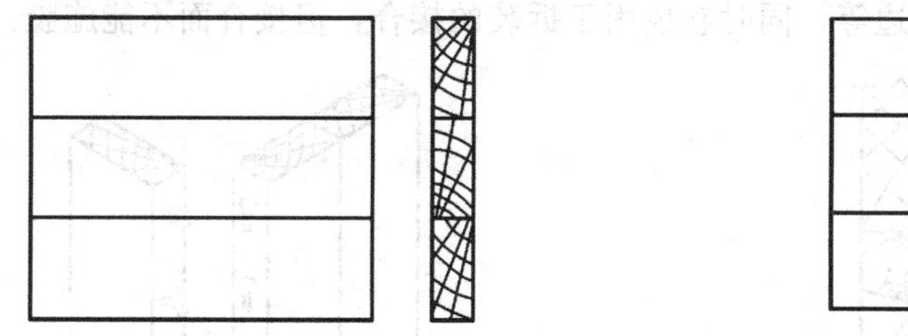

图 2-23　平拼

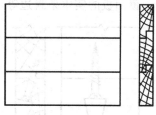

图 2-24　裁口拼

③ 槽榫（簧）拼接　又称企口拼接，将拼接面刨削成直角形的槽榫（簧）或榫槽，然后借助胶黏剂进行接合，榫槽必须保证其加工精度，否则拼缝不严。此法拼板接合强度更高，表面平整度好，材料消耗与裁口拼接基本相同。当胶缝开裂时，仍可掩盖住缝隙，拼缝密封性好，常用于柜的面板、门板、旁板以及桌、台、几的面板等的拼接，如图2-25所示。

④ 齿形槽榫拼接　又称指形接合法，将接合面刨削成齿形槽榫。这种接合强度最高，胶接面上有两个以上的小齿形，因而便于组板胶拼，拼板表面平整度高，拼缝密封性好，是一种理想的拼板法，一般用于高级面板、门板、搁板、望板、屉面板等的拼接，如图2-26所示。

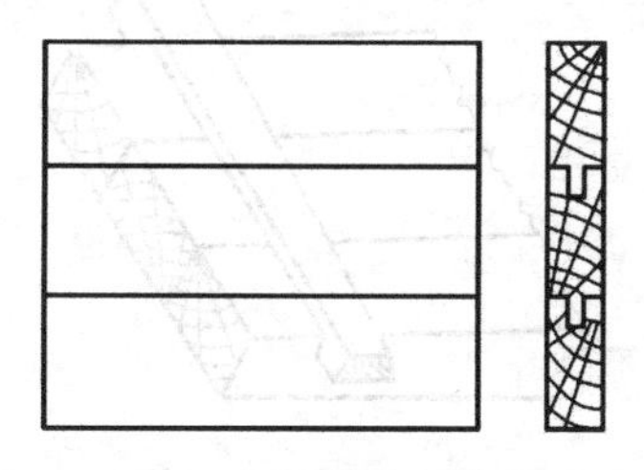

图 2-25　槽榫拼接

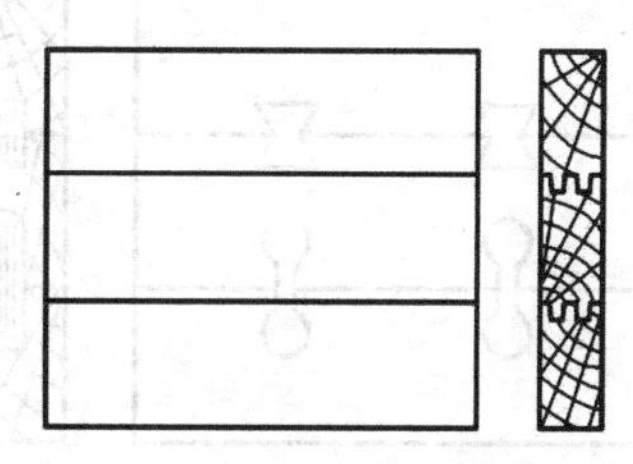

图 2-26　齿形槽榫拼接

⑤ 穿条拼接　将接合面刨削成平直光滑的直角榫，借助木条或人造板边条与胶结合。能提高胶结合强度，节约木材，加工简单，材料消耗与平拼法基本相同，是拼板结构中较好的一种方法，如图2-27所示。

⑥ 插入榫拼接　将接合面刨削成光滑平直的表面，借助圆榫（或方榫、竹钉）与胶接合，如图2-28所示。要求加工准确，方榫加工复杂，实际很少采用。该结构能提高胶结合强度，节约木材，材料消耗与平拼的方法类似，南方地区常用竹钉拼接。

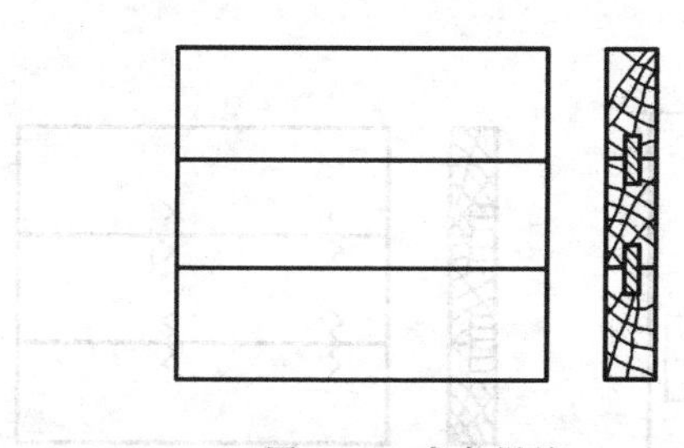

图 2-27　穿条拼接

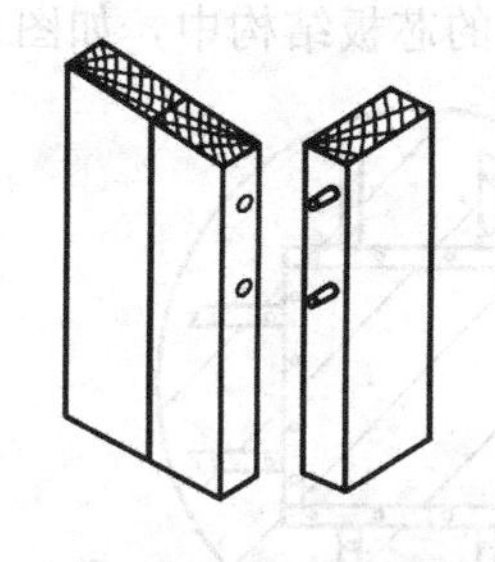

图 2-28　插入榫拼接

⑦ 螺钉拼接　有明螺钉与暗螺钉两种。前一种方法是从一个拼板的背面钻出拼板侧面的螺杆孔，在另一个拼板的拼接面钻有螺钉孔，在两拼板侧面涂胶后，用木螺钉加固胶拼，以提高拼接强度，但要破坏它反面的整体结构，如图2-29所示。后一种方法较复杂，在拼接窄板的侧面开有一个钥匙形的槽孔，另一面上拧有木螺钉，装配时将螺钉从圆孔处垂直插入钥匙形槽孔，再向钥匙形窄槽方向推移，以使钉头卡于窄槽底部，实现紧密连接，如图

2-30 所示。此法既能提高拼接强度，又不影响外表美观，常用于木条与板边的连接，如床屏盖头线、覆面板的实木条封边等。同时它也用于拆装的接合，但接合面不能施胶。

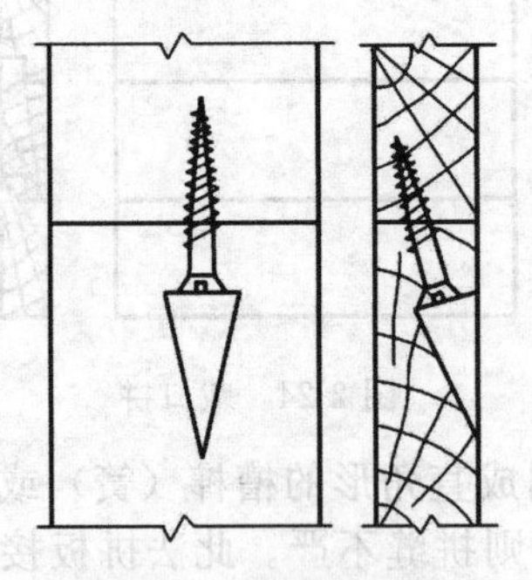
图 2-29　明螺钉拼接

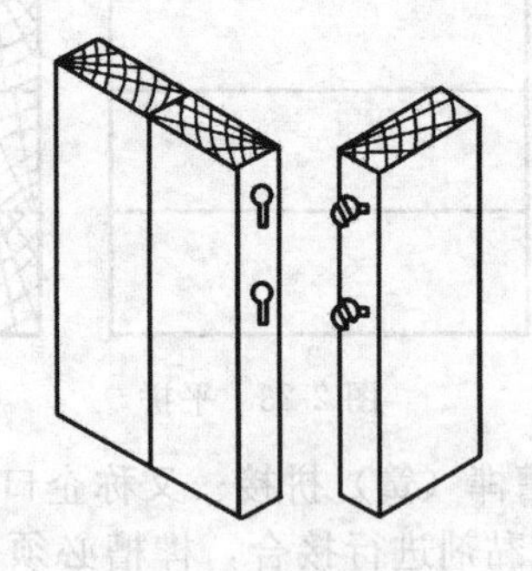
图 2-30　暗螺钉拼接

⑧ 木销拼接　将木制的插销嵌入拼板平面的接缝处。当拼板很厚时，方可使用，如制造水箱，如图 2-31 所示。

⑨ 穿带拼接　将方木刨成燕尾形断面，贯穿于木板的燕尾榫槽中，此法可控制拼板的翘曲。仓库门、汽车库的门、蓝球板等常采用该种结构，如图 2-32 所示。

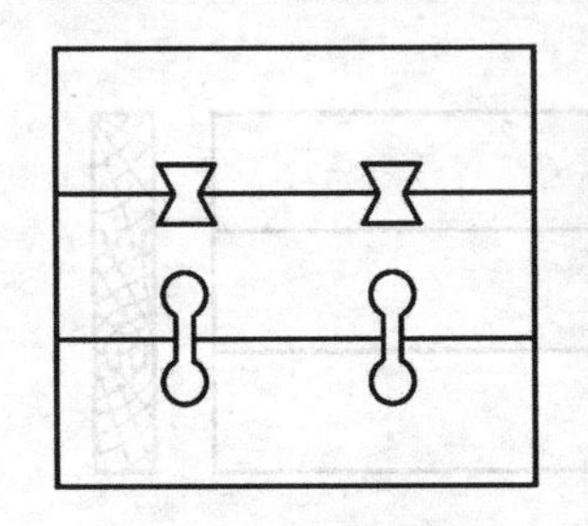
图 2-31　木销拼接

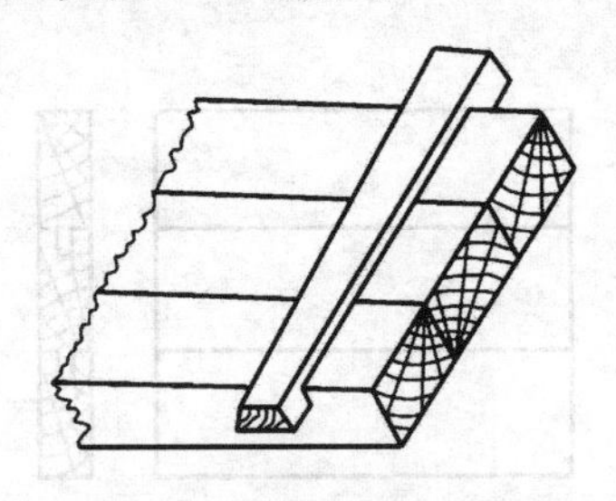
图 2-32　穿带拼接

⑩ 吊带拼接　吊带拼是在已胶拼好的拼板的背面，将方材用木螺钉横向固定在拼板上。它可加固胶接强度，又可控制拼板的翘曲。常用于大型餐桌、会议桌的面板、乒乓球台板、工作台的台面等拼板结构中，如图 2-33 所示。

⑪ 螺栓拼接　这是联结大型板面较坚固的方法。多用于试验桌、篮球板、乒乓球台面等处，如图 2-34 所示。

⑫ 金属连接件拼接　这是将波纹金属片垂直打入拼板的接缝处，多用于不重要的拼板上或者覆面的芯板结构中，如图 2-35 所示。

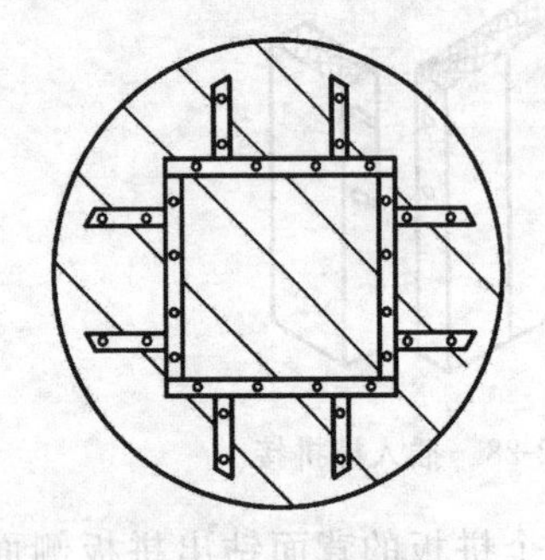
图 2-33　吊带拼接

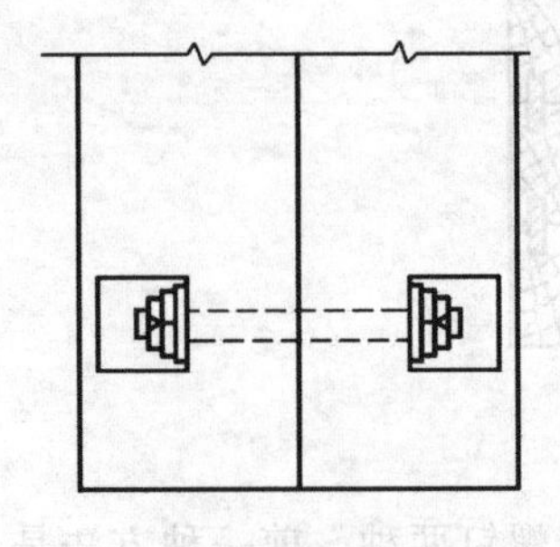
图 2-34　螺栓拼接

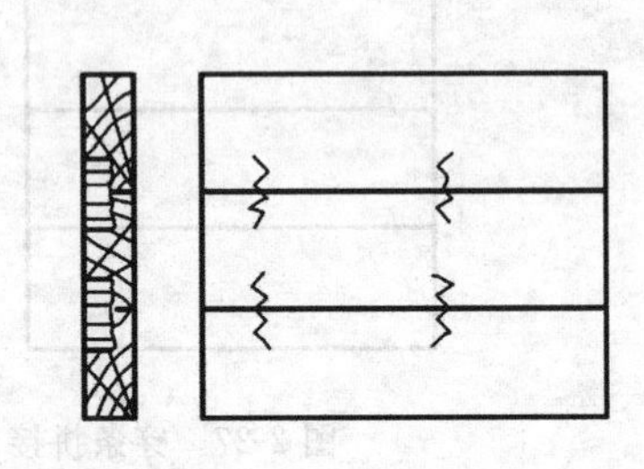
图 2-35　金属连接件拼接

(2) 拼板镶端作用与方法　采用拼板结构，当木材含水率发生变化时，拼板的变形是不可避免的。为了避免端表面暴露于外部，增加美观，防止和减少拼板发生翘曲的现象，常采用镶端法加以控制。常用的镶端有以下几种。

① 木条封端

a. 榫槽镶端法　有直角榫和燕尾榫两种形式，多用于绘图板与工作台面的镶端，如图2-36所示。

b. 透榫镶端法　它是前一种槽榫嵌端的加固法，如图2-37所示。

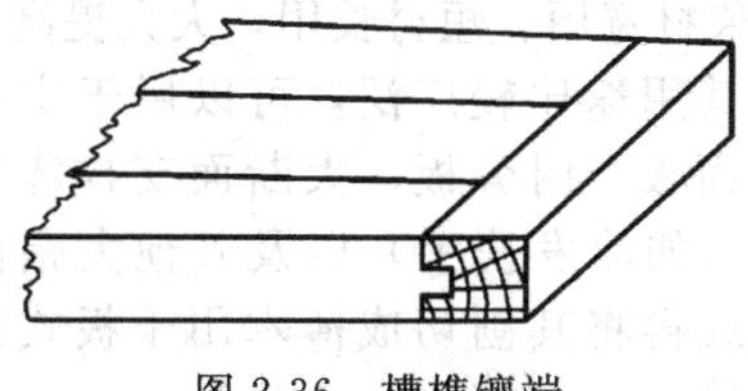

图2-36　槽榫镶端

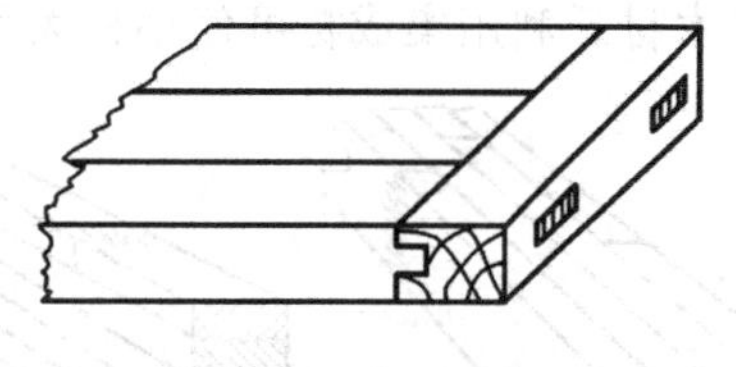

图2-37　透榫镶端

c. 斜角透榫镶端法　它具有前两种的优点，又不暴露木材的端表面。但此法加工较复杂，是我国古代家具中常用的镶端结构，常用于桌面板的镶端，如图2-38所示。

d. 矩形木条镶端法　加工简便，但板端不美观，实际很少采用，如图2-39所示。

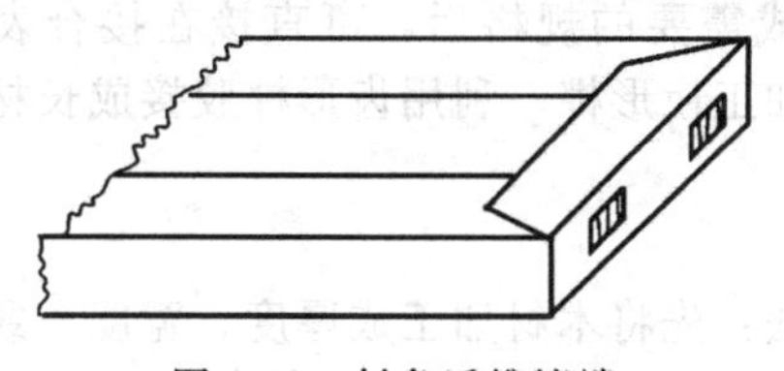

图2-38　斜角透榫镶端

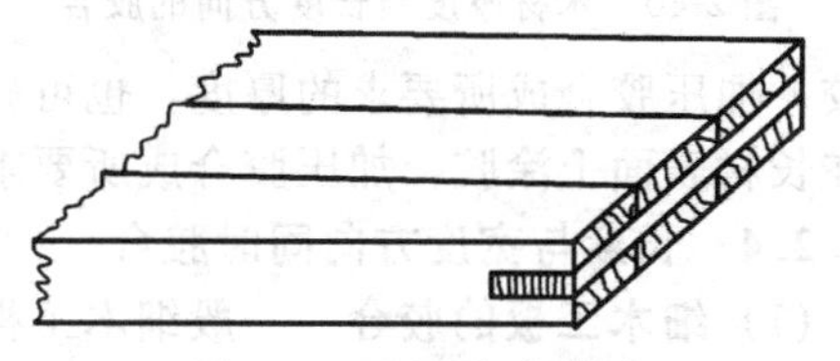

图2-39　矩形木条镶端

② 用涂料封端　即用树脂涂料涂饰拼板的端面，使之形成连续牢固的涂膜，以防止空气中的水分从拼板端面进入而破坏拼板的胶层。

(3) 拼板的技术要求

① 拼板的板材宽度　为了尽量减少实木拼板的收缩和翘曲，单块木板的宽度应有所限制，一般应小于200mm，若超过200mm需锯解成2块使用。家具用的拼板常规厚度为：桌面、屉面16～25mm，厚桌面30～50mm，嵌板6～12mm，屉旁板、屉后板10～15mm。

② 拼缝的严密性　拼板应保证拼缝严密，以满足美观与拼接强度的要求。

③ 拼接面的平整光洁度　拼板侧面的平整光洁度愈高，拼接强度就愈大。

④ 拼板的防翘曲措施　若拼板部件在家具中是无紧固结构的自由件时（如作门扇），则容易翘曲，需采取防翘曲措施，其方法是在拼板的两端设置横贯的木条。在防翘结构中，木条与拼板之间不要加胶，以允许拼板在湿度变化时能沿木条方向自由胀缩。

⑤ 拼板部件用材要求　同一拼板部件需以同种材或材性近似的木材相拼，以减少拼板部件的变形与防止胶层早期破坏。

⑥ 拼板部件材面的匹配法　其一是指各拼条的同名材面朝向一致，当湿度变化时，拼板部件会弯向一致。此法适用于桌面等有紧固结构的拼板部件，以防止弯曲的产生。其二是指相邻拼条的同名材面朝向相反，当湿度变化时，相邻拼条弯向相反，板面虽有多个小弯，但整板平整。此法适用于门板、嵌板等能自由伸缩的拼板件。

⑦ 拼板含水率　要求拼板木材的含水率一致，并应低于当地木材年平均含水率，这样拼板才不易产生变形。一般拼板木材横纤维方向尺寸（板的宽度、厚度）会随周围空气湿度的变化而变化，干缩湿胀的周期为1年，其尺寸变化幅度为：

$$\Delta B = K(W_1 - W_2)B$$

式中　ΔB——拼板宽度（或厚度）尺寸变化幅度，mm；

B——板宽度（或厚度）尺寸，mm；

K——干缩系数，因树种干缩方向而异，径向为0.1%～0.2%，弦向为0.2%～0.4%；

W_1，W_2——一年中拼板木材含水率的最大值与最小值，%。

2.5.2.3 厚度与长度方向的胶合

集成材在目前实木方材胶合中比较流行的，它是用剔除木材缺陷的短料接长后再按木材色调和纹理配板进行宽度胶合而成的材料。这种材料没有改变木材本来的结构，仍是一种天然基材，它的抗拉和抗压强度还优于木材，而且通过选拼，材料的均匀性和尺寸稳定性都优于天然木材。利用集成材可使小材大用、劣材优用、狭材宽用、短材长用，大大提高木材的利用率。其用途比较广泛，可以用于实木家具的各种台面板、门旁板、大断面支撑零件、大尺寸扶手（如沙发扶手）以及其他大幅面板件的制造，或再将其刨切成薄木用于板式家具的贴面装饰等。

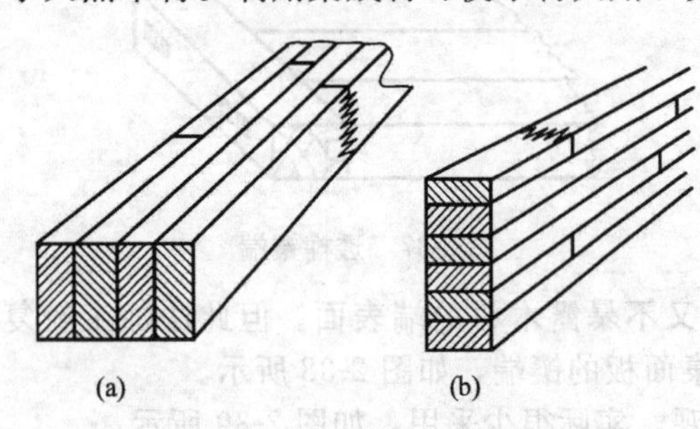

图 2-40　木材厚度与长度方向的胶合

厚度上胶合又称薄料层积，是将厚度较薄的小料通过不同的组合而层积胶合成一定断面尺寸的厚料集成材部件。如图 2-40 所示，将木材加工成需要的规格后，可直接在接合表面上涂胶，加压胶合成所要求的厚度，也可先在其端面加工齿形榫，利用齿形榫胶接成长材，然后在长材表面上涂胶，加压胶合成所要求的厚度。

2.5.2.4 长度与宽度方向同时胶合

(1) 细木工板的胶合　一般细木工板的制作方法：先将木材加工成厚度、宽度一致，长短不一的方材，然后在方材侧面涂上胶液，并将端面错开（类似用砖头砌墙一样排列）进行胶合。对强度有较高要求的细木工板，需在加工好的木材端面加工齿形榫，先胶接成长材，然后再胶接成宽材，如图 2-41 所示。

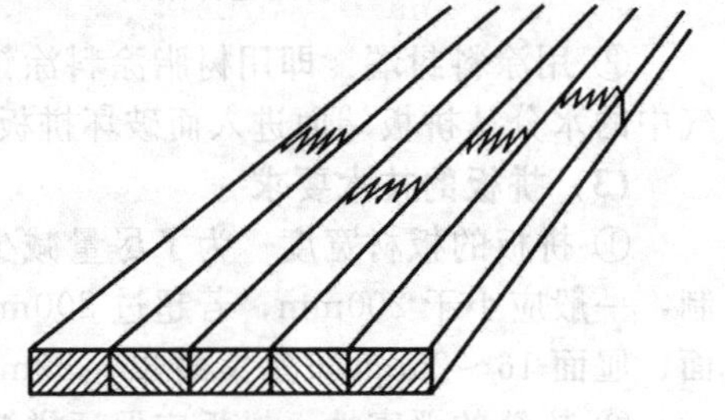
图 2-41　长度方向有齿形榫的细木工板

(2) 桌面板、门面板的胶合　对于实木拼板部件，如桌面板、门面板等，一般需在拼接木材的端面与侧面分别开出齿形榫，先用涂胶接长，然后用胶拼宽。胶合时需施加一定的压力或用接拼机进行胶合。

2.5.2.5 异型胶合

根据零件的形状进行胶合，如图 2-42 所示。如工字梁、圆形、方形、床梃、仿型桌椅腿、柱料、框料及其他较大零件，可利用小木料在长、宽、厚三维方向上胶合而成，并可在零件外表胶贴薄木或薄胶合板，以增加其美观性。

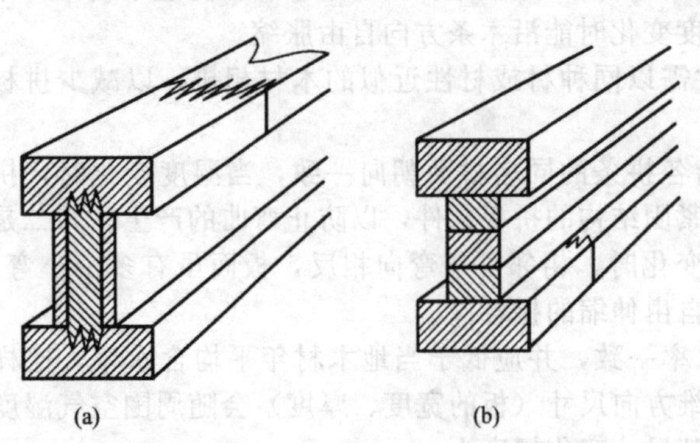

图 2-42　木材异型胶合

2.5.3 方材胶合工艺与设备

方材胶合的一般工艺过程如下（从原木开始）。

(1) 平拼板方材　原木制材（带锯机）→锯材干燥（干燥窑）→横截（横截锯）→双面刨光（双面刨）→纵解（多片锯）→横截或剔缺陷（横截锯或万能优选锯）→涂胶（涂胶机）→胶拼（拼板机或压机）→砂光（砂光机）→裁边（裁边机）。

(2) 指接板方材（集成材）　原木制材（带锯机）→锯材干燥（干燥窑）→横截（横截锯）→双面刨光（双面刨）→纵解（多片锯）→横截或剔缺陷（横截锯或万能优选锯）→指榫铣齿

(指形榫铣齿机)→指榫涂胶（指形榫涂胶机)→纵向接长（接长机或指接机)→（高频加热固化)→四面刨光（四面刨)→涂胶（涂胶机)→胶拼（拼板机或压机)→（高频或热空气加热固化)→砂光（砂光机)→裁边（裁边机)。

2.5.3.1 指接工艺与设备

为了得到木材胶合的指接板方材（集成材)，在实际生产中，由原木制材、干燥获得的干锯材（或短小料)，经配料和毛料平面加工（横截、双面刨光、纵解、横截剔缺陷等）后，一般需要再进行指接加工，如图 2-43 所示为指接生产线，该生产线可以自动完成铣齿、涂胶、接长和截断等全套工序。如图 2-44 所示为指接工序加工流程示意图。

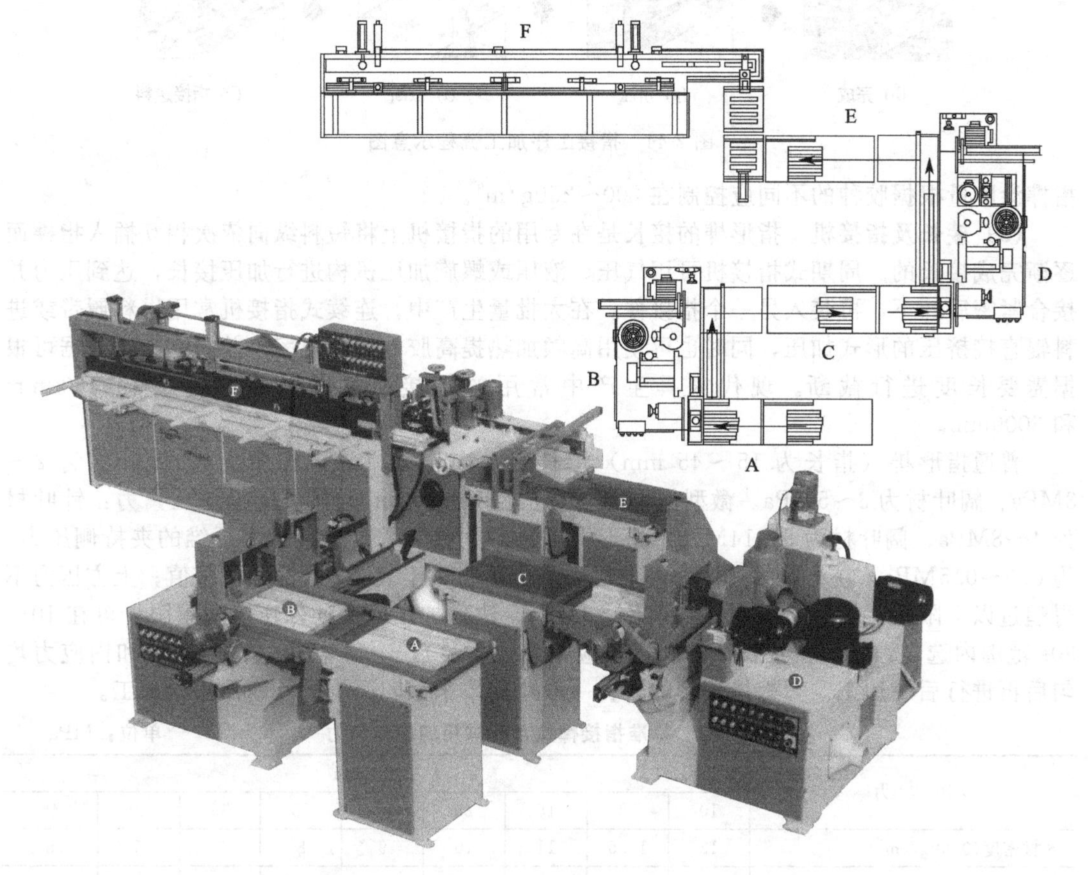

图 2-43 指接生产线
A—自动输送机；B—指形榫铣齿机（梳齿榫开榫机)；
C—自动输送机；D—指形榫铣齿机；E—自动输送机；F—全自动油压接木机

(1) 铣齿及铣齿机 小料方材的铣齿一般是在指形榫铣齿机上完成的（批量不大时也可在下轴铣床上铣齿)。为了保证小料方材的端部指形能很好地接合，在铣齿机上一般先经精截圆锯截端后，再用指形榫铣刀（整体式或组合式）铣齿，加工出符合要求的指形榫。根据连续生产的要求，可以选择左式铣齿机和右式铣齿机两台相配合对小料方材进行双端铣齿(批量不大时也可用一台铣齿机)。

(2) 涂胶及涂胶机 指形榫常用的涂胶形式有手工刷涂、手工浸涂、机械辊涂（指形辊)、机械喷涂等；涂胶时双端指榫齿面上都要进行涂胶（实际生产中为简化工序，也有采用单端涂胶)，要求涂胶均匀、无遗漏；常用胶黏剂为脲醛树脂胶（UF)、聚醋酸乙烯酯乳液胶（即乳白胶PVAc)、三聚氰胺改性脲醛树脂胶（MUF)、脲醛树脂胶与聚醋酸乙烯酯乳液形成两液胶（UF+PVAc)、间苯二酚树脂胶（RF）以及异氰酸酯胶或聚氨酯类胶等；

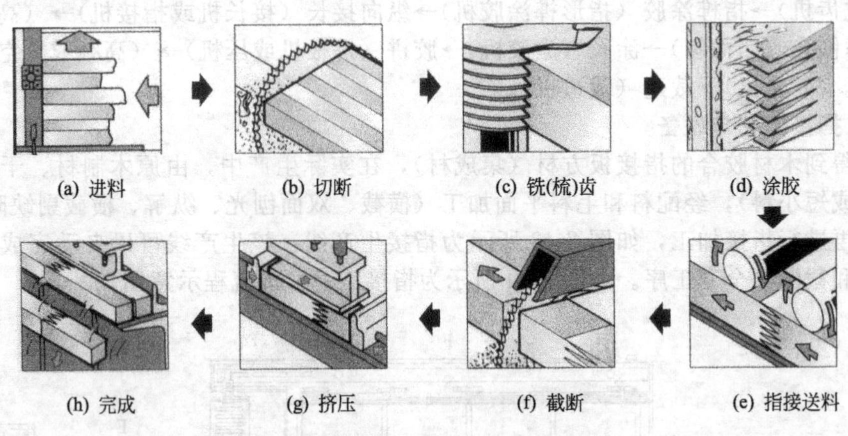

图 2-44 指接工序加工流程示意图

指榫涂胶量根据胶种的不同应控制在 200～250g/m²。

(3) 接长及指接机 指形榫的接长是在专用的指接机上将短料纵向依次相互插入指榫而逐渐完成接长的。周期式指接机可用气压、液压或螺旋加压机构进行加压接长，达到压力并接合紧密后卸下，再装入另一个指接件。在大批量生产中，连续式指接机常用进料履带或进料辊直接挤压的形式加压，同时也可使用高频加热提高胶的固化速率，并配有专用截锯可根据需要长度进行截断。现代家具生产中常用的指接机的接长范围主要为 4600mm 和 6000mm。

普通指形榫（指长为 15～45 mm）接长的端向压力（纵向压紧力）：针叶材为 2～3MPa、阔叶材为 3～5MPa。微型指形榫（指长为 5～15 mm）接长的纵向压紧力：针叶材为 4～8MPa、阔叶材为 8～14MPa。指形榫接长的上方压力（垂直于木纤维的夹持侧压力）为 0.3～0.5MPa。在实际生产中，端向压力数值不得大于表 2-2 中的加压限值；上方压力不得超过以下限值：针叶材 2MPa，阔叶材 3MPa。达到加压值后的保压时间不限，可在 10～30s 范围内选定。指接机接长后的胶接件应在室温下堆放 1～3 昼夜，待胶固化和内应力均匀后再进行后续加工。指榫接长后的长材一般还需要采用四面刨进行四面刨光加工。

表 2-2 标准指接榫接合时需用的端向压力 单位：MPa

压 力	接长/mm								
	10	12	15	20	25	30	35	40	45
木材密度(0.69g/cm³)	12	11.6	11	10	9	8	7	5	5
木材密度(0.7～0.75g/cm³)	15	14	13	12	11	10	8	7	6

2.5.3.2 拼宽工艺与设备

为了得到较宽幅面的板材，可以将经配料和毛料平面加工（横截、双面刨光、纵解、横截剔缺陷等）后的规格长材或小料方材直接涂胶拼宽，也可以采用通过指榫接长和四面刨光后再涂胶拼宽。

(1) 涂胶及涂胶机 拼宽时方材侧边常用的涂胶形式有手工刷涂、手工辊涂、机械辊涂、机械喷涂等，在连续胶拼设备中宜采用立式涂胶辊或喷胶头涂胶；常用的胶黏剂与指接用的相同；侧边涂胶量根据胶种和冷热压条件的不同，一般应控制在 200～250g/m²（冷压）或 180～220g/m²（热压）。

(2) 拼宽及拼板机 窄料拼宽是将组坯后的板坯放在各类胶拼装置上，通过加压夹紧和冷压或热压而成。在冷压时，要求室温大于 18℃，一般为 20～30℃的常温，加压时间根据胶种不同而异，快速固化型胶黏剂一般为 4～12h。在热压时，涂胶陈化时间为 10～20min，加热温度为 100～110℃，热压时间一般需要根据拼板厚度、幅面大小和加热方法而定，高频加热速度快、时间较短，只有十几秒或几分钟至十几分钟；蒸汽、热水、热油等直接接触加热，一般按每毫米厚需要 20～30s 来确定加热时间；热风或热空气加热，由于加热温度不很高而使得热压时间相对较长。宽度胶拼时，为使板坯挤紧胶合，侧向水平压力通常为 0.7～0.8MPa；为使板坯平整，幅面垂直压力为 0.1～0.2MPa。拼宽所采用的胶拼装置主要有夹紧器（楔块式、丝杆式和软管式等）和拼板机（风车式、旋转式、斜面式等）两大类。如图 2-45～图 2-48 所示分别为风车式拼板机、旋转式液压拼板机、双斜面液压拼板机、集成材拼板机。

图 2-45　风车式拼板机

图 2-46　旋转式液压拼板机

图 2-47　双斜面液压拼板机

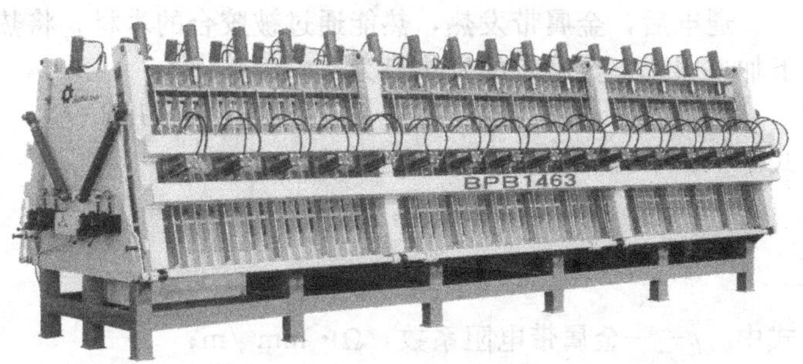

图 2-48　集成材拼板机

2.5.3.3　层积胶厚工艺与设备

为了得到较大断面或较厚尺寸的方材，可以将经拼宽后的规格板材直接涂胶层积胶厚。方材厚度上一般采用平面胶合，其加工过程为：小料方材接长、平面和侧边加工、宽度胶拼、厚度加工（宽面刨平）、厚度胶合、最后加工。

厚度上层积加厚的胶接方法、所用胶种都与宽度上胶拼基本相同，但由于工件在接长和拼宽时都使用了胶黏剂，因此厚度上胶合通常采用冷压胶合。一般可采用普通冷压机（平压法）进行胶压，也可以采用各种夹紧器进行胶压。经长度上接长后的大块胶接木，在进行宽度及厚度上胶合时，应注意相邻层拼板长度上的接头位置错开，以免应力集中产生破坏，影响构件强度。此外，还应注意相互胶拼的小料方材之间的纹理方向，以保证构件的稳定性，减少变形。

2.5.4　加速胶层固化的方法

2.5.4.1　化学法

化学加速法是指采用各种改性胶、快速固化胶、双组分胶或采用各种助剂等来加速胶黏剂固化的方法。

改性胶主要是对常用的胶黏剂进行改性，提高其固化速率；快速胶是指在板材封边时用的热熔胶或接触型胶黏剂（如氯丁橡胶等）使工件很快地进行胶合，采用接触型胶黏剂（如氯丁橡胶等）胶合，在两个胶合面上都涂上胶黏剂，开放陈放到胶膜无黏性时对合并稍加压力压合即可；双组分胶是指在胶压前把胶黏剂（甲组分）和固化剂（乙组分）分别涂于被胶合的两个面上，在胶压时才把两个面对合，并稍加压力使胶黏剂和固化剂混合起来，经一段时间后即可固化和达到牢固胶合，不需陈放就可立即进行后工序加工。常用的双组分胶（两液胶）如下：甲组分为脲醛树脂（固体含量65%），乙组分为聚醋酸乙烯酯乳液（固体含量40%以上，100份）和盐酸（HCl含量36%，1.5～2份）。

2.5.4.2　预热法

预先将被胶接的木材加热，使之贮备一定的热能，待胶合后，将热能传递给胶层，以加速胶层的固化。此法简单，受热快，但由于木材的热容量低，贮藏的热能有限，故对需要较长时间才能固化的胶层，采用此法效果并不佳。此方法对骨、皮胶层固化有着良好的效果。

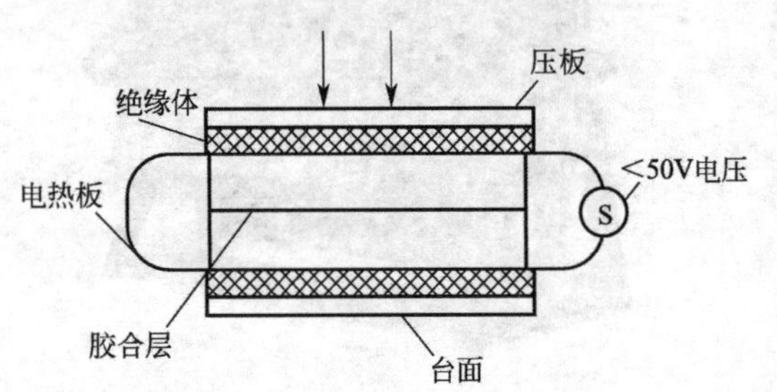

图 2-49　低压电加热原理

2.5.4.3　低压电加热法

低压电加热主要用于薄板胶合，即在胶合件的两面铺设一条软金属带（由厚度为0.4～0.6mm的低碳钢皮或不锈钢皮制成），然后加压，通低压电，直至胶层固化。如图2-49所示为低压电加热原理。

通电后，金属带发热，热能通过被胶合的木材，将热能传递至胶层，使胶层在高温高压下加速固化。金属带的发热量为：

$$Q \propto I^2 R$$

式中　I——低压电流，A；

R——金属带电阻，Ω。

$$R=\frac{\rho L}{BS}$$

式中　ρ——金属带电阻系数，$\Omega \cdot mm^2/m$；

L——金属带长度，m；

B——金属带宽度，mm；

S——金属带厚度，mm。

由于金属带愈宽，电阻就愈小，电流就愈大，故为控制电流过大，一般金属带的宽度不宜超过150mm。为此，对胶合较宽的板，需将金属带用间隙分割开来，如图2-50所示。低电压加热所需时间，主要取决于胶合件的厚度以及所用胶种。以胶合件的厚度为12mm为例，用脲醛胶或乳白胶，双面设金属带加热，其胶压时间约为12min。一般按 min/mm 计算，但需以胶层基本固化为准则。

这种方法的优点在于低压电加热设备投资少，操作方便、安全，并可用于制造薄板胶合弯曲件，同时还可以用于木质或水泥模板的胶合，以降低生产成本，提高胶合率。

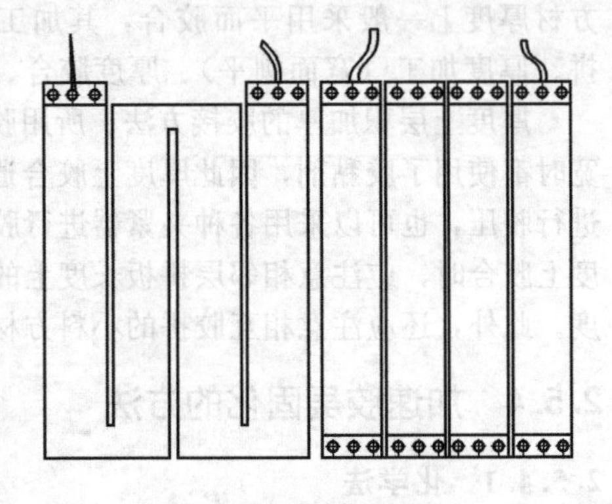
图 2-50　金属带分割示意

2.5.4.4 高频介质加热

(1) 概念 高频介质加热是将被胶合木材及其胶层作为电介质，放入高频电场的两极之间，通过高频电，使电介质内部分子在高频电场作用下，反复极化，产生剧烈的交变运动，并互相摩擦，而从将电能转变为热能，导致整个电介质温度升高，而加速固化。

每立方厘米电介质从高频电磁场中接收的功率 P（W/cm^3）为：

$$P=0.55E^2 f\varepsilon\tan\delta\times10^{-12}$$

介质产生的热量 Q 为：

$$Q=1.33E^2 f\varepsilon\tan\delta\times10^{-13}\times4.1868 \quad [J/(S\cdot cm^3)]$$

式中 E——电场强度，V/cm，$E=V/d$；

V——极板两端所加高频电压，V；

d——两极板间的距离，cm；

f——电场频率，MHz；

ε——介质的介电系数；

$\tan\delta$——损耗角正切。

加热速度：单位时间升高的温度值，用 $\Delta T/t$（℃/s）表示。

$$\Delta T/t=0.133E^2 f\varepsilon\tan\delta\eta/\rho c$$

式中 ΔT——升高温度，℃；

t——加热时间，s；

c——比热容，J/(g·℃)；

ρ——材料的密度，g/cm^3；

η——热损耗系数，0.5～0.7。

(2) 高频加热的电极与被加热介质的配置方法

① 垂直配置 电极板与木材胶层相垂直的配置。在这种配置中，电场中电力线与胶层平行，木材与胶层是并联的，因胶层的损耗因子大于木材，故吸收功率多，固化速率快。方材胶合常采用此种配置方法，如图 2-51 所示。

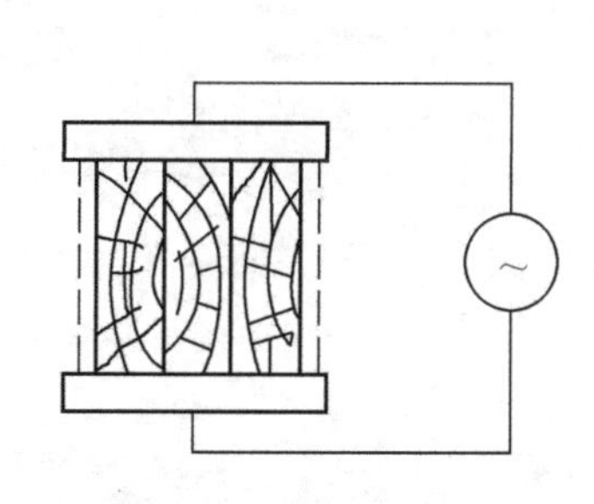

图 2-51 电极板与胶层垂直配置示意

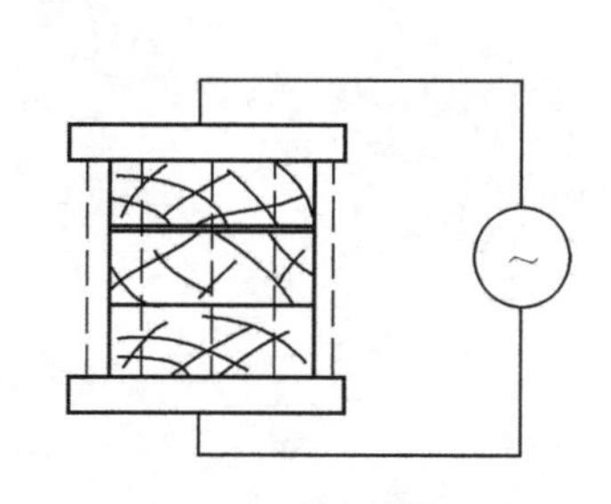

图 2-52 电极板与木材胶层平行配置示意

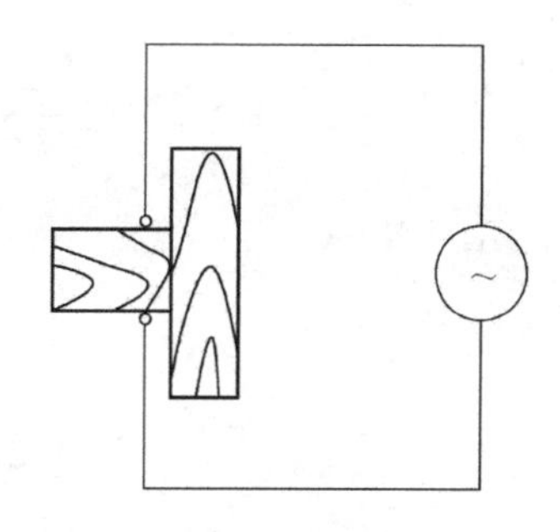

图 2-53 杂散配置示意

② 平行配置 电极板与木材胶层相平行的配置。在此种配置中，电场中的电力线与胶层相垂直，木材与胶层为串联。这样损耗因子大的胶层介质吸收功率反而小，而损耗因子小的木材介质吸收功率大。所以，用这种方式配置，胶层的固化速率较垂直配置慢。由于平行配置较为方便，故广泛用于各种覆面板的胶贴与胶合，如图 2-52 所示为其配置示意。

③ 杂散配置 对于相互垂直胶合的木材，可采用杂散配置，如图 2-53 所示。由于两个胶面的一面为木材断面，胶接强度极低，故应用极少。

(3) 影响高频加热速度的因素 由 $Q=1.33E^2 f\varepsilon\tan\delta\times10^{-13}\times4.1868$ 和 $\Delta T/t=0.133E^2 f\varepsilon\tan\delta\eta/\rho c$ 两公式便知道，胶层固化的速率与电场强度 E^2、电场频率 f、介质的介电系数 ε、损耗角正切 $\tan\delta$ 成正比，与加热介质的密度 ρ、比热容 c 成反比。其次，与木材

的材种及含水率也有着密切关系，材种不同其胶层固化时间有所差异，木材含水率高则固化时间长。

(4) 高频加热的特点

① 依靠介质分子的极化而加热。与加热工件的热传导能力、尺寸规格无关，较厚材料也可在较短时间内迅速被加热。

② 加热均匀，保证胶接质量。高频加热各部分同时进行，温度均匀，不同层次同时加热。胶合同步收缩，内应力小，胶接强度高。

③ 由于胶层的损耗因子（$\tan\delta$）比木材的大，所以固化快，热效率高，经济效益也较高。

④ 操作方便，控制加热温度方便，有利于生产机械化与自动化。

⑤ 改善工作环境，没有高温辐射。

思考题

1. 配料选材的基本原则有哪些？试分析配料选材有何技术要求？
2. 配料常用的设备有哪些？试分析用每种设备的特点及适用范围。
3. 板材配料的方法有哪几种？请指出每种方法的优、缺点。
4. 什么是加工余量？试分析影响加工余量的主要因素有哪些？
5. 分析加工余量对木材损失及加工精度有何影响？
6. 提高板材毛料出材率的主要措施有哪些？
7. 设计人造板配料套裁图应注意哪些主要问题？
8. 人造板配料有哪些主要设备？对装饰板、薄木进行锯切加工有何技术要求？
9. 方材胶合有何意义？方材胶合的类型有哪几种？加速木材胶合有哪些主要技术措施？
10. 实木拼板有哪几种主要方法？各有何特点？实木拼板有哪些主要技术要求？
11. 方材胶合设备有哪些？请简述方材胶合工艺过程。

第3章

实木零部件制造工艺

本章将要系统地介绍家具生产中实木零部件制造工艺，掌握正确的加工方法与加工技术要求；分析工件毛料经过四个表面刨削加工和截端，使之成为具有准确尺寸和几何形状的净料；进而将净料经过榫头、榫眼、圆孔、槽榫、榫槽、型面、曲面、修整等一系列的切削加工，而最终成为符合设计图纸所要求的零件的过程。

3.1 毛料加工工艺

经过配料，已将锯材按零件的规格尺寸和技术要求制成了毛料，此时方材毛料还存在着尺寸和形状误差，表面粗糙不平，没有平整光洁的精基准面等缺陷。为了获得准确的尺寸、形状和光洁表面，必须进行毛料加工，即首先加工出准确的基准面，作为后续规格尺寸加工的精基准。在这一节里将学习怎样使毛料经过各道切削加工工序：基准面、基准边、相对面、相对边、截端的加工，而成为合乎规格尺寸要求净料的加工过程，在学习中要注意每道工序加工所用的设备、刀具、工具及其工艺技术要求。

3.1.1 基准面的加工

3.1.1.1 零件基准面的作用

作为零件后续工序切削加工的工艺基准（一般也是零件的设计基准），基准面务必首先加工好，以保证后续工序加工的尺寸精度。

3.1.1.2 基准面的选择原则

① 通常应选择零件较大的面作为基准面，这主要是为了增加方材毛料的稳定性；

② 若毛料是弯曲件，那么应选择其凹面作为基准面；

③ 基准面的选择要便于安装和加紧方材毛料，同时也要便于加工。

3.1.1.3 基准面的加工设备

(1) 手工进料的平刨加工 平刨上加工基准面如图 3-1 所示。如图 3-2 所示为手工进料平刨的加工原理。平刨机的后工作台面的高度是恒定不变的，前工作台的高度可以调整，前后工作台高度之差，即为刨刀的吃刀量（切削用量）。调整时，一般应使前工作台面低于后工作台面 0.3～1.5mm，即吃刀量不得超过 1.5mm。这是因为吃刀量（切屑厚度）愈大，刨切面的光洁度就愈差，木材的损耗就愈多。

操作时，首先开启刨刀做旋转运动，接着将毛料基准面放在前工作台面上，一般左手在前、右手在后压在毛料上面，以使毛料的基准面与前工作台面紧密接触，并同时用力推动毛

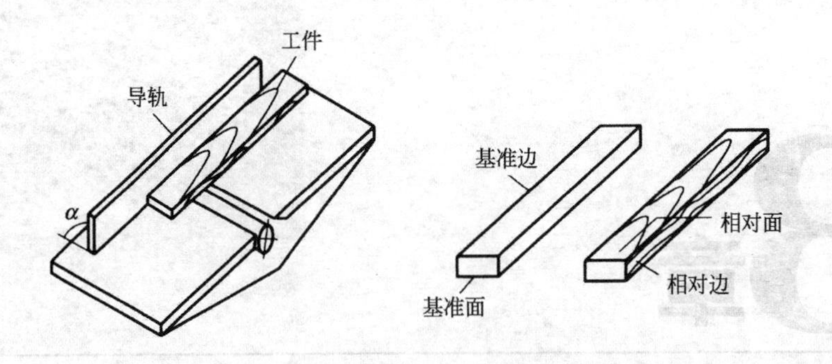

(a) 平刨加工基准面示意图　(b) 工件的四个面

图 3-1　平刨上加工基准面

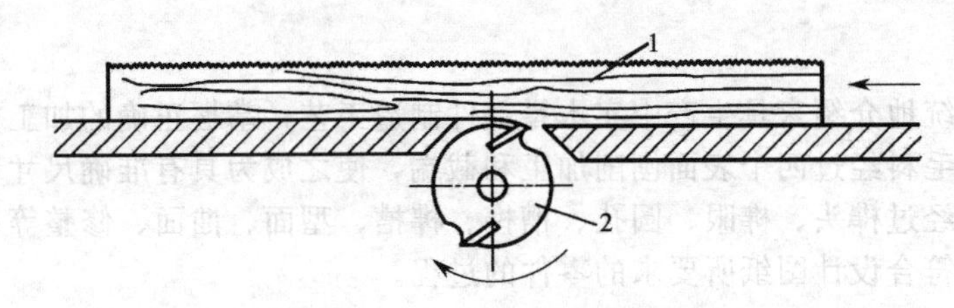

图 3-2　手工进料平刨加工原理

1—工件；2—刀轴

料匀速推向刨刀，相对刨刀作进给切削运动，直到基准面加工完毕为止。

对基准面的平直度要求较高的零件，需用此种平刨机进行加工。这是由于手工进料对工件的垂直作用力较小，工件弹性变形就小，故刨削后弹性回复变形小，刨削面的平直度高。

用手工进料的平刨机加工零件基准面很不安全，且被加工的零件厚度愈小，愈不安全。为此，必须在其刀轴上加设安全防护装置，以确保工人操作安全。

在手工进料的平刨机上刨削毛料基准面时，要求进料速度均匀。对刨削硬质材毛料或毛料的节疤处，进料速度应适当放慢，以减少切削阻力，提高加工质量。要严格禁止进料速度忽快忽慢，以确保刨削面的平直度与光洁度。

由于手工进料平刨结构简单，价格便宜，加工质量好，故应用十分广泛。

(2) 自动进料平刨加工　如图 3-3 所示为自动平刨的工作原理。从图中可以看出，它是在手工进料平刨机上增设自动进料装置而构成的。其特点是安全，劳动强度小，生产效率高。其缺点是：若毛料的刨削表面的平直度差，其自动进料机构给予毛料的垂直压力增加，将其压直使之与平刨机前工作台面紧密接触。但毛料经刨切后，由于弹性变形恢复，使已刨削平整的表面变成不平整。

为提高自动进料平刨机的刨削表面的平直度，要求其自动进料机构应具有一定弹性，以减少对刨削毛料的垂直压力，即减少毛料在刨削过程中的弹性变形。所以设置在自动进料装置上的压轮、履带、尖刀均设置弹簧缓冲机构，这样就能减少进料机构对加工毛料的正压力，即减少毛料的变形，提高其加工表面的平直度。

同时，送入自动进料平刨机加工的毛料，要求作为基准面加工的表面，需有较好的平直度。否则，加工后的基准面的平直度仍然比手工进料平刨机加工的差得多。对于作为基准面平直度较差的毛料，最好用手工进料平刨进行刨削加工，或是应先用手工平刨粗刨一次，再用自动进料平刨进行加工，以确保被加工面的平直度。

由于自动进料平刨机所刨削的基准面的平直度较差，所以只能用于对基准面平直度要求不高的零件加工，如覆面空心板的芯料，可使用自动进料平刨加工。

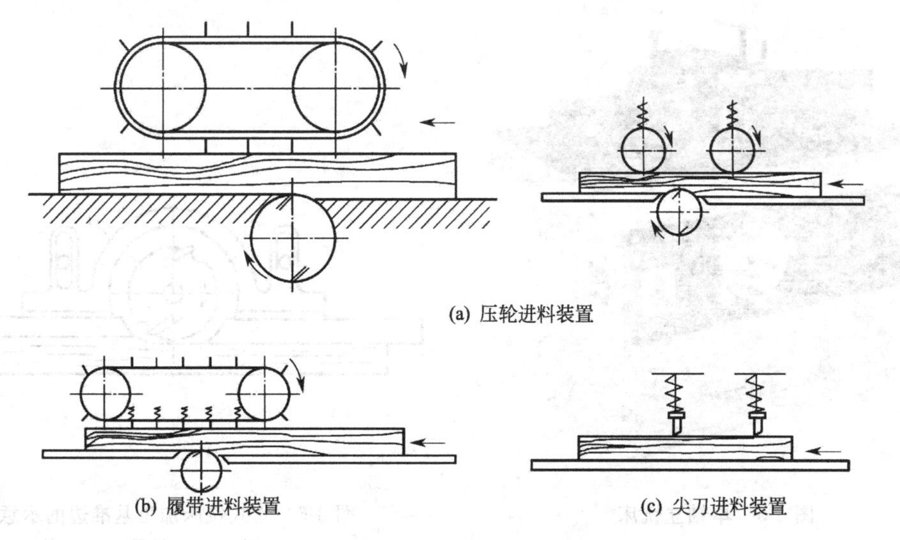

(a) 压轮进料装置

(b) 履带进料装置

(c) 尖刀进料装置

图 3-3　自动进料平刨机的工作原理

3.1.2　基准边的加工

基准边是加工相对边的定位基准，以确保零件的宽度尺寸，也可作为后续加工工序的定位基准。基准边的选择原则：应选择较直的边作为基准边；若基准边呈弯曲状，应选择凹面作基准边，以提高加工的稳定性。

(1) 用带有导轨（靠山）的手工进料平刨加工　如图 3-4 所示为带有导轨手工进料平刨加工基准边的工作原理。如图所示，平刨上的导轨表面与工台面的夹角 α 是可调的，以保证工件的基准面与相对面夹角的加工精度。在刨削相对面的过程中，始终要使基准面与导轨表面紧密接触，这样才能使基准面与相对面的夹角等于导轨表面与工台面的夹角 α，确保工件的加工精度。

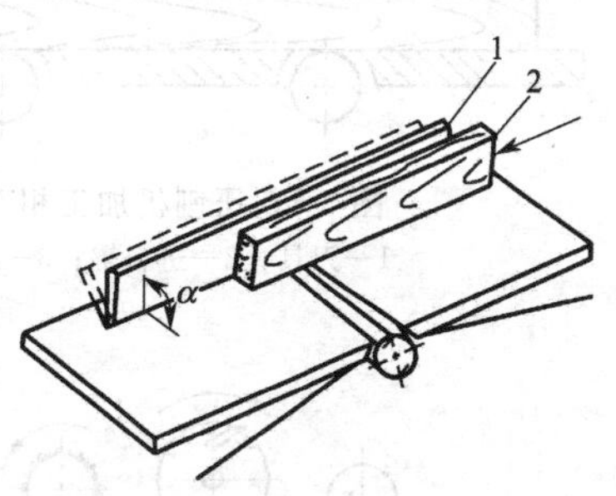

图 3-4　平刨上加工基准边

1—导轨；2—工件

(2) 用带导轨的立式铣床加工　用下轴铣床可以加工基准边及基准曲边，如图 3-5 所示为单轴立铣床。如图 3-6 所示为立式铣床加工基准边的示意图，立式铣床上的导轨有前后之分，前后导轨的位置之差，即为吃刀量。加工基准边是将毛料基准面贴在工作台上，要加工的基准边靠住导尺进行加工，此方法特别适合宽而薄或宽而长的板材侧边加工，此时可以放置稳固，操作安全，对于短料需用相应的夹具。加工基准曲边则需用夹具、模具，夹具样模的边缘必须与所要求加工的形状相同，且具有精确的形状和平整度，毛料固定在夹具上，样模边缘紧靠挡环移动就可以加工出所需的基准面。工件在铣削加工过程中，需使工件的相对面与前导轨表面紧密接触，用手推动作匀速进给切削运动，直至加工完毕。

导轨表面与铣床工作台面的夹角是可调的，以保证基准面与相对面的夹角的加工精度，如果要求它与基准面之间呈一定角度，就必须通过使用具有倾斜刃口的铣刀，或通过刀轴、工作台面倾斜来实现。

3.1.3　相对面与相对边的加工

为了满足零件规格尺寸和形状的要求，在加工出基准面、基准边之后还需对毛料的其余表面进行加工，使之表面平整光洁，并与基准面和边之间具有正确的相对位置和准确的断面

图 3-5　单轴立铣床

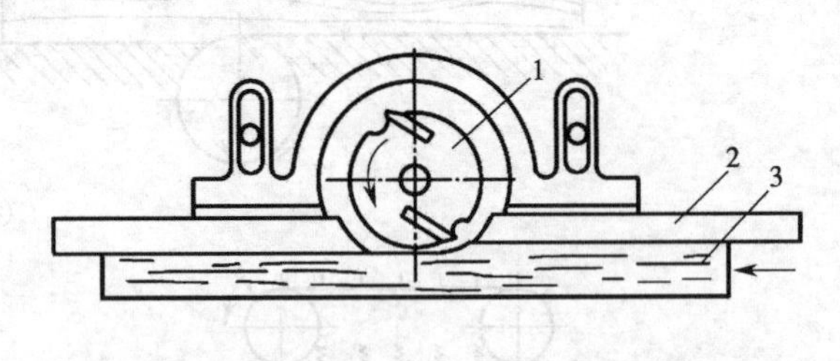

图 3-6　立式铣床加工基准边的示意图

1—刀具；2—导尺；3—工件

尺寸，以成为规格净料。这就是相对面和相对边的加工，也称为规格尺寸加工，一般可以在压刨、三面刨、四面刨、铣床等设备上完成。

(1) 用压刨机刨削加工　通常利用压刨机刨削相对面与相对边，如图 3-7 所示为其加工原理。由于利用压刨加工相对面与相对边，不仅能获得较精确的厚度与宽度尺寸，而且生产效率高，安全可靠，所以应用十分普遍。

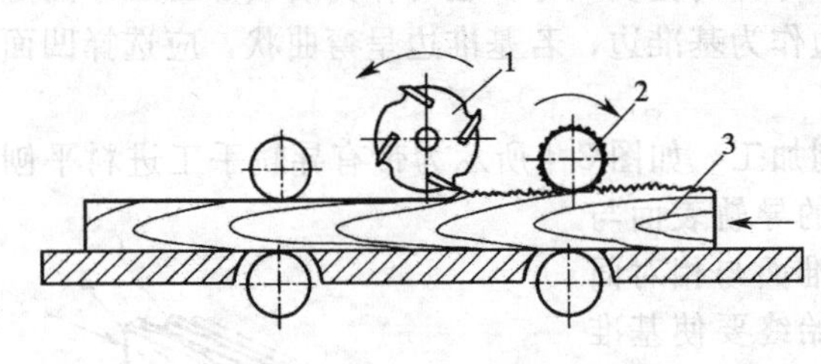

图 3-7　压刨机加工相对面

1—刀具；2—进料辊；3—工件

压刨有单面压刨和双面压刨（平压刨）两种形式。单面压刨需要先加工基准面，而双面压刨则不需要先加工基准面。常用的是单面压刨，单面压刨只有一个上刀轴，一次只能刨光一个面，一般情况下需要与平刨配合来完成工件的基准面和相对面的加工，这是生产中最普遍使用的加工方法。双面压刨有上下两个刀轴，具有平刨和单面压刨两种机构，可以对工件进行上下两个相对应面的刨削加工，适用于大批量且宽度较大板材的加工。压刨加工时可采用直刃刨刀或螺旋刨刀，直刃刨刀结构简单，刃磨方便，故使用广泛。但在切削时，一开始刀片就接触毛料的整个宽度，瞬间切削力很大，引起整个工艺系统强烈的振动，影响加工精度，而且噪声也很大；使用螺旋刨刀加工时，是不间断的切削，增加了切削的平稳性，使切削功率大大减少，降低了振动和噪声，提高了加工质量。但螺旋刨刀的制造、刃磨和安装技术都较复杂。

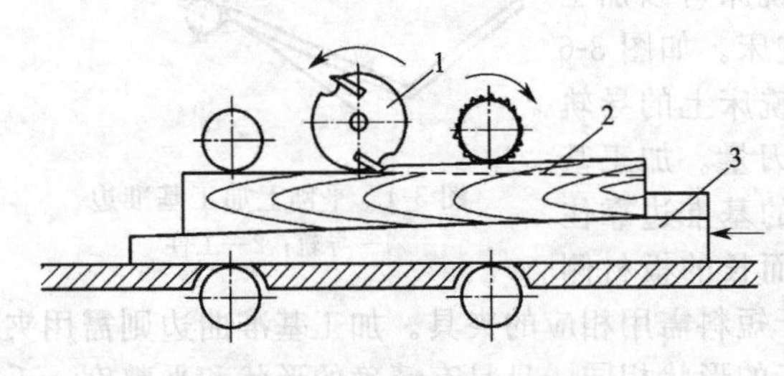

图 3-8　压刨机加工斜面

1—刀具；2—工件；3—夹具

如果零件的相对面或相对边为斜面，则可借助相同倾斜度的样模夹具，同样可在压刨机上进行刨削加工，而获准确的规格尺寸与倾斜度。如图 3-8 所示为在压刨机上加工斜面的工作原理。

(2) 用四面刨床或三面刨床加工　对于加工精度要求不太高的零件，则可在基准面加工以后，直接通过四面刨床加工其他表面，这样能达到较高的生产率。而对于某些次要的和精度要求不高的零件，还可以不经过平刨加工基准面，而直接通过四面刨床一次加工出来，达到零件表面的面和型的要求，只是加工精度稍差，同时对于材料自身的质量要求也高，因为作为粗基准的表面应相对平整，而且材料不容易变形。如果毛料本身比较直，且毛料不容易变形则经过四面刨加工之后，可以得到符合要求的零件；如果毛料本身弯曲变形，则经过四面刨床加工之后仍然弯曲，这主要是由于进料时进料辊施加压力的结果。

因此，利用四面刨床或三面刨床加工，可同时加工相对面与相对边，并能提高生产率与加工精度。由于仅利用四面刨床或三面刨床加工相对面与相对边，设备利用率较低，而设备投资又较大，故其不如压刨机应用广泛。

(3) 用立式铣床加工 还可利用立式铣床加工相对面和相对边，但要借助样模夹具控制被加工零件的宽度或厚度尺寸。如图 3-9 所示为其加工原理，当铣床开启后，刀轴做旋转运动，接着将被加工零件固定在样模夹具上，然后将样模夹具底面放在铣床台面上，并使其侧面紧靠铣床刀轴上的挡环，同时用手推动样模夹具匀速向刀轴方向前进，作零件切削加工的进给运动，直至加工完毕为止。由于立式铣床的刀轴转速较高，所以工件加工表面的光洁度较高。但生产效率远低于压刨，生产安全性也较低，操作较烦琐，故应用也不如压刨机广泛。当压刨负荷过重，而铣床的生产任务又不足时，可利用铣床来加工相对面和相对边，以减轻压刨的负荷，这也是企业常采用的加工方式。

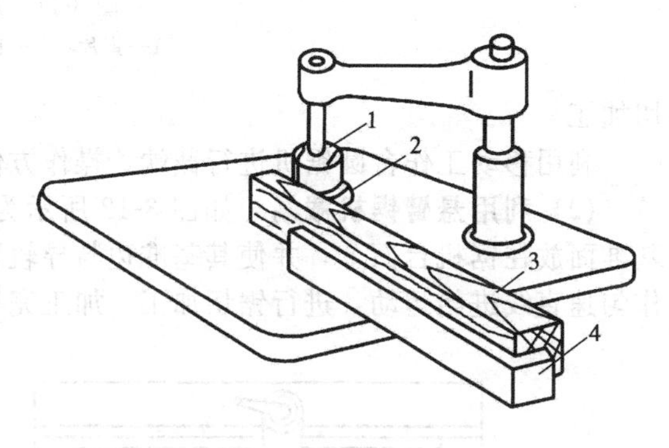

图 3-9 铣床加工相对面

1—刀具；2—挡环；3—工件；4—夹具

3.1.4 零件端面的加工

毛料的长度尺寸及端面与基准面夹角精度较差，需要进行精密截端来提高。对于两端需要进行加工榫头的零件，其端面不需专门进行精确截端，可在加工榫头这道工序中进行截端，以提高榫头长度尺寸的精度。零件端面的加工方法有以下多种。

(1) 用移动工作台圆锯机进行截端 如图 3-10 和图 3-11 所示，锯机的靠山与锯片所成的夹角，可以通过调整靠山与锯片的位置来改变，以确保工件加工出来的端面与其基准面（或基准边）的夹角精度。在工件加工的过程中，圆锯机的锯片仅做旋转运动，将工件的基准面（或基准边）放在锯机的工作台上，使其基准边（或基准面）与台面上的靠山紧密接触。然后，用手推动工作台在两条平行轨道上作匀速直线进给运动，进行锯

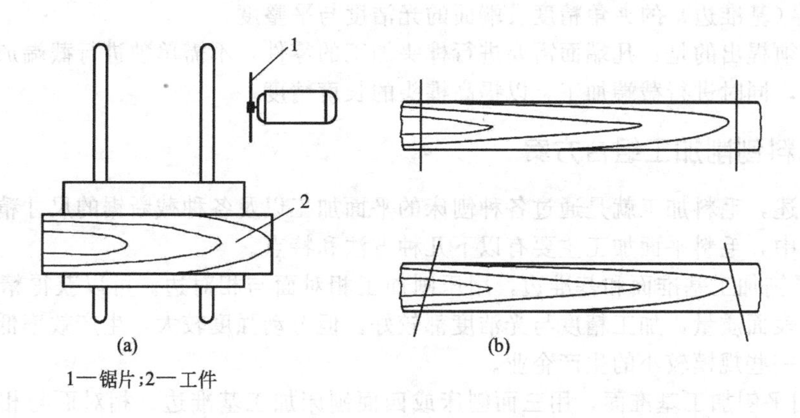

1一锯片;2一工件

图 3-10 在带推台圆锯机上截端示意

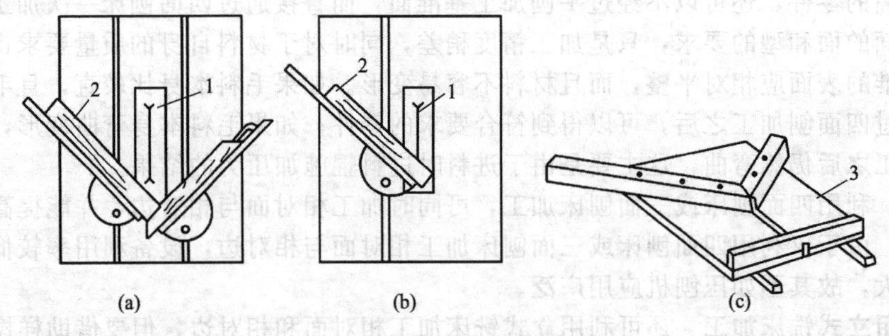

图 3-11　斜角锯截

1—锯片；2—工件；3—推架

切加工。

利用移动工作台圆锯机进行截端，操作方便，加工质量好，成本低，故应用广泛。

(2) 利用悬臂锯机截端　如图 3-12 所示为悬臂锯机截端的工作原理。锯切时，将零件基准面放在锯机台面上，并使其基准边与导轨紧密接触，待定位准确后，用手拉动锯片向前作匀速直线进给运动，进行锯切加工。加工完毕后，将锯片推回原来位置。

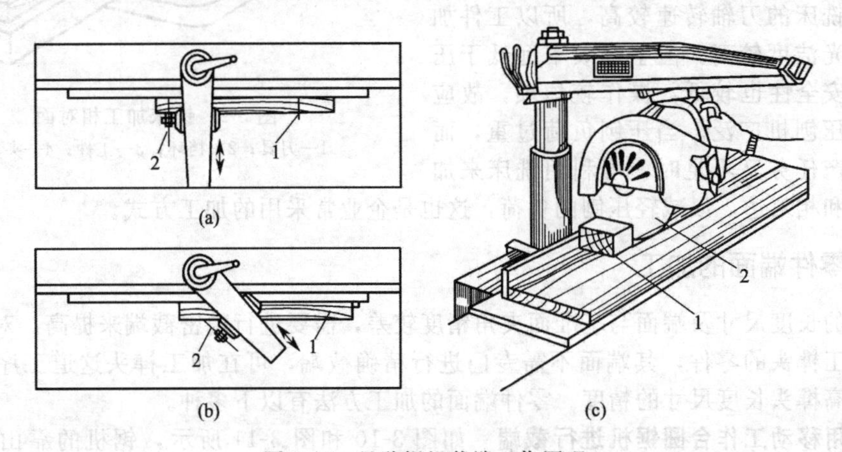

图 3-12　悬臂锯机截端工作原理

1—工件；2—锯片

悬臂锯机的锯片与零件基准面或基准边的夹角，可以通过锯机的主轴或悬臂的转动来调整，其调整角度一般为 45°～90°。其工艺技术质量要求，主要是确保零件长度尺寸精度、端面与基准面（基准边）的夹角精度及端面的光洁度与平整度。

在此必须提出的是：凡端面需要进行榫头加工的零件，不需单独进行截端加工，在进行榫头加工时，同时进行截端加工，以提高榫头的长度精度。

3.1.5　毛料刨削加工组合方案

综上所述，毛料加工就是通过各种刨床的平面加工以及各种截断锯的尺寸精截后而成为净料的。其中，毛料平面加工主要有以下几种方法和特点。

① 用平刨加工基准面和基准边，用压刨加工相对面与相对边。可以获得精确的尺寸形状和较高的表面质量，加工精度与光洁度都较好，但劳动强度较大，生产效率低，适合于毛料不规格或一些规模较小的生产企业。

② 利用平刨加工基准面，用三面刨床或四面刨床加工基准边、相对面与相对边。加工精度与光洁度较好，而且生产效率高，适合批量生产。

③ 利用平刨加工基准面与基准边，用立式铣床加工相对面与相对边，可确保加工精度与表面光洁度。但劳动强度较大，安全性较差，生产效率较低。一般适用于折面、曲平面以及宽毛料的侧边加工。

④ 利用四面刨床一次性加工完工件的四个表面。此法要求毛料直，且不易变形，因没有预先加工出基准面，虽生产效率最高，但加工精度较差，主要是因为工件被加工表面弹性恢复形变大，平整度差。适合于毛料规格以及规模较大的连续化生产。

⑤ 利用单片纵锯机修边作为工件基准边（面），然后以这个加工好的基准边（面）为基准，在四面刨中加工其他三个面。

⑥ 利用平压刨两用机，加工完工件的四个面。虽能保证工件宽度与厚度的尺寸精度，但其弹性恢复形变较大，加工表面平整度较差。优点是生产效率较高。

⑦ 压刨或铣床（下轴立铣）采用模具或夹具配合，可加工与基准面不平行的平面。

以上刨削加工方案，在实际生产中应根据零件的工艺质量要求、工厂的设备与技术条件及对生产效率的要求，合理选取其中一种或几种方案配合进行加工。

3.2 净料加工工艺

毛料经过刨削和锯截加工成为表面光洁平整和尺寸精确的净料以后，还需要进行净料加工。净料加工是按照设计要求，经过铣、钻、刨、车、砂等一系列工序，将净料进一步加工出各种接合用的榫头、榫眼、连接孔或各种线型、型面、曲面、槽簧以及进行表面砂光、修整加工等，使之成为符合设计要求零件的加工过程。

3.2.1 榫头加工

榫接合是实木框架结构家具的一种基本接合方式。采用这样接合的部位，其相应零件就必须开出榫头和榫眼。榫头加工是方材净料加工的主要工序，榫头加工质量的好坏直接影响到家具的接合强度和使用质量，榫头加工后就形成了新的定位基准和装配基准，因此，对于后续加工和装配的精度有直接的影响。

3.2.1.1 直角单（单肩、双肩、三肩、四肩）榫的加工

(1) 加工方法 主要是利用单（双）头直角开榫机进行加工，如图 3-13 所示为该设备外形。单头直角开榫机每次只能加工零件一端的榫头，加工质量较好，但生产效率较低。如图 3-14 所示为单头直角开榫机的工作原理图，如图所示，工件依次经圆锯片截端、铣榫刀头铣榫、圆弧形刀头铣圆弧形榫肩、圆盘铣刀开纵向双榫，共有 4 个工位。对于加工不需开纵向双榫的直角榫头，只要经前面两个工位加工即可。双头直角开榫机每次能同时加工零件两端的榫头，可以利用链条机构连续进料，生产效率高，但加工质量较差，主要是榫头与榫肩的垂直度较差，故应用不甚广泛。

其次，是利用带有推车的立式铣床进行加工，如图 3-15 所示为其加工原理图。如图所示，在立式铣床上安装两把“S”形铣刀，铣刀之间的距离等于榫头的厚度，开动机器让其运转。将工件放在推车上定好位，用手压紧向运转的刀片进料，进行榫头切削加工即可。

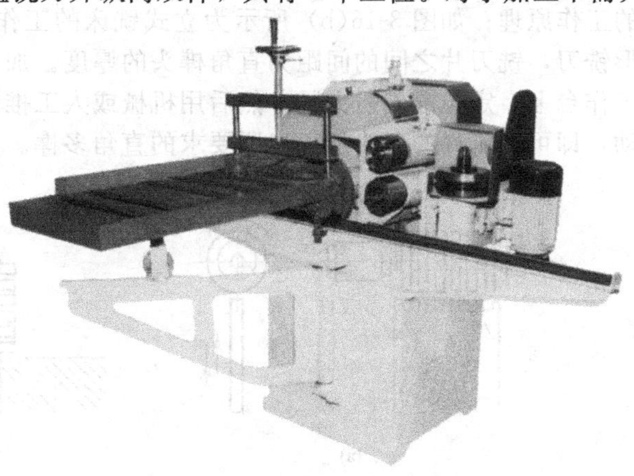

图 3-13 单头直角开榫机

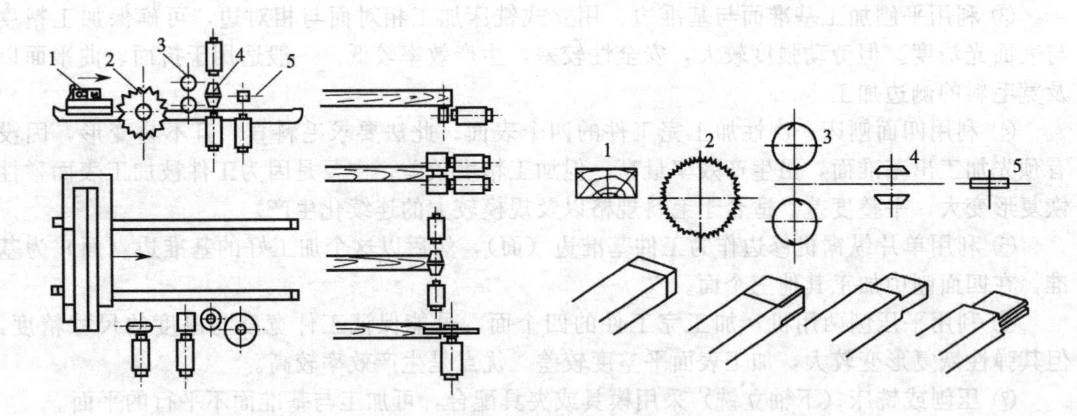

图 3-14　单头直角开榫机的工作原理

1—工件；2—圆锯片；3—铣榫刀头；4—圆弧刀头；5—圆盘铣刀

由于立式铣床的刀轴转速较高，所以被加工榫头的表面光洁度也较高。

(2) 工艺技术要求　由于榫接合是采用基孔制，所以需根据榫眼的公称尺寸来确定榫接合的尺寸公差，其要求是榫头的厚度应小于榫眼宽度 0.1～0.2mm；榫头宽度应大于榫眼长度 0.5～1mm（零件的材质愈硬，其值就愈小）；榫头长度应小于榫眼深度 2～3mm。榫肩与榫颊的夹角最好略小于 90°（89°最好），绝不能大于 90°，以确保榫肩与榫眼所在零件表面紧密结合。榫头的表面光洁度愈高，接合强度就愈大。

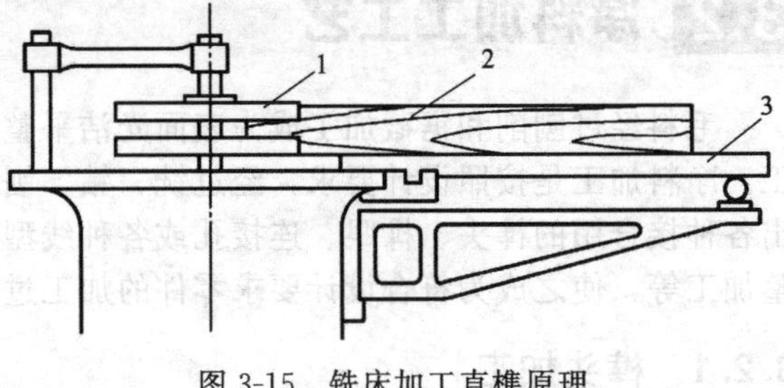

图 3-15　铣床加工直榫原理

1—圆盘铣刀；2—工件；3—开榫架推车

3.2.1.2　直角双榫的加工

通常是利用带有推车的立式铣床进行切削加工，如图 3-14 所示，在立铣的刀轴上安装三把“S”形铣刀，使铣刀之间的距离等于榫头的厚度。其加工方法和技术要求，与上述单榫头零件在立式铣床上加工完全相同。

3.2.1.3　直角多榫的加工

利用专用多刀开榫机或立铣床进行切削加工。专用多刀开榫机是专门用于加工直角多榫的机床，其工作原理与带移动工作台的立铣床的基本相同。如图 3-16(a) 所示为多刀开榫机的工作原理；如图 3-16(b) 所示为立式铣床的工作原理。一般在其刀轴上安装十多把“S”形铣刀，铣刀片之间的间距为直角榫头的厚度。加工时，将工件放在具有两条轨道的可移动工作台上，定位准确后夹紧，然后用机械或人工推动工作台向高速转动的刀具作匀速进给运动，即可在工件的端头加工出所要求的直角多榫。加工完毕，将工作台返回原位。接着再按

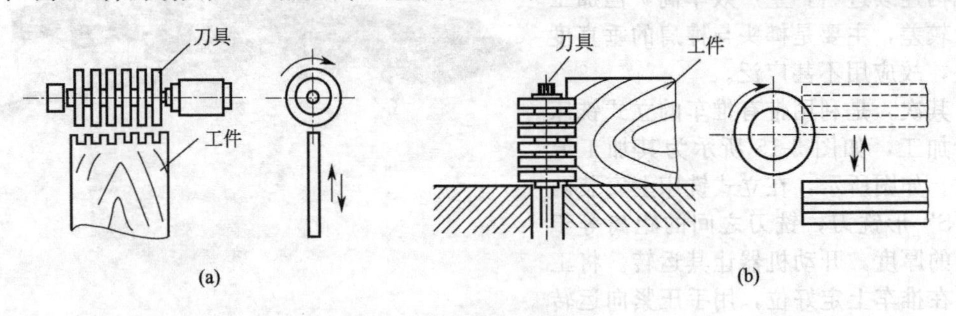

图 3-16　直角多榫的加工

上述要求，加工工件另一端的直角多榫。

工件在带移动工作台的立铣床上加工直角多榫的方法，与加工直角双榫基本相同。只需在其刀轴上增加所需要的“S”形铣刀片即可。

加工直角多榫的工艺技术要求如下。

① 直角多榫的榫头厚度应小于榫槽的宽度 0.1mm，即铣刀的厚度（榫槽的宽度）需大于铣刀的垫圈厚度（即榫头厚度）0.1mm，这样才能保证榫头与榫槽的良好配合，获得较高的接合强度。

② 榫头的长度需大于板厚 0.1～0.5mm，以使零件接合成箱框，经修整后，其接合部位能获得较好的平整度与光洁度。

3.2.1.4 直角圆弧榫的加工

所谓直角圆弧榫，属于整体榫，即榫头两侧边为半圆形的直角单榫。需用专门的圆弧形榫头开榫机进行加工，如图 3-17 所示为其加工原理。如图所示，用一把直径较小的端铣刀绕榫头进行切削-旋加工而成。将直角榫头两侧面切削成半圆形，其半圆形半径等于榫头厚度的一半。现代椅子的专用生产设备，所加工的榫头均属此种直角圆弧榫。采用此种榫头接合，其相接合的榫眼加工的工艺较为简单，只需采用直径与榫头厚度相等的端铣刀，便可加工出与榫头相配合的榫眼。如图 3-18 所示为自动双台椭圆榫开榫机。

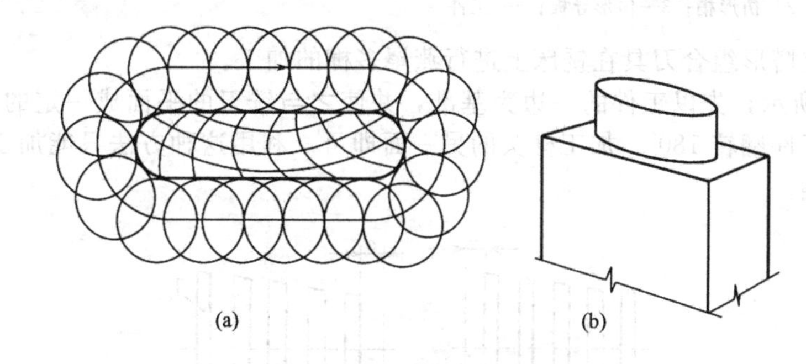

图 3-17 直角圆弧榫加工原理

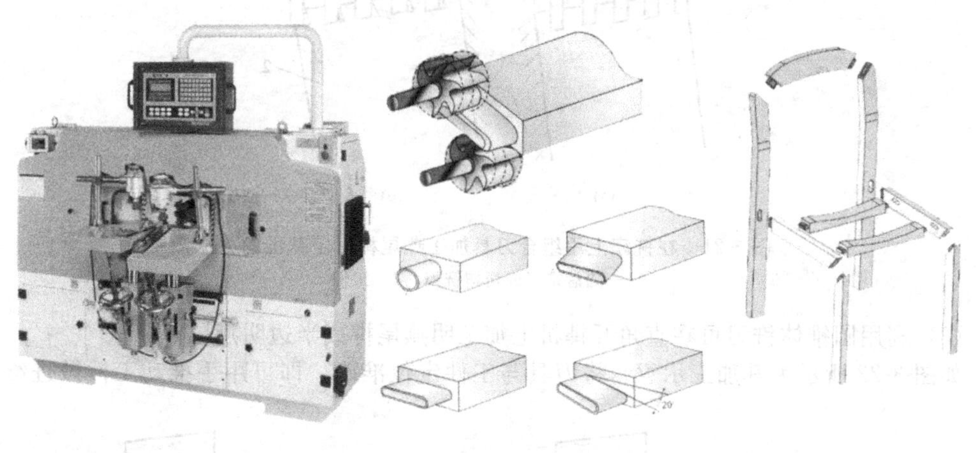

图 3-18 自动双台椭圆榫开榫机

3.2.1.5 燕尾榫的加工

燕尾榫加工有以下多种方法。

(1) 利用专门的燕尾榫机加工明燕尾、半隐及全隐燕尾榫。

如图 3-19 所示为燕尾榫机加工半隐燕尾榫的加工原理。如图所示，仿形梢与燕尾形铣刀固定在同一中心线上，并作同步进给运动。加工时，按图中所示，将两块相接合的工件

（一般为实木板件），分别固定在燕尾榫机工作台的水平面与垂直面上的适合位置上。然后开动机床，燕尾形铣刀随同仿形梢沿仿形导板作连续进给切削加工运动，直到板上端头所有燕尾榫加工完毕，切削加工的刀具与仿形梢才复位。如图 3-20 所示为单轴燕尾榫机。

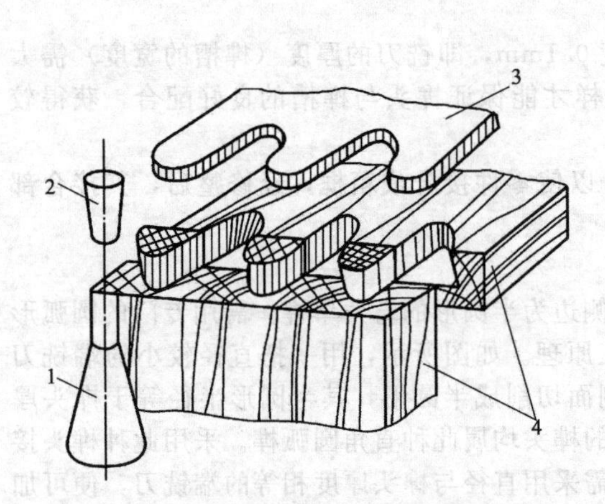

图 3-19　燕尾榫机加工半隐燕尾榫的加工原理

1—燕尾形端铣刀；2—仿形梢；3—仿形导板；4—工件

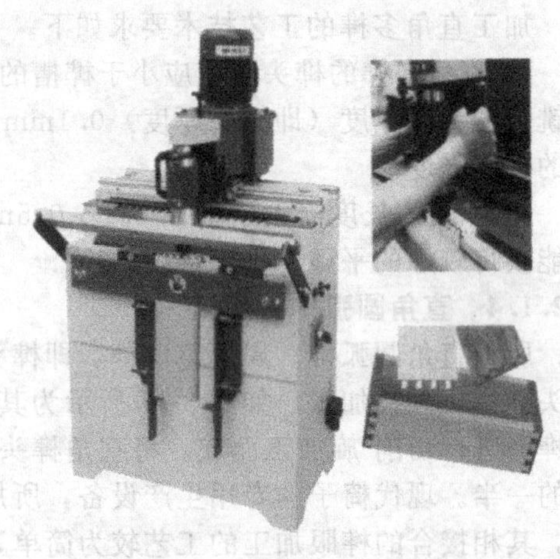
图 3-20　单轴燕尾榫机

（2）利用宝塔形组合刀具在铣床上进行燕尾多榫的加工。

如图 3-21 所示，先以工件的一边为基准，并使之与铣刀的平面成一定的夹角。加工好一面后，再将工件翻转 180°，加工榫头的另一面即可。利用这种方法只能加工成明燕尾榫，并要求定位准确。

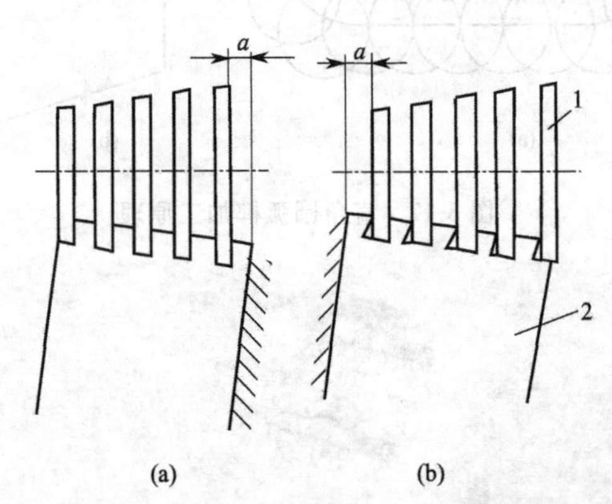

图 3-21　在铣床上用组合刀具加工燕尾榫时定基准的方法

1—圆盘铣刀或切槽铣刀；2—工件

（3）利用圆锥体铣刀可在直角开榫机上加工明燕尾榫或半边明燕尾榫。

如图 3-22 所示为其加工示意。将刀具与工件定位准确，即可用手推动工件做进给切削

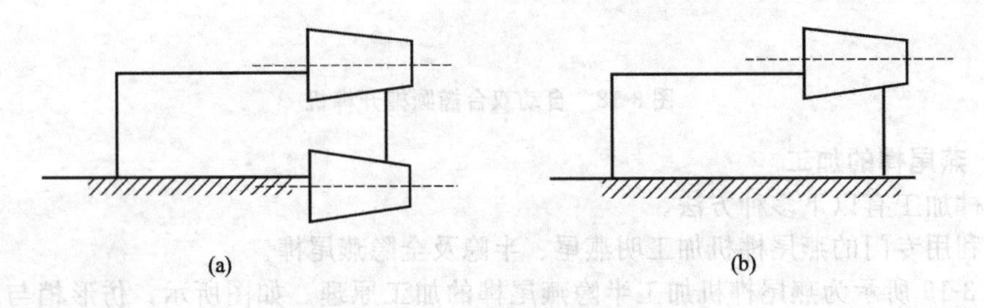

图 3-22　圆锥体铣刀加工燕尾榫

运动，直至加工完毕。

(4) 利用碟形铣刀（铣刀的旋转轨迹为碟形），在带有移动工作台的立式铣床上可加工明燕尾榫。

如图 3-23 所示为其加工示意。碟形铣刀侧面割断工件纤维的刃口及端面的刃口同样要锋利，才能确保切削表面的光洁度。工件进行加工时，定位要准确，必须使工件的基准面与铣刀侧刃相垂直，并要确保榫头长度的精度。

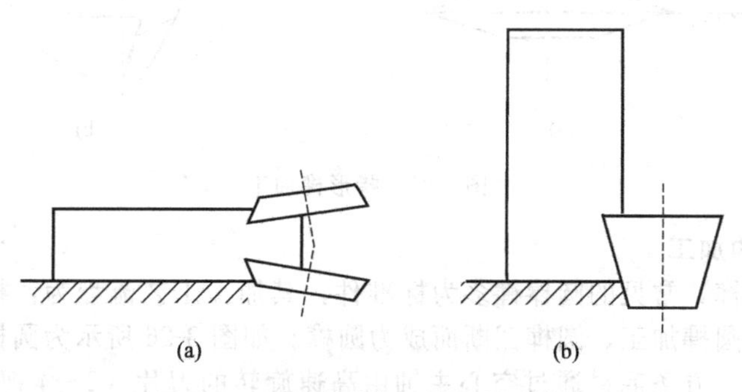

图 3-23　立式铣床加工燕尾榫示意图

燕尾榫加工的工艺技术要求：无论是加工单头燕尾榫或是多头燕尾榫，其榫头的形状与尺寸精度应与榫槽相同。燕尾榫的接合可能为过盈配合，也可能为间隙配合。故接合时一定要施胶，以确保接合强度。

3.2.1.6　梯形榫的加工

梯形榫多为双榫或多榫，是借助组合铣刀与楔形垫板夹住，可在带移动工作台的立式铣床上进行加工。如图 3-24 所示为其加工原理。如图所示，利用楔形垫板，先将工件向前倾斜一定角度，并进行定位夹紧，接着向运转的组合铣刀作进给切削运动，直至加工好梯形榫的一面，将工作台复位；然后将楔形垫板翻转 180°，使工件以同样的角度向后倾斜，同时在工件下面增加一块垫板（垫板的厚度即为榫头一侧的厚度），定位夹紧后，同样按上述方法进行加工榫头的另一面即完工。

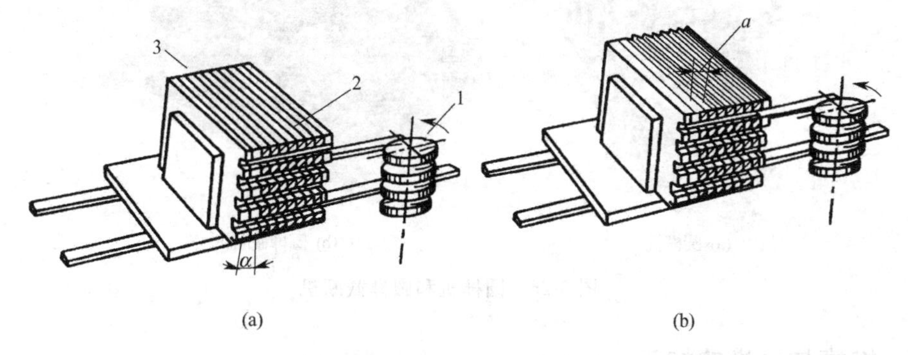

图 3-24　在铣床上加工梯形榫

1—刀具；2—工件；3—楔形垫板

3.2.1.7　指形榫的加工

其加工方法是借助指形榫组合铣刀，在专门的指形榫机上进行加工，也可在带移动台面的立式铣床上或多刀开榫机上加工而成。如图 3-25 所示为其加工示意图。

指形榫主要用于将短方材胶接成长方材，还可再将接长的方材拼成宽板。因此指形榫在实木接长与拼板中有着广泛的使用前景，其应用在日益增多，关于指形榫详见本书第二章相关内容，因此不再赘述。

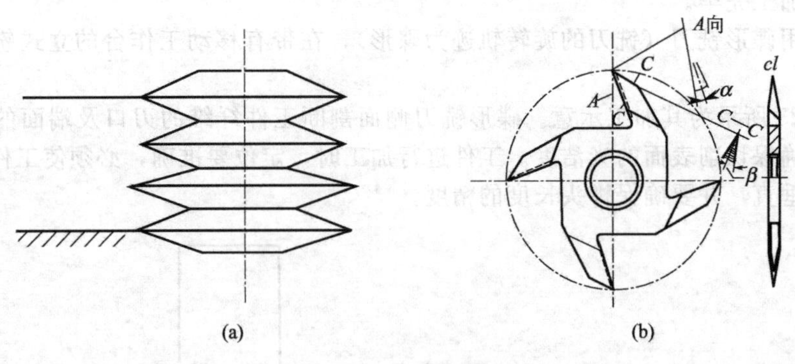

图 3-25　指形榫加工

3.2.1.8　圆棒榫的加工

圆棒榫为插入榫，常见的圆棒榫多为标准件，其加工工艺流程为：板材经横截、刨光、纵解成方条，再经圆榫加工、圆榫截断而成为圆榫。如图 3-26 所示为圆榫机和圆榫截断机。在圆榫机上加工时，方条毛料通过空心主轴由高速旋转的刀片（2～4 把）进行切削，并由三个滚槽轮压紧已旋好的圆榫和滚压出螺旋槽，同时产生轴向力将旋制好的带螺纹槽的圆榫送出。在圆榫截断机上加工时，常将旋制和压纹后的圆榫插入截断机上进料圆盘的各圆孔内，随着进料圆盘的回转，圆榫靠自重逐一落入导向管，并由组合刀头（圆锯片和铣刀）作进给切削运动而完成截断和倒角作业，如此循环反复，可将圆榫截成所需的长度并同时在端部倒成一定角度的圆榫。圆榫截断机常与圆榫机配套使用，圆榫机完成旋制和压纹工序；圆榫截断机完成截断和倒角工序。

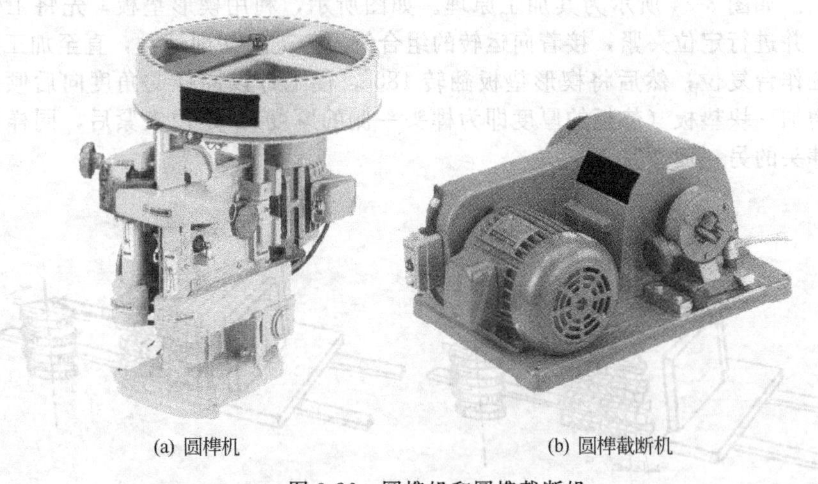

(a) 圆榫机　　(b) 圆榫截断机

图 3-26　圆榫机和圆榫截断机

3.2.2　榫槽与槽榫的加工

这里所指的槽与榫是顺纤维方向的槽与榫，并将槽称为榫槽，将榫称为槽榫，主要用于拼板接合。还有一种横纤维方向的槽，主要有直角槽、锁槽和燕尾槽等多种。

3.2.2.1　顺纤维方向榫槽的加工

（1）直角榫槽的加工　通常利用立式铣床进行加工，如图 3-27 和图 3-28 所示分别是立式铣床开榫槽、起线和直角槽榫加工原理图。如图所示，在立式铣床的刀轴上安装一把圆盘铣刀或“S”形铣刀，使铣刀片的下面距工作台的距离等于榫槽的边厚，刀片厚度等于槽的宽度。同时，在其工作台面上安装一个平直的导轨，并使铣刀片伸出导轨表面的长度等于榫槽的深度。加工时，将工件放在立式铣床的工作台面上，并紧靠导轨，向高速旋转的铣刀轴作进给切削加工运动，直至将工件的榫槽加工好。工件的直角榫槽也可以用四面刨床或三面刨床上的立式铣刀进行加工。

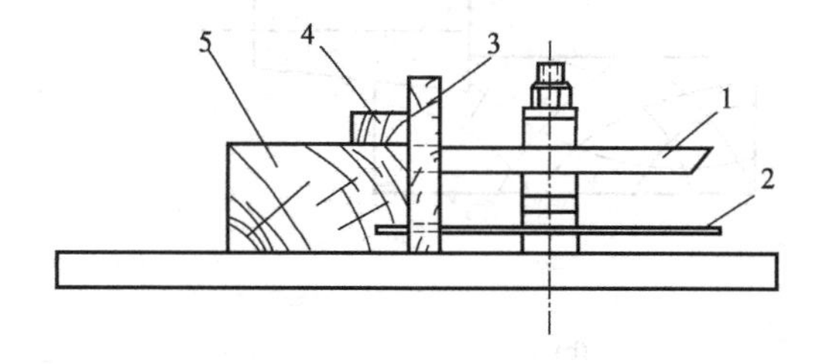

图 3-27 立式铣床开槽、起线

1—铣刀；2—锯片；3—导尺；4—压条；5—工件

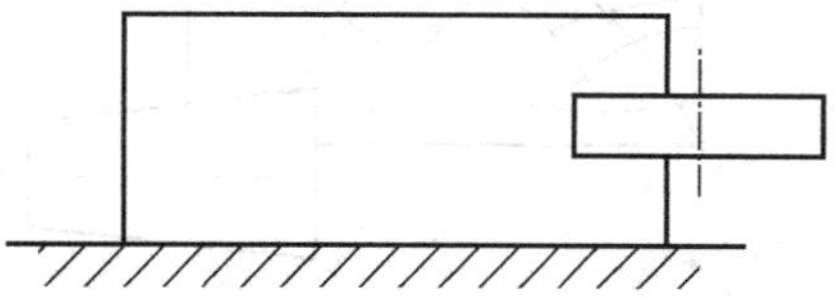

图 3-28 直角榫槽加工

(2) 燕尾榫槽的加工 一般借助“S”形铣刀或小圆锯片，在万能立铣机上加工而成。其方法是：先调整铣刀轴向左倾斜一定角度（保证燕尾榫头的设计精度），加工好榫头的一面时，再将刀轴调向右倾斜相同的角度，将榫槽的另一面加工好。如图 3-29 所示为用“S”形铣刀在万能立铣机上加工燕尾槽的工作原理。

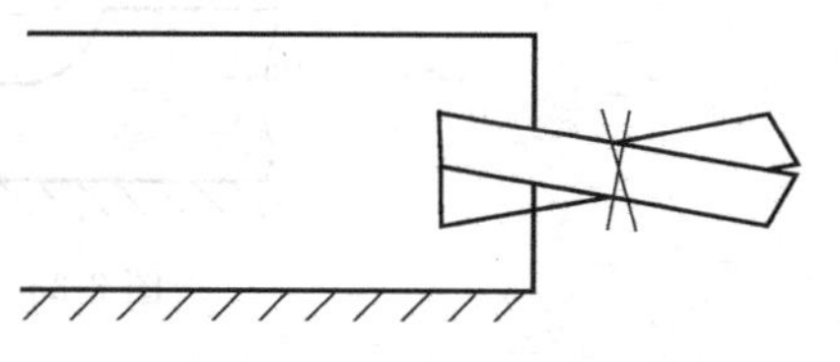

图 3-29 燕尾榫槽加工

3.2.2.2 顺纤维方向槽榫的加工

(1) 直角槽榫的加工 一般是利用“S”形组合铣刀在立式铣床上加工，如图 3-30 所示为其加工原理。如图所示，在立式铣床的刀轴上安装两把“S”形铣刀，使两铣刀片的间距等于槽榫的榫头厚度，并使下面一把铣刀片的上表面距铣床工作台面的距离等于榫槽的榫肩宽度。同时，在其工作台面上安装一个平直的导轨，并使铣刀片伸出导轨表面的长度等于槽榫的榫头宽度。加工时，将工件放在立式铣床的工作台面上，并紧靠导轨，向高速旋转的铣刀轴作进给切削加工运动，直至将工件的槽榫加工好。工件的直角槽榫，也可以用四面刨床或三面刨床进行加工。

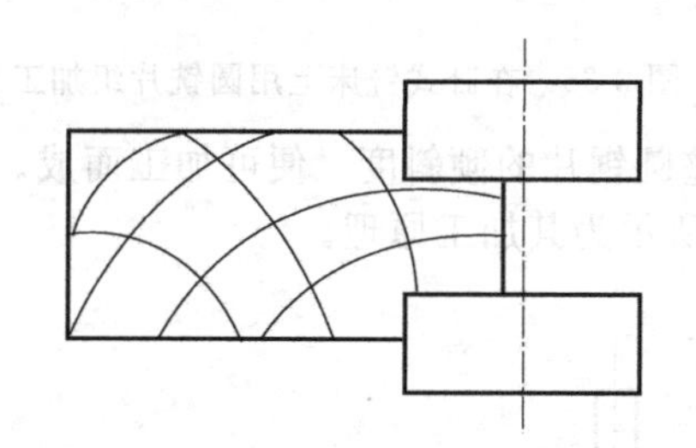

图 3-30 在立式铣床上加工

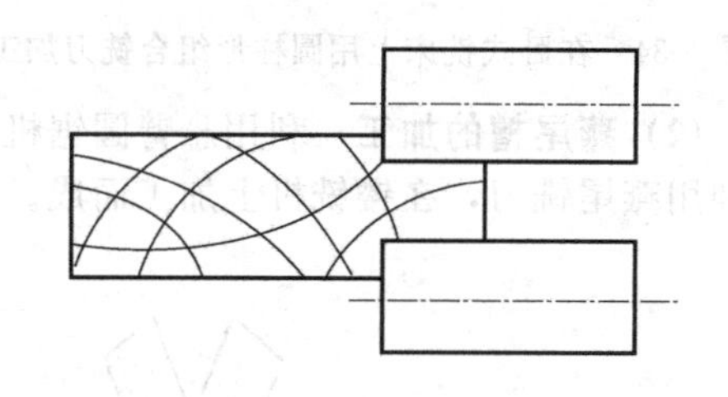

图 3-31 在卧式铣床上加工

另外，还可利用圆柱形铣刀在双轴卧式铣床上加工，如图 3-31 所示为其加工原理。此种机床的工作台面为固定的水平台面，并在台面上安装一个平直导轨，两刀轴可以分别上、下垂直调整。其加工方法与上面所述的直角槽榫加工基本相同。

(2) 燕尾形槽榫 利用燕尾铣刀，在卧式铣床上加工。如图 3-32 所示为在卧式铣床上加工燕尾形槽榫的工作原理。其加工方法与直角槽榫的加工基本相同。

3.2.2.3 横纤维方向槽的加工

横纤维方向的槽，即割断木材纤维而加工的槽，俗称开缺，加工方法有以下多种。

(1) 直角长槽的加工 可借助圆柱铣刀，在卧式铣床上加工后，再用手工修整掉两端的圆弧，使之成为直角。如图 3-33 所示为其加工示意图。也可借助圆柱形组合铣刀在卧式上轴铣床上一次加工成形。如图 3-34 所示为其加工示意图，即在两端装有割断纤维的专用铣刀，是圆柱形铣刀与端铣刀的共同切削，以形成光滑的横向直角槽。

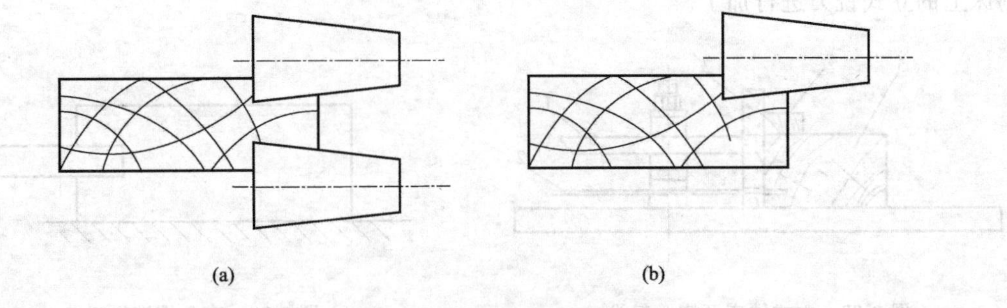

图 3-32　燕尾形槽榫加工

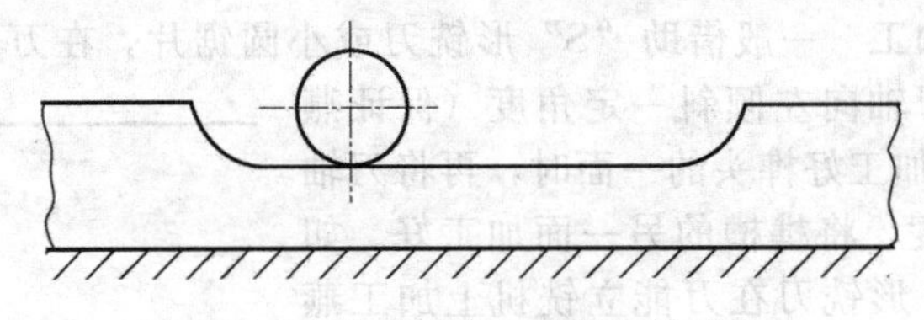

图 3-33　在卧式铣床上用圆柱铣刀加工

还可用直径相同的圆铣片组，在卧式铣床或圆锯机上一次性锯切加工而成。其加工方法如图 3-35 所示。

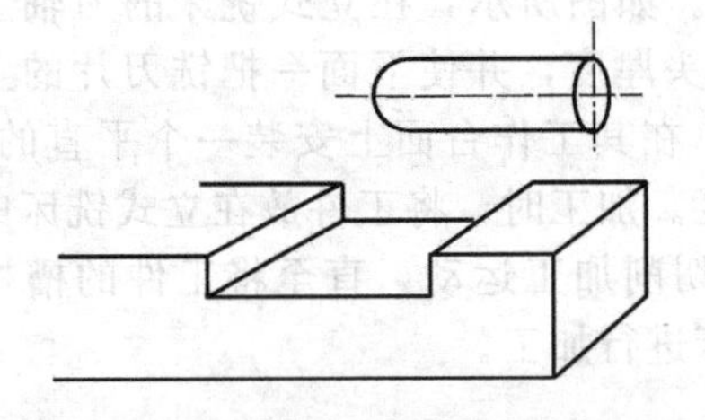

图 3-34　在卧式铣床上用圆柱形组合铣刀加工

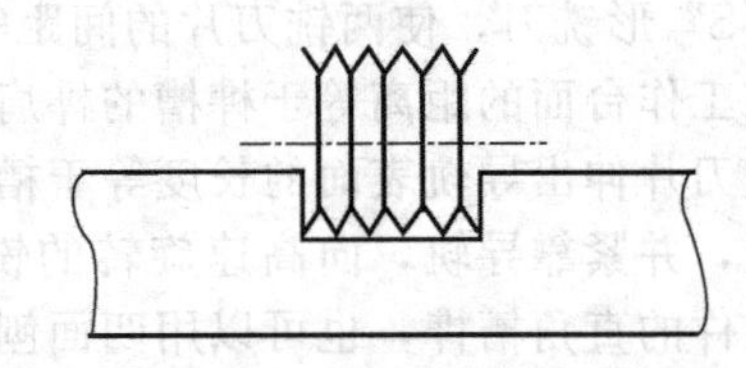

图 3-35　在卧式铣床上用圆铣片组加工

(2) 燕尾槽的加工　利用悬臂圆锯机，分别调整圆锯片的倾斜度，便可加工而成。也可以利用燕尾铣刀，在镂铣机上加工而成。如图 3-36 所示为其加工原理。

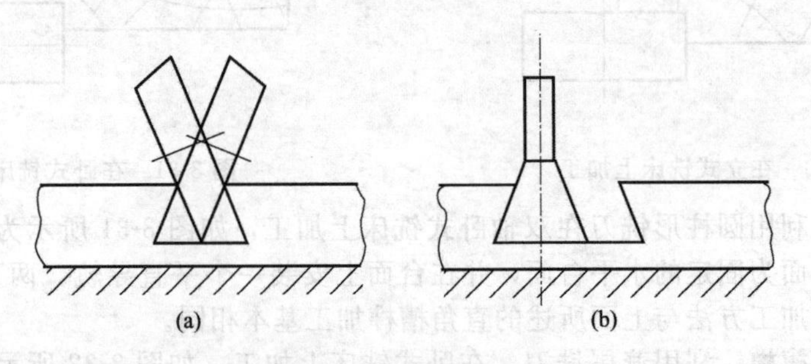

图 3-36　燕尾槽加工原理

(3) 铰链槽、锁槽的加工　柜门的合页铰链槽可用榫眼机来加工，与下面即将介绍的矩形榫眼的加工方法基本相同。安装柜门锁的锁槽，可根据锁的型号与规格，利用专用的锁眼机进行加工。对于小批量生产，可用木工钻床先在柜门上加工出锁心的圆孔，然后用木工凿在柜门背面锁心圆孔的周边加工固定锁的方槽。

3.2.3 榫眼与圆孔的加工

3.2.3.1 榫眼的加工

(1) 矩形榫眼 俗称榫眼或直角榫眼，专与直角榫头相接合，在框架式部件中应用极其普遍。其方法是：采用方壳空心钻套和螺旋形钻芯的组合钻，在专门的榫眼机上进行加工而成。如图 3-37 和图 3-38 所示分别为矩形榫孔加工机与其加工原理。工件在钻削加工时，需要利用工件上的三个定位基准，即基准面、基准边、基准端。利用基准面的高、低位置，以控制榫眼的深度；利用基准边的前后位置，以控制榫眼壁的边宽；利用基准端，以确定榫眼的起始位置；尚需利用定位螺栓来控制榫眼的长度。加工时，先要通过机床的拖板，调整夹具工作台面及靠山相对钻头的精确位置；然后将工件放在工作台面上，紧靠挡木与靠山并夹紧；接着调整好定位螺栓的位置，以确定榫眼的长度；开动机器，组合钻头作上下往复切削运动，工件随工作台与组合钻头的运动相配合，向右作间隙进给运动，直至机床上的定位基准端碰到定位螺栓的端面即加工完毕。如图 3-39 所示为榫眼与圆孔的形式及加工方法示意。

(2) 圆弧形榫眼加工 如图 3-39(2) 所示，可在镂铣机或木工钻床上，借助夹具、导轨及定位机构，采用端铣刀进行铣削加工而成。其加工方法简单可靠，生产质量好、效率高、应用广泛。如图 3-40 所示为卧式双端圆弧形榫眼加工机。

图 3-37 矩形榫孔加工机

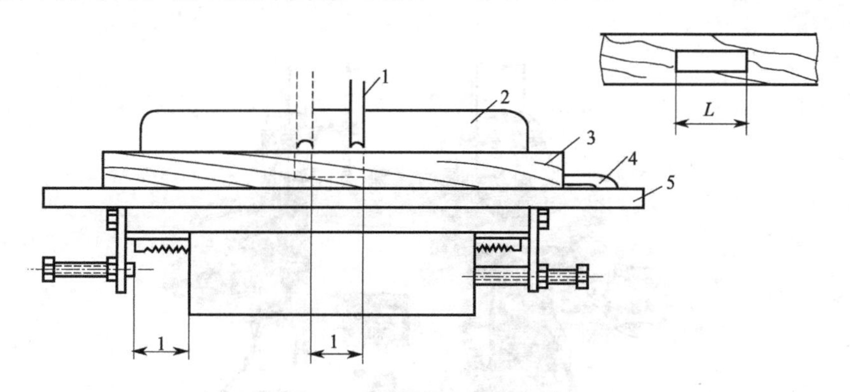

图 3-38 打眼机上加工榫眼

1—刀具；2—靠山；3—工件；4—挡木；5—工作台

3.2.3.2 圆孔的加工

(1) 工件上独立的圆孔的加工 如锁眼孔、螺钉孔等圆孔，通常用木工钻头，在木工钻床上进行加工，如图 3-39(3-Ⅰ) 所示。一般要求钻柄的直径小于 15mm，否则一般木工钻床钻轴上的夹头夹不住。在实木零部件制造中，被常用来加工圆孔（主要为榫孔）的钻床如图 3-41～图 3-44 所示。

(2) 较大直径圆孔的加工 如音箱喇叭孔，可采用特制钻头，在木工钻床上加工完成。如图 3-39(3Ⅱ、Ⅲ) 为其加工原理。这种钻头的柄部直径一般小于 13mm，以便在一般木工钻床上加工。钻头两边的钻削刀应与钻柄中心线完全对称，刀刃角度参数合理，刃磨锋利。另外，还可利用线锯机加工或在镂铣机床上借助端铣刀进行加工。

(3) 螺钉孔的加工 因螺钉的帽头直径比螺杆直径大得多，且呈圆锥形，所以在木工钻床上进行加工时，一般先加工螺帽圆锥孔，然后再加工螺杆的圆孔，这样需进行两次钻削加

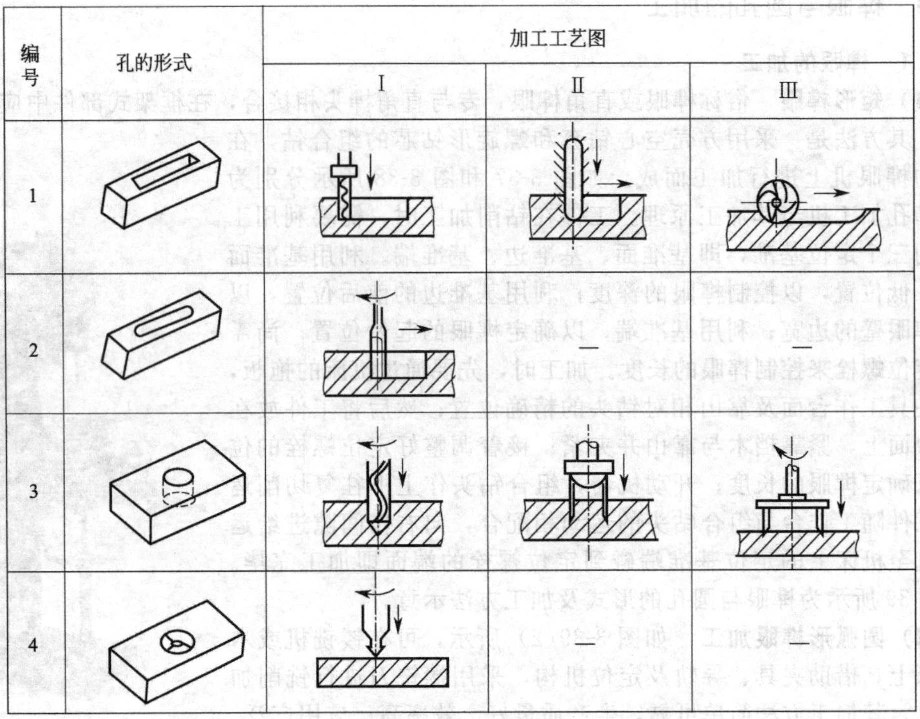

编号	孔的形式	加工工艺图		
		Ⅰ	Ⅱ	Ⅲ
1				
2			—	—
3				
4			—	

图 3-39　榫眼与圆孔的形式及加工方法

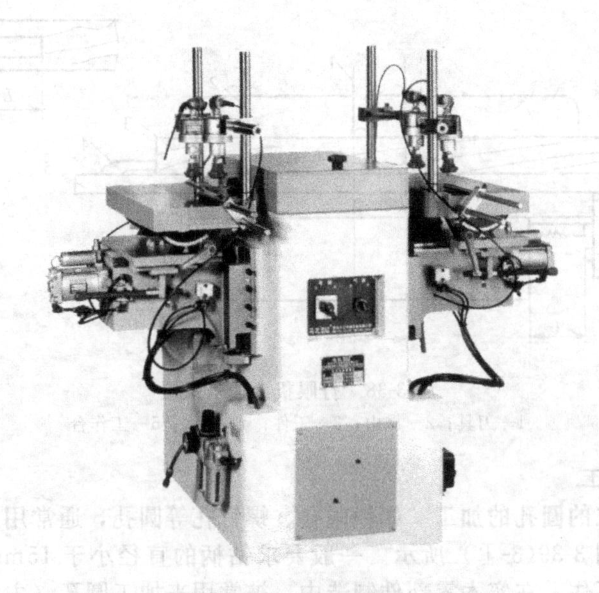

图 3-40　卧式双端圆弧形榫眼加工机

工才能完成，生产效率低，加工精度差。为了将两次钻削加工变为一次，可采用特制的钻头一次加工完成。如图 3-45 与图 3-39(4) 所示，为其加工原理图。

(4) 工件上的系列小孔的加工　即各圆孔的中心距离为 32mm 的倍数，则可利用 32mm 系列的多排钻进行加工，以确保圆孔之间中心距离的加工精度。如图 3-46 所示为多排多轴木工钻床，共有 6 排钻头，可在实木板件的底面及两端加工出系列孔，调整灵活，操作方便，应用广泛。

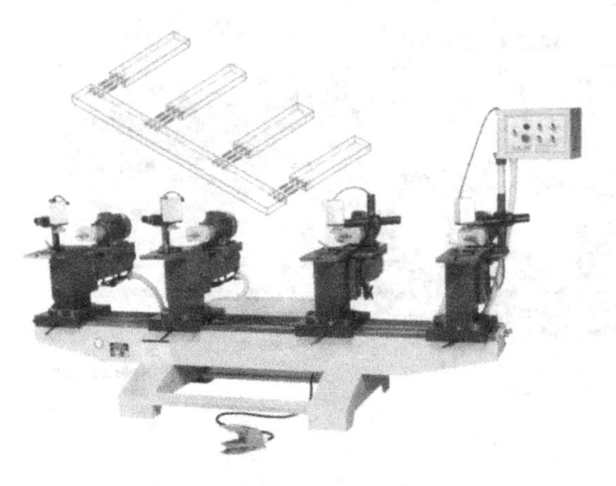

图 3-41　卧式多轴钻床

图 3-42　双端立卧式可调钻床

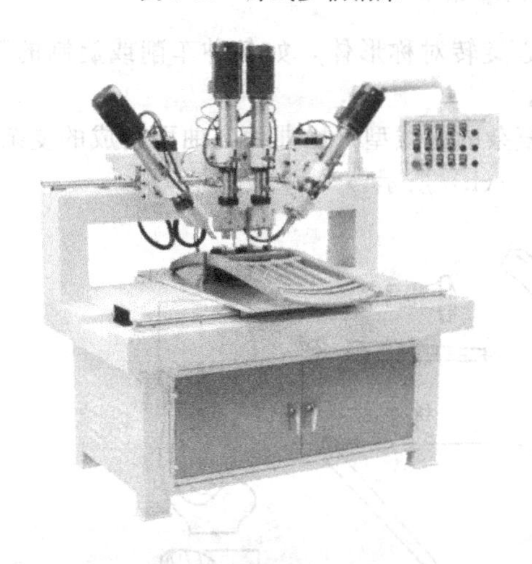

图 3-43　椅背部件多向多轴钻床

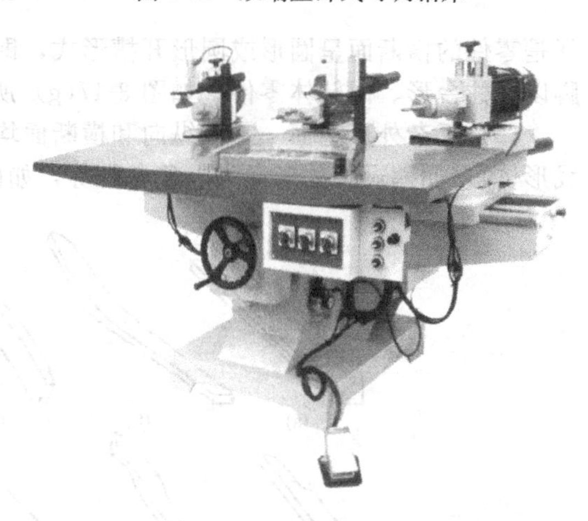

图 3-44　椅框多轴可调钻床

3.2.4 曲面与型面加工

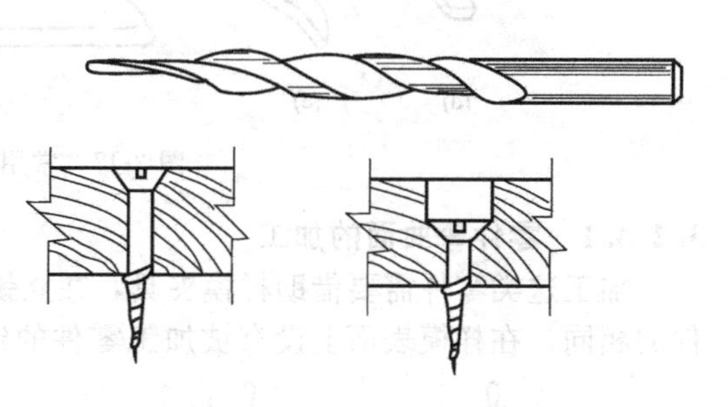

图 3-45　螺钉孔的加工示意图

由于家具使用功能或造型审美的要求，其中的一些零部件，需要加工成各种成型面或曲面。如图 3-47 所示为常见的一些成型件与弯曲件。这些曲面和型面归纳起来大致有以下五种类型。

(1) 直线成型面　零件纵向呈直线形，横断面呈一定型面，如各种线条，如图 3-47(a) 所示。

(2) 弯曲面与成型面　零件纵向呈曲线形，横断面无特殊型面或呈简单曲线型（由平面与曲面构成简单曲线形体），如各种桌几腿、椅凳腿、靠背、扶手、望板、拉档等，如图 3-47(b)～(e) 所示。

(3) 宽面及板件型面　宽面和板件的边缘或表面所铣削成的各种线型，以达到美观的效果。如镜框、镶板以及柜类的顶板、面板、旁板、门板和桌几的台面板等，如图 3-47(f) 所示。

(4) 回转体型面　将方、圆、多棱、球等几种几何体组合在一起，曲折多变，其基本特

图 3-46　多排多轴木工钻床

征是零件的横断面呈圆形或圆形开槽形式，即中心旋转对称形体，如各种车削或旋制的腿、脚以及柱台形、回转体零件，如图 3-47(g) 所示。

(5) 复杂外形型面　零件纵向和横断面均呈复杂的曲线型（由曲面与曲面构成的复杂曲线形体），如鹅冠脚、老虎脚、象鼻脚等，如图 3-47(h) 所示。

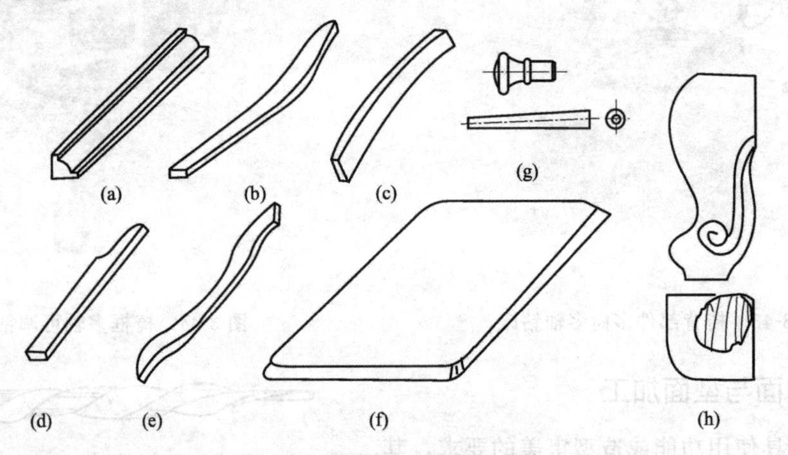

图 3-47　常用的成型件与曲件

3.2.4.1　零件弯曲面的加工

加工这类零件需要借助样模夹具，在立铣机上进行加工。样模的边缘形状应与所加工零件的相同，在样模表面上设有被加工零件的定位与夹紧装置。如图 3-48 所示为在立式铣床

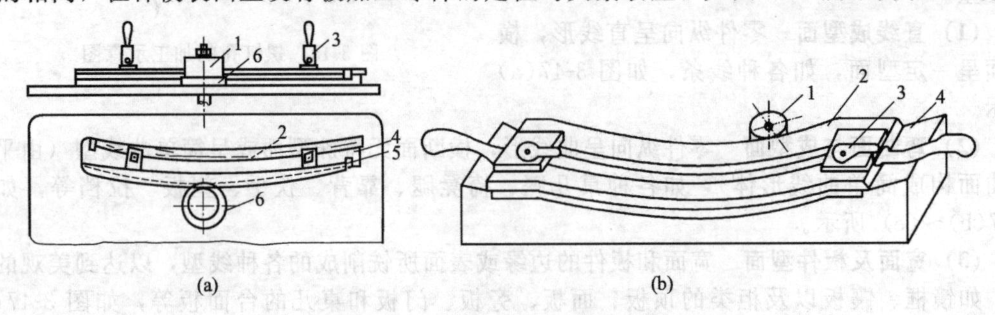

图 3-48　在立式铣床上加工零件曲面

1—铣刀头；2—工件；3—夹紧装置；4—样模；5—挡块；6—挡环

上加工零件曲面的示意。加工时，先启动铣床，刀轴作高速旋转运动，然后将被加工零件放在样模表面上定位后夹紧，使样模边缘紧靠刀轴上的挡环，并使零件逆铣刀切削方向作匀速进给运动，以让铣刀对零件曲面进行切削加工。零件的进给速度愈慢，所加工的曲面的光洁度就愈高，但生产效率低。为此，需在确保加工质量的前提下，尽可能地加快零件的进给速度。

加工零件曲面的工艺技术要求，主要是样模的曲面形状与加工件的曲面形状应完全一致；铣削时，始终将样模曲面与铣刀轴上的挡环完全接触；并要求挡环与铣刀的半径小于曲面的最小曲率半径，这样才能保证零件曲面的几何形状精度。

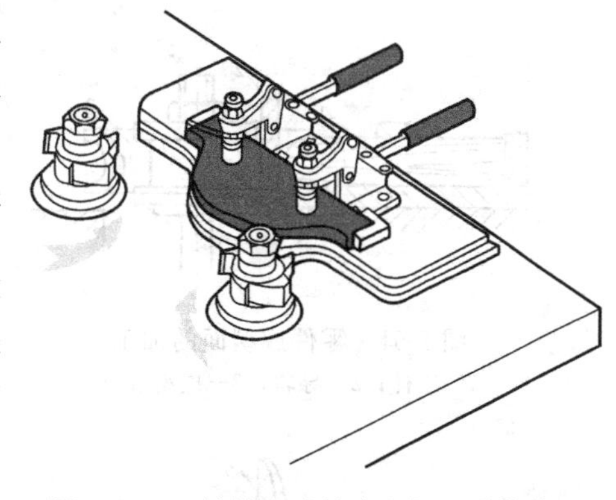

图 3-49　双轴轴立式铣床上加工零件曲面

如图 3-49 所示为在双轴立式铣床上，直接加工零件曲面的示意。利用双轴立式铣床加工零件的曲面，可以分别从零件的两端向中间进行铣削，以防曲面端部被铣刀撕裂，确保曲面的加工质量。所以，双轴铣床应用愈来愈广泛。

3.2.4.2　较宽等厚的圆弧面零件的加工

对于较宽圆弧面的零件，利用立式铣床加工有困难，铣刀的高度有限，且不便于在样模上定位与夹紧，加工也很不安全。为此，特借助曲率半径相同的样模，在压刨机上进行加工，不仅生产效率高，质量好，而且安全可靠。如图 3-50 所示为其加工示意。如图所示，先将做好的样模固定在压刨床的工作台面上，并调整好工件相对刨刀、进料辊的位置，即可开启机床，将零件送进压刨床进行刨削加工即可。但要注意，被加工零件的厚度要一致且弯曲度要较小才行。

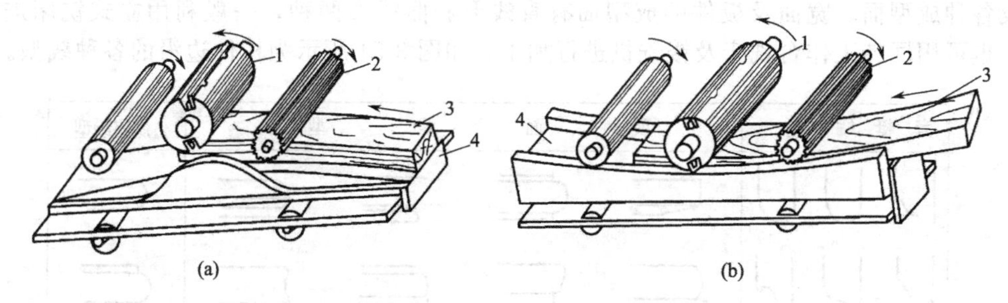

图 3-50　压刨上加工曲面

1—刀具；2—进料辊；3—工件；4—样模夹具

3.2.4.3　成型面的加工

如图 3-47(a) 所示的成型面零件的基准面、基准边均为平直面，其型面的轮廓线也为直线，故将这种类型零件称为直线成型面零件。有两种加工方法：一是在四面刨或线条机上采用相应的成型铣刀来进行加工，如果零件宽面上要加工型面，为了保证安全并使零件放置稳固，宜在四面刨水平刀头上安装相应的成型铣刀来加工；二是可借助成型铣刀、样模与导轨，而不用挡环，直接在立铣机上加工而成。如图 3-51 所示为在立式铣床上加工直线成型面零件的示意。如图 3-52 所示为立式铣床不用导轨，而用样模及挡环进行铣削示意，图中表示挡环与铣刀的不同安装方式。

对于零件的弯曲成型面加工，需借助曲面样模夹具，利用成型铣刀，同样可在立式铣床上加工而成。其加工方法与零件的曲面加工基本相同，只是需采用形状相适合的成型铣刀才能加工完成。其加工方法如图 3-53 所示，使样模曲面紧靠铣床挡环，向铣刀作匀速进给运动，进行铣削加工。

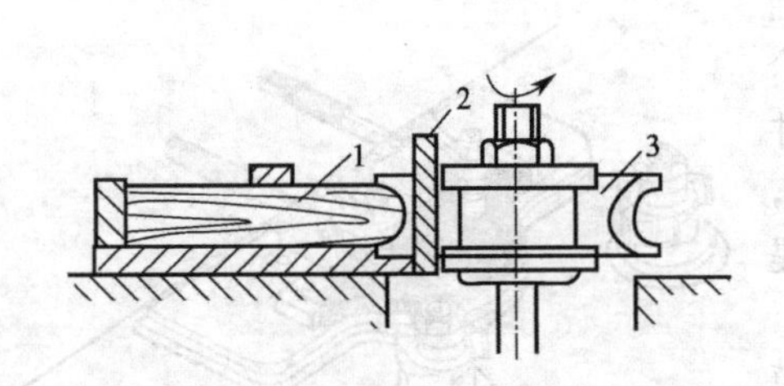

图 3-51　零件成型面的加工
1—工件；2—导轨；3—成型铣刀

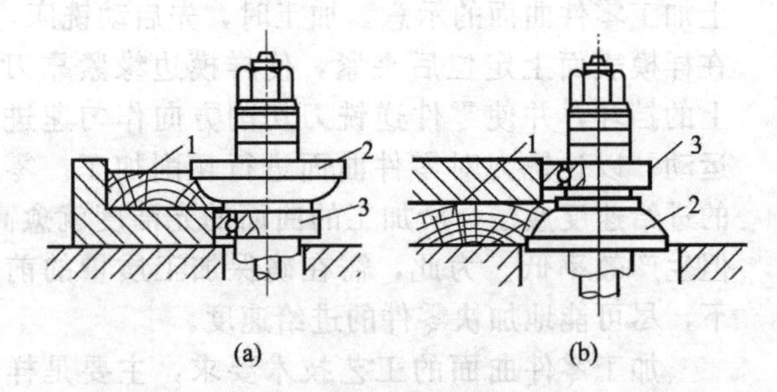

图 3-52　加工零件成型面时挡环的安装方式
1—工件；2—成型铣刀；3—挡环

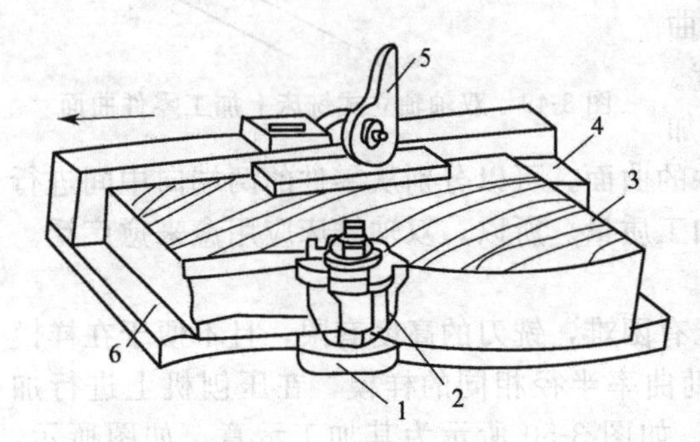

图 3-53　零件弯曲成型面的加工方法
1—挡环；2—成型铣刀；3—工件；
4—定位装置；5—压紧机构；6—样模

零件成型面加工的工艺技术要求：主要取决于铣刀的刃磨质量及其刀刃的线形与所设计成型面相吻合的程度；其次是安装铣刀片时，应使各刀片的刀刃轮廓线在同一旋转轨迹上；对于弯曲成型面零件，则要求零件的弯曲成型面上最小曲率半径应大于铣刀轴、挡环的半径；进行加工时，应始终使样模边缘充分接触挡环，以免加工的型面走形。只有这样，才能确保零件加工出较精确的成型面。

3.2.4.4　宽面及板件型面的加工

对于有一定宽度的实木面板和实木封边的覆面板，为增加其美观性，一般都将其边部铣削成各种成型面。宽面及板件的成型面有直线形和曲线形两种，一般利用立式铣床进行加工，也可用回转工作台铣床及镂铣机进行加工。如图 3-54 所示为板件边沿的各种线型。

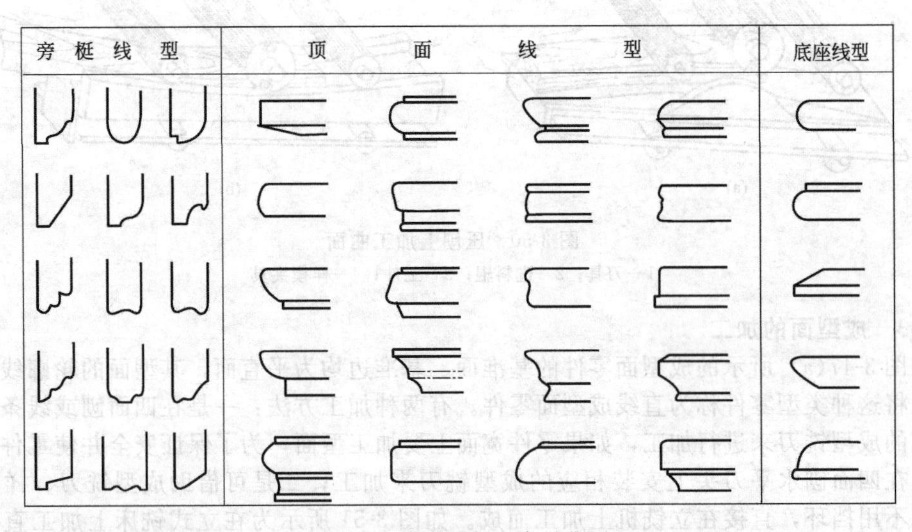

图 3-54　板件边沿的各种线型

(1) 立式铣床加工成型面　直线形成型面的切削加工进给轨迹为直线，可以借助立式铣床上的导轨，直接利用成型铣刀在立式铣床上进行加工而成。曲线形成型面的切削加工的进给轨迹为曲线，需要借助样模与成型铣刀在立式铣床上进行加工而成。由于覆面板具有较大幅面，所以加工成型面的立式铣床需要有较大幅面工作台。其加工的工艺技术要与实木零件成型面加工相同，在此不再重述。

应注意的是：需铣削成型面的实木封边条，应有一定的厚度，一般不要求大于10mm；如果是用胶钉配合进行封边的，其钉子的帽头需低于成型面外表面3mm，不能与床刀相切，以免损坏铣刀；对于采用槽榫、圆棒榫相结合的方式进行封边的覆面板，铣削时，不能破坏槽榫和圆榫的接合结构，以免削弱封边条的接合强度。

（2）回转工作台铣床加工成型面 在有回转工作台的铣床上加工各种弯曲成型面的覆面板，如图3-55所示，将被加工的覆面板固定在回转工作台上的样模上，当工作台与样模旋转一圈，就能一次性将覆面板上的成型面加工好。此法生产率高，且安全可靠，但需专用的样模，制造成本较高。如图3-56所示为回转工作台自动仿形铣床；如图3-57所示为回转工作台自动内径仿型铣床。

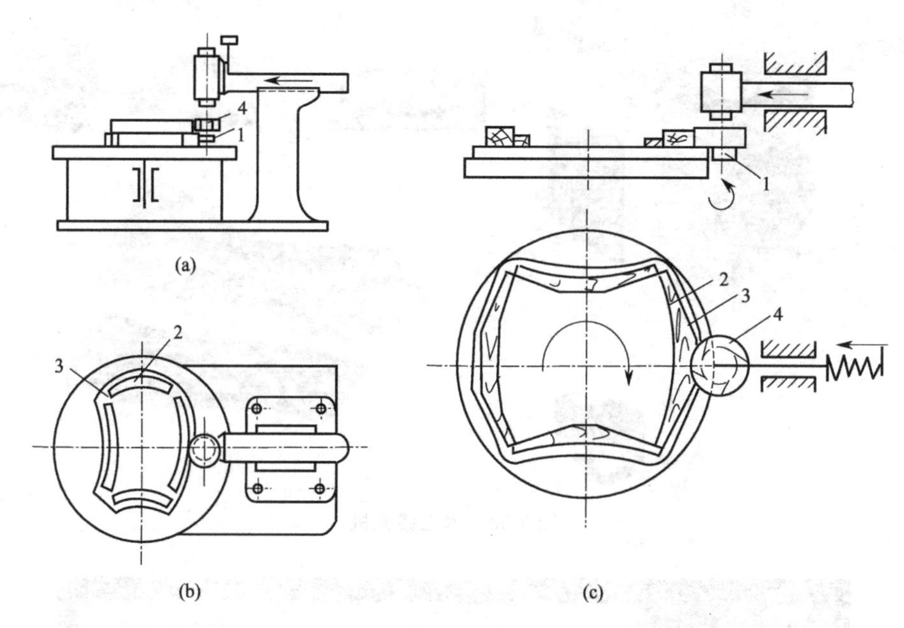

图3-55 回转工作台进给的铣床加工曲线形零件

1—挡环；2—工件；3—样模；4—刀具

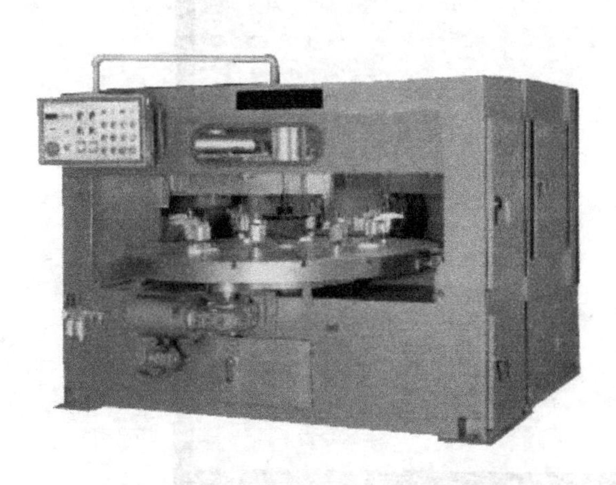

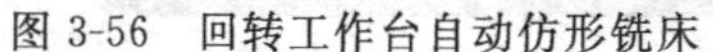

图3-56 回转工作台自动仿形铣床

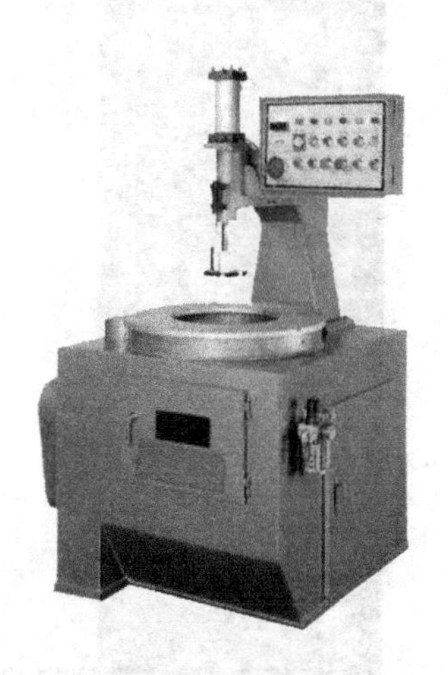

图3-57 回转工作台自动内径仿型铣床

（3）镂铣机加工成型面 利用镂铣机不仅可加工覆面板的成型面，而且可以在覆面板表面上进行铣槽及雕花。如图3-58所示为木工镂铣机。如图3-59所示为覆面板表面上镶嵌的线条。如图3-60所示为镂铣机加工成型面、铣槽的工作原理。如图所示，镂铣机的台面上

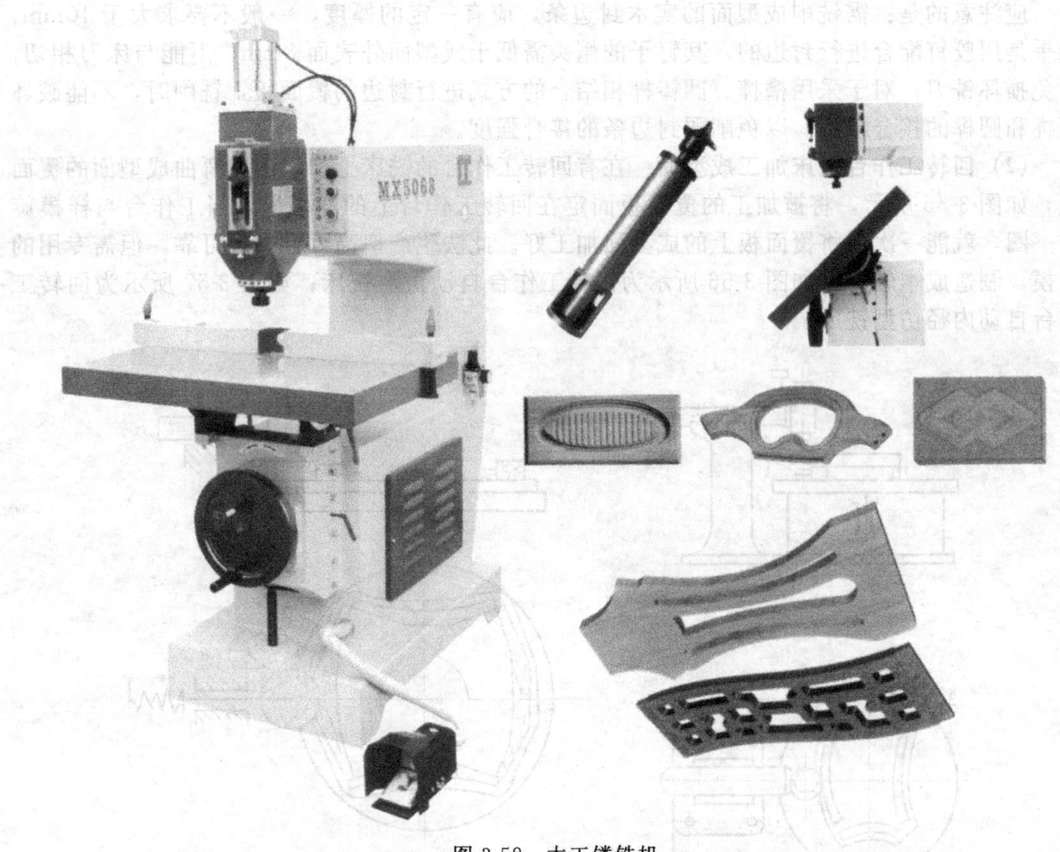

图 3-58　木工镂铣机

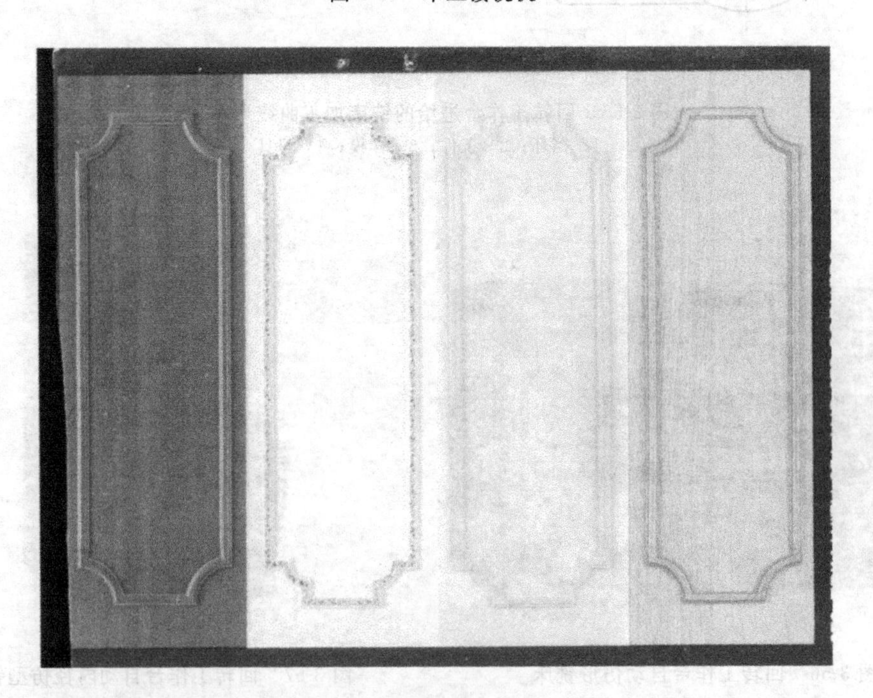

图 3-59　覆面板表面上镶嵌的线条

有一个仿形定位销，其中心线与铣刀轴的中心线是一致的。加工零件周边的型面，只要将加工面充分靠住仿形销缓缓推动作进料运动，其铣刀就会按进给运动的轨迹加工好成型面。若要在零部件的上表面铣槽或花纹，就要先在样模底面制出零件的槽或花纹套在镂铣机台面上的仿形销上，再把要加工的零件固定在样模表面上适合的位置上。加工时用手推动零件，沿样模底面的槽或花纹轨迹，缓缓作进给运动，直到加工完毕为止。如图 3-61 所示为在镂铣机上加工成型面与雕刻的情景。

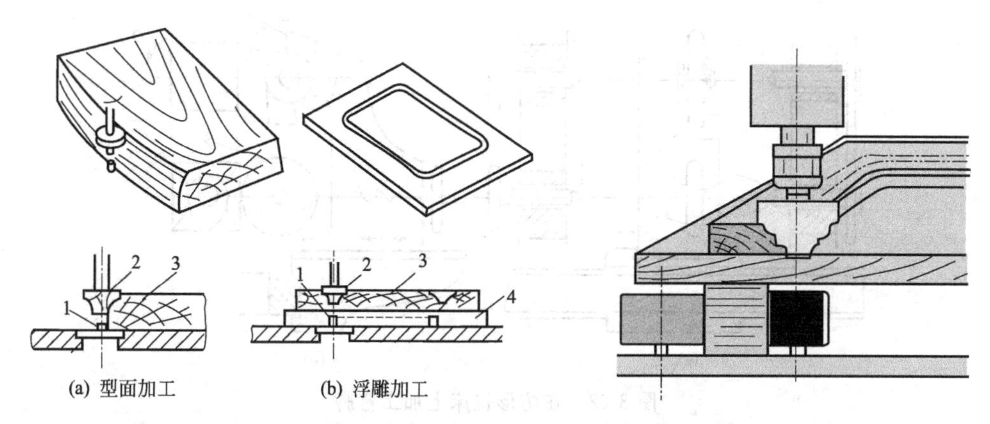

(a) 型面加工　(b) 浮雕加工

图 3-60　镂铣机加工型面、铣槽的工作原理

1—仿形定位销；2—端铣刀；3—工件；4—样模

(a)　(b)　(c)　(d)

图 3-61　在镂铣机上加工成型面与雕刻

3.2.4.5　复杂外形和回转体零件的加工

如图 3-47(g) 所示，回转体零件是中心线（面）对称的零件，如各种形状的圆柱体、圆锥体等；如图 3-47(h) 所示，复杂外形零件是零件纵向和横断面均呈复杂的曲线型（由曲面与曲面构成的复杂曲线形体），如鹅冠脚、老虎脚、象鼻脚等。

(1) 仿形铣床加工　复杂外形零件可由仿形铣床加工。如图 3-62 所示为仿形铣床加工弯脚的示意。如图所示，需先按弯脚的实际尺寸与形状做出铸铝样模（铝模较轻）。加工时，铣床上的仿形轮紧靠样模，样模与工件作同步运转运动。加工时，仿形铣刀既作旋转切削运动，同时又跟随仿形轮按样模旋转轨迹作同步纵向与横向的平面进给运动，直至将弯脚加工好，才回复到起始位置。

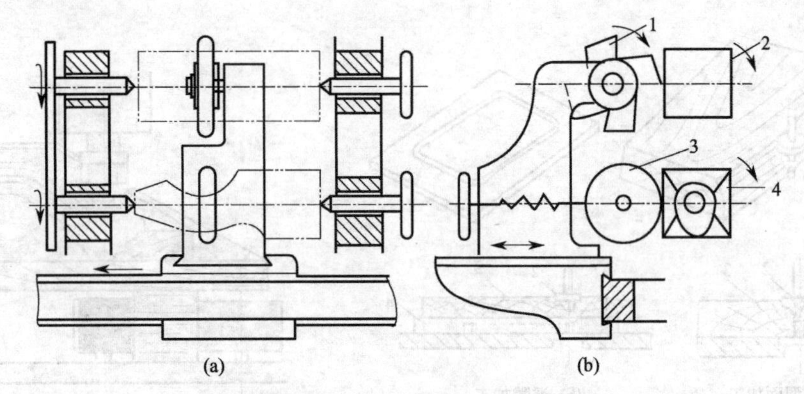

图 3-62　在仿形铣床上加工弯脚

1—刀具；2—工件；3—仿形轮；4—样模

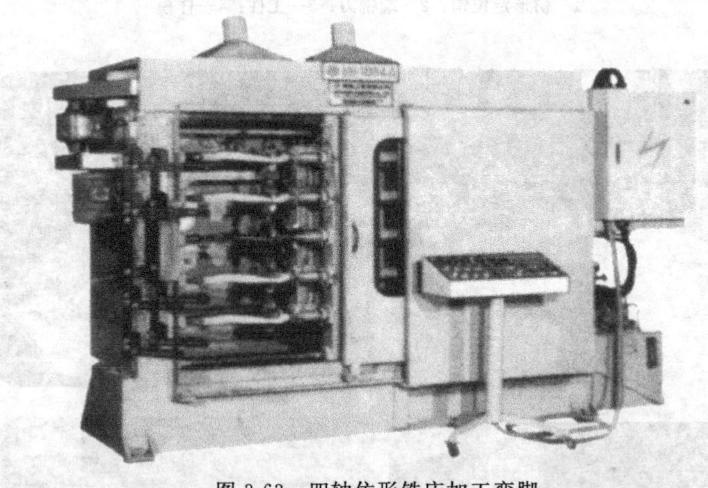

图 3-63　四轴仿形铣床加工弯脚

零件的加工精度主要决定于样模的制造精度与铣刀和工件的相对运动是否协调。如图 3-63 所示为一种四轴仿形铣床加工弯脚的情景。

利用仿形铣床加工回转体零件，不仅生产效率高，劳动强度低，而且几何尺寸与几何形状精度高，加工质量好，适合大批量生产。

(2) 木工车床加工　回转体零件可由木工车床加工。较小的圆柱体零件与圆棒榫，可用圆棒榫机进行加工，如图 3-26 所示。对于较大的回转体零件，像圆柱体、圆锥体、螺旋体以及中心线为直线的各种圆弧面的组合体，都可利用木工车床加工而成。如图 3-64 所示为数控木工车床的加工照片。如图 3-65 所示为车削加工选用车刀的方法。

对于专业化程度较高和零件车削量大的企业，还可采用自动背刀式车床和现代数控车床加工回转体零件。自动背刀车床可以非常准确地加工出与设计图纸相同的零件，如果批量生产也能做到完全一致。背刀式车床的加工精度高，主要是仿形刀架上触针沿靠模板曲线移动比较灵敏，所以能完成复杂外形零件的精确车削，其第一步粗车，第二步利用精车刀精车（得到预定的形状与尺寸），可根据形状不同自动调节进料速度。其背刀刀架上装有组合式车刀，能在最后精细修整零件表面，从而得到最理想的表面粗糙度。如图 3-66 所示为自动背刀车床。

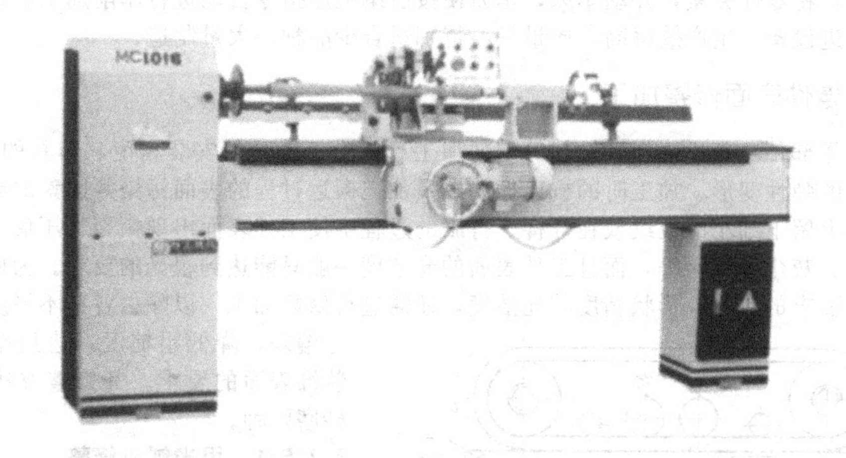

图 3-64 数控自动木工车床

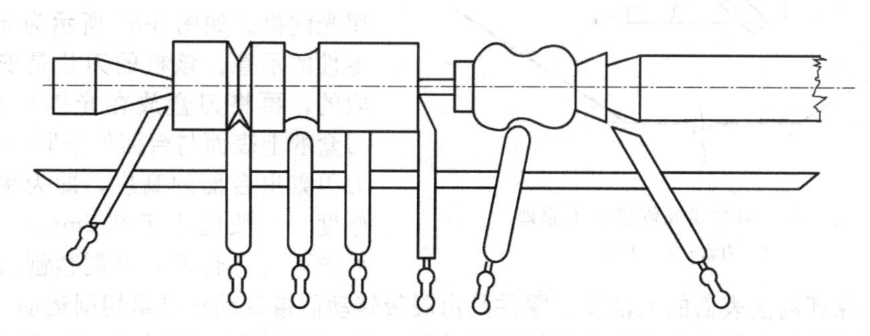

图 3-65 车削加工选用车刀的方法

图 3-66 自动背刀车床

车削零件一般是以横截面为方形的毛料加工而成。加工时，先找准毛料两端的中心，然后将零件两端的中心分别对准车床两端的顶针，并利用车床尾部的顶针将零件挤紧。接着开启车床带动零件作高速旋转运动，便可选择车刀，参照如图 3-65 所示方法，按设计图纸要求进行车削加工。

对于数控车床，先按设计图纸，用计算机进行编程输入数控车床；然后把所要用的车刀都安装好，将零件夹紧，开动车床，车刀便按所编程序指令自动进行车削加工。数控车床属于现代先进设备，生产效率高，质量好，特别适合少品种、大量制造。

3.2.5 零件表面修整加工

实木零部件在经过刨削、铣削等切削加工后，由于刀具的安装精度、刀具的锋利程度、工艺系统的弹性变形、加工时的机床振动以及加工搬运过程的表面污染等因素的影响，会在工件表面上留下细小的波纹或在开榫、打眼的过程中使工件表面出现撕裂、压痕、毛刺、压痕、木屑、灰尘和油污等，而且工件表面的光洁度一般只能达到粗光的要求。为使零件获得符合工艺要求的尺寸、形状精度与光洁度，还需进行修整加工，以除去各种不平度、减少尺寸偏差、降低粗糙度，达到涂料涂饰与装饰表面的要求。其修整方法有净光与砂磨两种。

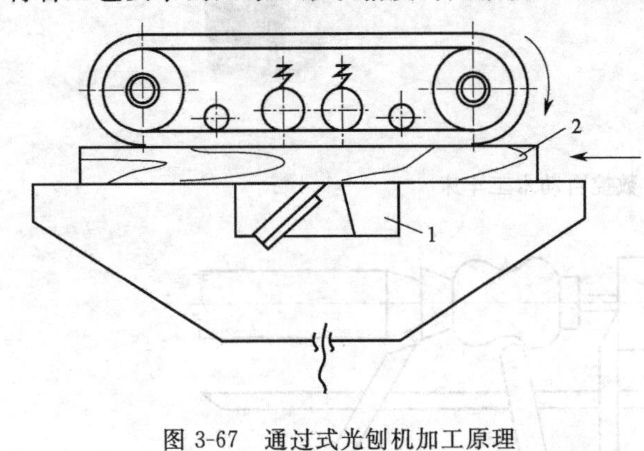

图 3-67 通过式光刨机加工原理
1—刀盒；2—工件

3.2.5.1 用光刨机修整

对于矩形零件表面的修整加工，可用光刨机。如图 3-67 所示为光刨机加工零件的示意。该机的刀片是安装在刀盒内的，再将刀盒放在光刨机台面当中，刀盒的上表面与台面处于同一水平面上，刀刃露出台面的高度，即为零件的刨削厚度（一般应小于 0.2mm）。刀盒在台面内可任意转动，以调整刨刀与台面纵向的夹角，保证刨削表面的光洁度。零件是由履带转动而被带动作进给切削运动。由于零件的被修整表面是相对刨刀作直线进给切削运动的，所以能把原来的波纹刨掉。零件表面经修整后，平直光滑度高，木纹清晰。该机床具有生产效率高、操作安全简便等优点，应用较为广泛。

3.2.5.2 用砂光机修整

零件的表面也可利用各种砂光机进行修整加工。由于零件表面具有各种形状，如平面、曲面、成型面等，尚有回转体零件。为此，需要采用各种不同类型的砂光机进行有效的砂磨，以确保修整的质量。如图 3-68 所示为各种砂光机的外形简图，需根据零件的形状而合理选用。

对于矩形零件，其表面通常选用图 3-68 中的（c）（上带式砂光机）、（d）（下带式砂光机）；对大量生产，可选用图 3-68 中的（k）（辊筒进料三辊式砂光机）、（l）（履带进料三辊式砂光机），效率高，质量好，但设备投资大。其侧面可选用图 3-68 中的（d）（下带式砂光机）、（e）或（f）（垂直带式砂光机）。

对于圆柱形零件，可选用图 3-68 中的（自由带式砂光机）进行修整加工。但在实际生产中，包括圆柱体在内的回转体，多数是利用砂纸在其加工机床上加工后，紧接着进行砂光修整，一次性完成。这样可减少工序，提高生产效率。

零件的弯曲表面，现多选用图 3-68 中的（g）（自由带式砂光机）、（i）（水平圆筒砂光机）、（j）（刷式砂光机）进行修整加工。

对于具有较大圆孔的零件，其圆孔的内表面可用图 3-68 中的（h）（垂直圆筒式砂光机）进行修整加工。

图 3-68 中的（a）（垂直盘式砂光机）、（b）（水平盘式砂光机）两种砂光机虽能修整矩形零件的表面与侧面，但由于砂带的切削运动方向与零件表面纤维方向不平行，且砂带上的砂粒线速度相差较大，故修整的效率低、质量差，应用较少。

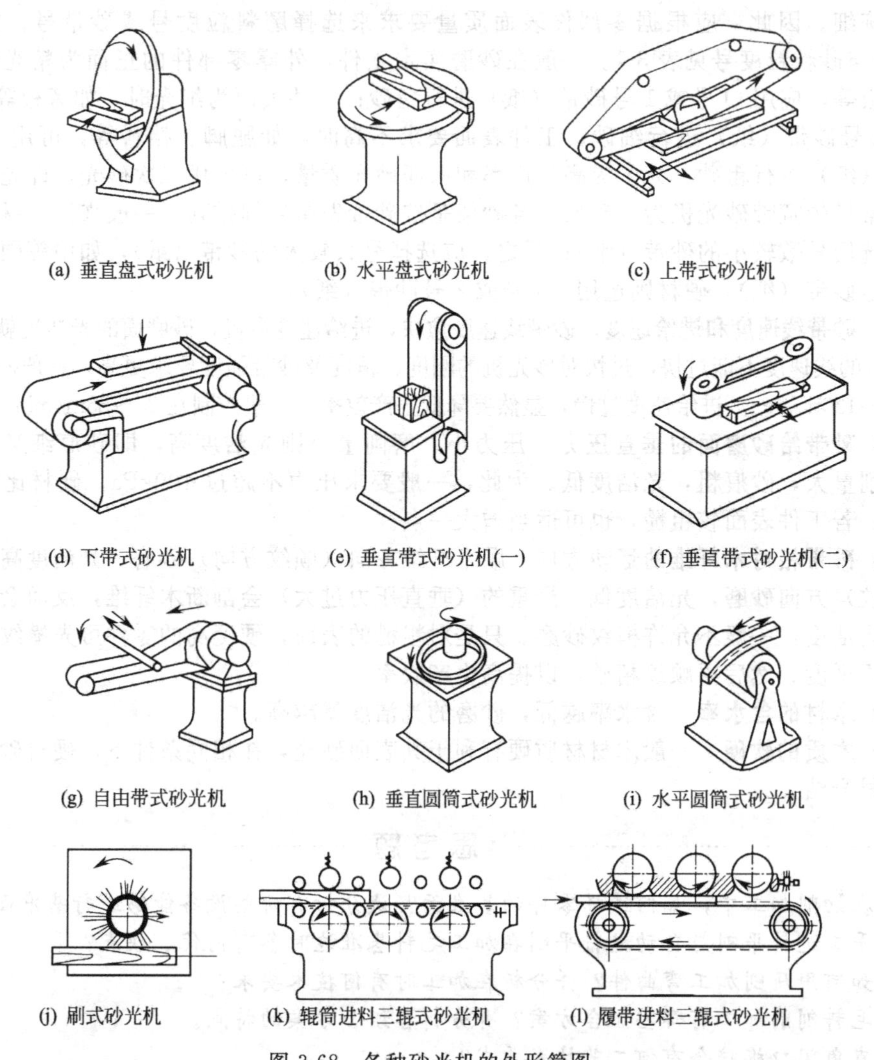

(a) 垂直盘式砂光机　(b) 水平盘式砂光机　(c) 上带式砂光机

(d) 下带式砂光机　(e) 垂直带式砂光机(一)　(f) 垂直带式砂光机(二)

(g) 自由带式砂光机　(h) 垂直圆筒式砂光机　(i) 水平圆筒式砂光机

(j) 刷式砂光机　(k) 辊筒进料三辊式砂光机　(l) 履带进料三辊式砂光机

图 3-68　各种砂光机的外形简图

表 3-1　常用砂带（纸）号与砂粒粒度

名　称	代　号				
砂粒粒度	40	60	80	100	120
砂带(纸)号	2½	2	1½	1	0
用途	粗砂-细砂-精砂				

3.2.5.3　影响工件表面砂磨光洁度的主要因素

(1) 砂带上砂粒的粒度　在家具生产中使用最多的磨具是砂带（纸）。一般砂纸上的砂粒是优质玻璃砂，而砂带上的砂粒为棕刚玉石砂，多由动物胶或合成树脂黏结在纸或布带上制成。砂带常见形式有带式、宽带式、盘状（片状）、卷状及页状等。砂带是由基材、胶黏剂和磨料（砂粒）三部分组成。基材主要采用棉布、纸、聚酯布和刚纸（强度比较高的纤维纸）；胶黏剂主要采用动物胶或合成树脂胶（部分树脂胶、全树脂胶和耐水型树脂胶）；磨料主要由人造刚玉（棕刚玉、白刚玉、黑刚玉、锆刚玉等，又称氧化铝）、人造碳化硅（黑碳化硅、绿碳化硅等）、玻璃砂等组成。

一般磨料（砂粒）越粗，其粒度（目）越小（砂带号越大），磨削量随之增大，生产效率越高，能较快地从工件表面磨去一层木材，但被砂光表面较粗糙；反之，磨料越细，其粒度越大（砂带号越小），砂带损耗快，生产效率越低，生产成本高，但砂光后的表面越光洁，砂磨痕迹细。因此，应根据零部件表面质量要求来选择磨料粒度号或砂带号。常用砂带（纸）号与砂粒粒度号见表3-1。一般在砂磨实木工件，外露零部件的正面为精光时，如面板、门板等，应用O号或1号砂带（纸）进行精砂；工件表面为细光时，如旁板等，可用1号或1½号砂带（纸）进行细砂；工件表面要求不高时，如腿脚、档料等，可用1½号或2号砂带（纸）进行粗砂。为了提高生产率和保证砂光质量，可采用二次砂光，即先粗砂后细砂，如常见的宽带砂光机为三砂架，各砂架是按砂带先粗后细排列。一般来说，材质松软的工件可选用号数较小的砂带（纸）；反之，应选择号数较大的砂带（纸），如中等硬度的木材选用1号砂带（纸），硬材则选用1½号或2号砂带（纸）。

（2）砂带线速度和进给速度 砂带线速度愈快，进给速度愈慢，砂磨面的光洁度就愈高。但同时砂带的线速度不能过快，过快对砂光机的刚度、精度及砂带强度要求更高，一般砂带的线速度为80～120m/min。进给速度过慢，显然要降低生产效率，一般控制在25～35m/min。

（3）砂带给砂磨面的垂直压力 压力小、磨削量小则光洁度高，即砂痕细又浅。压力大，磨削量大，砂痕粗，光洁度低。为此，一般要求压力不超过100kPa，硬材比软材可稍大一点；若工件表面较粗糙，也可适当增大一点。

（4）砂带相对木纤维的运动方向 顺木纤维方向（顺纹方向）砂磨，光洁度高。横木纤维（横纹）方向砂磨，光洁度低。严重的（垂直压力过大）会割断木纤维，反而会破坏零件表面的光洁度，一般不允许横纹砂磨。只是对粗糙的表面，硬度高的零件可先横纹砂磨去掉较大的不平度，然后再顺纹精砂，以提高生产效率。

（5）木材的含水率 含水率越低，砂磨的光洁度就越高。

（6）木质的软硬 一般木材材质硬有利于其表面砂光，在相同条件下，硬材砂光后的表面较软材光洁。

思考题

1. 在切削加工中，如何选择零件的基准面？试分析有哪些设备能够进行基准面的加工？

2. 手工进料平刨与自动进料平刨在加工毛料基准边时各有何优、缺点？

3. 如何用压刨加工弯曲件？并分析在加工时有何技术要求？

4. 毛料刨削加工有哪些组合方案？并分析各组合方案的特点。

5. 直角闭口榫接合有何工艺技术要求？

6. 分别说明直角榫、圆弧榫、燕尾榫、梯形榫、指形榫加工时所用到的设备、刀具、工具及其技术要求是什么？

7. 零件顺纤维方向的榫槽和槽榫及横纤维方向的槽（开缺）有哪些主要加工方法？

8. 分别说明成型件、弯曲件、回转体加工的加工方法和工艺技术要求是什么？

9. 零件表面修整加工的方式有哪几种？各有何特点？影响工件表面砂磨光洁度的主要因素有哪些？

10. 下图为一个抽屉旁板的主视图，要求在其上分别加工出直角多榫、明燕尾榫及抽屉底板嵌槽。请列表编写其切削加工工艺流程。

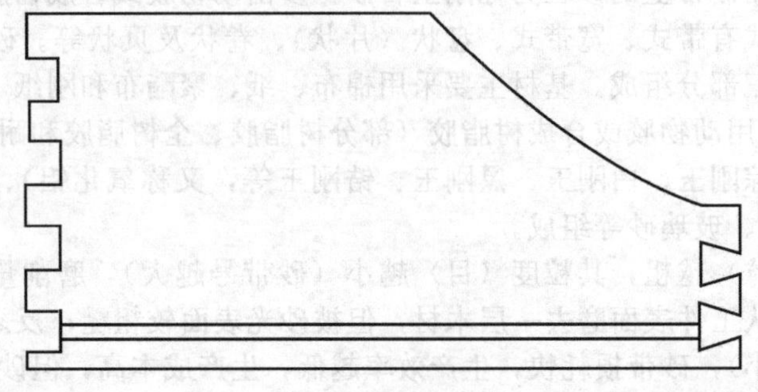

抽屉旁板工艺流程表

序号	工序名称	机床或工作位置名称	备　注

11. 一把椅子的前脚上部与牵脚档接合处为方体，同时要加工直角闭口榫眼，方体下面为圆锥体。请列表编写其切削加工工艺流程。

12. 一个长方体实木零件，其两端需加工成直角双肩单榫，中间需加工两个长方形榫眼。请列表编写其切削加工工艺流程。

13. 请列表编写老弯腿［复杂外形曲面，如图 3-47(h) 所示］的切削加工工艺流程。

14. 思考为何要将立式铣床称为万能铣床？它能进行哪些类型的铣削加工？其加工方法与技术要求有哪些？

第4章

板式零部件制造工艺

随着科学技术和木材综合利用事业的不断发展，家具生产的主要原材料正在由单一的天然木材向各种人造板和复合材料发展。板式结构的家具，可以充分利用木材，提高木材利用率；减少天然实木翘曲变形缺陷、改善产品质量；有利于实现机械化、连续化、自动化生产；便于家具的拆卸、运输和销售。因此，在现代家具和木制品生产中，由板式零部件构成的产品获得了广泛的应用。

板式零部件需在其表面覆贴饰面材料，一般称其为覆面板。覆面板部件种类较多，根据其结构特征不同，可分为覆面实心板和覆面空心板两大类。其生产工艺过程包括以下两个步骤：一是覆面板的制造，是指覆面材料准备、芯材准备、涂胶、组坯、胶压、堆放等工序；二是覆面板的加工，是指裁边、封边、加工成型边、加工装配孔、铣槽、表面修整等工序，如图 4-1 所示。

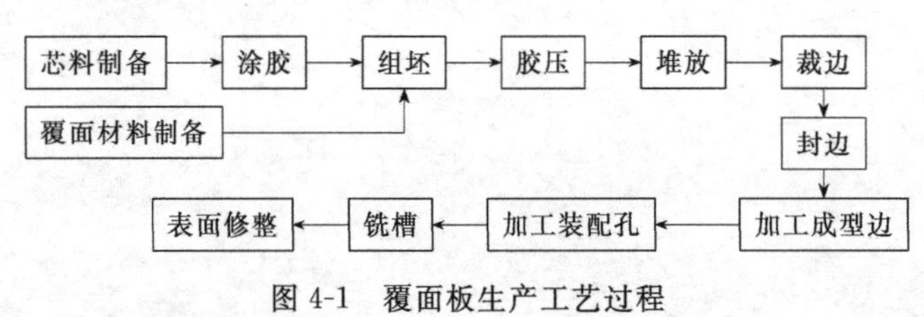

图 4-1　覆面板生产工艺过程

4.1 覆面板的制造

4.1.1 覆面材料的配备

当前在家具生产中所用的覆面材料主要有薄木、单板、薄胶合板、装饰板、塑料薄膜、装饰纸等多种。其中的薄胶合板、装饰板、塑料薄膜、装饰纸为工业商品材料，从市场调研来看，按第 2 章人造板配料的工艺要求，锯切成所需要的规格即可。在此仅介绍薄木与单板的配备工艺过程。

4.1.1.1 薄木制造

薄木制造有圆旋切法、偏心旋切法和刨切法，如图 4-2 所示。通常将刨切制薄木称为薄木，将旋切制薄木称为单板。如图所示，圆旋切法是以原木的中心线为旋转中心，利用旋切机进行旋切所制得的薄木，其薄木是连续的弦向薄木，直至原木旋切至最小直径为止，即为胶合板制造单板的方法。偏心旋切法，即原木旋切加工的中心线与原木中心线是偏心的，所加工出来的是宽度不等的弦向与半弦向薄木。刨切薄木是对预先锯解好的方木进行刨切加工而制得的薄木，若按方木的弦向进行刨切所得的薄木即为弦向薄木，若按方木径向进行刨切所制得的薄木即为径向薄木。表 4-1 为用刨切法、圆旋切法和偏心旋切法制造的薄木特点。

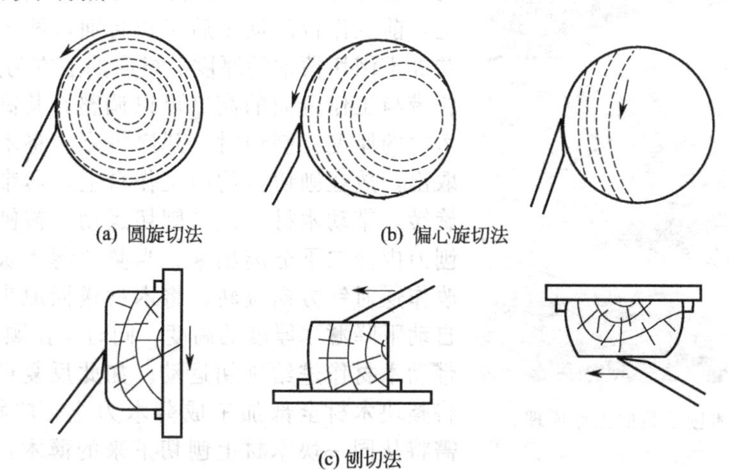

(a) 圆旋切法　(b) 偏心旋切法

(c) 刨切法

图 4-2　薄木、单板制造方法

表 4-1　用刨切法、圆旋切法和偏心旋切法制造的薄木特点

薄木制造方法	加工设备	薄木纹理	薄木形状
偏心旋切法	旋板机	半弦向，弦向	片状
圆旋切法	旋板机	弦向	连续成卷状
刨切法	刨板机（切片机）	弦向，径向	窄片状

径向薄木呈现出雅致的条状花纹，弦向薄木呈现出各种纹理不规则的优美曲线形花纹，旋切单板均呈现出各种纹理不规则的美丽曲线形花纹，特别用树瘤或树根刨切的薄木，其纹理更为美丽多彩，如桦木、核桃、榆木、法国梧桐等木材由于常生长出较大的树瘤，能刨切出各种纹理不规则的树瘤花纹薄木，有着奇特的装饰效果。

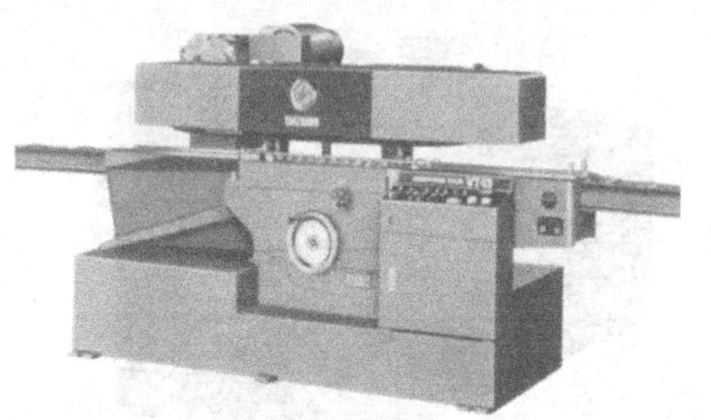

图 4-3　薄木刨切机

实际生产中，多采用刨制薄木，旋切薄木主要用于制造胶合板，在胶合板制造中有详细论述。所以，在本节中仅介绍刨切薄木的制造工艺，其工艺流程为：选材→原木锯切→蒸煮→刨切→干燥→裁剪。

(1) 选材　制造装饰薄木要选择纹理均匀美观、材色悦目的优质材种。现用于生产饰面薄木的材种主要有柚木、鸡翅木、水曲柳、椴木、樟木、桦木、色木、楸木、酸枣木、红椿木、檫木、楠木、水青冈木、红豆木、黄连木、山槐木、龙眼木、法国梧桐木等多种。

(2) 原木锯切　先利用断料锯将原木锯成一定长度，然后利用大带锯将锯成一定长度的原木再锯成一定规格的弦向或径向方材。

(3) 木材软化处理　软化处理的主要方法是将木材放在热水池里浸泡，水温约为 90℃；浸泡时间视木材的材种及厚度而定，以木材完全浸透达到软化要求为准则。通常需根据所用材种及厚度规格进行实验来确定浸泡时间。

(4) 薄木制造 刨切薄木所用设备是薄木刨切机，有多种类型与规格，如图 4-3 所示为应用较普遍的一种薄木刨切机，如图 4-4 所示为薄木刨切机的工作原理。

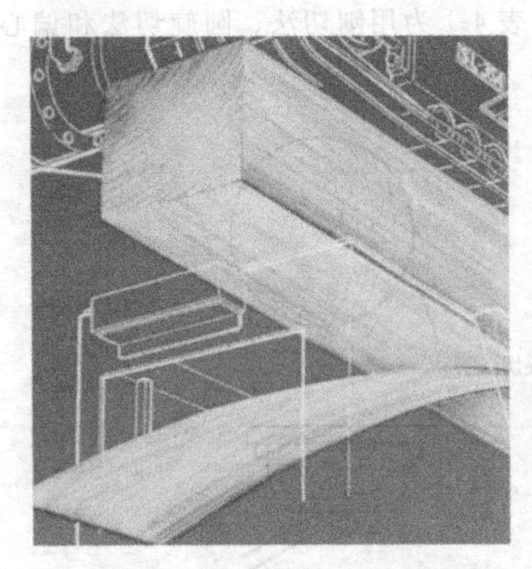

图 4-4 薄木刨切机的工作原理

如图 4-3 所示，刨切机的刨刀固定在机床工作台的中部位置，刀刃与机床后工作台面处于同一水平面上，前工作台面低于后工作台面，两工作台面高度之差等于刨切薄木的厚度。机床的上方为履带进料机构，履带与工作台面的高度可以调整，其高度调至为刨切木材的厚度。刨切时，开启机床，将木材从热水池中取出，放在刨切机的前工作台上，履带作顺时针方向旋转，带动木材作进给刨切运动，被刨出来的薄木从刨刀内侧向下分离出来；当整片薄木被刨出后，履带改作逆时针方向旋转，将木材送回原来位置，并随即自动下降薄木厚度的高度，同时又作顺时针方向旋转，带动木材作进给刨切运动。如此反复进行刨切，直至将整块木材全部加工成薄木为止。应特别提出的是，需将从同一块木材上刨切下来的薄木，按刨切的先后顺序（即按相邻薄木的同一切面）相叠整齐，并捆扎好，以利于将薄木拼成对称图案。

一般饰面薄木厚度为 0.3～0.8mm。为了进一步提高珍贵木材利用率，薄木生产逐渐向薄型方向发展，薄型薄木的厚度仅为 0.1～0.3mm。对于厚度只有 0.1～0.2mm 的，称为微薄木，需在其背面胶贴优质薄纸，以防撕裂，并要求卷成卷贮存使用。

(5) 薄木干燥 由于木材经热水浸泡软化处理后，所刨切的薄木含水率一般会高达 30%以上，既不便于保存，又不利于胶拼。为此，需进行干燥处理，将其含水率降到 8%～10%。如图 4-5 所示为一种连续式薄木干燥机的照片，此种干燥机可采用远红外线辐射或微波辐射进行干燥。干燥时，将薄木从干燥机的前端入口一张接一张地送进机内的输送带上，通过输送带的运转，缓慢地输送至干燥机后端出口处，传送出去。薄木在输送的过程中，逐步被干燥到所要求的含水率。

图 4-5 连续式薄木干燥机

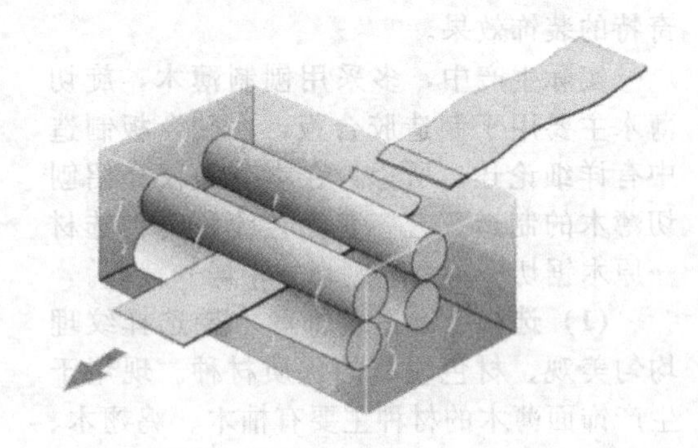

图 4-6 薄木整形机的工作原理

由于薄木在干燥的过程中，会发生翘曲变形，所以需用薄木整形机进行整形处理。如图 4-6 所示为薄木整形机的工作原理，如图所示，薄木干燥后，通过整形机的压辊，即被碾压平直。薄木整形机可放在薄木干燥机的出口处，或安装在薄木干燥机中的末尾，以使薄木干燥与整形连续进行，提高生产效率。薄木干燥、整形后，仍需按刨切的先后顺序叠放、扎好。

4.1.1.2 薄木的加工

薄木加工是将薄木锯切或剪切成一定的幅面规格。锯切时，需根据部件尺寸和纹理要求，并考虑除去薄木上的崩裂、变色等缺陷。同时，要合理预留加工余量，一般在长度方向上的加工余量为10～15mm，宽度方向上为5～8mm。加工时不能弄乱刨制薄木的叠放次序，以免给拼接花纹造成困难。锯切后的薄木边缘应平直，不许有裂缝、毛刺等缺陷。其边缘直线度偏差一般不应大于0.3/1000，侧面与端面的垂直度偏差不大于0.2/1000，以保证薄木拼接的拼缝严密。薄木的加工方法在第2章已进行详细论述，在此不再赘述。

4.1.1.3 薄木胶拼

薄木胶拼是将加工好的薄木胶拼成所要求的幅面，并在长度和宽度上留有一定的加工余量，以便贴面后的再加工。同时还要根据设计的拼花图案进行组合胶拼。如图4-7所示为常见的薄木拼花图案。

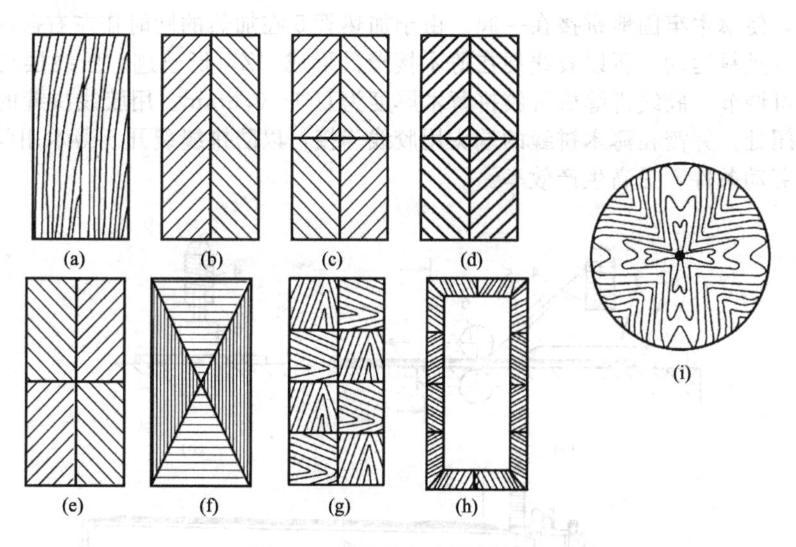

图4-7 常见的薄木拼花图案

(a) 顺纹拼；(b) 人字形拼花；(c)、(d) 菱形拼花；(e) 辐射形拼花；
(f) 盒状拼花；(g) 席形拼花；(h) 框架拼花；(i) 圆形拼花

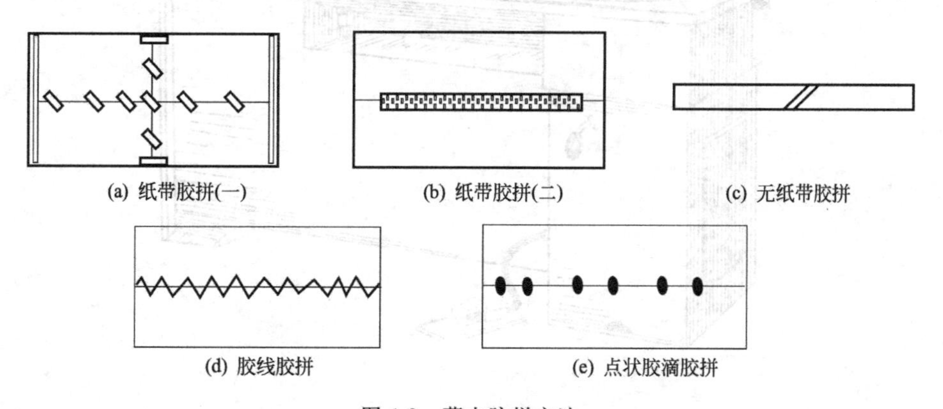

图4-8 薄木胶拼方法

为使家具表面纹样对称协调，同一制品各部件表面要用同一树种、同样纹理的薄木选拼而成。薄木胶拼需在专用的拼板机上或工作台上进行，如图4-8所示为纸带胶拼、无纸带胶拼、胶线胶拼和点状胶滴胶拼等常用的胶拼。

纸带胶拼可用手工或在纸带胶拼机上进行，可沿拼缝连续粘贴或局部粘贴，端头必须拼牢，以免在搬动中破损。纸带胶拼机常用胶纸带为45g/m^{2}以下的牛皮纸。湿润胶纸带的水槽温度保持在30℃，加热辊温度为70～80℃，胶拼纸带需贴在薄木表面上，以便今后砂磨掉。也可采用穿孔胶纸带胶贴在薄木背面，纸带厚度不超过 0.08mm，以减少贴面的胶贴强度。

无纸带拼缝是在薄木侧边涂胶，在加热辊和热垫板作用下固化胶合。薄木拼缝用的胶黏剂为脲醛树脂胶或皮胶。

近年来，薄木胶拼广泛应用胶线拼接机，如图 4-9 所示为其工作原理图。胶线是用粘有热熔树脂胶的玻璃纤维线作为胶线。胶拼时，把薄木 3 背面向上送到胶线拼缝机的工作台 1 上，侧边紧靠在导尺 2 上，送进到压辊 6 中，胶线从绕线筒 4 上引出，通过加热管 5，使胶线上的热熔胶熔化，并在热空气的气流作用下吹至压辊 6，由压辊 6 把胶线压贴在两薄木的拼接缝上进行胶拼。当两薄木的拼接缝离开压辊 6 后，压贴在拼接缝上的热熔胶线在室温下便立即固化，使薄木牢固地拼接在一起。由于加热管 5 在加热的同时作左右摆动运动，而薄木作连续直线进料运动，所以胶线便在薄木接缝处形成“Z”形轨迹。胶线摆动幅度及薄木进料速度均可调节。胶线拼缝机可胶拼薄木厚度为 0.3～0.8mm。用胶线拼缝的薄木应保存在干燥和密闭处，并需在薄木拼缝的端头用胶线连接，以防拼缝裂开。薄木用胶线拼接机胶拼，可改善劳动条件，提高生产效率。

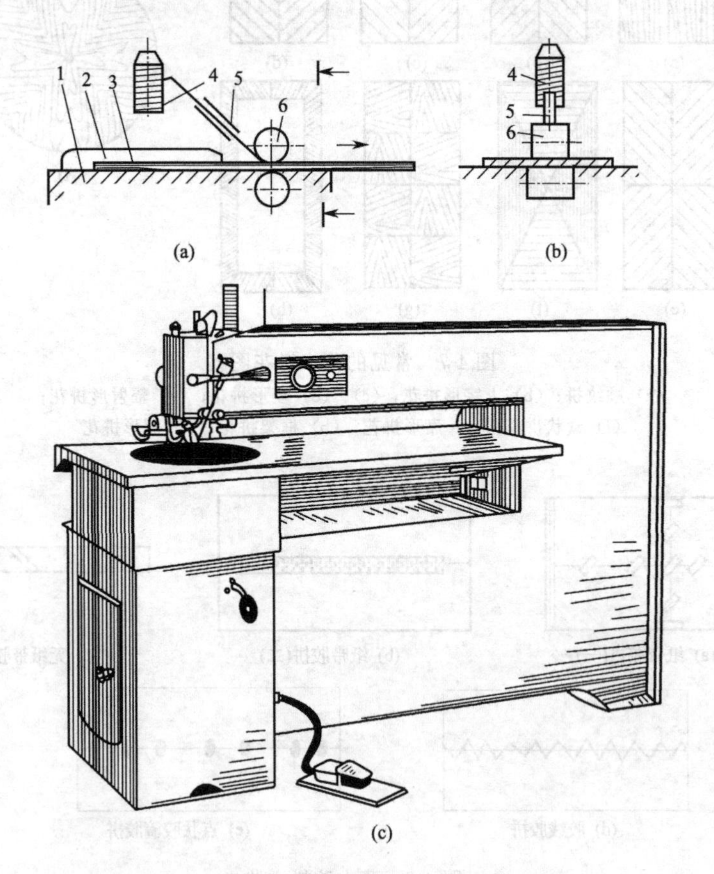

图 4-9　胶线拼接机工作原理

1—工作台；2—导尺；3—薄木；4—绕线筒；5—加热管；6—压辊

如图 4-10 所示为点状胶拼机原理。如图所示，薄木由进料辊 5 送进，点状涂胶器 4 往薄木接缝上滴上胶滴，经压胶辊 6 压成胶片 7，并立即固化，将薄木牢固地胶拼好。拼接薄木厚度一般为 0.4～1.0mm。

若生产条件允许，薄木胶拼可放在覆面板配坯时进行，以便将胶拼好的薄木直接铺放在基材上进行配坯。

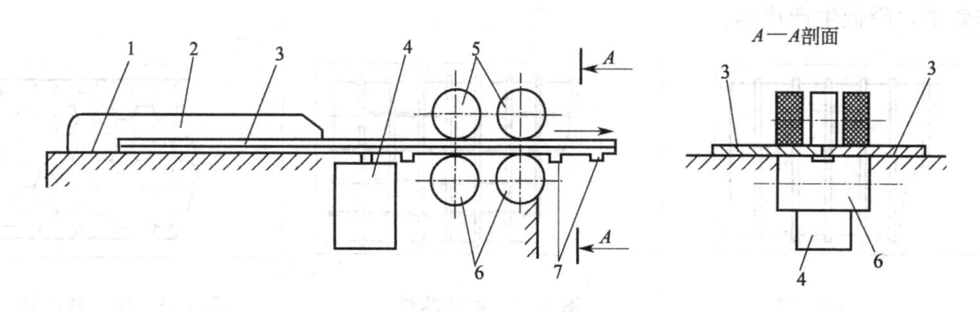

图 4-10　点状胶拼机原理

1—工作台；2—导尺；3—薄木；4—点状涂胶器；5—进料辊；6—压胶辊；7—胶片

4.1.2　芯料的制备

4.1.2.1　覆面实心板的芯料的配备

覆面实心板所用的芯料主要有刨花板、纤维板、细木工板及厚胶合板等人造板。

关于人造板的套裁图与配备方法，在第2章“人造板及装饰板配料”一节中已详细论述，在此不再重述。需提出的是，应将配好的芯料置于干燥处堆放平整，以防吸湿变形。

配好的芯料，尚需进行厚度校正加工。由于人造板厚度尺寸往往有偏差，不能满足饰面要求，所以锯截后的芯料需经厚度校正加工。芯料厚度校正加工也称定厚砂光，经过对芯料表面进行一次或多次的砂磨，使厚度尺寸精度、表面平整度、光洁度及清洁度达到工艺要求，以免在胶贴工序中产生压力不均，造成胶合不牢的缺陷。

定厚砂光设备有宽带砂光机或三辊式砂光机。进行定厚砂光要求芯料两面砂削量均衡，以保证基板表面质量。板件在砂光中，要求每次单面砂削量不得超过0.5mm，砂光后的板件厚度公差应控制在±0.1mm范围内。砂光机使用60#～80#砂带进行砂光，效果比较好。但选择砂带要根据其覆面材料的要求而定，对表面平整度要求较高的，则砂粒要细。被砂削的芯料长度不能小于300mm，厚度不能小于5mm。砂磨时，要求前后芯料首尾相接连续进料，以提高砂磨效率。

板材表面砂光后的粗糙度应根据覆面材料的要求确定，板材表面允许的最大粗糙度不得超过饰面材料厚度的1/3～1/2。一般贴刨切薄木的基材表面，要求先用60#～80#砂带进行粗砂后，再用100#～240#砂带进行精砂，需使其最大表面粗糙度$R_a \leqslant 200\mu m$。贴塑料薄膜的基材表面最大表面粗糙度$R_a < 60\mu m$。表面裂隙大的基材如刨花板，贴薄型材料时，需用刮涂腻子予以填平或用增加底层材料的方法来提高表面质量。

4.1.2.2　空心芯料的制备

空心芯料可以分为纯木材框架芯料与木材框内填充空心填料的芯料两大类。

纯木材框架芯料，其周边为木材方料框架，在框架内衬叠若干木材衬条，并将垂直框架立边的衬条称为横衬，平形框架立边的衬条称为立衬。由于木材框架中的衬条通常以横衬为主，所以又将这种纯木材框架芯料统称为栅状芯料，如图4-11所示。

对于在木材框内填充空心填料的芯料，根据空心填料的种类不同，又可分为格状芯料（图4-12）、蜂窝状芯料（图4-13）等多种。

(1) 栅状芯料　栅状芯料的框架是覆面空心板的骨架，对板的刚度起着决定性的作用，多用实木条制作，框架中的衬条可用实木条，也可用刨花板条或纤维板条制作。框架最好用同一材种或材性相似的木材，宽度不宜过大，以免翘曲变形；也不能过小，以保证框架的刚度。一般为16mm、18mm、20mm、22mm、24mm（建议级差为2），其中以20mm、22mm为常用规格。在一件或整套家具中，应力求减少覆面空心板的厚度规格，以方便管理，提高工作效率，降低生产成本。

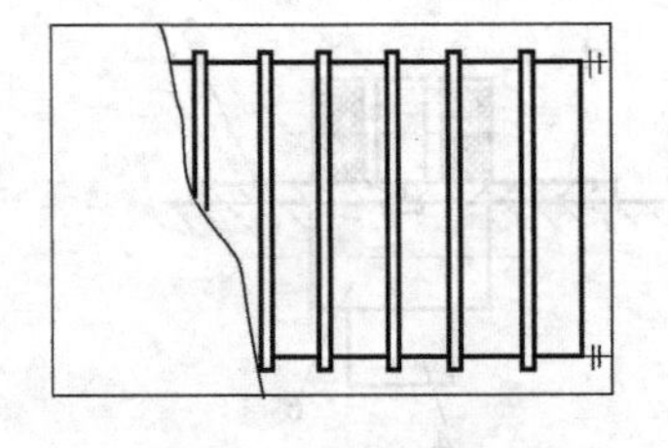

图 4-11　栅状芯料

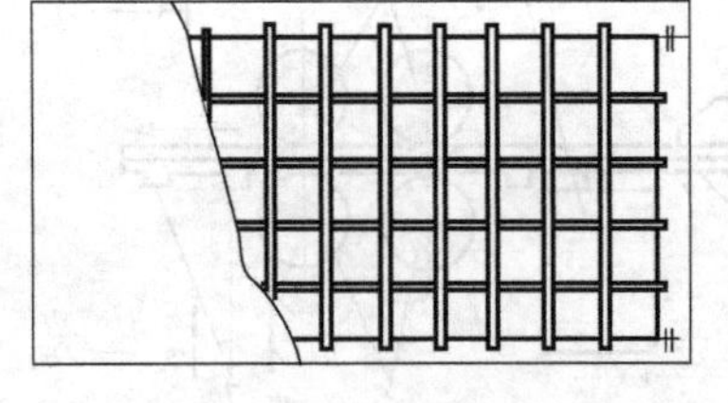

图 4-12　格状芯料

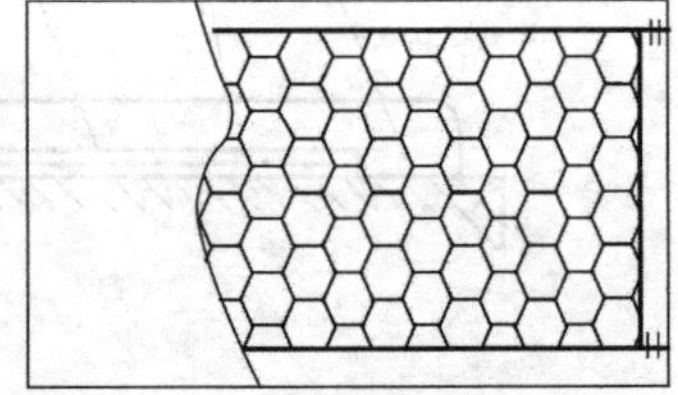

图 4-13　蜂窝状芯料

虽然覆面板的刚度随木框厚度的增加而提高，但覆面材料也需有一定的刚度要求，以使其在木框空格处的下凹度符合工艺要求，并能在木框空格处承受正常外力作用而不被破坏。覆面材料的刚度同样随其厚度的增加而提高。为确保覆面空心板的质量要求，又能降低成本，需合理确定其覆面材料与木框的厚度关系。经实践证明，木框的厚度一般需为覆面空心板总厚度的 3/5～4/5；而覆面材料以 2.5～5mm 厚的胶合板为宜，其中以约 3mm 厚的为主，既经济，又能满足工艺要求。

为了防止覆面空心板在热压时内部空气膨胀而产生脱胶现象，需在木框的帽头及横衬的方材上钻一个小孔，作为胶压覆面材料时排出水汽的通道，以利在热压过程中将板内的空气排出。木框周边零件的用料，可用完整的木料，也可将较短的木料用齿形榫接长的木料。若木框周边零件的长度与宽度都较大，则可利用小料接长、拼宽来制造，以提高木材利用率。

框架中衬与边框采用“Ⅱ”形气枪钉进行接合，生产效率高，应用较广泛，也可采用槽榫接合或直角榫接合，但工艺复杂，生产效率低，现应用较少。

(2) 格状芯料　如图 4-14 所示为格状芯料的结构简图，即在木框中间放入制成格状的板条。其板条多为单板条，也可用薄胶合板条或薄纤维板条。一般是利用单板、薄胶合板、薄纤维板的边角料来制作，以提高其利用系数。格状板条的制造工艺，是先将这些板的边角料加工成所要求的宽度与长度，其中板条的宽度要比木框厚度大 0.2～0.5mm；长度与木框内空相适合即可，然后利用圆锯机将板条加工出若干个缺口，缺口的宽度等于板条自身的厚度，缺口的深度为板条宽度的 1/2。待组坯时，将加工好的板条交错插合即成格状，放入木框中组成覆面空心板的芯料。这种格状芯料的空隙间距为覆面材料厚度的 30～50 倍，以防止格状间距太大而造成覆面材料表面凹陷不平的缺陷。

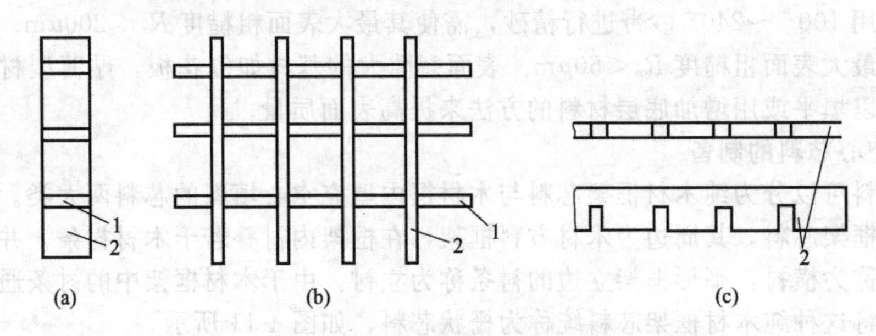

图 4-14　格状芯料的结构简图
1—横向板条；2—纵向板条

(3) 蜂窝状芯料　可用牛皮纸、纱管纸或草浆纸作原料，在纸的正反两面进行条状涂胶，涂胶宽度和条间距离相等，涂胶后一张张地整齐叠放好，再压紧至胶层固化后，将纸拉开即形成排列整齐、大小相等的六角形蜂窝状孔格。然后在切纸机上按板式部件厚度切成条状。为了保证板式部件的胶合强度，这种蜂窝状芯料的厚度应大于框架高度 2.6～3.2mm。芯料被拉开前，先在两个压辊间通过，压辊间距离等于木框厚度，芯料从压辊间压过后，两侧弯曲 1.3～1.6mm，使它与覆面材料间胶合面积加大，以提高胶合强度。

组坯时，将表背板的反面涂上胶，木框则正反面布胶，再将木框配置到施过胶的表背板上，把蜂窝状纸格拉伸后填入木框，注意纸格在木框内拉伸到位，空格面积均匀，而且纸格的厚度应比木框厚度高 0.5～1.0mm，以确保压制时有充分的接触面积，从而提高接合强度。对于纸质较软的牛皮纸，它们的厚度差可适当放大些。

4.1.2.3 组框

准备好框架方料和空心填料后，便可进行组框。木框的接合方式有直角榫接合、榫槽接合和“Π”形钉接合等多种，其中以“Π”形钉接合应用较为广泛。

用直角榫接合的木框，接合强度虽高，但其所有零件都需要加工榫头或榫眼，且组装成木框后，其表面尚需利用刨平进行修整加工，以去除纵、横方材装配后所产生的厚度偏差。因工艺复杂，生产成本高，仅用于单面覆面空心板的制造，其应用在逐步减少。

榫槽接合的木框，虽接合强度比直角榫接合的要小，但加工方便，只要在方材纵、横向上开出槽口，不用再刨平木框，可直接组框配坯。如图 4-15 所示为榫槽接合木框结构简图。

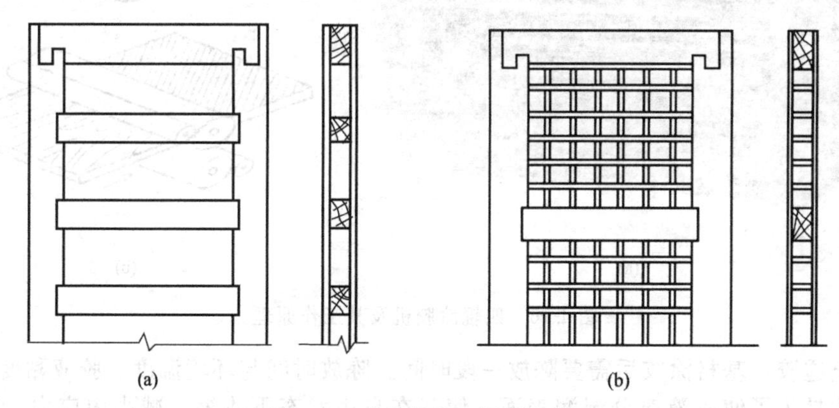

图 4-15 榫槽接合木框结构简图

“Π”形钉接合的木框，制造最简便，先将加工成一定规格的零件摆放成所要制作的木框，然后用钉枪钉将“Π”形钉钉牢固即可。由于这种木框制作工艺简单，现广泛用于双包镶覆面空心板的制造。

4.1.3 覆面材料为薄胶合板或薄木的覆面板制造工艺

4.1.3.1 涂胶

覆面板的覆面材料与芯料的接合为胶接合。涂胶的方法有两种，即用手工或辊涂机进行涂胶。现常用的胶种有脲醛树脂胶、聚醋酸乙烯酯乳液胶、丙烯酸树脂乳液胶等多种。

脲醛树脂胶是目前广泛应用的一种胶黏剂，其优点是胶液的流平性好，便于施工，耐水性较好，价格较便宜，但含有游离甲醛，对工人身体健康与环境有危害，需按国家有关标准予以控制。

薄木厚度小，胶贴时容易透胶，因此胶液不能太稀，要在胶液中添加填料，提高胶液黏度，减少透胶。

聚醋酸乙烯酯乳液胶是热塑性树脂胶，使用方便，但耐水性低于脲醛树脂胶，可与脲醛树脂胶混合使用，提高耐水性。其混合比例为：聚醋酸乙烯酯乳液胶 10 份，脲醛树脂胶 2～3 份，再加适量氯化铵作为固化剂。丙烯酸树脂乳液胶性能较好，但价格较贵，现应用不太多。

涂胶多采用四辊筒涂胶机，能同时进行双面涂胶，且涂胶均匀，并便于控制涂胶量。如图 4-16 所示为四辊涂胶机及其工作原理。

薄木胶贴时，涂胶量要根据基材性能和饰面材料种类来确定。薄木厚度小于0.4mm，在单板或胶合板表面的涂胶量为110～115g/m²，薄木厚度大于0.4mm的，则涂胶量为120～150g/m²，刨花板的基材涂胶量需加至150～160g/m²。

涂胶量也与胶的种类、浓度、黏度、胶合表面的粗糙度及胶合方法等有关。一般合成树脂胶涂胶量少于蛋白质胶；材料表面粗糙度大的涂胶量应大于表面平滑的材料；冷压胶合涂胶量应小于热压时的涂胶量，这是因为冷压胶层固化时间长，若涂胶量大，胶液在长时间的压力作用下易被挤出外溢。涂胶要均匀，应没有气泡和缺胶现象。脲醛树脂胶涂胶量为120～180g/m²，而蛋白质胶涂胶量为160～200g/m²。

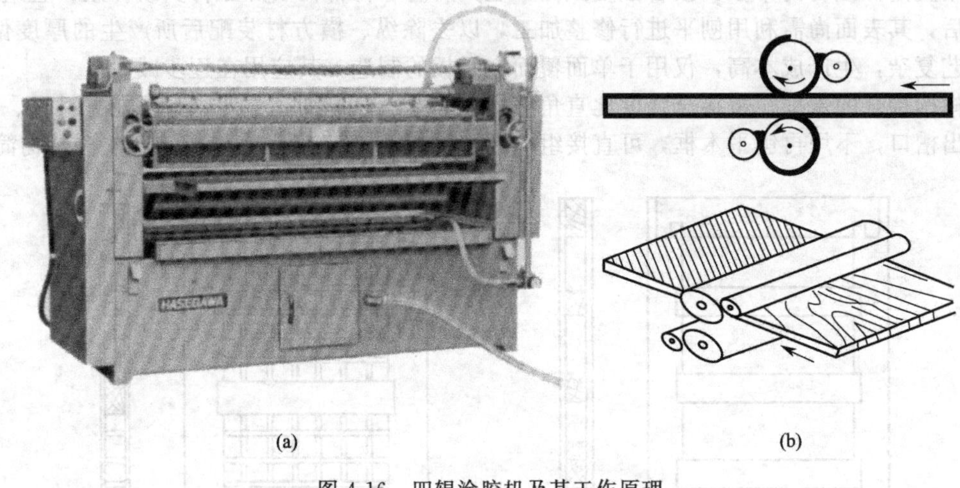

图 4-16　四辊涂胶机及其工作原理

为防止透胶，基材涂胶后需要陈放一段时间。陈放时间与环境温度、胶液黏度及活性期有关。陈放是为了使胶液充分湿润表面，使其在自由状态下收缩，减小内应力。陈放期过短，胶液未渗入木材，在压力作用下会向外溢出，产生缺胶；陈放期过长，会超过胶液的活性期，使胶液失去流动性，胶合力下降。陈放可分为开放陈放和闭合陈放。开放陈放胶液稠化快，闭合陈放胶液稠化慢。一般在常温下，合成树脂胶闭合陈放时间不超过30min。薄木胶贴时，为防止透胶，最好采用开放陈化，使胶液大量渗入基材表面，可防止透胶等缺陷。

为了防止透胶，也可以用胶膜纸贴面，不用涂胶机，但成本高，因胶膜纸没有填充性能，所以对贴面的基材表面要求严格。胶膜纸贴面时，每平方米的胶贴面积需用1.1m²的胶膜纸。

4.1.3.2　组坯

将涂上胶的覆面材料与芯料，按生产图纸要求，组合在一起，称为配坯。现在组坯是由人工在组坯工作台上进行操作，其工艺过程是：先将覆面板背面的覆面材料放在组坯工作台上，其正面朝下；接着放上芯料；然后放上表面覆面材料，使其正面朝上，即完成一块覆面板的组坯工作。就这样一块一块地进行组坯，组块时，应注意覆面材料与芯料配合整齐，要使覆面材料全部盖住芯料，并将组好的板坯堆放整齐。

由于覆面材料的胶接面和胶层中有内应力，所以对于双包镶覆面板两面所胶贴的覆面材料若是薄木，则要求其材种、厚度、含水率以及花纹图案应力求一致；若是装饰板、装饰纸、塑料覆膜，则需使用同一品种、同一规格的产品。以使胶压好的覆面板两面的应力平衡，减少翘曲变形。为了节约珍贵树种，对于背面不外露的覆面板，其背面的覆面材料可用价廉的材料代替，但需根据其性能来调整背面覆面材料的厚度，以达到两面应力平衡的要求。若芯料表面的平整度较高，覆面材料的厚度可以小些；若芯料表面平整度较差，则要求覆面材料的厚度要大些。如胶贴薄木，一般要求其厚度不小于0.5mm。如薄木厚度小于

0.5mm，则需要在薄木下面另增加一层单板作中板，以保证覆面板表面的平整度要求。在组坯时，要求薄木与单板的纤维方向一致，以提高薄木与单板的胶贴强度。

对于芯料为挤压式刨花板的覆面板，若覆面材料为薄木，由于挤压式刨花板强度不均匀，表面粗糙，需要预先用单板覆面，再在单板上胶贴薄木；或者把两个工序结合在一起，即在挤压式刨花板两面各胶贴一张单板和一层薄木。这种单板的厚度不能太大，一般为0.6～1.5mm，以免背面裂缝过大而影响覆面板表面的平整度。

覆面空心板用薄木饰面时，一般是在胶贴薄胶合板的同时，再在薄胶合板表面上胶贴薄木，或者把薄木先胶贴在薄胶合板或单板上，然后再一同胶贴到空心芯料上。

4.1.3.3 胶压

胶压是指将组合好的覆面板的板坯，整齐地放入压机中进行加压胶合，直至胶层固化成为牢固的覆面板。胶压的工艺过程包括将板坯送入压机→加压→稳压→卸压→覆面板堆放。

胶贴薄木的方法有干法和湿法两种。干法胶贴薄木是在其背面涂胶后，先干燥，再胶压。湿法胶贴薄木是在其背面涂胶后不干燥，直接进行胶贴。湿法胶贴薄木的工艺在我国木制品生产中应用很广泛。还有另一种湿贴工艺，就是刨制薄木不经干燥，在背面涂胶后即进行胶贴。

覆面板胶压有冷压和热压两种法。冷压胶贴，即在室温下进行，一般为15～30℃，压力为0.5～1.0MPa，加压时间4～8h。冷压时，把板坯配置成高度在1m以下的板堆，各层板坯要上下对齐，最好隔一定高度，放置一块较厚的垫板，垫板面积略大于板坯尺寸。如图4-17所示的冷压机，由于价格便宜，操作简单，所以应用十分广泛。

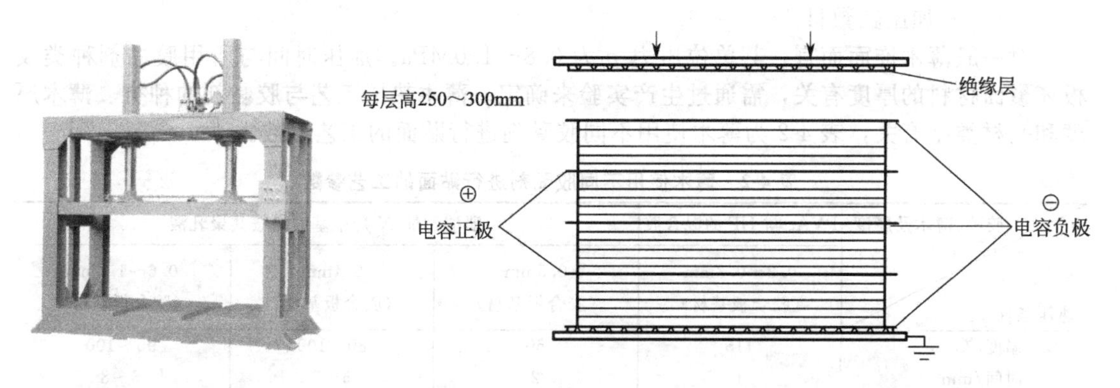

图4-17 冷压机　　图4-18 冷压高频加热的工作原理图

由于冷压胶压的时间较长，生产效率低，为提高其生产效率，特给冷压机配上高频加热器，在不改变压力的条件下，胶压时间可缩短至30～40min。如图4-18所示为冷压高频加热的工作原理图。如图所示，将板坯放入压机中时，每放置250～300mm高度，另放上一块厚度约为1mm铝板作为电容极板，一般需放上4块；板坯放好后，用导线将每块电容极板的一端分别与高频加热器的正、负极连接牢固。然后开动压机与高频加热器进行加压、加热，直至将覆面板胶合牢固，方可关闭高频加热器，开启压机进行降压，卸下覆面板。

覆面板热压胶贴，可使用多层热压机或单层热压机。由于多层热压机投资大，操作复杂，在家具生产中应用极少，主要用于人造板生产，在此不再论述。如图4-19所示为单层和双层热压机，一般用热油加热，投资少，既克服了多层热压机的不足，又具有生产效率高的优点，在家具生产中的应用，仅次于冷压机。

板坯放入压机中，速度宜快，摆放整齐后，需立即开动压机进行加压。压力上升的速度不宜过分快，需使表层薄木有舒展机会；但又不能过慢，从板坯放入压机到升压，直至到压机闭合，不得超过2min。以防止板坯中的胶层在热压板温度作用下提前固化，而降低或丧失胶合强度。

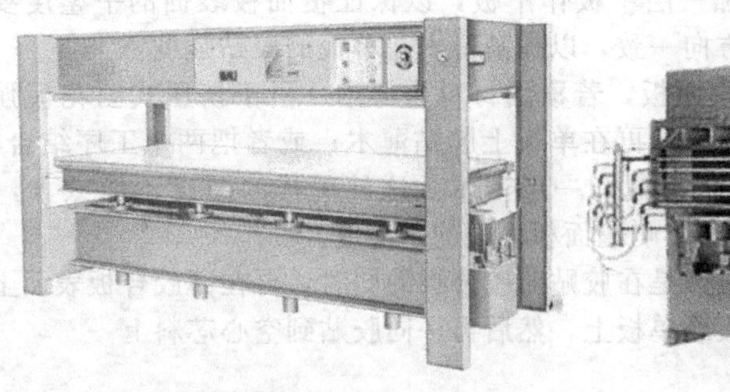

(a) 单层热压机

(b) 双层热压机

图 4-19 热压机

压机的压力表压力 P（MPa）可由下式求得：

$$P=\frac{pLBN}{An}$$

式中 p——单位压力，MPa；

L——薄木饰面板长度，mm；

B——薄木饰面板宽度，mm；

N——在压机工作台面上，安放相同幅面的板坯数目；

A——每个加压缸的活塞面积，mm^2；

n——加压缸数目。

对一般薄木饰面而言，其单位压力 p 为 0.8～1.0MPa。加压时间与所用胶黏剂种类及板坯覆面材料的厚度有关，需通过生产实验来确定。薄木热压工艺与胶黏剂的种类、薄木厚度和基材类型有关，表 4-2 为薄木使用不同胶黏剂进行贴面的工艺参数。

表 4-2 薄木使用不同胶黏剂进行贴面的工艺参数

胶种、薄木及厚度 / 热压条件	PVAc 与 UF 的混合胶	醋酸乙烯-*N*-羟甲基丙烯胺共聚乳液		
	0.2～0.3mm（胶合板基材）	0.5mm（胶合板基材）	0.4mm（胶合板基材）	0.6～1.0mm（胶合板基材）
温度/℃	115	60	80～100	95～100
时间/min	1	2	5～7	6～8
压力/MPa	0.7	0.8	0.5～0.7	0.8～1.0

一般薄木用脲醛树脂胶进行热压贴面，其压力为 0.8～1.0MPa，加热温度 110～120℃，加压时间 3～4min；若加热温度改为 130～140℃时，压力不变，加压时间约为 2min。热压后需用 2%的草酸溶液擦洗热压板表面，以除去污染及胶痕。

还有一种单层快速连续覆面板贴面生产线，如图 4-20 所示。除主机外，还配有自动循环式上下料装置，采用蒸汽加热，液压传动。它是由推板器 1、涂胶机 2、输送带 3、装料

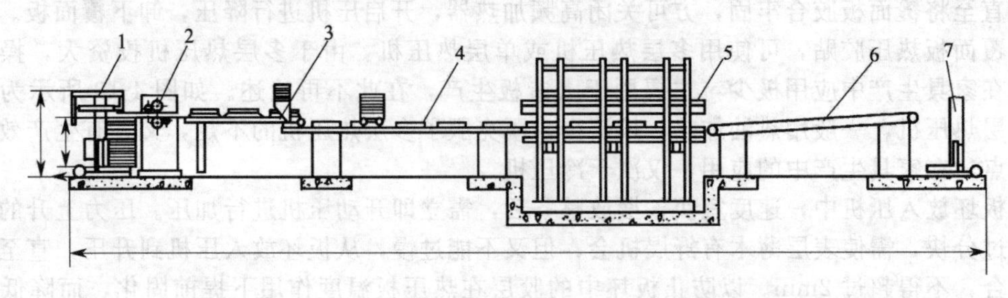

图 4-20 单层压机的板式部件自动贴面生产线

传送带 4、单层压机 5、卸料传送带 6 和堆板器 7 所组成。

使用这种专用设备胶贴薄木时，可用脲醛树脂胶。如薄木的厚度为 0.5～0.7mm 时，胶贴工艺参数如下。

单位压力：0.8～1.0MPa。

温度：90～110℃。

加压时间：2～3min。

进料速度：8～12m/min。

4.1.4 覆面材料为装饰板、装饰纸、塑料薄膜的覆面板制造工艺

装饰板、装饰纸、塑料薄膜主要用于芯料为刨花板、纤维板的覆面材料。

4.1.4.1 覆面材料为装饰板的覆面板制造工艺

装饰板覆面可采用冷压或热压的方法，在覆面前一般需把装饰板背面的毛刺砂去，以提高与芯料表面的胶合强度。由于装饰板与芯料的热膨胀系数有较大差异，热压覆面易使覆面板产生内应力，因此宜采用冷压机进行胶压覆面。冷压覆面使用常温固化型脲醛树脂胶，并可加入少量聚醋酸乙烯酯乳液，涂胶量为 150～180g/m^2，压力为 0.2～1.0MPa；气温 20～30℃，稳压时间为 6～8h，卸压后需堆放 24h 以上方可裁锯。

若热压覆面，需利用热压机进行胶压。所用胶黏剂主要有热固化型脲醛树脂胶，并可适当添加聚醋酸乙烯酯乳液。热压的压力为 0.5～1.0MPa，热压的温度为 90～100℃，热压的时间为 5～10min。

4.1.4.2 覆面材料为装饰纸的覆面板制造工艺

覆面材料为装饰纸的覆面板制造，常采用辊压连续化生产，如图 4-21 所示为贴纸机，如图 4-22 所示为其工作原理。将涂好胶的基材 3 送进压辊 2，同时让印刷装饰纸 1 也进入压辊 2，两者在三对压辊的作用下，便牢固地粘贴在一起。所用胶黏剂为在脲醛树脂胶的制造过程中加入适量三聚氰胺树脂的混合胶黏剂，以提高其耐水性。配比大致为（8～7）∶(3～2)。为了防止芯料的颜色透过装饰纸，可在胶黏剂中加入 3%～10%的二氧化钛，以降低胶黏剂的渗透力。在芯料上胶贴的装饰纸为薄页纸，其涂胶量为 40～50g/m^2；若胶贴为钛白纸，则其涂胶量为 60～80g/m^2。涂胶后的芯料需经过低温干燥，排除胶层中多余的水分，使之达半干状态即可与装饰纸进行胶贴。常采用红外线干燥，加热温度为 60～90℃。辊压的压力一般为 0.8～1.2MPa，几对辊子辊压时，第一对辊子压力最小，以后逐渐加大。

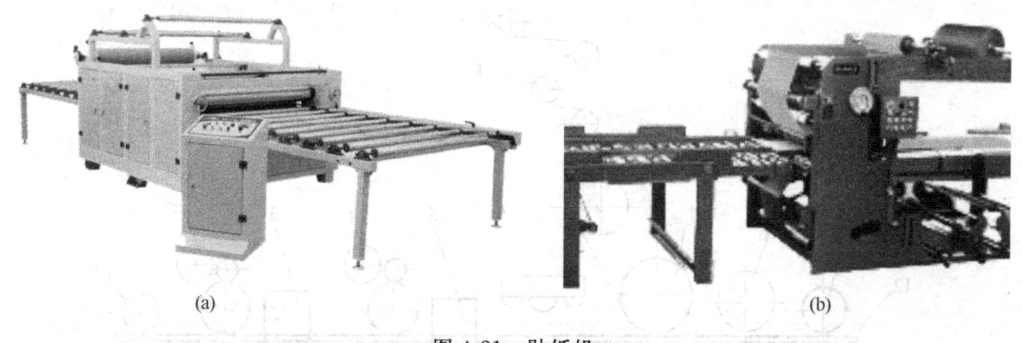

(a) (b)

图 4-21 贴纸机

4.1.4.3 覆面材料为塑料薄膜的覆面板制造工艺

塑料薄膜有聚氯乙烯（PVC）薄膜、聚丙烯薄膜等多种，其中以 PVC 薄膜应用较广。其他的薄膜材料贴面胶压工艺与 PVC 薄膜基本相同，在此仅介绍 PVC 薄膜贴面胶压工艺。

由于聚氯乙烯薄膜与胶黏剂之间的界面凝聚力较小，并且薄膜中的增塑剂还会向胶层迁移，使胶合强度显著降低，因此需在薄膜与胶黏剂之间增加一层中间膜来提高界面的凝聚力

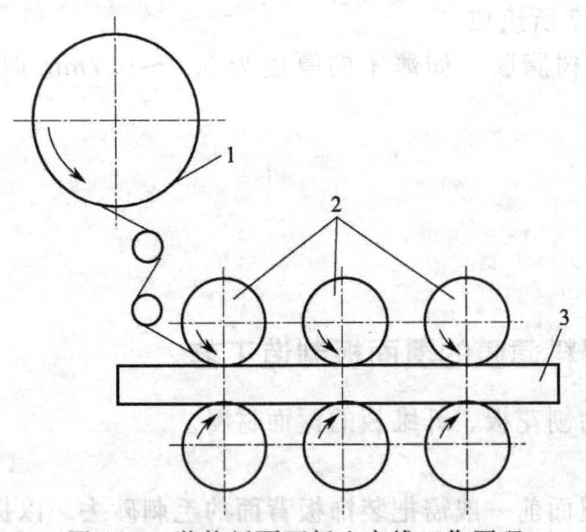

图 4-22 装饰纸覆面板生产线工作原理

1—印刷装饰纸；2—压辊；3—基材

和制止增塑剂的迁移。一般是在薄膜背面预先涂上一层涂料，常用的为氯乙烯系列的聚合物。聚氯乙烯薄膜的厚度一般为 0.2～0.6mm，加厚的为 0.8～1mm。后者主要用于厨房家具的覆面材料。

适合于胶合聚氯乙烯薄膜的胶黏剂有丁腈类胶黏剂、聚醋酸乙烯酯乳液、丙烯酸-乙烯共聚乳液、乙烯酸-乙烯共聚乳液等。其中聚醋酸乙烯酯乳液最为常用，它的主要技术指标为：pH 值 4～6；黏度 0.8～3Pa·s；涂胶量一般为 180～200g/m²。

塑料薄膜与芯料的胶合方法有平压、辊压、真空覆膜三种，其中真空覆膜技术将在本书第 7 章作专门介绍。平压胶合是利用一般的冷压机进行胶压，压力为 0.2～0.5MPa；时间，夏天为 4～5h，冬天为 12h。

如图 4-23 所示为塑料薄膜辊压覆面生产线的工作原理，即芯料经刷辊、清灰辊、涂腻子机涂饰腻子填平→干燥机进行干燥→涂胶机进行涂胶→胶层预热干燥→与塑料薄膜进行辊压胶合→辊压痕印→切断塑料薄膜，即成覆面实心板。腻子涂层与胶层干燥装置，可为热空气或红外线干燥装置，腻子涂层的干燥温度为 60～80℃；胶层干燥温度为 50～60℃，指触不黏状态即可进行辊压胶合。涂胶量为 80～170g/m²，胶合压力为 1.0～2.0MPa。辊压胶合时的进料速度应控制在 (9±2)m/min。涂胶机的进料速度与辊压时的进料速度可同步，也可适当慢于辊压胶合时进料速度。目的是使两贴面板件在压合时形成一定间距，一般控制在 10mm 以内为宜。塑料薄膜胶合后，若表面有皱褶、起泡、边缘剥落等缺陷时，应立即采取补救措施，争取在胶层未完全固化时，塑料薄膜拉伸、扫平。

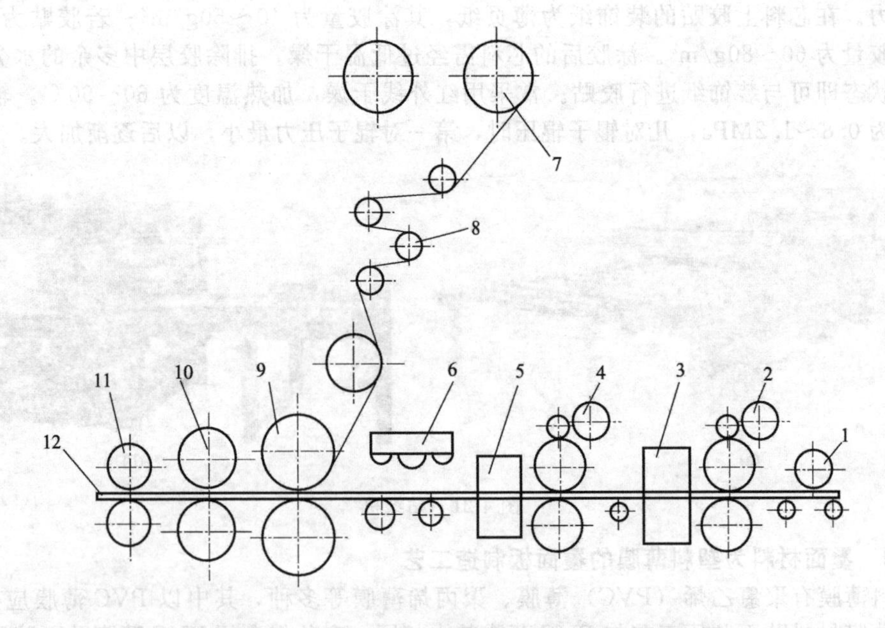

图 4-23 塑料薄膜辊压覆面生产线的工作原理图

1—刷辊；2—涂腻子机；3—腻子干燥装置；4—涂胶机；5—胶层预热装置；6—干燥装置；7—薄膜卷；8—张紧辊；9—压辊；10—压痕辊；11—切断装置；12—芯料

4.1.5 覆面板的堆放

经压机胶压好的覆面板，从压机中卸下来，需整齐地堆放在台面平整的堆板架上，以便使覆面板的胶层继续固化，内应力均衡，以防止变形。堆板架的台面离地高度需大于200mm，堆板高度可在1.5m以上。

4.1.6 影响胶合质量的主要因素

胶合过程是一个较为复杂的物理化学过程，涉及的因素较多，现仅就以下三个方面进行分析。

4.1.6.1 木材的影响

(1) 树种 容量大的木材，一般胶接强度大。管孔分布均匀的木材，胶液与木材接触面积增加，胶层均匀，则胶接强度大；管孔大的木材易渗胶，需增加涂胶量，否则会导致胶层过薄，会降低胶接强度；薄木胶贴，若薄木的管孔过粗，则会导致透胶，影响薄木染色的均匀性。

(2) 纤维方向 两木材表面按顺纤维方向平行胶合，则其胶接强度比相互垂直胶合要大些。

(3) 木材表面加工质量 木材胶接面的平直度与光洁度愈高，其胶接强度就愈大。

(4) 木材含水率 一般覆面板要求木材的含水率在10%～15%范围内。含水率过高，会使胶液浓度减少，需延长固化期，胶接后木材会继续干燥，而发生体积收缩，破坏胶接强度。含水率过低，会影响胶层对木材胶接面的湿润性，而降低胶接强度。

4.1.6.2 胶黏剂的影响

(1) 胶黏剂的黏度 黏度过高，会导致胶层的流动性与湿润性差；过低，虽胶层流动性好，胶层易涂刷均匀，但胶压时易被挤出，造成缺胶与污染木材。两者均会削弱胶接强度。

(2) 胶种 胶的种类不同，其胶接强度会有所差异。如酚醛胶的强度＞脲醛胶＞乳白胶。

(3) 胶液的活性期 每种胶黏剂都有一定的活性期或贮存期，过期的胶黏剂，会降低其胶接强度。

4.1.6.3 胶合工艺的影响

(1) 胶层厚度 一般胶黏剂的胶层厚度用单位面积的平均涂胶量来控制，平均为150～200g/m^2。胶层过厚，不仅增加耗胶量，而且胶压时会被挤出，会造成污染、透胶等缺陷，并会降低胶接强度。因胶层愈厚，其收缩力与内应力就愈大，从而削弱胶接强度。胶层过薄，则易造成缺胶，自然会降低胶接强度。不同胶黏剂的厚度也有所差异：动物胶0.015～0.020mm；蛋白胶0.03～0.04mm；合成树脂胶0.04～0.05mm。

(2) 陈放期 覆面板的芯料或覆面材料表面涂胶后，需陈放一段时间，让胶液充分流平并湿润木材表面，同时让多余的水分蒸发掉，提高黏度与浓度，以利于胶压后获得最高的胶接强度。但陈放的时间又不能过长，否则会导致胶的活期过期或胶凝，也会降低胶接强度。

陈放期的长短需根据胶种、施工时的气候条件而定。对脲醛胶、乳白胶，需半小时左右。对骨皮胶，涂胶后需立即热压，越快越好。

(3) 胶压的压力 加压的作用，主要是使胶接面紧密接触，增加胶接面积；排除胶层中的气泡，挤出过多的胶液，形成薄而均匀的胶层，以达到提高胶接强度的目的。而压力大小又受以下主要因素的影响：胶接面的平直度与光洁度高，则压力可适当减小；木材含水率高，胶液易润湿木材表面，压力可小；木材的硬度大，力学强度高，压力可适当增大；胶黏剂的黏度高、浓度大，压力可适当增加；覆面空心板胶压的压力应比覆面实心板的小，否则其表面会出现“排骨档”的缺陷；薄木（单板）覆面的覆面板比用装饰板覆面的压力要小，否则会产生透胶的缺陷；覆面板芯料为蜂窝纸或格状单板的压力比栅状芯料的应适当减少，一般为0.25～0.30MPa。

(4) 热压的加热温度 采用热压，可提高木材的塑性，增加胶接面的接触面积，并使胶液中的水分快速蒸发出去，加速胶合反应，以达到快速胶合的目的。但温度的高低需根据胶种合理确定，若温度过高反而降低胶接强度，温度过低需增加胶压时间，都不好。有的胶黏剂则适合常温固化，有的胶黏剂既能高温固化，又能常温固化。例如，脲醛胶热压温度为90～100℃，固化时间为8～10min（常温固化时间为4～7h）。酚醛胶热压温度为100～150℃，固化时间为10～15min；乳白胶常温固化，时间为4～7h。

(5) 加压操作 加压操作分升压、稳压、降压三个阶段。对于热压，要求升压宜快，降压宜慢，稳压应确保胶层固化。这是因为升压过慢，热压机中板坯的胶层因受热在未受压之前开始胶凝而降低胶接强度。若降压过快，则是由于覆面板过程中，内部的空气会存在一定的压力，因外部压力突然降低，可能会导致覆面材料脱胶或鼓泡的缺陷。稳压是指升压的压力达到工艺要求时，需要保压的时间，保压时间即为胶层固化的时间。若胶层未固化就降压，就会导致覆面板胶合不牢，甚至完全脱胶；稳压时间过长，对于热压，会导致胶层老化，降低使用期限；对于冷压而言，主要是耽误生产时间，降低生产效率。冷压操作对升压、降压无特别要求，一般不会出现质量问题。

4.1.7 覆面板胶合的缺陷

(1) 脱胶 即覆面板的覆面材料与芯料胶贴不牢而产生剥离或脱落的现象。产生的原因主要是胶的质量不好或过期；固化剂加入过多会导致胶层发脆而剥离，过少则需增加胶压的稳压期，否则会胶贴不牢；涂胶后的陈放期过长，导致胶失效；胶的压力过小或胶压时间不足，会导致胶贴不牢固；木材含水率过高，导致胶层固化期延长，而稳压时间却未增加。

(2) 透胶 胶贴薄木，特别是纹孔较大的薄木，可能会出现透胶的现象，即胶液通过纹孔渗透到薄木的表面，造成表面污染。产生透胶的主要原因，除了薄木的纹孔较粗外，还与薄木过薄、胶黏剂的黏度（浓度）过小、胶压的压力过大等因素有关。其中以胶黏剂的黏度与浓度影响较大。提高胶黏剂黏度的方法：对于骨皮胶可以加入少量细木屑或碳酸钙粉作填充剂；若是脲醛胶可在胶液中加入适量的工业面粉。

(3) 表面污染 由于木材中含有单宁、色素等有机物，经热压时有可能溢出到木材的表面，引起局部变色而造成污染。消除污染的方法：可用有机溶剂或碳酸钠、苛性碱、单酸的水溶液擦洗干净，然后用清水揩干净即可。

(4) 表面不平 表面不平是指薄木胶贴后，表面有局部凸起现象。产生的原因：可能是薄木胶贴的基材表面上有尘粒、木屑未清除；胶层中有硬性粒子等所致。

(5) 胶接面局部脱胶 这是由于胶接面局部有油迹，或涂胶不均而缺胶，或热压胶压降压过快而引起局部“鼓泡”所致。对于局部脱胶较难发现，需用手指敲击、触摸，会感觉有不平或松动现象。修补方法：对于小面积，可用注射器将胶液（常用皮骨胶液）注入，再用电熨斗烫平烫牢；对于大面积，可用薄刀顺纤维方向切开，再用薄片将胶液涂进去，再烫平烫牢，或在局部适当加压，使之胶牢。

4.2 覆面板的加工

覆面板经胶压堆放一定时间后，便可进行机械切削加工，以获得设计图纸所规定的形状与尺寸精度。其主要的加工工艺过程包括裁边、封边、加工成型边、加工装配孔、铣槽、表面修整等多道工序。

4.2.1 裁边

贴面后的覆面板的边部参差不齐，务必进行裁边加工，以获得平整光滑的边部与精确的长度和宽度尺寸。覆面板裁边的设备主要有手工进料单面裁边机与自动进料的双面裁边机。这些设备均需设置副锯片，副锯与主锯片的配置方式如图 4-24 所示。副锯片位于主锯片的下方前面部位，锯片厚度与主锯片相同，并处于同一切面上，两锯片旋转方向相反。覆面板裁边时，先经副锯片在它的背面锯出一条深 5～10mm 的切口（槽），以切断覆面板背面的纤维，以免主锯片从覆面板的底面切出时产生撕裂或崩裂现象。这是由于副锯片锯齿在覆面板背面的切削方向，与覆面板的进给方向是一致的，即副锯片锯齿的切削力与覆面板底面相平行，因而不会产生撕裂或崩裂缺陷。而主锯片锯齿的切削方向，与覆面板的进给方向相垂直，即切削力与覆面板底面相垂直产生向下的分力，因而当主锯片锯齿在锯切覆面板底面时，因其纤维的刚度不足，在这个向下的分力作用下而产生撕裂或崩裂的缺陷。但当覆面板底面预先经副锯片锯出一条槽后，主锯片锯齿在锯切至覆面板底面的槽上纤维时，因槽有一定深度使纤维具有较强刚度而会被完全切断，不再产生撕裂或崩裂的缺陷。

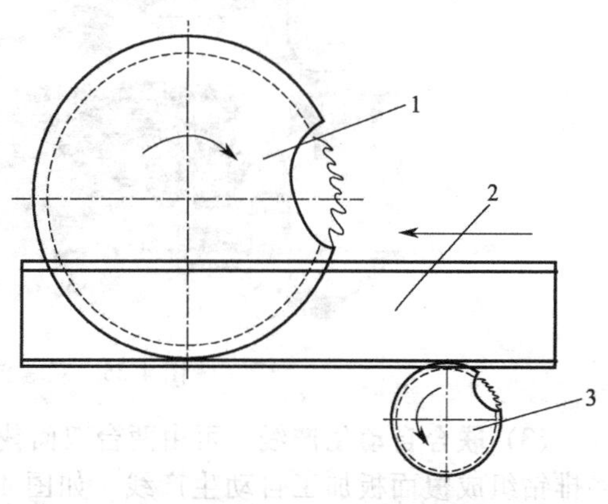

图 4-24 刻痕（副）锯片与主锯片的配置方式

1—主锯片；2—板件；3—副锯片

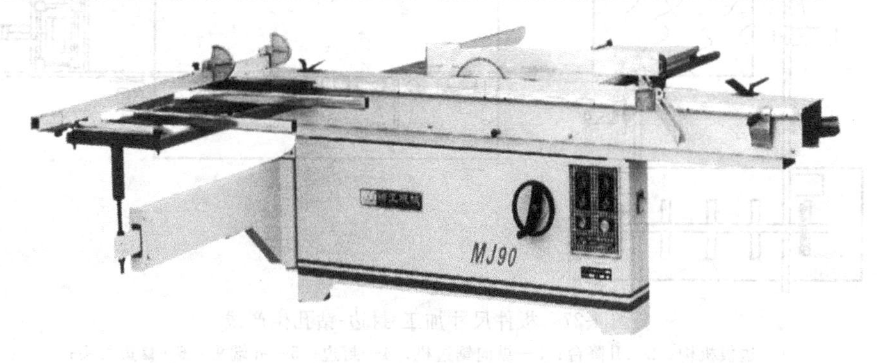

图 4-25 精密裁边圆锯机

(1) 精密裁边圆锯机裁边 如图 4-25 所示为精密裁边圆锯机。如图所示，精密裁边圆锯机的移动工作台上的导尺与圆锯片的夹角是可调整的，一般为 90°。覆面板锯切时，先启动锯机，然后选择较平直的立边作为定位基准紧靠导尺，以板的一端为粗基准，按导尺上的标尺定好位，用手推动移动工作台经圆锯片将板的另一端锯切好；接着将覆面板调头，仍以原来的立边作为定位基准紧靠导尺，以加工好的一端作定位基准，将粗基准一端锯切好。锯切立边的方法与锯切端面相同，以加工好的一个端面作定位基准紧靠导尺，以原来较平直的立边作为粗基准，按导尺上的标尺定位，将另一立边锯切好；接着将板翻转 180°，以加工好的立边作基准，定位好，将原来作为粗基准的立边锯切好。覆面板经精密裁边锯裁出的边表面光滑，无纤维撕裂现象。

(2) 双面裁边锯机 即可同时裁掉相对应的两条边的锯机，如图 4-26 所示，为一种应用较多的双端自动裁边锯机。这种锯机通过链条装置带动覆面板自动进料，一次能同时锯切两个相对应的边，生产效率高。一般先锯切覆面板的两个立边，然后再锯切两个端面。

图 4-26　双端自动裁边锯机及作榫机

(3) 联合自动生产线　可由两台双面裁边锯机组成覆面板裁边生产线，并可与封边机和多排钻组成覆面板加工自动生产线。如图 4-27 所示，为覆面板加工自动生产线，该生产线由纵、横向两台双面裁边锯机、封边机及多排钻四台机床组成。将覆面板的纵、横向裁边、封边、钻孔等多种加工集中在一条生产线上完成，不仅提高了生产效率，而且减轻了工人的劳动强度，改善了生产环境。

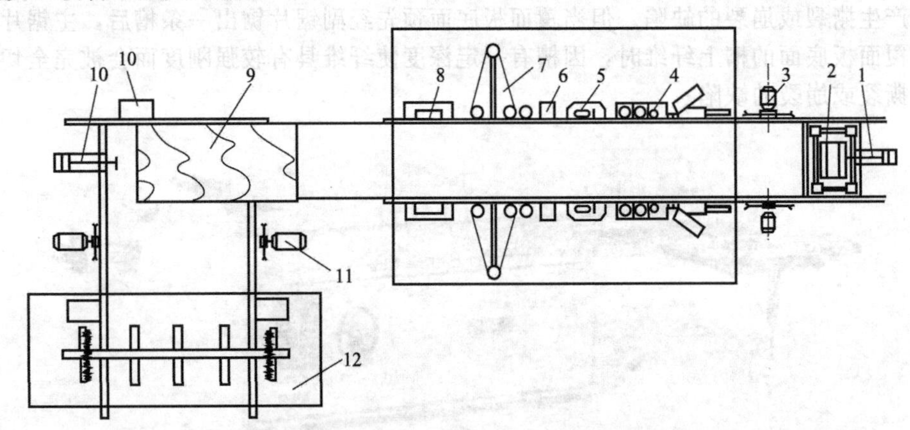

图 4-27　板件尺寸加工-封边-钻孔生产线

1—送板机构；2—升降台；3—纵向锯边机；4—封边；5—齐端头；6—修边刀头；7—砂光带；8—倒棱装置；9—板件；10—中间送板机构；11—横截锯；12—多轴排钻

4.2.2 封边

覆面板经裁边后，周边显出覆面材料与芯料的切面及交接缝，不仅影响美观，并且在使用过程中容易吸收空气中的水分，引起覆面材料脱胶、开裂、剥落等缺陷，因而大大地缩短使用寿命。特别是以刨花板、纤维板作为芯料的覆面板，这些缺陷尤为显著。因此，覆面板封边不仅能起保护作用，而且通过封边能使覆面板达到形体美的要求。现代板式家具的艺术造型，主要是利用覆面板封边条的线型美来实现的。

覆面板封边是指用实木条、薄木或单板、装饰板条、塑料薄膜封边带、有色金属封边条等与其周边紧密接合在一起的一种加工工艺方法。覆面板封边的基本要求是接合牢固、密缝；表面平整、清洁，无胶痕；确保尺寸与形状的精度。

根据覆面板被封边的形状或封边的方式不同，可分为直线封边、曲线封边、异型封边、包边。其封边方法又可分为手工封边和封边机封边两种。

4.2.2.1 直线封边

即覆面板被封的边为平直的表面。覆面材料为胶合板、薄木或单板的覆面板，一般需用实木条、薄木条、单板条进行封边，以表现出木材的质感。覆面板对封边条需要进一步加工成各种成型面，采用较厚的实木条进行封边。

(1) 实木条的封边工艺 现多采用手工进行封边，需根据封边木条的厚度合理选择封边工艺。木条厚度在10mm以下的，可直接利用胶黏剂接合，并用夹具夹紧进行适当加压即可；厚度为10～15mm的，需采用胶钉接合，即用胶接合后，尚需立即加钉扁头圆钉或"T"形气枪钉，并将钉头钉入封边条3～5mm深，以不影响后续的切削加工；厚度在15mm以上的，需采用胶、榫槽或圆棒榫相接合的方法封边，即在封边条的一边加工出槽榫（直角槽榫或燕尾槽榫）或插入若干圆棒榫，在覆面板被封边的面上加工出榫槽（直角榫槽或燕尾榫槽）或若干圆孔，涂胶后，将封边条的槽榫（圆榫）插入覆面板周边的榫槽（圆孔）内，进行胶合。采用直角槽榫与圆棒榫接合封边，封边后也需要用夹具夹紧进行适当加压，以增加接合强度。

(2) 成型塑料封边条的封边工艺 覆面板的覆面材料为装饰板、装饰纸等非木质材料时，其封边条又为各种成型面，既可用实木条封边，也可用成型塑料封边条封边。成型塑料封边条大部分是用聚氯乙烯注塑而成，硬度为0.5度（肖氏）。断面呈"丁"字形，可以是单色，也可是双色。封边条的接合面可以为直角形、燕尾形、倒刺形的槽榫结构。覆面板的侧面开出相应尺寸的槽沟。封边时，将封边条截成长度比覆面板件边部尺寸稍短4%～7%，再泡于60～80℃的热水中或用热空气加热，使之膨胀伸长；接着在覆面板的沟槽中涂上胶，把封边条嵌入槽内，并用夹具夹紧进行适当加压胶合，直至使胶层固化即可。如图4-28所示为覆面板采用实木条、成型塑料条封边的结构简图。

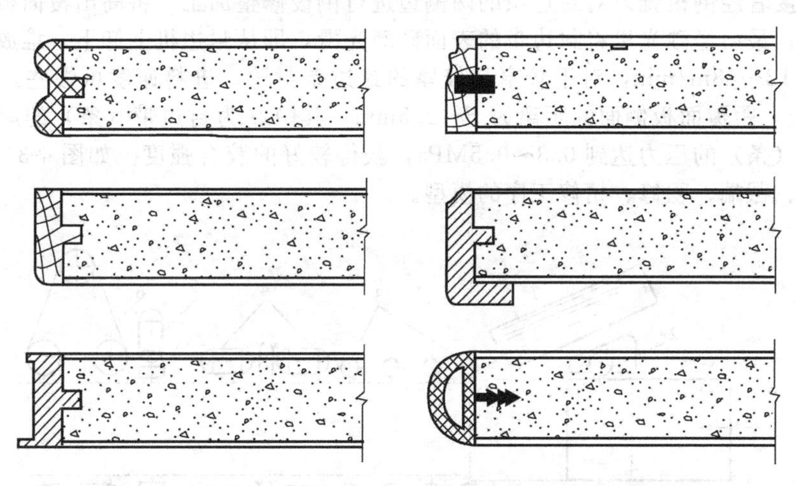

图4-28 覆面板用实木条、成型塑料条封边结构简图

(3) 薄木条、装饰板条手工封边工艺 先将胶液涂在覆面板的边上，接着将薄木条（装饰板）贴上，然后用电熨斗进行加热加压，烫平烫牢即可。电熨斗的温度视所用胶黏剂而定：骨皮胶，涂胶后立即胶合，温度为50～60℃；脲醛胶、聚醋酸乙烯乳白胶、脲醛树脂胶与聚醋酸乙烯酯乳液混合胶，涂胶后需陈放5～10min，使之挥发一部分水分，然后进行胶合，温度为60～80℃。

(4) 有色金属板条封边工艺 常用的有色金属板条有铝合金、铜合金、不锈钢等具有较好装饰性的金属板条，通常厚度为0.1～0.2mm。封边时，预先将封边条加热，在覆面板的封边表面涂上胶，将封边条胶贴好，并立即用夹具夹紧，使胶层固化即可。

(5) 直线封边机的封边工艺 为提高覆面板的封边效率，多数家具企业都采用直线封边机进行封边。将熔胶、涂胶、胶合、加压、截断、倒棱、砂光等多道工序连接在一起，实现自动封边。如图 4-29 所示为直线封边机。如图 4-30 所示为直线封边机的工作原理。所用封边材料主要是塑料封边带，厚度 0.4～0.8mm，呈圆盘状；也可以是实木条、薄木条、单板条、装饰板条等条状材料，厚度 0.4～1.0mm。长度余量为 50～60mm。封边带（条）的宽度比覆面板侧边宽 3～5mm，封边带较厚，其宽度取较大值。常用的封边胶黏剂为聚氨酯热熔性胶，是一种无溶剂的高固体胶黏剂，无污染，固化快；熔胶温度为 180～200℃，胶压后在常温中的固化时间只需 3～5s，属快速固化胶黏剂。

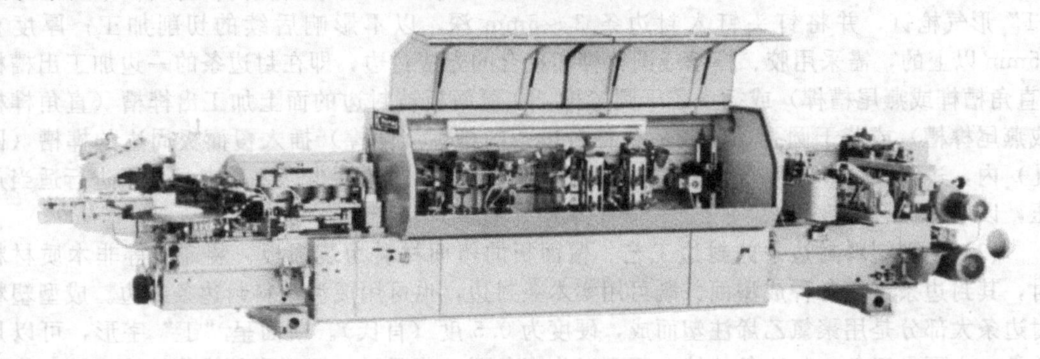

图 4-29　直线封边机

封边时，先将封边带（条）放入料仓中，并让涂胶器中的胶黏剂加热熔融为液状；然后将覆面板放入封边机的输送履带上，在履带的带动下，先经涂胶器将侧边涂上胶；接着在压紧辊的作用下，与封边带进行胶合；再经截断锯机截断封边带，若是封边条，则两端都需进行截端；紧接着经倒棱铣刀对封边条的两侧边进行倒棱修整加工，将高出覆面板表面的边铣削掉修平整；最后经砂光机将封边带的表面砂磨光滑，即从封边机上卸下，堆放整齐。履带进料速度为 12～18m/min，对于较窄且较厚的封边条封边，进料速度可慢些。压紧封边带（条）的压辊，距覆面板侧面的距离为 S～2.5mm，其中 S 为封边带（条）的厚度，以使压辊对封边带（条）的压力达到 0.3～0.5MPa，获得较好的胶合强度。如图 4-31 所示为直线封边机辊压、截端、粗修、精修工序的模型。

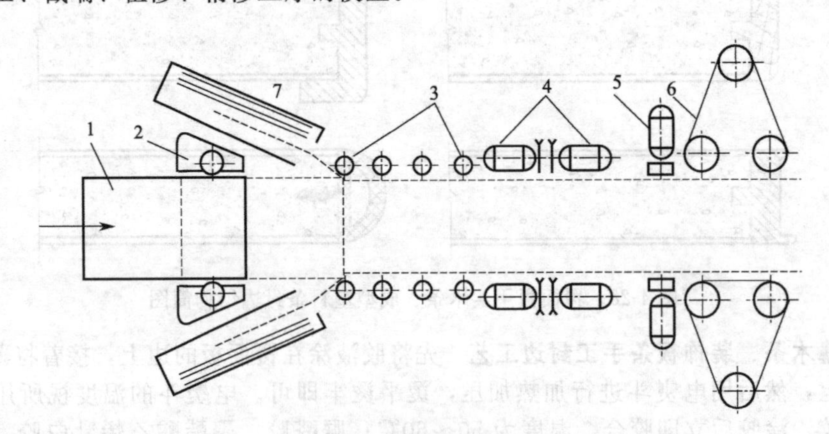

图 4-30　直线封边机工作原理

1—板式部件；2—涂胶器；3—压紧辊；4—截断锯；5—倒棱刀头；6—砂光机；7—料仓

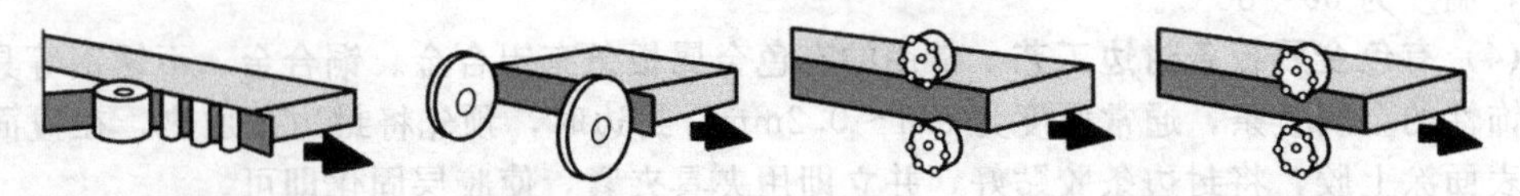

图 4-31　直线封边机的辊压、截端、粗修、精修工序的模型图

4.2.2.2 曲线封边

曲线封边是指对覆面板弯曲形边部的封边。若封边材料为塑料封边带、覆木条等时，可用曲线封边机进行封边。如图 4-32 所示为曲直线封边机，既可封曲线边，又可封直线边。但因用于直线封边效率低，故主要用于曲线封边。

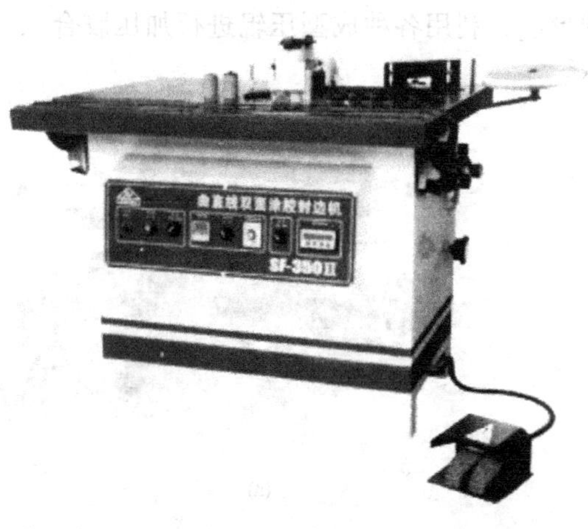

图 4-32 曲直线封边机

如图 4-33 所示为曲直线封边机的工作原理。这是一种半机械化封边机，主要用于封曲线边，也可封直线边，工作原理与直线封边机基本相同。所用的胶黏剂仍为热熔性。封边时，让胶先熔融，并将封边带放好送入输送辊，经导向板至涂胶器进行涂胶；紧接着用手工将覆面板送至涂胶器前，与封边带进行胶合，胶合时需将封边带紧靠挤压胶合辊，并同时向前缓缓推进，始终使封边条与覆面板边紧密相贴；封边后即进行齐端和修边。封好边的覆面板仍需整齐地堆放在平整的堆料架上。

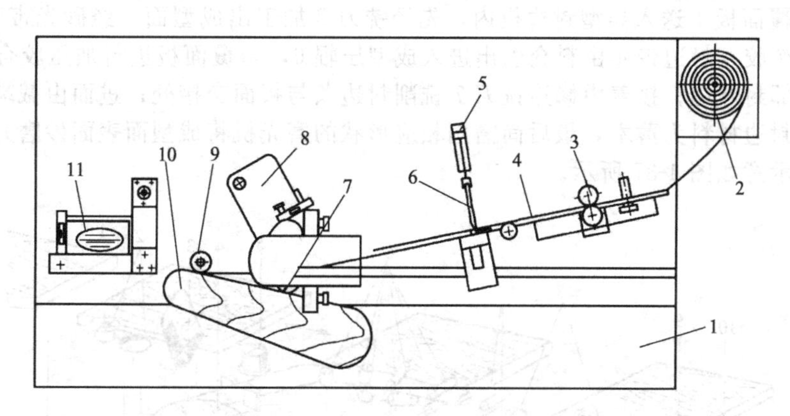

图 4-33 曲直线封边机加工原理

1—工作台；2—封边条；3—输送辊；4—导向板；5—汽缸；6—截断刀片；7—涂胶装置；8—涂胶器；9—挤压胶合辊；10—工件；11—铣棱装置

4.2.2.3 异型封边

异型封边是指覆面板成型面的封边。对于芯料为刨花板、纤维板的覆面板，有的直接加工为成型面，然后进行封边处理。如图 4-34 所示为覆面板常见的几种成型面。异型封边所

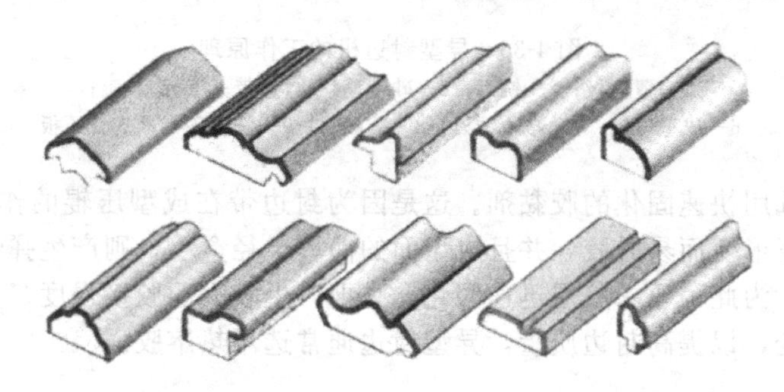

图 4-34 覆面板常见的几种成型面

用的封边材料多为 PVC 封边带，也可用刨切薄木或装饰板条。

如图 4-35 所示为异型封边原理模型，需要用专门的异型封边机进行封边，根据成型面的形状，利用各种成型压辊进行加压胶合。

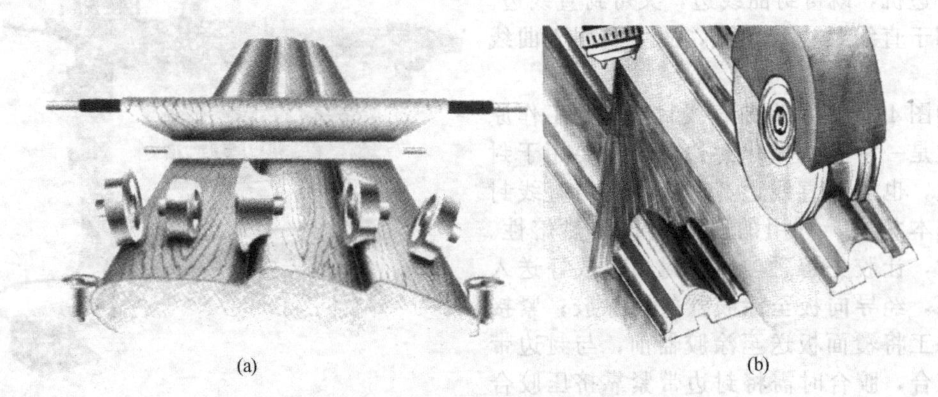
(a) (b)

图 4-35　异型封边原理模型

利用异型封边机进行封边，可以实施自动进料，使成型面加工、成型面砂磨、成型面涂胶、成型压辊加压、表面修整、截断封边带、表面砂磨等连续不断地进行。其工作原理如图 4-36 所示，覆面板 1 送入异型封边机内，先经铣刀 2 加工出成型面，经砂光带磨光成型面，经涂胶辊 5 涂胶；封边带 4 由料仓引出进入成型压辊 6，与覆面板进行加压胶合，并向前推进，直至全部封好边；接着由修边铣刀 7 铣削封边条与板面交接处；进而由截端锯 8 将封边带截断；若封边材料为薄木，最后尚需用相应形状的磨光机将成型面表面砂磨光滑。异型封边修整处理示意如图 4-37 所示。

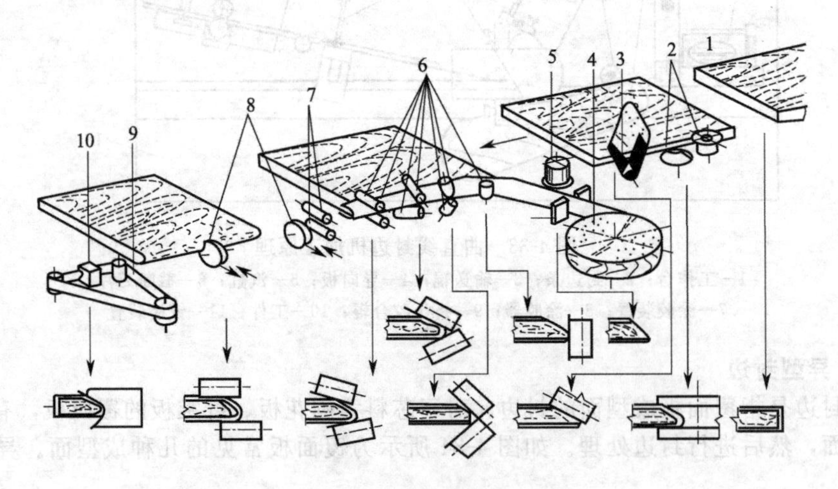

图 4-36　异型封边机的工作原理

1—覆面板；2—铣刀；3—砂带；4—封边带；5—涂胶辊；
6—成型压辊；7—修边铣刀；8—截端锯；9—修边砂带；10—压板

异型封边需选用快速固化的胶黏剂。这是因为封边带在成型压辊的作用下进行封边后，将会产生弹性恢复形变而易脱胶，并且成型面的曲率半径愈小，则产生弹性恢复形变的力愈大，就愈易脱胶。为此，要求胶层迅速固化，立即产生较大的胶接强度，足以克服封边带的这种弹性恢复形变，以提高封边质量，异型封边通常选用热熔胶。

4.2.2.4　包边法

包边法是指用覆面材料对芯料进行覆面的同时进行封边处理。即覆面材料与封边材料为

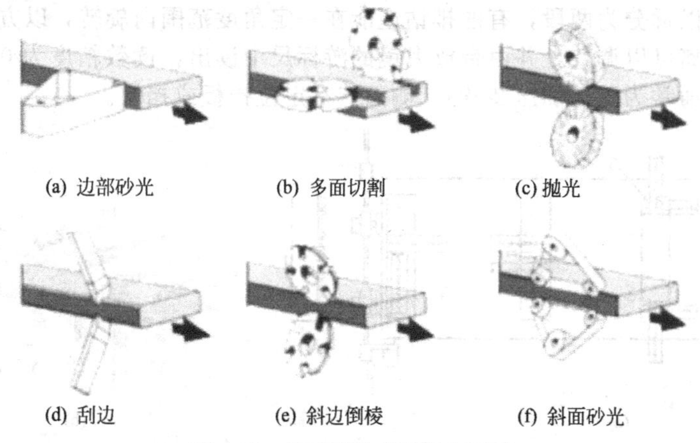

图 4-37 异型封边修整处理示意

一体，覆面材料的幅面尺寸大于芯料的幅面尺寸，将周边多余的材料弯过来用于封边。如图 4-38 所示为覆面板包边法的模型原理，即先在芯料的上表面及封边部位涂上胶液，用远红外线加热，使其温度上升到 90～120℃，然后通过加压辊与覆面材料进行胶合；当覆面板前面的端面露出最后的压辊时，立即翻下芯料两边多出的覆面材料，利用成型辊加压进行胶合。目前生产中使用的面板包边工艺有间隙式和连续式两种。连续式包边工艺，采用的是连续包边机，将芯料边部先加工为成型面，然后进行涂胶、覆面、包边、截断覆面材料等工序。整个生产是连续不断地进行，生产效率高，包边质量好。间隙式包边，是将芯料的成型面加工、覆面、包边等工序分开进行，生产效率低，劳动强度较大。

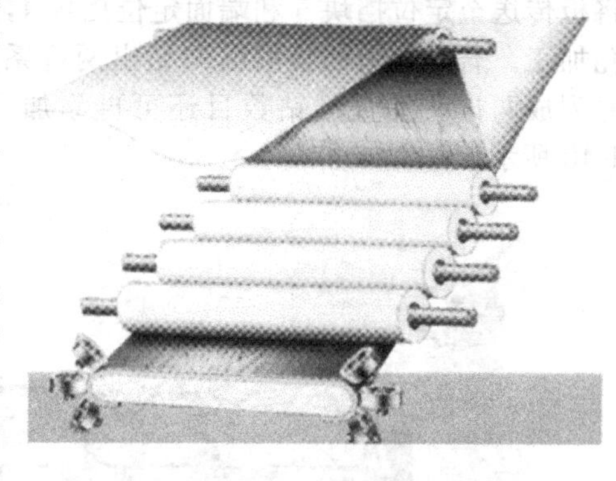
图 4-38 覆面板包边法模型原理图

覆面板包边要求覆面材料的弯曲性能 $S/R \geqslant 0.1$，式中，S 为装饰板厚度，R 为其曲率半径，就是要求覆面板成型面的曲率半径应大于 R。

4.2.3 加工装配孔

覆面板加工成型面的相关知识已在本书第 3 章 3.2.4.4 中进行了详细介绍，这里不再赘述。

在覆面板上尚需加工各种用于安装连接件与装配的孔眼，并将覆面板上独立的圆眼，如安装挂衣棍、铰链、抽屉滑道、搁板支撑、锁等的孔眼，称为系统孔，可用木工钻床进行加工。另一种是用于覆面板装配的孔眼，称为结构孔，因所有圆孔的中心距离均为 32mm 的倍数，故又称为 32mm 系列孔，需采用 32mm 模数的多排钻进行加工。

为了方便钻孔加工，覆面板上的 32mm 系列孔一般都采用“对称原则”设计。所谓“对称原则”，就是使覆面板上的安装孔上下左右对称分布。处在同一水平线上或同一垂直线上的系列孔之间的中心距离，均为 32mm 的整数倍。32mm 系列孔采用基孔制配合，钻头直径均为整数值，并成系列。多排钻床可分为单排多轴钻和多排多轴钻。由 10～22 个钻头组成一排，钻头中心距为 32mm，用一个电机带动，通过齿轮啮合同步转动，转速在 2500～3000r/min。多排多轴钻由几个排钻组成，常见的为 3～6 排，其布置形式可多种多样，根据加工需要而定。如图 4-39 所示为常用的排钻示意，其水平方向的两组排钻位于机床两侧，用来加工覆面板两端的孔。垂直安装的排钻为 4 排，位于工作台下方，钻头由下向上进刀。

其中有的排钻可以拆分为两段，有的排钻还能在一定角度范围内旋转，以方便各种孔位的加工。各排钻的距离可以调整，并由带放大镜的游标尺中读出，读数精度为 0.01mm。排钻上方装有加压板（通常为气动加压装置），侧面装有定位挡板或挡块。

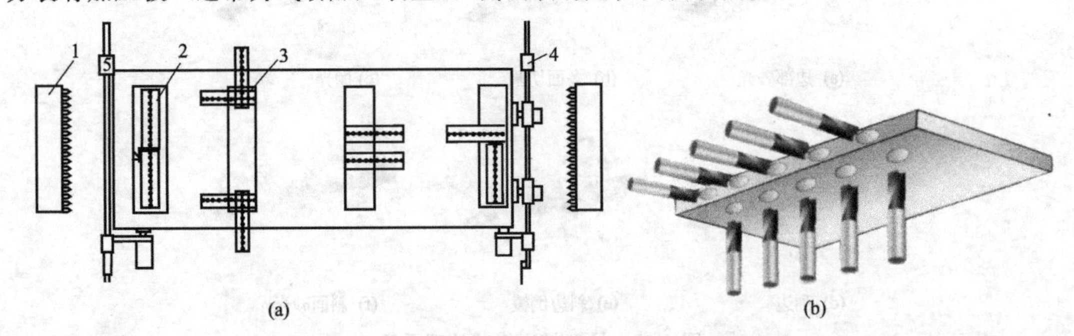

图 4-39　常用的排钻示意

1—水平排钻；2—垂直排钻；3—排钻转 90°；4—侧挡板；5—挡块

覆面板钻孔时，先确定每排钻头数、调整好排钻及定位挡板（块）的位置；开动机器，将板传送至定位挡块 5 和端面定位挡板 4，定位后，下降加压板固定；接着对覆面板进行钻孔加工。若需在覆面板的纵向钻出两排系列孔，可把垂直排钻转 90°，与覆面板纵向一致，并列成两排。垂直排钻数目还可再添加，可安装在机床下方或机床上方的导轨上，如图 4-40 所示。

图 4-40　多排多轴钻床

4.2.4　表面修整

在覆面板制造和加工过程中，由于受设备的加工精度、加工方式、刃具的锋利程度、工艺系统的弹性变形以及工件表面的残留物、加工搬运过程的污染等因素的影响，使被加工工件表面出现了凹凸不平、撕裂、毛刺、压痕、木屑、灰尘、胶纸条和油渍等。对于覆面材料为胶合板、薄木、单板的覆面板，其表面及边部尚需进行修整处理，以提高光洁度。板式零部件普遍采用宽带砂光机，如图 4-41 所示为宽带砂光机及其类型示意。

对质量要求较高的产品，在宽带砂光机砂光后尚需对覆面板表面进行检砂。检砂时一般使用手押卧式砂光机。如图 4-42 所示为手押卧式砂光机。如图所示，卧式砂光机砂带上的

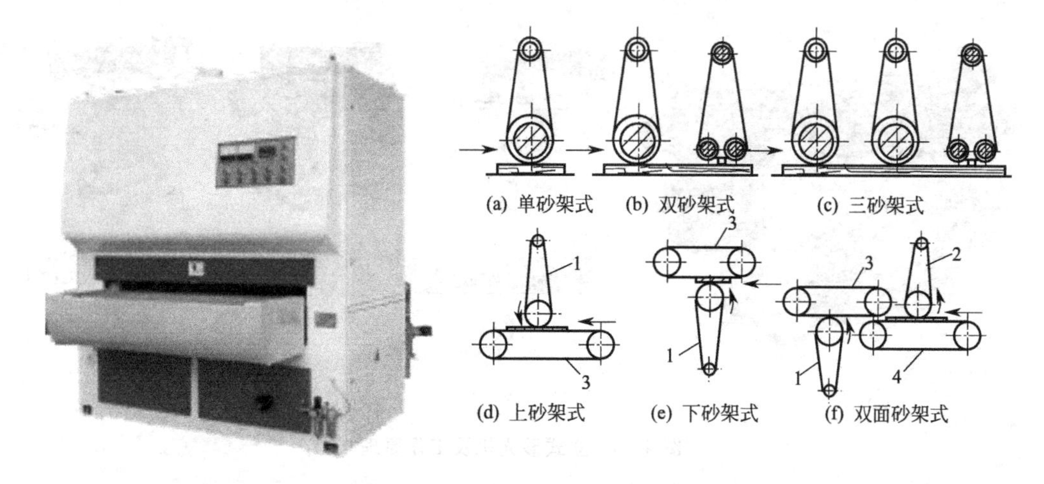

图 4-41　宽带砂光机及其类型示意

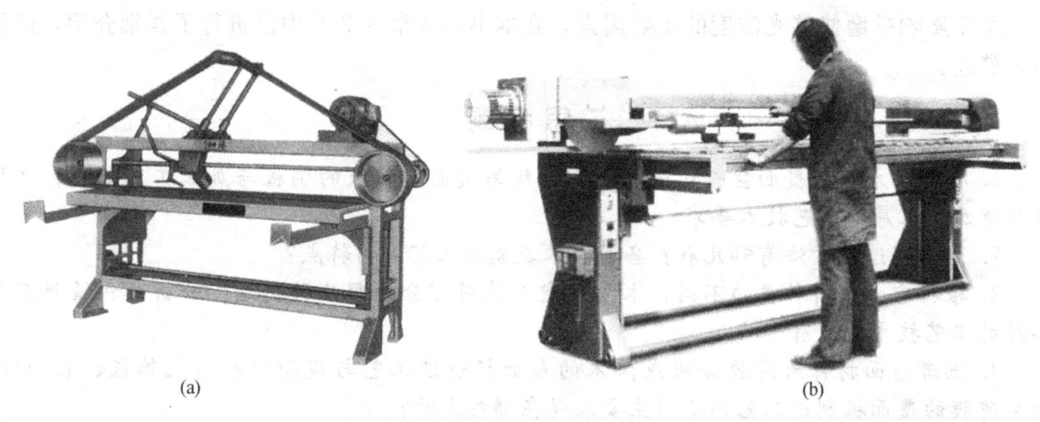

图 4-42　手押卧式砂光机

压块面积较小，一般为 120mm×180mm，并设有弹簧、泡沫塑料缓冲装置，左右移动十分轻巧；覆面板放在能前后移动的水平工作台上，手工推动也较轻便。砂磨时，开动机器砂带作连续运动，操作工人用左手握住压块手柄沿导轨左右来回移动，并稍用力压在砂带上，以使砂带对覆面板表面进行砂磨，直至将砂带覆盖下的部分覆面板（砂带宽度 100～120mm）砂磨光滑；右手握住工作台面的拉杆，推动工作台上的覆面板作间隙进给运动，当砂带每砂光一部分覆面板，随即再进给一部分；左右手的操作就这样配合进行，直至将整块覆面板砂磨光滑。卧式砂光机虽然生产效率低，但使用灵活；尤其是可以根据覆面板表面的砂磨状况，调整压块对砂带的压力；对未砂光的部分可以多砂，能及时检查砂光质量。

覆面板的侧面无论是直线形或是曲线形，都能利用立式砂光机对其侧边进行修整。如图 4-43 所示为立式砂光机及工作原理。通常在立式砂光机的砂带传动辊上包裹一定厚度的泡沫塑料，并用强度较好的布包钉牢固作为缓冲装置。两传动辊的直径有大小之分，大的用于砂磨曲率半径较大的弯曲面，小的用于砂磨曲率半径较小的弯曲面。在砂带背面需要安装一块导向板，又称靠山，并在靠砂带的一面同样要求胶贴一定厚度的泡沫塑料，也用强度较好的布包钉牢固，作为缓冲装置。在砂带背面安装导向板是用于砂磨覆面板的直线形侧面。砂磨时，开动砂光机，砂带作连续转动，分别将覆面板的直线形边适当用力靠紧导向板前面的砂带，如图 4-43 所示部分砂光机的照片及工作原理曲线形边靠紧砂带传动辊上的砂带，进行砂磨，直至符合要求为止。

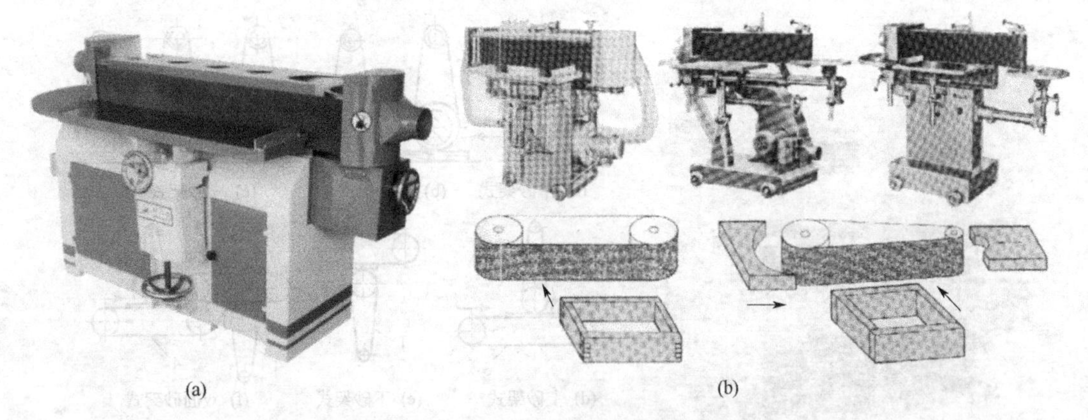

(a)　　(b)

图 4-43　立式砂光机及工作原理

若覆面板侧边为形状比较复杂的成型面，可先经立式砂光机进行较大面积的砂光，然后用手工对局部未砂磨到的地方进行砂光。既要保持其形状不变，又要使其表面光滑。

关于影响砂磨修整光洁度的主要因素，在本书第 3 章 3.2.5 中已进行了详细介绍，这里不再赘述。

思考题

1. 根据实木衬条覆面空心板的排料图，编写覆面空心板的制板与加工工艺流程，并思考各道加工工序的工艺技术要求。

2. 薄木制造的方法有哪几种？各类薄木及制造工艺有何特点？

3. 根据空心填料种类的不同，木框内空心填料可分为哪几种类型？分析各种填料在组坯时的工艺技术要求有哪些？

4. 思考覆面材料为薄胶合板或薄木的覆面板制造工艺与覆面材料为装饰板、装饰纸、塑料薄膜的覆面板制造工艺的不同主要表现在哪些方面？

5. 分析薄木胶贴会出现哪些常见的缺陷？思考进行预防修复的办法。

6. 分析影响覆面板胶合质量的主要因素有哪些？

7. 为什么要对覆面板进行封边？根据形状和封边方式不同，覆面板封边可分为哪几种类型？试分析每种封边方式的特征与加工要求。

8. 分析采用 32mm 系统多排钻对覆面板进行加工，有何具体的技术要求？

9. 试编写以实木衬条为芯料加工覆面空芯板，并采用槽榫法实木封边，制造桌、台面板的工艺流程。

第5章

弯曲件制造工艺

木材弯曲成型，主要是指利用模具，通过加压的方法，将实木、薄木或单板压制成各种弯曲件。用这种方法制成的弯曲件，具有线条流畅、形态美观、力学强度高、表面装饰性能好、材料利用率高等优点。因而，广泛用于家具弯曲件的制造。

根据家具的造型和功能的需要，常将家具的一些零部件设计成弯曲型。制造这类弯曲件的方法主要有实木锯制弯曲、实木加压弯曲、薄板胶合弯曲、胶合板弯曲等，如图 5-1 所示为弯曲家具类型。此外，家具制造还有锯口弯曲、折叠成型、模压成型等弯曲工艺形式。本章将系统介绍各种弯曲的原理、方法和特点。

(a) 锯制弯曲

(b) 实木加压弯曲

(c) 薄板胶合弯曲

图 5-1　弯曲家具类型

5.1 实木锯制弯曲

5.1.1　实木锯制弯曲的概念

实木锯制弯曲，是利用带锯机直接将木材、实木拼板或集成材，锯制成的弯曲件。

5.1.2　实木锯制弯曲的制造工艺

首先用细木工带锯，先将木材锯成弯曲件的毛坯，但要留有足够的加工余量；接着对毛坯进行刨削、铣削加工；再根据图纸要求，进行开榫、打眼、铣槽等加工处理；然后根据图纸要求接合成所要求的弯曲件；最后进行表面修整加工，通常是砂磨或用手工刨修整光滑。

5.1.3 实木锯制弯曲的特点

锯制弯件的优点是生产工艺简单，不需要专门的弯曲设备，并能锯制形状较复杂的弯曲件，适合小批量弯曲件的制造，因而获得较为广泛的应用。这种弯曲工艺的缺点是，木材利用率低，木材的纤维被切断，端头暴露在外面，在接合的地方有接缝，这样不仅影响美观，而且降低了力学强度，另外，有的复杂弯曲件形状复杂，增加了废品损耗，且技术难度大。

实木加压弯曲与薄木（单板）胶合弯曲，则可克服实木锯制弯曲的缺点，发挥其优点，是制造弯曲件的先进工艺。

5.2 实木加压弯曲

5.2.1 实木加压弯曲基础理论

实木加压弯曲是指借助模具与压力，将经过刨削加工与软化处理的木材弯曲成所需零件的生产过程。其优点是不仅可以提高木材的利用率，而且美观，力学强度高。但需采用专门的弯曲成型设备，并要求选择弯曲性能较好的优质木材。

5.2.1.1 木材受压弯曲原理

如图 5-2 所示，木材弯曲时，逐渐形成凹凸两面。在凸面产生拉伸应力，用 σ_1 表示；凹面受压，产生压缩应力，用 σ_2 表示。其应力分布，由表面向中间逐渐减少，直至中间一层纤维既不受拉伸，也不受压缩，被称为中性层。中性层的长度等于木材的原始长度。

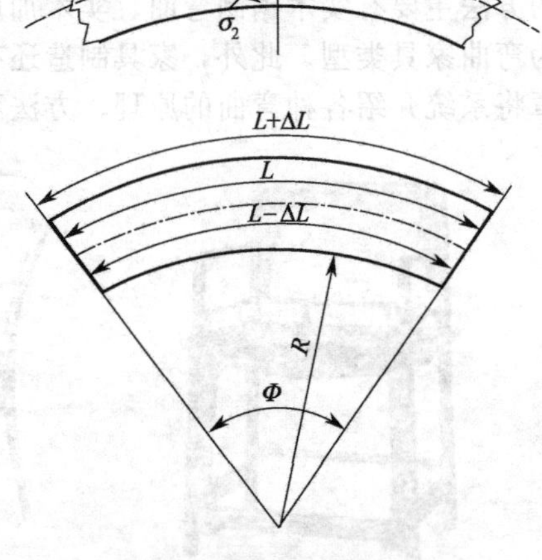

图 5-2 木材受压弯曲时的拉伸与压缩原理

设木材的厚度为 h，长度为 L，拉伸层表面的长度为 $L_1=L+\Delta L$，压缩层表面的长度为 $L_2=L-\Delta L$，则中性层的长度 L 可用下式表示：

$$L=\pi R\frac{\Phi}{180}$$

式中 R——弯曲半径；

Φ——弯曲角度。

拉伸面的长度 L_1 表示为：

$$L_1=L+\Delta L=\pi\left(R+\frac{h}{2}\right)\times\frac{\Phi}{180}$$

式中 h——弯曲方材的厚度。

由以上两式得：

$$\Delta L=\pi\times\frac{h}{2}\times\frac{\Phi}{180}$$

因此，相对拉伸形变 ε 为：

$$\varepsilon=\frac{\Delta L}{L}=\frac{h}{2R}$$

通常用$\frac{h}{R}$弯曲性能来表示木材的弯曲性能，则：

$$\frac{h}{R}=2\varepsilon=2\frac{\Delta L}{L}$$

不同材种的木材，其$\frac{h}{R}$的比值不同，$\frac{h}{R}$的比值愈大，弯曲性能就愈好。同一木材的$\frac{h}{R}$为一个常数，基本不变。因而可得出这样的结论：木材厚度 h 的值愈小，弯曲的曲率半径 R 的值也就愈小，弯曲性能就愈好。即木材愈薄，弯曲性能愈好。

木材弯曲性能通常受相对形变的限制，如超过木材允许形变时，就会产生破坏。因此，木材弯曲时，需要研究和了解木材的顺纹拉伸、压缩应力和变形规律。

5.2.1.2 木材顺纹拉伸形变与顺纹压缩形变的规律

(1) 气干材的弯曲性能 一般气干木材在室温中进行弯曲时，其弯曲性能 h/R 约为 1/100，顺纹拉伸形变为 0.75%～1%。顺纹压缩形变与木材的材种、年轮层组织等有关，气干针叶材及软材的顺纹压缩形变为 1%～2%；气干硬阔叶材的顺纹压缩形变为 2%～3%。由此可见，气干材顺纹拉伸形变小于顺纹压缩应变。所以，木材弯曲时，被破坏的是木材的拉伸表面。如图 5-3 所示为气干木材下弯曲时所产生的破坏现象。

(2) 木材经软化处理的弯曲性能 设顺纹拉伸形变为 ε_1、顺纹拉伸应力为 σ_1、顺纹压缩变形为 ε_2、顺纹压缩应力为 σ_2。如图 5-4 所示为直线形木材顺纹拉伸和顺纹压缩的应力应变。由图可知，经过软化处理的木材，其顺纹拉伸形变 ε_1 比气干材略有增加，可以达到 1.5%～2%。其顺纹压缩形变 ε_2 却比气干材增加很多，硬阔叶材经软化处理后的顺纹压缩形变 ε_2 可达 25%～30%，针叶材或软质木材经软化后顺纹压缩形变 ε_2 也可达 5%～7%。经实验证明，木材经软化处理后，其弯曲性能 h/R 可提高到 1/20，而一般湿材的弯曲性能却只有 1/50。

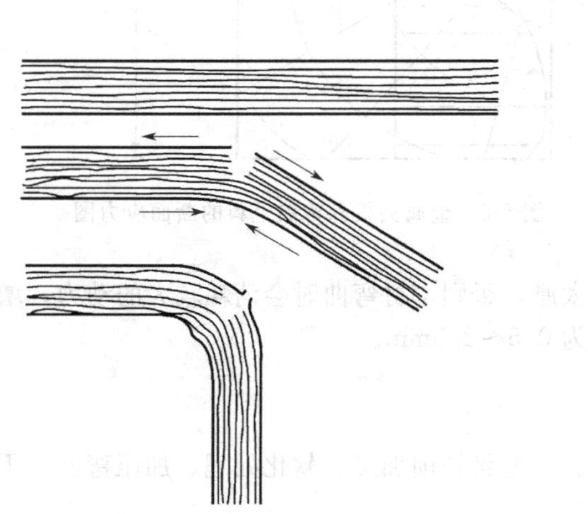

图 5-3 气干木材下弯曲时所产生的破坏现象

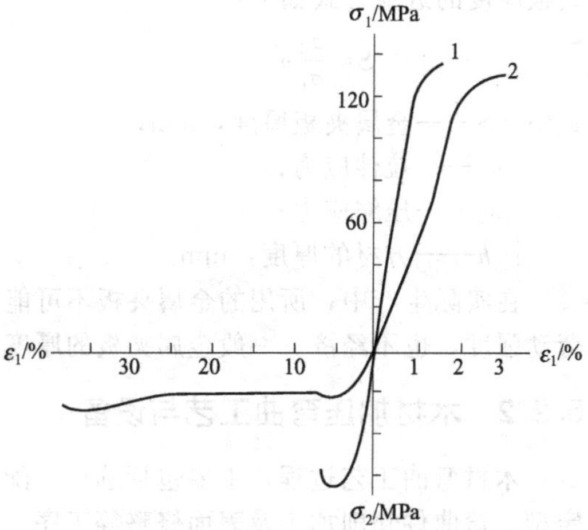

图 5-4 直线形木材顺纹拉伸和顺纹压缩的应力应变
1—处理前；2—处理后

(3) 用金属夹板提高木材拉伸面的弯曲性能 木材经软化处理后，其顺纹压缩形变有较大的提高，即压缩面可以继续弯曲。但顺纹拉伸形变增加较少，首先在拉伸面上产生撕裂性破坏。为了增加木材拉伸面的形变，在实际生产中，在木材的拉伸表面上紧贴一条金属夹板，使木材拉伸表面与金属夹板构成一体，这样木材毛料弯曲时，其中性层将向拉伸面移动，以减少木材拉伸表面的拉伸应力，达到增加弯曲变形的目的。如图 5-5 所示为木材利用金属夹板弯曲的示意，从图中可以得出以下结论

拉伸面的长度为：

$$L_1=L+\varepsilon_1=(r+h)\pi\frac{\Phi}{180}$$

压缩面的长度为：

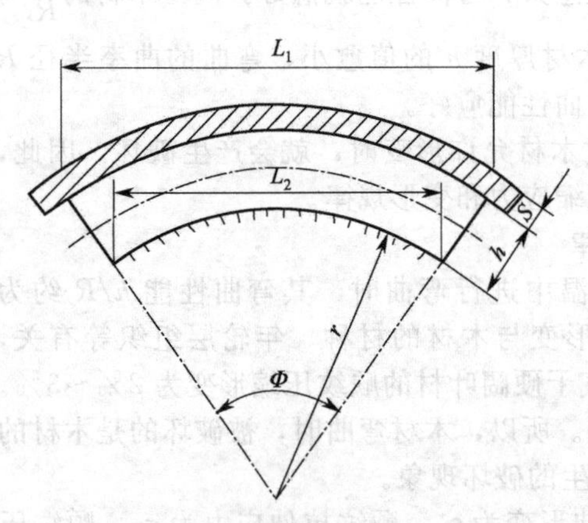

图 5-5　木材利用金属夹板弯曲示意

$$L_2 = L - \varepsilon_2 = r\pi \frac{\Phi}{180}$$

由以上两式得：

$$\frac{h}{r} = \frac{\varepsilon_1 + \varepsilon_2}{1 - \varepsilon_2}$$

式中　h——方材的厚度，mm；

r——弯曲模具曲率半径，mm；

ε_1——允许顺纹拉伸形变；

ε_2——允许顺纹压缩形变。

由生产实践得知，榆木、水曲柳采用金属夹板弯曲，其弯曲性能 h/r 可提高到 1/2，柞木可提高到 1/2.5，桦木可提高到 1/5.7，松木可提高到 1/11。

(4) 金属夹板厚度的确定　如图 5-6 所示，为金属夹板和弯曲毛料的断面应力图。假设木材与金属夹板合为一个整体后，其中性层移到与金属夹板交界处时，可把木材的顺纹拉伸形变 ε_1 看作近似等于零。则从材料力学中，可得知金属夹板厚度的近似公式如下：

$$S = \frac{\sigma_2}{\sigma_1} h$$

式中　S——金属夹板厚度，mm；

σ_1——拉伸应力；

σ_2——压缩应力；

h——方材的厚度，mm。

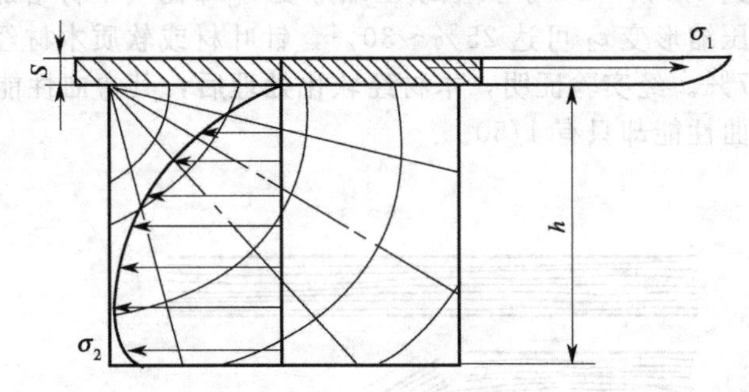

图 5-6　金属夹板和弯曲毛料的断面应力图

在实际生产中，所用的金属夹板不可能太厚，否则木材弯曲时会消耗较大的动力，增加劳动强度，也不经济。一般金属夹板的厚度为 0.5～2.5mm。

5.2.2　木材加压弯曲工艺与设备

木材弯曲工艺过程，主要包括选材、配料、毛料切削加工、软化处理、加压弯曲、干燥定型、弯曲件切削加工及表面修整等工序。

5.2.2.1　选材

(1) 材种选择　根据弯曲件的厚度、曲率半径、木材软化处理方式、家具用材要求等因素，选择合适的材种。不同材种的木材，其弯曲性能有较大差异，一般阔叶材的弯曲性能优于针叶材，硬阔叶材比软阔叶材好。即便是阔叶材彼此也有较大的差异。经生产实践验证，弯曲性能较好的树种，阔叶材有榆木、柞木、水曲柳、山毛榉、桦木等木材，针叶材以松木与云杉较好。对于同一种木材，幼材树材比老年树材好、边材比心材好、顺纹材比斜纹材好。

(2) 含水率要求　当木材的含水率大于木材的纤维饱和点时，在细胞壁内水分饱和的同时，细胞腔内也含有一部分水分。此时，当木材弯曲时，因细胞内水分过多，移动缓慢时，对细胞壁产生静压力，导致弯曲件拉伸表面纤维崩裂，造成废品。而当木材的含水率小于木材的纤维饱和点时，细胞壁内水分没有饱和，细胞腔内几乎没有水，细胞壁内的纤维素、半纤维素的塑化不足，弯曲性能差，木材弯曲时，同样容易导致木材拉伸面的破坏。为此，要求未进行软化处理的木材，其含水率为10%～15%；进行蒸煮软化处理过的木材，其含水率应为25%～30%；经高频加热软化的木材，其含水率为10%～12%。

(3) 材质要求 用于弯曲的木材，要求纹理通直，斜纹不得大于10°。若木材的斜纹过大，弯曲时易使斜纹滑移或撕裂，降低弯曲性能。弯曲零件的弯曲部位不得有腐朽、裂缝、节疤、夹皮等缺陷。

(4) 木材宽度要求 当弯曲零件的厚度大于宽度时，用于弯曲木材的宽度应等于弯曲零件宽度的整数倍加上加工余量，以增加木材弯曲时的稳定性。待木材弯曲后，再锯解成多个弯曲零件。

5.2.2.2 木材毛料的加工

木材经挑选，配料成所需规格的毛料后，再进行刨光和截断加工。木材表面经刨光后，若有斜纹、腐朽、夹皮、节子等缺陷，会清楚地显露出来，可准确地进行剔除，或者挑出来作其他用途；同时也便于弯曲时紧贴金属夹板和模具，以确保提高弯曲质量。

木材毛料加工，可以采用四面刨、平压两面刨，将其四面刨光，或者先用平刨加工基准面与基准边，然后经压刨加工其相对面与相对边。表面刨光后，可用悬臂锯或有移动工作台圆锯机进行截端。

5.2.2.3 软化处理

为了改善木材的弯曲性能，增加塑性变形，需在弯曲前进行软化处理。软化处理方法有水热处理、高频加热处理及化学药剂处理等多种。

软化处理是将木材加热、注入增塑剂，以改善木材的弯曲性能。木材加热可以使木材的非结晶物质，如木素、半纤维素和纤维素的非结晶区体积膨胀，增大自由体积空间，提高木材的塑性。在高温下，半纤维素会发生一定的热解，使纤维素和木素之间部分失去联结，提高木材的塑性。木材中注入增塑剂，也可以较大地提高木材的塑性变形。在软化处理中，水是一种有效的增塑剂，木材在水的作用下，体积膨胀，当木材的含水率等于其纤维饱和点时，体积膨胀达到最大，是木材弯曲的最佳状态。氨和尿素也是很有效的增塑剂，可适当采用。

木材软化处理方法很多，可分为物理法和化学法两大类，如下所示。

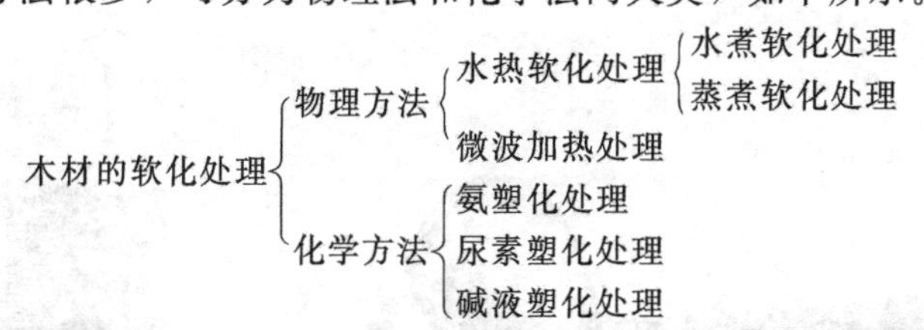

(1) 物理软化处理方法 由于该方法处理较容易，生产成本低，故被广泛地应用于木材弯曲的软化处理。在实际生产中，最常用的物理软化处理方法是水热软化处理，其次是微波处理。表5-1为木材物理软化处理方法。

表5-1 木材物理软化处理方法

项　目	蒸汽蒸煮软化处理	水煮软化处理	微波加热处理
加热条件	饱和蒸汽	热水	微波
软化处理工艺条件	蒸汽压力：0.02～0.05MPa 蒸汽温度：100～140℃	热水温度：90～95℃	(2450±50)MHz
软化处理设备和设施	蒸煮罐	水煮池	微波发生器
软化处理的特点	软化效果好，软化速度快，软化均匀性差	软化效果好，软化速度慢，软化均匀，含水率增加	软化效果好，软化速度快，软化均匀，是未来的发展方向

木材水热软化处理分饱和蒸汽软化处理和水煮软化处理两种。

① 水煮木材软化处理　即把要弯曲的木材直接放入温度为90～95℃的水池中进行浸泡。木材的浸泡时间与材种和厚度有关，以浸透为原则，一般经实验确定。因木材浸泡后其含水率会有所增高，会达到30%左右，故弯曲后干燥定型时间较长。此外，因木材细胞腔内的自由水存在，在弯曲过程中，易产生静压力而造成废品。但投资较小，常被一些小规模生产的厂家采用。

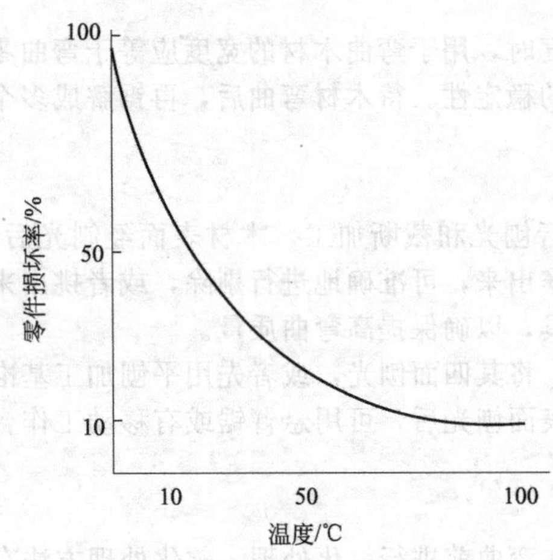

图 5-7　蒸煮温度对弯曲零件破损率的影响（柞木）

② 蒸汽软化处理　在目前生产中，主要是采用饱和蒸汽对木材进行蒸煮。若木材未蒸煮透，则木材塑化不好，在弯曲过程中容易产生破坏；若蒸煮过度，则木材顺纹抗拉、抗压强度将会降低。由于木材过度蒸煮，使其顺纹抗压强度降低，难以承受在弯曲过程中产生的压缩变形而破坏。如图5-7所示为含水率在18%～25%时的柞木，在不同蒸煮温度下，进行弯曲所产生的零件损坏率。从图中曲线可得知，随着木材蒸煮温度的增加，弯曲件的损坏率随之降低，当温度接近90℃后，其损坏率基本不变。

所用的蒸煮锅应尽可能地靠近曲木设备，以防止木材从蒸煮锅中取出后温度降低过多。蒸煮锅每次蒸煮的毛料数量不宜过多，需使放入蒸煮锅内的木材之间有一定的间隙，便于随蒸煮锅内的叶片式转盘的旋转而翻动，让蒸汽能均匀地与木材接触，以使木材的温度均匀一致，确保木材弯曲性能的提高。蒸煮锅的内径一般为400～600mm，不宜太大。蒸煮锅的长度需稍大于被蒸煮木材的长度。如图5-8所示分别为卧式与立式木材软化蒸煮罐。一般蒸煮罐多为卧式，并在罐内设置一个供木材分隔放置且能转动的叶片式转盘，以使在罐内被蒸煮的木材不停地翻动，达到均匀受热的目的。

(a) 卧式

(b) 立式

图 5-8　软化蒸煮罐

木材蒸煮所消耗的蒸汽量可用下式计算：

$$Q=\frac{cm(t-t_0)}{500K}\ \text{(kg)}$$

式中　Q——蒸汽消耗量，kg；

c——木材的热容量，kcal/kg，1kcal=4.18kJ；

m——木材的质量，kg；

t——毛料蒸煮温度，90～95℃；

t_0——木材蒸煮前的温度，℃；

K——蒸汽热量利用系数，0.25～0.3。

木材蒸煮的时间与其厚度、材种、蒸煮温度等因素有关。蒸煮时间需恰当，过长过短，都将影响木材弯曲的质量。蒸煮时间过长，会使木材的压缩面起皱，并会削弱木材的力学强度。蒸煮时间过短，木材未达到塑化要求，弯曲时其拉伸面易破裂。表5-2为榆木、水曲柳蒸煮软化处理的参数，可供参考。

表5-2 榆木、水曲柳蒸煮软化处理的参数

材种	木材厚度/mm	不同温度下所需时间/min			
		110℃	120℃	130℃	140℃
榆木	16	40	30	20	15
	25	50	40	30	20
	35	70	60	50	40
	45	80	70	60	50
水曲柳	16	—	80	60	40
	25	—	90	70	50
	35	—	100	80	60
	45	—	110	90	70

微波软化处理即把木材放在微波设备高频电场的两个电极板之间，以使木材分子在高频电的作用下，反复极化，相互摩擦产生热量，使木材软化。这是一种有效的快速软化方法。微波加热，一般需将木材放入频率高于300MHz的微波导管谐振腔的辐射场中，进行加热软化处理。目前常用的微波设备有915MHz和2450MHz两种。经实验，厚度为10mm、宽度为10mm的木材，经2450MHz微波加热进行软化后，其弯曲的最小曲率半径可达到150mm。若在弯曲定型后，再用微波加热作进一步软化处理，尚可弯曲到更小曲率半径。

(2) 化学软化处理方法 即采用各种化学药剂对方材进行处理，以提高木材的塑性。常用的化学药剂有液态氨、气态氨、尿素及碱液等。化学软化处理，一般需在密闭的罐内进行。此方法适合对化学药剂渗透良好的阔叶材，而针叶材软化处理则较少使用。现在常用的化学药剂软化处理方法有氨软化处理和尿素软化处理两种。

① 氨软化处理 氨有液态氨（－33℃）、氨水与气态氨之分。氨与木材都有很好的亲和力，在木材中的扩散速度比水蒸气大得多，并能与木材细胞壁的主要成分发生作用。如液态氨不仅能进入纤维素的无定形区，而且还能进入结晶区，破坏氢链，形成氨化纤维素，起到松弛和润胀作用；能使半纤维素改变排列方向；并能使木素塑化，达到优良的塑化状态。液态氮处理时间短，只需几十分钟至几个小时，但设备复杂，处理前需将木材进行冷却，对于厚度较大的木材，尚要先抽真空，再通入液态氨进行软化处理。经液态氨处理的木材，可在室温中进行弯曲，弯曲后再加热定型，使氨全部蒸发掉，刚度恢复。用氨气对木材进行软化处理，需将含水率为10%左右的木材放入密封的设备中，再通入氨气即可。用氨水处理时，在常温下，将木材浸泡在氨水中，时间长达十余天。

② 尿素软化处理 把木材浸泡在浓度约为50%的尿素溶液中，如厚度为25mm的木材约浸泡10天。然后，在约140℃的温度下，干燥到含水率约为20%，立即进行弯曲，再进行干燥定型。

应注意的是，化学处理不仅成本较高，而且对木材与环境有一定的污染，故应用较少。

5.2.2.4 加压弯曲

木材经软化处理后，应立即进行弯曲，以防木材冷却降低了塑性，影响弯曲效果。对于曲率半径大、厚度小的弯曲零件可以不用金属夹板，可直接利用模型弯曲成形状。多数弯曲件，需要采用端面带有挡块的金属夹板和模型进行弯曲。

金属夹板宽度要稍大于被弯曲木材宽度，夹板两端设有端面挡块，用来顶住木材端部，拉紧金属夹板，以使金属夹板与木材拉伸表面紧密接触，促使中性层外移。

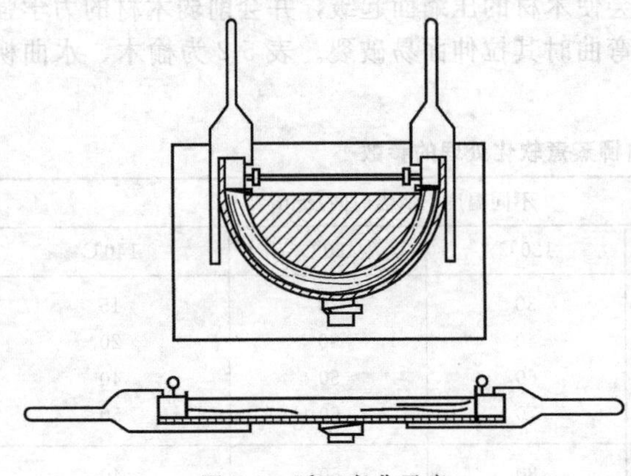

图 5-9 手工弯曲示意

木材弯曲的端向压力要适当，压力过小，将不起作用，产生拉伸面破坏；压力过大，不仅会使木材压缩面破坏，还会产生反向弯曲现象。一般弯曲硬阔叶材时，端面压力在 0.2～0.3MPa 为宜。木材加压弯曲的方法可分为手工和机械两种形式。

(1) 手工加压弯曲 如图 5-9 所示为手工弯曲示意。如图所示，将被弯曲木材的拉伸面紧密固定在带有手柄与挡块的金属夹板内表面上。其方法是在木材端面与金属夹板挡块之间，打入楔形木块，直至使木材的拉伸面与金属夹板表面紧密结合为止。木材与金属夹板被固定后，放入工作台上，使木材压缩面与模型准确定位，并立即夹紧，用手握住金属夹板上的木柄进行弯曲。弯曲后用金属拉杆锁紧，送入干燥室中干燥定型。

(2) 机械弯曲 大批量的木材需采用机械进行弯曲。如图 5-10 所示为几种机械弯曲的示意。机械弯曲可采用机械、气压或液压传动方式，将木材弯曲成所需的零件形状。现代机

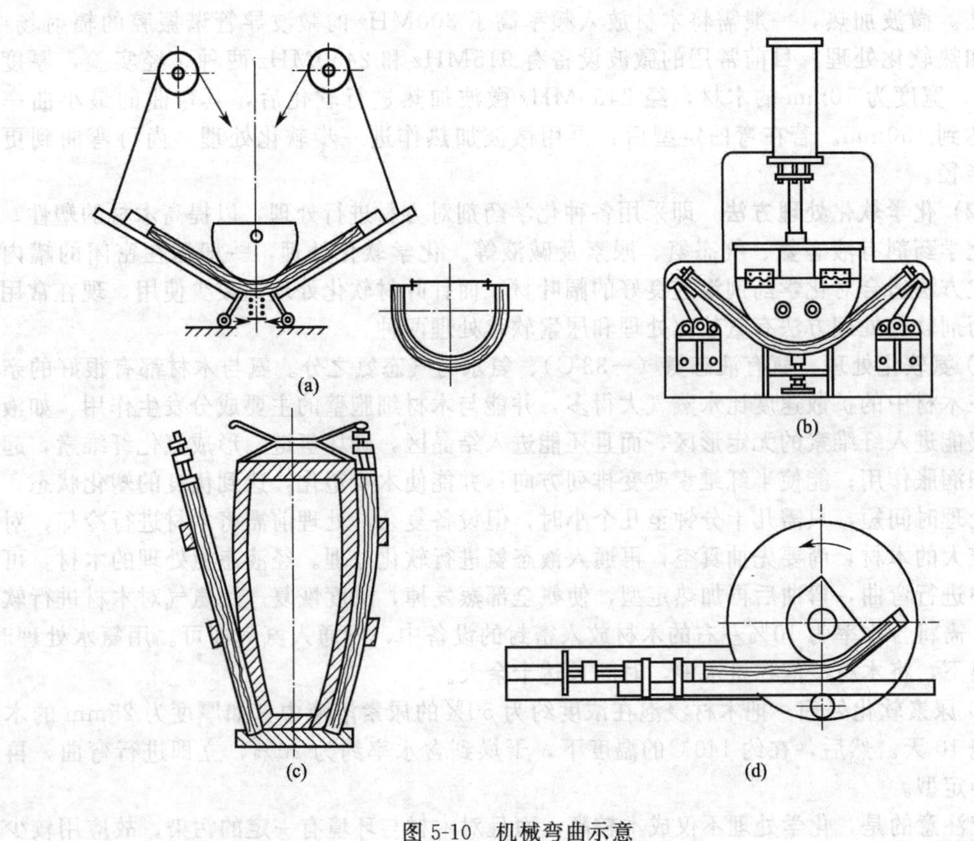

图 5-10 机械弯曲示意

械弯曲设备，一般配有金属夹板和一定数量的模具。

如图 5-10(a) 所示，为一种“U”形曲木机，将经过软化处理的木材置于模具与金属带之间，夹紧后，通过机械传动，提升两侧加压杆，使木材沿模具弯曲成所需的形状。

如图 5-10(b) 所示，为液压传动加压弯曲的“U”形曲木机，木材弯曲方式与图 5-10(a) 完全相同，所不同的是弯曲传动机构为液压装置。

如图 5-10(c) 所示的曲木机，为具有一定圆弧面金属桶形机械装置，将弯曲模型与干燥定型机构融为一体。其加压弯曲过程则为手工操作，将经过软化处理的木材与金属夹板紧密固定后，一端插入底座中，经弯曲后，将另一端固定在曲木机顶部的拉杆上；然后在曲木机中通入蒸汽或热气、热油、电对曲木机加热，通过曲木机将热能传递给被弯曲的木材，直至干燥定型。此种曲木机，主要用于弯曲曲率半径较大的零件。优点是设备简单，投资低，操作方便，弯曲件质量好，废品极少。但干燥时间较长，生产效率较低。

如图 5-10(d) 所示，为环形曲木机。如图所示，将软化处理的木材固定于金属夹板后，放在曲木机的工作台面上，与模具定位准确，并夹紧，然后开动曲木机，使模具转动，便自动将木材弯曲成所需的形状。此种弯曲机，操作方便，生产效率高，适合于大批量木材弯曲制造。

(3) 技术要求 无论采用哪种方法，每种弯曲件都要配有专用的金属夹板和样模；弯曲时务必使金属夹板与木材拉伸面紧密接触为同一整体，方能使中性层外移并保护拉伸面不遭破裂；弯曲的速度宜慢，木材的厚度愈大弯曲速度应愈慢，一般以每秒钟 3°～6°为宜；应选择材质较好、纹理较直、光洁度较高的表面作为拉伸面。

5.2.2.5 干燥定形

木材弯曲后具有较大的内应力，特别是经过水热处理的木材，含水率可高达 40%，回弹性更大。如果木材加压弯曲后立即松开，就会在弹性回复的作用下而伸直。因此，必须对弯曲木材进行干燥处理，将含水率降到 10%左右，方能消除内应力，保持弯曲零件尺寸与形状的稳定性。

弯曲木材干燥定型的方式有定型架干燥定型、连同夹具一起干燥定型及在曲木机上干燥定型。

定型架是一个具有与弯曲木材相同形状的架子。把弯曲好的木材从样模上卸下来，插入定型架中，送入干燥室进行干燥。现在干燥室多采用空气对流加热进行干燥，干燥温度以 60～70℃为宜，不能过高。干燥的时间，视弯曲木材的厚度及材种而定，需经过实验确定，一般需干燥 20～30h，才能确保其尺寸与形状稳定性。此种干燥定型方式，弯曲木材的拉伸面较易破坏，废品率较高。

连同夹具一起干燥定型，木材弯曲后即用拉杆固定，并连同金属夹板与样模一起从曲木机上卸下来，送入干燥室进行干燥。弯曲木材采用此种干燥定型方式，其拉伸面不易损坏，尺寸与形状稳定性好，废品率较少。但需要增加一大批金属夹板与样模，提高了投资成本。

5.2.2.6 弯曲零部件的加工

木材毛料在弯曲前虽已加工成净料，但经软化处理与弯曲后，其表面形状与色彩会有所变化，必须重新进行修整加工。尚需根据工艺要求，对弯曲件进行钻孔、铣槽、开榫、铣成型面、雕刻等一系列加工，使之成为符合工艺要求的零件。这些加工的方法与工艺技术要求，与一般零件基本相同，在第 3 章中已详细论述过，在此不再赘述。

5.2.3 影响弯曲质量的因素

(1) 木材含水率 木材含水率在纤维饱和点内，木材的弯曲性能将随着木材含水率的提高而提高。当木材的密度小时，含水率可适量提高，这是由于木材的密度小、水分容易排除的缘故。

(2) 木材软化处理的温度与时间　木材采用水热软化处理，温度与时间是影响木材弯曲质量的一个重要因素，木材的弯曲性能随着木材温度的升高与处理时间的延长而提高。但是木材的温度过高，处理的时间过长，会增加热能消耗，提高生产成本；还会使木材发生降解，降低抗弯强度与冲击强度，引起压缩面起皱。这主要是由于木材中戊聚糖水解而引起的，而阔叶材的戊糖含量比针叶材大 2～3 倍，因此对阔叶材的影响更大。木材弯曲多使用阔叶材，所以控制好木材软化处理的温度和时间，对提高木材弯曲质量，降低废品率有重要意义。

(3) 弯曲速度　木材经过软化处理后，为防止温度与塑性降低，必须立即进行弯曲，尽可能地减少弯曲的辅助时间。但对木材进行加压弯曲的速度要适当，若弯曲的速度过快，木材内部结构来不及适应急剧变形所产生的应力，导致拉伸面破裂而报废；弯曲的速度过慢，会使木材温度与塑性降低，也易导致报废。一般弯曲速度以 $(3^\circ\sim6^\circ)/s$ 为宜，并要求匀速进行弯曲。

(4) 年轮与弯曲面相对角度　木材年轮方向对弯曲质量也有一定的影响。年轮方向与弯曲面平行时，弯曲应力由几个年轮共同承受，稳定性好，不易破坏；但不利于横向压缩。当年轮与弯曲面垂直时，处于中性层的年轮在剪应力作用下，容易产生滑移离层，降低木材的弯曲性能。年轮与弯曲面呈一角度，则对弯曲和横向压缩都有利。

(5) 毛料的断面尺寸　若木材的厚度比宽度大时，木材弯曲时易失去稳定性，而影响弯曲质量。因此在实际生产中，可以将木材毛料的宽度制成弯曲零件宽度的整数倍数，待木材加工、弯曲后再锯解成单个弯曲零件。

(6) 木材缺陷　木材弯曲零件，对木材缺陷有严格的限制。弯曲零件拉伸面的弯曲部位不得有腐朽、斜纹、死节、裂缝、夹皮、虫眼等缺陷。如死节会引起应力集中，产生破坏，节子周围扭曲纹理会在压缩力的作用下产生皱褶和裂纹。少量活节使顺纹抗拉强度降低可达 50%，使顺纹抗压强度降低 10%。节子多而大时则影响更大，顺纹抗拉强度要降低 85%，顺纹抗压强度也将减少 22%。因此，对节子需严格控制，特别是拉伸面的弯曲部位不许有任何节子。

5.2.4　木材弯曲件的优缺点

5.2.4.1　木材弯曲件的优点

① 木材弯曲、加工成弯曲零件后，基本上保持木材原有的特性。在实际使用当中，一些木材弯曲零件由于形状的改变，其力学强度还有所提高。

② 木材弯曲零件的切削加工与直线形零件基本相同，其表面保持了木材原有的纹理与理化性能。

5.2.4.2　木材弯曲件的缺点

① 生产工艺比较复杂，工艺条件难以控制，必须配备专门的设施和生产设备。

② 若选材或工艺条件控制不当，弯曲时易造成破坏。

③ 木材弯曲的曲率半径受到限制，难以制成曲率半径较小、形状复杂、多向弯曲的弯曲件。

④ 弯曲零件在使用过程中，因受外界温度、湿度等变化的影响，可能产生一定的回弹现象，使原有的形状发生改变。

5.3　薄木胶合弯曲

薄木胶合弯曲是将多层涂过胶的薄板叠加在一起，借助样模进行加压弯曲，制成弯曲件。薄木胶合弯曲，亦称薄板胶合弯曲，主要是以薄木与单板为原材料，其厚度一般小于

3mm。在生产实践中，多以旋切单板为芯料，以刨制薄木为饰面材料，以降低弯曲件的成本，提高美观性，也可采用锯制薄板为原材料，进行胶合弯曲，制造弯曲件。但由于以锯制薄板为原材料，要求其厚度一般需小于5mm，而每锯一块薄板的锯路损耗却为1～1.5mm，尚需留取约2mm厚的刨削加工余量，故木材利用率很低，应用更少。在本节主要学习薄木与单板弯曲胶合工艺。

5.3.1 薄木胶合弯曲的原理

根据木材的弯曲理论，用 h/R 的数值表示木材的弯曲性能，对于同一种木材这一数值为一定的常数。由此可知，木材愈薄弯曲性能愈好。因此利用薄木胶合弯曲，可以制成曲率半径较小、形状较复杂、厚度较厚的弯曲件。这是由于薄木在加压弯曲的过程中，开始胶层尚未固化，各层薄木在压力作用下可以相互滑移，各自进行变形，彼此互不牵制，直至变形结束，胶层才逐步固化，胶接成所需要的弯曲件。这是因为薄木胶合弯曲，加压弯曲的过程时间很短，只需几秒钟，而胶层固化则需要几分钟至十几分钟，故对薄木弯曲性能毫无影响。

如图5-11所示为薄木胶合弯曲的应力分布，如图所示，每层薄木的凸面产生拉伸应力，凹面产生压缩应力。应力大小与薄板厚度有关，而与整个弯曲件的厚度关系不大，只按薄木厚度 S 来计算，因而弯曲性能很好。例如需制造厚度为25mm、曲率半径为100mm的弯曲件，若用木材加压弯曲，则要求木材的弯曲性能 $h/R=25/100=25\%$。而弯曲性能最好的阔叶材若不经过软化处理，其弯曲性能都未超过4%。如果改为薄木胶合弯曲，设薄板的厚度为1mm，其弯曲性能 $h/R=1/100=2.5\%$，则一般木材不需进行软化处理也能满足弯曲的要求。

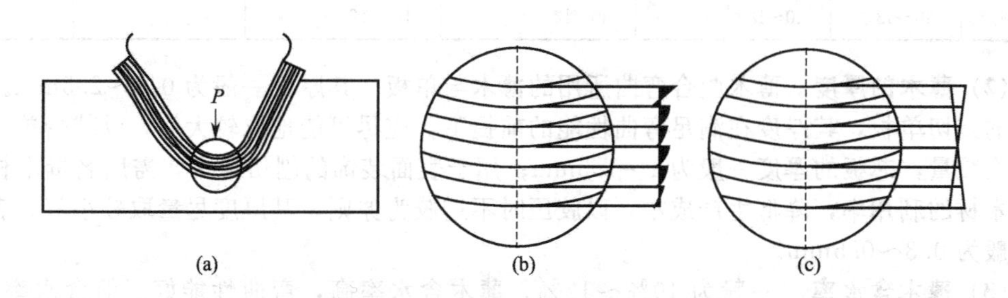

图5-11 薄木胶合弯曲的应力分布

5.3.2 薄木胶合弯曲的工艺特点

薄木胶合弯曲与木材加压弯曲相比，具有以下优点。

① 薄木胶合弯曲，其芯材尤其是中性层及其邻近的薄板，等级可以低于面层材料。因此，采用薄木胶合弯曲可以有效地利用低等级的材料，以降低产品的材料成本。

② 薄木胶合弯曲可以弯曲形状较复杂的零件，既可以完成单向弯曲，也可以完成多向弯曲，且弯曲件的曲率半径可以较小。

③ 薄木胶合弯曲件的形状稳定性好，弹性回复率较小，即不易变形。

④ 薄木胶合弯曲的生产工艺较简单，操作较方便。

⑤ 由于薄木胶合弯曲可以弯曲形状较复杂的零件，因而能够简化家具的接合结构。

因此，薄木胶合弯曲成型工艺应用日益广泛，将成为制造家具弯曲件的发展方向。但设备投资较大，耗胶量较多。

5.3.3 薄木胶合弯曲工艺

薄木胶合弯曲工艺主要包括薄木准备、涂胶组坯、加压弯曲、弯曲件的陈放等工艺过程。

5.3.3.1 薄木准备

(1) 薄木的材种搭配 弯曲件表面需配置纹理漂亮的刨制薄木或其他装饰材料，芯层可用普通旋切单板，材种不限。芯层单板通过拼接而成，可以使用不同容重、不同弹性、不同色彩的木材相搭配，对薄板胶合强度影响不大。但由于弯曲件的使用功能不同，对树种有不同要求，即对木材的弹性、容重、硬度等性能有不同要求，但拼接单板的数量在板坯厚度上不得超过26%。如有多种使用要求的可用多种树种的薄板混合配制胶合弯曲，这样可以吸取各种木材的特点。例如，羽毛球拍与网球拍就要用弹性好的水曲柳薄木与韧性好而容重小的臭椿树薄木混合配制，胶合而成。胶合弯曲用材与胶黏剂，见表5-3。

表5-3 胶合弯曲用材与胶黏剂

材料种类 要求	胶合弯曲件的芯层材料		胶合弯曲件的面层材料			胶黏剂
	薄板	旋切单板	刨切薄木	旋切单板	其他材料	脲醛树脂胶、酚醛树脂胶
树种	材种选用低档树种	山毛榉、栎木、水曲柳、柞木、桦木、杨木、榆木、槭木、柳桉等	柚木、樟木、核桃木、水曲柳、桦木、榆木、柞木等	柚木、樟木、核桃木、水曲柳、桦木、榆木、柞木等	装饰板、有色金属薄板贴面装饰等	三聚氰胺树脂胶等
厚度/mm	约5	1～6	0.4～1	1～6		
材质	不受限制	一般不受限制，大的缺陷可以进行修补	优质木材	优质木材		
含水率/%	10～12	10～12	10～12	10～12		

(2) 薄木的厚度 薄木胶合弯曲所用的薄木与单板，其厚度一般为0.3～2.5mm。作为芯料的旋切单板，其厚度在满足弯曲性能的前提下，应尽可能地取较大值，以减少单板的层数与涂胶量，芯板的厚度一般为1～1.5mm；用于表面装饰的刨切薄木，需用名贵木材，为提高木材的利用率，降低生产成本，以胶压时不透胶为原则，其厚度尽量取较小值，表板厚度一般为0.3～0.5mm。

(3) 薄木含水率 一般为10%～12%。薄木含水率高，弯曲性能好。但含水率过高，需延长胶层固化时间，否则胶层未很好固化，卸压后弯曲件可能会脱胶或变形。薄木含水率若过低，则材质较脆，易破损，为提高其塑性、便于弯曲，需在弯曲前用热水擦拭其弯曲部位的拉伸面，但这样会增加制造成本。

(4) 薄木的预弯成型 制造曲率半径小而厚度大的零件时，可以采用预弯曲的方法来改善弯曲性能。弯曲前把薄木浸在热水中，预弯成所要求的形状，干燥定型后，再涂胶，加压弯曲。

(5) 薄木的长度和宽度 均按弯曲件尺寸要求，预留后续工序的加工余量。对于宽度较小的弯曲零件，薄木的宽度可取弯曲零件倍数，胶合弯曲后再锯开。

5.3.3.2 涂胶配坯

(1) 涂胶 单板或薄板涂胶，常用双面涂胶机（图5-12）来完成。涂胶量取决于胶种和单板或薄板的厚度，一般单面涂胶量为100～130g/m^2。所用胶黏剂的颜色最好为白色，目前普遍使用脲醛树脂胶，制造室外用部件需用酚醛树脂胶或三聚氰胺树脂胶。

(2) 组坯 胶合弯曲件的组坯不像胶合板生产的那样规范，其相邻单板的组坯形式可以采用平行配置、交叉配置和混合配置三种方法。

① 平行配置 即各层单板的纤维方向一致。弯曲件的侧面均为顺纤维方向，较为美观。平行配置的弯曲零件，顺纹抗拉、抗压强度大，而横纹抗拉强度较低。主要用于顺纤维方向受力较大的弯曲零件，如弯曲形的椅腿、扶手、桌腿、牵脚档等零件的配置，并能取得较好

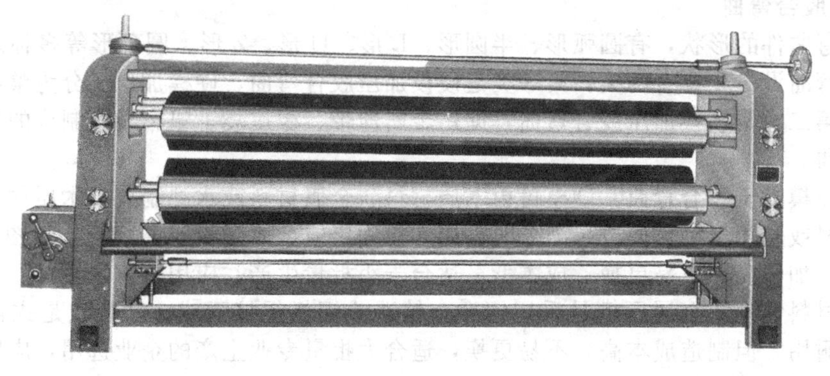

图 5-12　双面涂胶机

的装饰效果。

② 交叉配置　即相邻单板的纤维相互垂直。由于弯曲件相邻单板的纤维互相垂直，因而表面上各方向的力学强度较为均匀，但弯曲件的周边显露出薄板的横截面，影响涂饰质量，美观性较差。适合做表面积较大的弯曲件，如弯曲形的椅靠背、椅座板等。

③ 混合配置　既有平行配置，又有交叉配置，用于形状复杂的弯曲件。如将椅背-椅座-椅腿连在一起的弯曲件，则需采用混合配置。其靠背与椅座用交叉配置，而椅腿用平行配置，如图 5-13 所示。

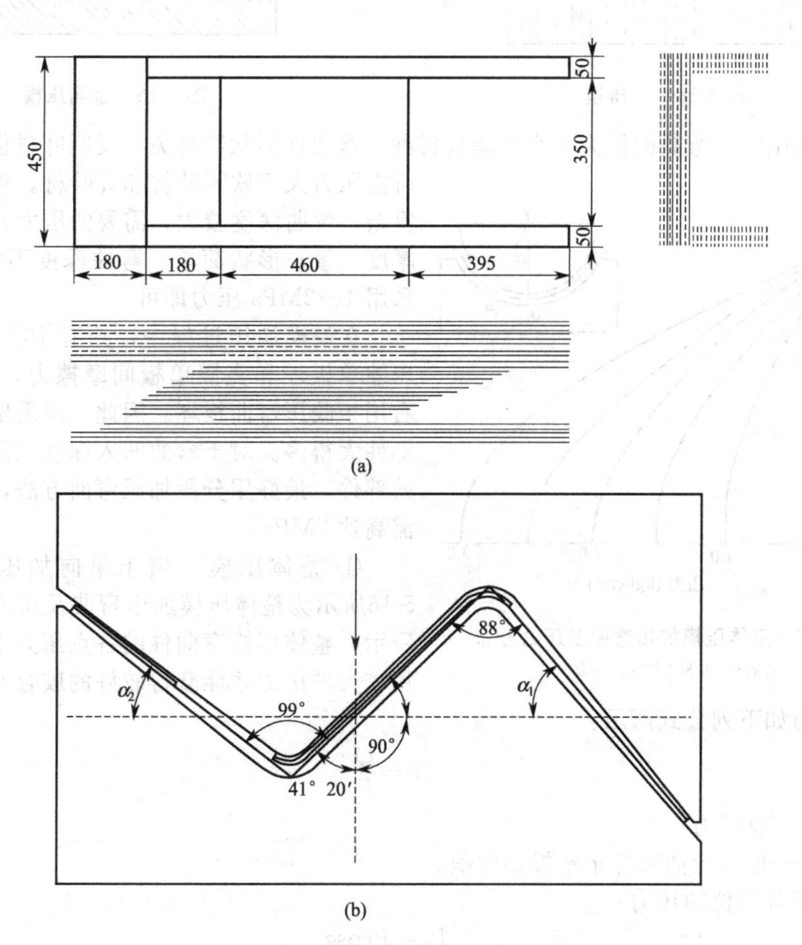

图 5-13　“椅背-椅座-椅腿”弯曲件配坯图

5.3.3.3 胶合弯曲

胶合弯曲件的形状，有圆弧形、半圆形、L形、U形、Z形、圆环形等多种。在生产中所用胶合弯曲设备主要有两类：第一类是硬模加压胶合弯曲，硬模加压又分为整体压模和分段压模；第二类是软模加压胶合弯曲，即用金属薄带、橡皮袋、帆布袋等制成的软模进行加压胶合弯曲。

(1) 硬模加压胶合弯曲 硬模可由木质材料、金属材料或水泥制成。木质材料压模是用较硬的木材或层积材制作而成，必要时采用螺栓固定或金属薄板包覆四周，如图5-14所示。其特点是：加工简单、易更换、成本低。适合于小批量生产，应用较普遍。

金属材料制作的金属压模是采用铝合金铸造或钢板焊接而成，其特点是式样多，传热快，经久耐用，但制造成本高，不易更换，适合大批量专业生产的企业选用，应用广泛。如图5-15所示为金属压模。

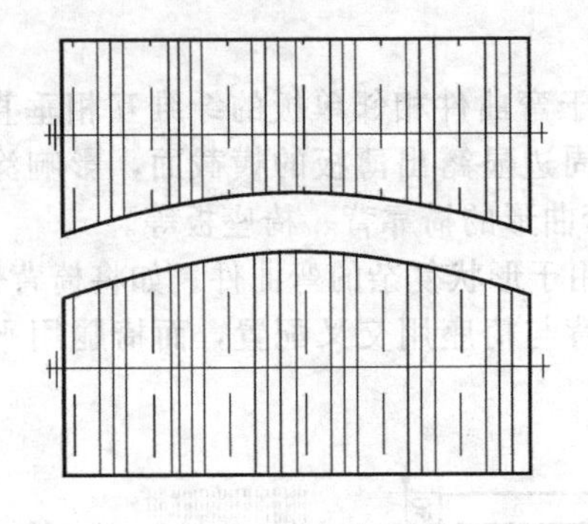

图 5-14 木压模

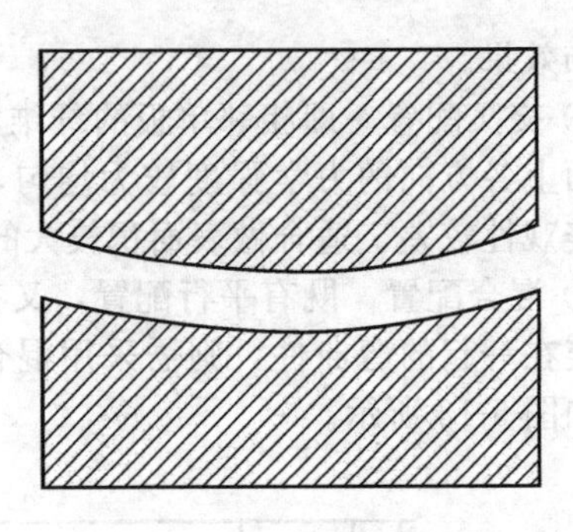

图 5-15 金属压模

硬模加压胶合弯曲的压力大小与薄板材种、弯曲件形状等有关。硬阔叶材板坯加压弯曲所需压力大于软阔叶材和针叶材。弯曲件的形状复杂、弯曲深度较大，需要的压力就较高。对于厚度一致、形状简单、弯曲深度不大的弯曲件，采用1～2MPa压力即可。

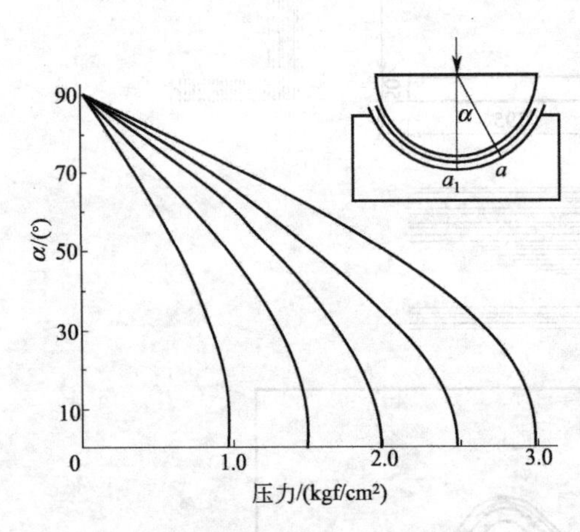

图 5-16 整体压模加压弯曲及压力分布
1kgf=9.80665N，下同

在硬模加压过程中，约有70%的压力用于压缩单板坯和克服单板间摩擦力，只有30%左右用于胶压弯曲板坯。因此，所需压力应比平压部件大得多。对于弯曲凹入深度大的和多面弯曲的部件，最好用分段加压弯曲方法，否则，压力需高达7MPa。

① 整体压模 属于单向加压方式，如图5-16所示为整体压模加压弯曲及压力分布。如图所示，整体压模弯曲件的各点压力不均匀，需采用较大的压力才能获得较好的胶合弯曲效果。其各点的压力如下列公式所示：

$$P=\frac{Q}{F}$$

式中 Q——总压力；

F——模压弯曲部件水平投影面积。

作用于各部位的压力：

$$P_{\alpha}=P\cos\alpha$$

当 $\alpha=0°$ 时，$P_{\alpha}=P$；

当 $\alpha=90°$时，$P_{\alpha}=0$。

从图中可以看出，胶合弯曲件上压力不等，α 角越大，单位压力越小。当用硬模压制 U 形或半圆形部件时，两侧没有垂直压力，全靠两模的挤压作用，因此得不到满意的胶合强度。在此种情况下，应考虑分段压模。

② 分段压模　属于多向加压方式，如图 5-17 所示。采用分段加压可以解决单向加压的压力不均的问题，并可减少压机加压的压力，提高胶合弯曲件的弯曲质量。分段压模适合于压制半圆形、“U”形和环形弯曲件。对于半圆形、“U”形等弯曲深度较大的薄板胶合弯曲件，其分段加压方法为先垂直方向加压，再侧向加压。对于圆环形弯曲件，先将其外模固定，然后将其内模按若干对称段进行分段加压。

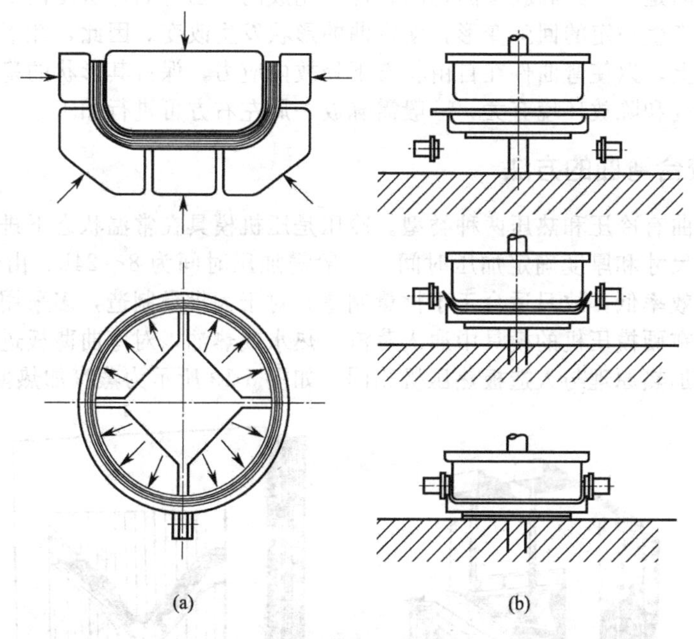

图 5-17　分段压模形式

(2) 软模加压胶合弯曲　软模加压胶合弯曲与硬模加压胶合弯曲的区别在于其中的硬模改为软模。软模常用金属薄带、橡胶带、帆布带等制成。如图 5-18 所示为阴模分别为金属带与帆布带的胶合弯曲示意图。

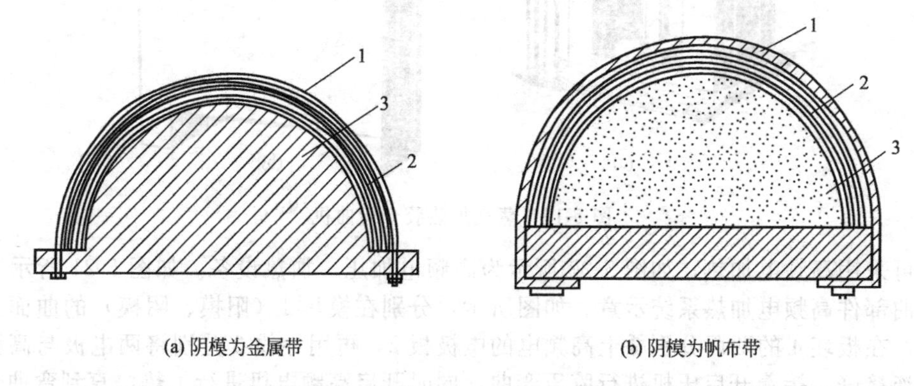

1—金属带；2—胶合弯曲件；3—阳模　　　1—帆布带；2—胶合弯曲件；3—阳模

图 5-18　阴模分别为金属带与帆布带的胶合弯曲

如图 5-18 所示，将金属带或帆布带的一端固定在阳模的底板上，另一端用螺栓固定。

弯曲前，松开螺栓，放入板坯，然后用力拧紧螺栓，拉紧金属带（帆布带）使板坯紧贴阳模。施加在板坯上的压力 P，由作用在金属带上的拉力 Q 与弯曲件的弯曲半径 R 及金属带宽度 B 决定。可按下式计算：

$$P=\frac{Q}{RB}\quad (\mathrm{kgf/cm^2})$$

式中 Q——金属带拉力，kgf；

R——弯曲半径，cm；

B——金属带宽度，cm。

5.3.3.4 胶合弯曲件的陈放

薄木胶合弯曲是在压力和胶层固化的条件下完成的，当弯曲件从压模中卸下后，由于存在着内应力，会产生一定的回弹变形，使弯曲的形状发生改变。因此，卸下后必须堆放在形状相同的模型架上，以使弯曲件在自由状态下释放内应力，保持其形状的稳定性。陈放的时间与弯曲件的厚度和陈放环境有关，一般需陈放一周左右方可进行加工。

5.3.4 加速胶合弯曲的方法

硬模加压弯曲有冷压和热压两种类型。冷压是压机模具在常温状态下进行胶压弯曲，通常根据弯曲件的尺寸和厚度确定加压时间，一般需加压时间为 8～24h。由于冷压的胶压弯曲周期长，生产效率低，故只适合于小批量制造。对于大批量制造，多采用热压胶合弯曲工艺。即胶压时，在硬模压机的模具中通入蒸汽、热水或热油，对弯曲薄板进行加热，促使胶层快速固化，其加热原理与人造板热压机相同。如图 5-19 所示为蒸汽加热薄板胶合弯曲机。

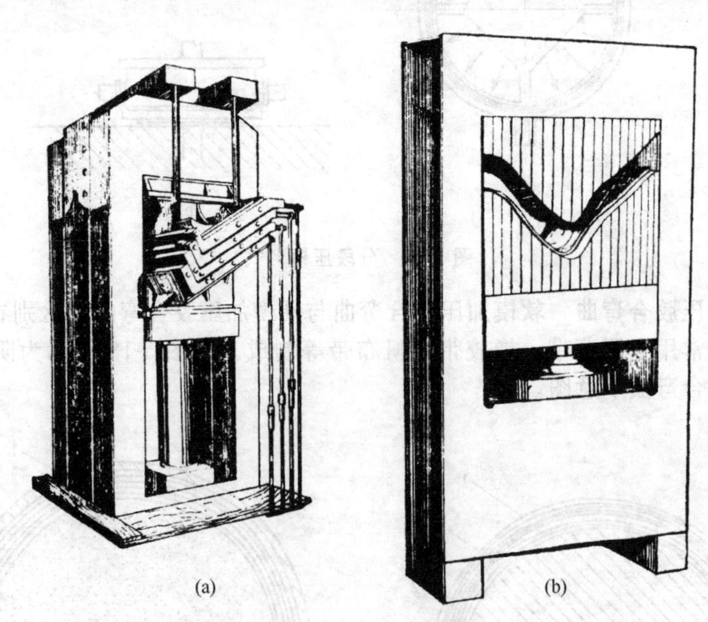

图 5-19 蒸汽加热胶合弯曲机

还可采用高频电加热，如图 5-20 所示为高频电加压、加热设备。如图 5-21 所示为薄板胶合弯曲部件高频电加热系统示意。如图所示，分别在模具 1（阳模、阴模）的曲面上胶贴绝缘层，在板坯 4 的两面分别叠上高频电的电极板 2，再用导线 3 分别将两电极与高频电机的两极连接好。接着开启压机进行胶压弯曲，同时开启高频电机进行加热，直到弯曲件的胶层固化、形状稳定，才松开压机卸下。关于高频加热的原理在木材胶合一节中已详细介绍过，电能在板坯内部转化为热能，加热快，热效率高，且受热均匀，胶合质量好，应用日渐广泛。使用高频电加热时，需设置屏蔽罩 5，即用铁丝网将压机与高频电机罩住，以防高频电波辐射影响操作工人身体健康及对附近电子仪器产生干扰。

表 5-4 为各种薄板胶合弯曲在不同胶压方式下的技术参数，以供参考。

图 5-20　高频电加压、加热设备

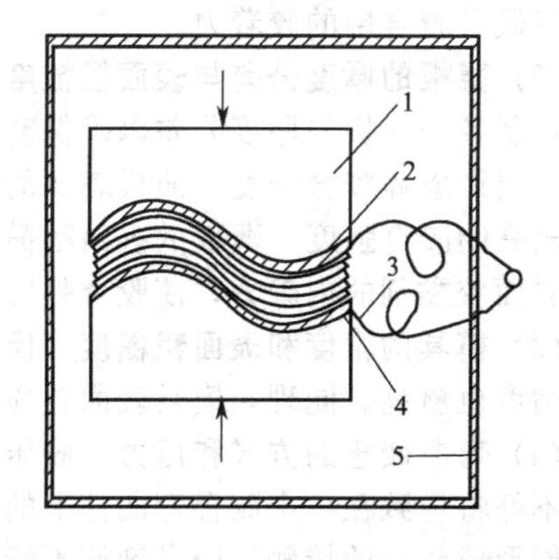

图 5-21　薄板胶合弯曲部件高频电加热系统示意

1—模具；2—电极板；3—导线；4—板坯；5—屏蔽罩

表 5-4　各种薄板胶合弯曲不同胶压方式下的技术参数

胶压方式	单板树种	胶黏剂品种	压力/MPa	温度/℃	加压时间	保压时间/min
冷压	桦木	脲醛树脂胶	0.8～2.0	20～30	20～24h	—
蒸汽加热	水曲柳	酚醛树脂胶	0.8～2.0	130～150	0.75～1.0min/mm	10～15
	柳桉	脲醛树脂胶	0.8～1.5	100～120		
高频电加热	马尾松	脲醛树脂胶	0.8～1.2	100～115	7.0min	15
低压电加热	柳桉、桦木	脲醛树脂胶	0.8～2.0	100～120	1.0min/mm	12

5.3.5　薄木胶合弯曲件的生产工艺流程

胶合弯曲件的形状不同，其生产工艺变化较大，现以如图 5-22 所示的胶合弯曲件为例予以说明。

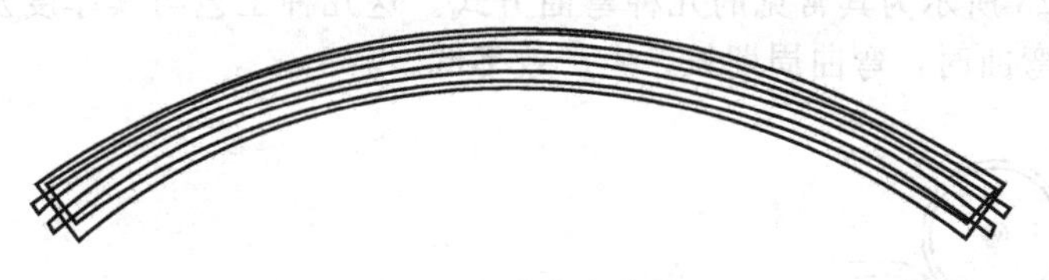

图 5-22　胶合弯曲件

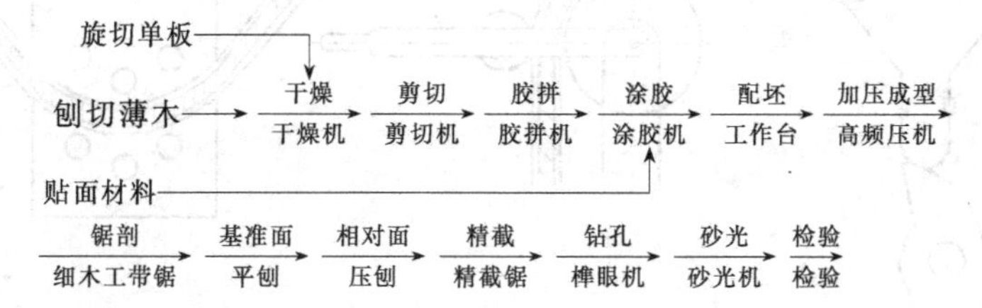

5.3.6　影响胶合弯曲质量的主要因素

(1) 薄板的含水率　薄板的含水率直接影响着板坯的涂胶质量、胶压后板坯产生内应力的大小等。薄板的含水率过高，涂胶后胶液易被木材中的水分稀释，使胶黏剂黏度降低，降低胶合强度。在胶压过程中还容易产生鼓泡，弯曲件在陈放时易产生较大的内应力。薄板的含水率过低，木材表面的极性物质减少以及木材吸收胶黏剂中的水分，使胶黏剂的湿润性降低，降低了胶合层的胶着力。

(2) 薄板的厚度公差与表面粗糙度 薄板的厚度公差直接影响着弯曲件总的偏差，因此必须控制各个木板的厚度公差以确保整个弯曲件的厚度尺寸。薄板表面的粗糙度影响胶合界面的胶层形成和胶合强度。薄板表面的光洁度高，涂胶量少，在压力较低的情况下，仍可以得到较高的胶合强度。薄板的表面粗糙，涂胶量就会增大，胶层固化后产生内应力，破坏了胶合界面胶黏剂的内聚力，使胶合强度降低。

(3) 模具的精度和表面粗糙度 模具的形状与尺寸精度愈高，薄板胶合弯曲件的形状与尺寸精度也愈高。同理，模具表面粗糙度也影响到胶合弯曲件的表面的粗糙度。

(4) 弯曲胶压的方式和压力 胶压方式的选择直接影响着胶合弯曲件的压力均衡问题，控制不好将导致在一个胶合弯曲件上的压力不均。若胶合弯曲件的某一点的压力过小，胶接面不能形成较好的接触，胶黏剂便不能有效地浸润胶接面，导致胶合强度降低。

除此之外，胶合弯曲的质量还涉及胶黏剂的种类、涂胶量以及胶合弯曲前后的陈放时间等因素。

5.4 胶合板弯曲

胶合板弯曲，就是直接利用薄胶合板弯曲而制成弯曲件。薄胶合板具有较好的弯曲性能，其弯曲方式有三种。

① 薄板胶合弯曲相同，将胶合板当成薄板，并锯切成需要的规格，在胶接面上涂上胶，根据弯曲件的厚度，用一定张数叠加在一起，送入压机样模中，进行加压弯曲，直至胶层固化形状稳定，便可松压卸下。与薄板胶合弯曲的工艺基本相同。

② 先用木料制成弯曲件的龙骨架，并在龙骨架弯曲面上涂好胶，然后将相应规格的薄胶合板粘在龙骨架弯曲面上即可。这种方式在小批量制造中应用较为普遍，如覆面空心板式的圆弧拱形柜顶，就是采用这种方式制造而成。

③ 将锯成一定规格的胶合板，直接利用压机样模加压、加热进行弯曲，直至形状稳定后即可。如图 5-23 所示为其常见的几种弯曲方式。这几种工艺与其厚度及表面纹理方向有关。横纤维方向弯曲时，弯曲周期长，生产效率低。

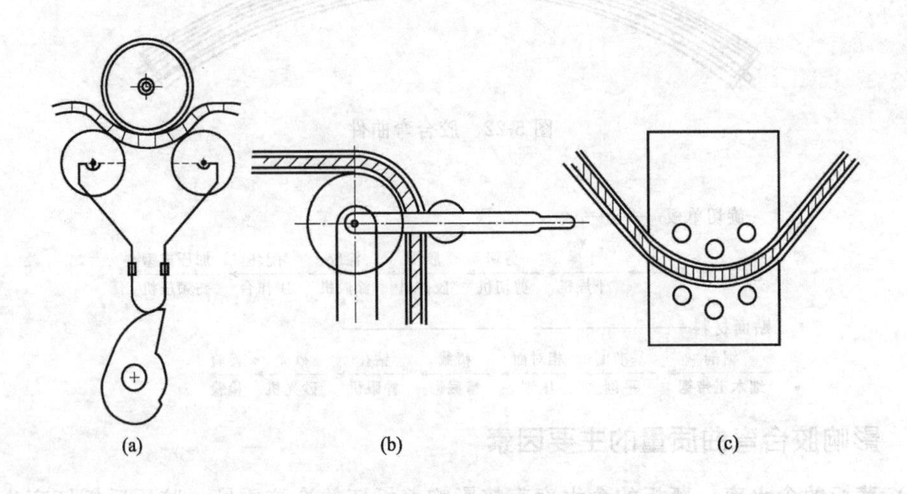

图 5-23　胶合板直接弯曲的方式

5.5 锯口弯曲与折叠成型

5.5.1 纵向锯口胶合弯曲

纵向锯口胶合弯曲是指在方材零件的一端，顺着木纹方向用锯片锯出若干个纵向槽口，并在槽中插入两面涂上胶的薄板、单板或胶合板，经胶压弯曲制成的弯曲件。如图 5-24 所示为纵向锯口胶合弯曲的工作原理。

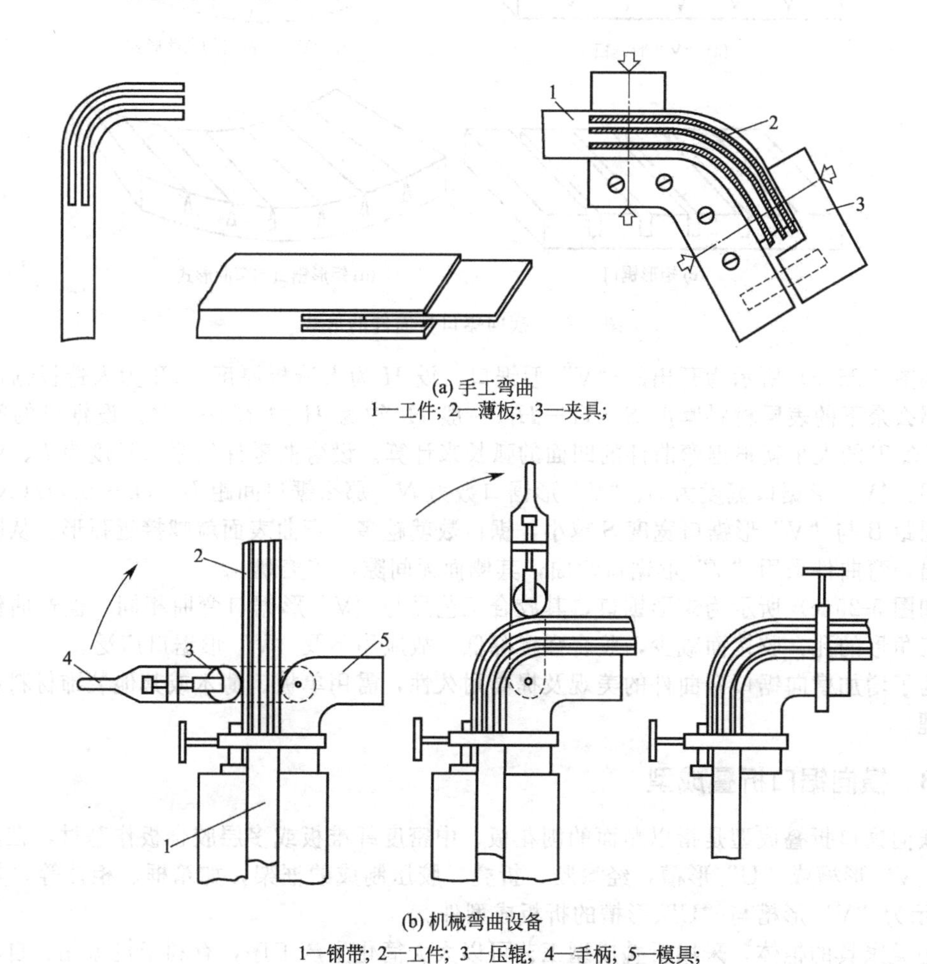

(a) 手工弯曲
1—工件；2—薄板；3—夹具；

(b) 机械弯曲设备
1—钢带；2—工件；3—压辊；4—手柄；5—模具；

图 5-24 纵向锯口胶合弯曲的工作原理

木材纵向锯口胶合弯曲，可用厚度为 1.5～3.0mm 的圆锯片，沿着木材纹理方向锯出若干个纵向锯口，使木材零件在厚度上分成多层木材层，每层木材层的厚度取决于所需弯曲部件的曲率半径大小。部件的弯曲曲率半径小，锯成的木材层厚度就小，也就是锯口的数量要增多；反之锯成的木材层厚度大，零件弯曲的曲率半径大。

插入锯口中的薄板、单板或胶合板的厚度应比锯口宽度小 0.1～0.2mm，以确保胶层的厚度。采用手工夹具或机械装置等方式进行胶合弯曲，待胶黏剂充分固化后即制成弯曲件。

纵向锯口胶合弯曲只适用于方材端部单向弯曲，虽然加工简单，但方材零件弯曲部分的侧面具有胶层。插入薄板的条纹，与整体方材不协调，影响美观；且生产效率低，劳动强度大。故应用不广泛，仅适合于小批量方材弯曲。

5.5.2 横向锯口胶合弯曲

横向锯口胶合弯曲是指在人造板表面上开出横向槽口，经涂胶、胶压制成弯曲件。如图 5-25 所示为横向锯口弯曲件的形式。

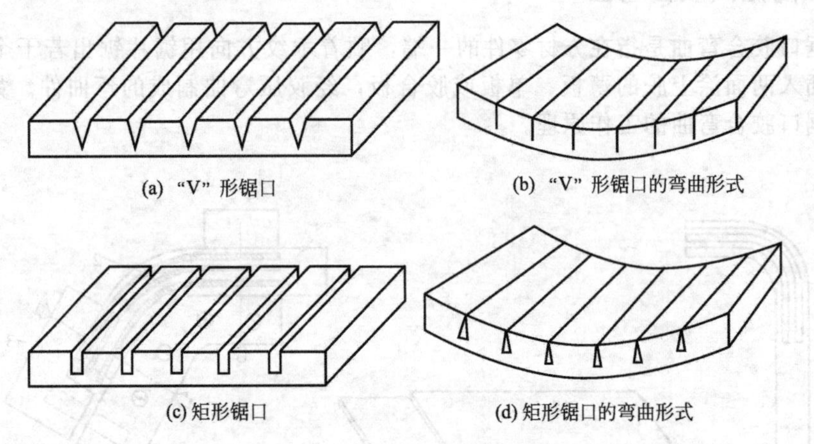

(a)“V”形锯口　(b)“V”形锯口的弯曲形式

(c) 矩形锯口　(d) 矩形锯口的弯曲形式

图 5-25　横向锯口弯曲件的形式

如图 5-25(a) 所示为开出的“V”形锯口，设 H 为人造板厚度，H_{i} 为人造板锯口的深度，那么余下的表层材料厚度 $S=H-H_{\mathrm{i}}$。一般 H_{i} 约为 H 的 2/3～3/4。设锯口的间距为 T，那么 T 的大小就根据弯曲件的凹面的弧长来计算。设弯曲零件的原来长度为 L、锯口间距为 B、“V”形锯口宽度为 S、“V”形锯口数为 N，那么锯口间距 $B=(L-SN)/(N+1)$。锯口间距 B 与“V”形锯口宽度 S 越小，锯口数就越多，弯曲表面就越接近弧形。从图中可以看出，弯曲件采用“V”形锯口弯曲，其侧面无间隙，较美观。

如图 5-25(c) 所示为矩形锯口，其胶合工艺虽与“V”形锯口弯曲相同，但弯曲件的侧面有三角形的孔，胶接面减少，胶合强度降低。故应用不及“V”形锯口广泛。

为了增加横向锯口弯曲件的美观及提高耐久性，需用单板、薄木或其他装饰材料进行封边处理。

5.5.3 横向锯口折叠成型

横向锯口折叠成型是指以贴面的刨花板、中密度纤维板或多层胶合板作基材，在其内侧开出“V”形槽或“U”形槽，经涂胶、折叠、胶压制成的框架，如箱框、柜体等。如图 5-26 所示为“V”形槽与“U”形槽的折板成型件。

柜类家具的柜体，采用折叠成型工艺可以大大简化生产工序，有利于机械化、自动化和标准化生产。但是由于接合强度较低，不利于大型柜类的生产。因此，仅应用在一些小型的装饰柜、床头柜、仪器柜或盒等的制造。

折叠成型工艺主要包括基材的准备、基材的开槽、涂胶及折叠胶压等工序。

(1) 基材的准备　将刨花板、中密度纤维板、多层胶合板等人造板锯切成所需要的规格。为确保表面的光洁度和厚度公差，需采用定厚砂光机进行砂光，并采用韧性较好的饰面材料进行贴面处理。现在生产中，常以 PVC 作为饰面材料。经贴面后，采用精密裁板锯进行裁边以确保框架的尺寸精度。

(2) 基材的开槽　在已覆面的刨花板、中密度纤维板、多层胶合板等人造板的背面用成型铣刀开出“V”形槽或“U”形槽，并清除槽中锯屑。

(3) 涂胶　对于胶黏剂的要求是胶层固化快，胶合强度较高。目前，生产中常用的胶黏剂多为氯丁酚醛树脂胶、乙烯-乙酸乙烯共聚树脂胶或改性聚乙酸乙烯酯乳液胶（PVAc）。

涂胶形式可以采用手工或机械涂胶。

(4) 折叠胶压 涂胶后的板件可以采用手工折叠胶压，也可以采用折叠机胶压成型制成柜体的框架。

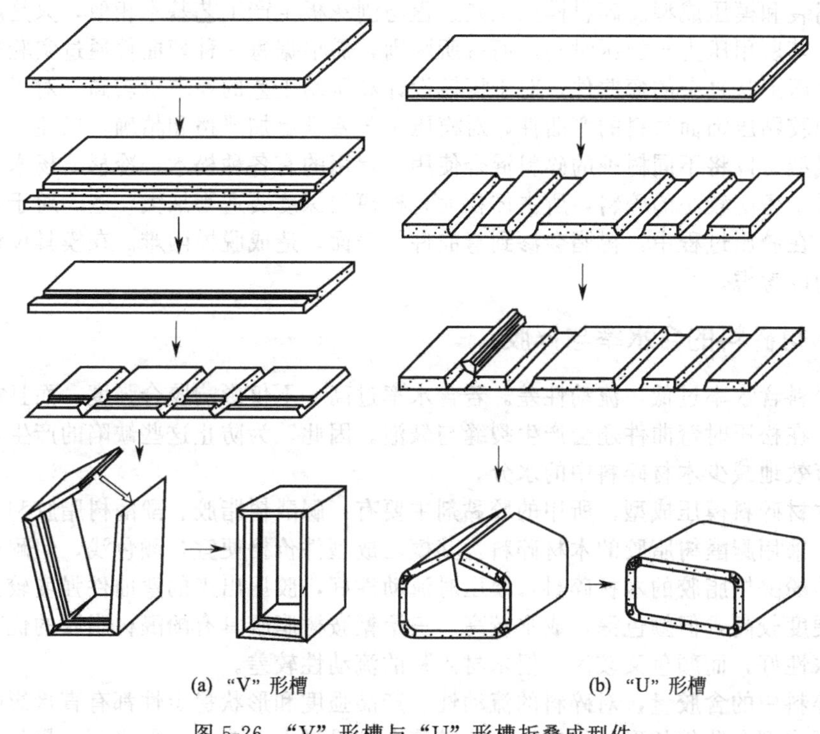

(a) "V" 形槽　　(b) "U" 形槽

图 5-26 "V" 形槽与 "U" 形槽折叠成型件

5.6 模压成型

模压成型是指将木材或非木质材料的碎料（或纤维）拌好胶黏剂，放进样模中，进行加压、加热，压制而成各种形状的弯曲件。

模压成型能制成带有沟槽、孔眼的弯曲件或制品。因此，可简化弯曲件的切削加工工艺，缩短生产周期。

模压成型弯曲件能根据各部位不同造型与强度的要求，可以一次性压制出密度、厚度不同的弯曲件。密度大的部位强度高，耐磨性强。但弯曲件各部分的厚度不同，往往容易翘曲变形，重量也增加。因此，在生产中，也可采用增设加强筋的办法，来增强某一个部分的强度。

模压成型弯曲件与其他结构形式的弯曲件相比，能充分利用木材，密度大小可以适当控制。但缺少木材优异性，特别是没有木材优美的自然纹理，所用样模成本较高，故应用不广泛。

5.6.1 木材碎料的准备

模压成型工艺早就用于塑料工业，如酚醛树脂塑料模压工艺已有80余年的历史。在木制品生产中，模压成型原材料的准备与刨花板所用的原料相同，可以用小径木和加工剩余物作原材料，经过削片、粉碎、筛选和干燥而成，也可用木材加工车间的刨花经过粉碎、筛选后为原料。模压成型所用的木材碎料粒度比合成树脂塑料模压中用的原料要大些，一般在8～40目之间。施胶量为木材碎料重量的4%～12%。

经过粉碎筛选的干碎料，可以直接用气力输送管道送到拌胶机中进行施胶，接着送入模具中进行铺装和模压成型。碎料模压工艺过程与刨花板生产工艺基本相似，只是随弯曲件的形状不同，其所用压力与加压时间，而有所区别，需根据每一种弯曲件通过实验来制定其工艺参数。模压形状复杂的弯曲件，对于压模设计和压制工艺的要求也较高。对于要求在模压成型过程中胶贴压饰面材料的弯曲件，对模压工艺要求更加严格和精确，以免产生废品。

模压成型可以将不同树种的碎料混合使用。常用的有各种松木、冷杉、杨木、桦木、桉树木等。对于密度较小的碎料，所占体积大，样模的深度要适当加大一些。对于含有树脂的木材碎料，在胶压过程中，树脂会渗到弯曲件的表面，造成脱模困难。在模具设计和使用过程中需要加以考虑。

5.6.2 木材碎料的含水率与拌胶

木材碎料含水率过低，流动性差。若含水率过高，不仅影响胶合强度，而且需延长胶的固化时间，在松压时弯曲件还会产生裂缝与鼓泡。因此，为防止这些缺陷的产生，宜采用粉状胶，以有效地减少木材碎料中的水分。

现在木材碎料模压成型，所用的胶黏剂主要有：脲醛树脂胶、酚醛树脂胶和三聚氰胺甲醛树脂胶。采用脲醛树脂胶的木材碎料，其模压成型件价格便宜，颜色浅，但耐久性和防水性差。用拌酚醛树脂胶的木材碎料，模压时流动性好，胶压出来的弯曲件强度较大，握螺钉力和表面硬度较高，但颜色深，成本较高。三聚氰胺树脂胶具有酚醛树脂胶的优良性能，强度好、耐水性好，而颜色又较浅，但木材碎料的流动性较差。

木材碎料中的含胶量，对碎料的流动性、产品强度和形状稳定性都有直接影响。一般木材碎料模压成型弯曲件的形状稳定性，将随着含胶量增大而改善，但当用胶量超过木材碎料重量的12%时，这种稳定性的提高程度将减缓。因为当含胶量在12%时，已把木材碎料覆盖住，其变形基本稳定，故再增加胶黏剂，对形状稳定的作用也不明显。

施胶就是用拌胶机将胶黏剂与木材碎料搅拌均匀，并使胶黏剂及其他各种添加剂（如固化剂、防水剂、防腐剂等）与木材碎料充分接触。采用粉状胶比液体胶的好处是施胶后木材碎料仍保持较低含水率，可适当缩短胶压时间，提高胶压质量，并且便于模具保持清洁。

5.6.3 模压成型

木材碎料模压成型主要有以下三种方法：密封式加热模压法、箱体模压法、平面加压法——韦尔柴立特法。

5.6.3.1 密封式加热模压法

这是最早的一种模压成型加工方法。其特点是在模压过程中完全密封，木材碎料在高温高压下，不让挥发物挥发，碎料中半纤维素水解，产生醋酸和蚁酸，进一步水解使木素-纤维素的结合破坏，木素“活化”使木材碎料塑化。如图5-27所示为密封加热模压模具示意。用这种模压法制成的弯曲件，力学强度高，密度大。

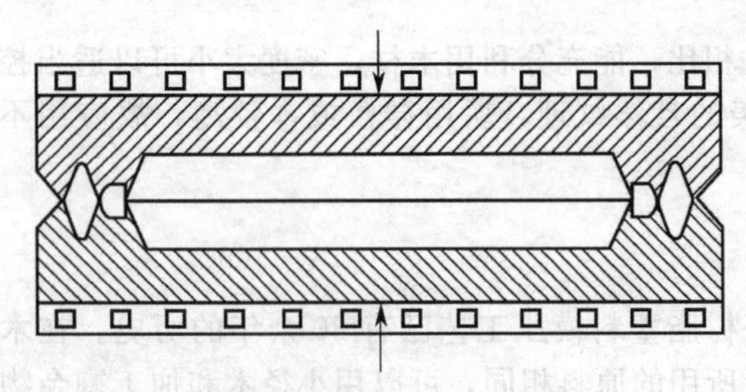
图5-27 密封加热模压模具示意

这种密封模压法所用的木材碎料以16目的细锯末粉最为适宜，含水率10%～17%。通常不拌胶，也可以施加5%的酚醛树脂胶，以提高弯曲件的力学性能。

密封模压成型方法的工艺流程如下所示。

碎料⟶拌胶⟶预压⟶模压成型 160～290℃ 20～30MPa 10～50min ⟶除去挤出物⟶加工⟶涂饰

胶黏剂用量 3% ～ 5%（饰面材料）↑（加入模压成型）

模压成型前先经预压，然后装入热压模压机中压制成型。密封加热模压法所用的模具是空心的，在上、下压模中，可以通入蒸汽或冷水，使之加热或冷却。这种方法适于制造形状简单、密度较大的弯曲件，其密度为 1.0～1.3g/cm³，物理性能好，常用来制造桌面、椅座、椅背、玩具轮子和便桶座盖等零部件。

由于密封加热，木材结构被破坏，有些树种的木材如柞木等碎料，容易在高温下变色。

5.6.3.2 箱体模压法

这种方法是 20 世纪 50 年代提出的生产包装箱的方法。模压前，采用预压的方法，加热板坯，以便碎料能均匀地装入压模，缩短压机张开时间，减少热压时间，提高压机生产率。

箱体模压法所用的模压机是由几个方向加压的模具组成的，通常有一个垂直方向加压的立式油缸和几个水平方向加压的油缸。立式油缸用来加压箱体底部，侧向四个油缸压制出箱体四壁。

模压成型时，先开动立式油缸胶压箱底部位；接着推进左右两侧的横向加压油缸，压紧左右两壁；同时推进前后两侧的横向加压油缸，压紧前、后两壁。单位压力为 6～10MPa，加热温度为 140～180℃，加压时间为 2～5min，不用冷却。加压工艺条件与箱体的尺寸、形状、箱壁板的厚度、碎料形状、胶黏剂种类等因素有关。

箱体模压成型方法的工艺流程如下所示。

碎料⟶拌胶⟶预压⟶模压成型 140～180℃ 6～10MPa 2～5min ⟶除去挤出物⟶加工⟶涂饰

胶黏剂用量 5% ～ 10%（饰面层）↑（加入模压成型）

为了加强弯曲件的刚度，提高物理性能，箱体壁可以加筋，转角处可以加厚。

这种模压箱体的密度在 0.8～1.1g/cm³，可以进一步加工和涂饰。用成型的模具或用橡皮袋加压的方法，可在弯曲件的外表面胶贴薄木或其他饰面材料。

箱体模压成型设备，可以由一个操作人员同时看管 2～4 台。每小时能生产包装箱 240 个，每台压机年产量，按三班制生产，可达一百万件以上。

5.6.3.3 平面加压法——韦尔柴立特法

这是模压成型的一种主要方法。1955 年开始在德国出现，到 1960 年经过进一步改进成为较为完善的模压成型制造方法，已在世界各国获得普遍应用。

此法宜用长度为 12～18mm，厚、宽 0.2～0.5mm 的条状木材碎料。

平面加压方法的工艺流程如下所示：

碎料⟶拌胶⟶预压⟶模压成型 135～180℃ 2～10MPa 2～8min ⟶除去挤出物⟶加工⟶涂饰

胶黏剂用量 3% ～8%（饰层面）↑（加入模压成型）

具体工艺条件根据胶黏剂种类、模压件尺寸和表面材料确定。有的也可以不经过预压工序。模压成型过程中，可以同时贴上装饰材料，例如单板、三聚氰胺树脂浸渍纸、乙烯基塑料薄膜等，也可在模压成型后胶贴饰面材料表面。

平面模压法制成的成型部件密度为 0.55～1.11g/cm³，常用来制造各种桌面、椅座、椅背、柜门、抽屉、柜台、护壁板、窗台、门框、电视机壳等部件。

5.6.3.4 其他模压成型的方法

除了上述三种模压成型方法以外，还有平面浮雕模压法。这种方法是在模压部件表面压出较深的浮雕花纹，可以直接在模压碎料板时压制成，或者用碎料板第二次再压制。用后一种方法压制浮雕花纹时，要用中等密度的刨花板，模压前在刨花板两面涂胶后，覆贴合成树脂浸渍纸，然后在普通的单层压机上压制。加热温度 149℃，压力 2.46MPa，模压时间 2min。

用木材碎料模压浮雕花纹的方法是把碎料铺放在一张合成树脂浸渍纸上，按渐变结构形式铺装板坯，铺好后，再用一张未浸渍树脂的低密度纸铺在板坯上面，接着在纸上喷聚酯树脂，然后进行模压。模压工艺条件与碎料板生产工艺相似，一般加热温度为 148～162℃；压力为 2.46MPa；加压时间按部件厚度计算，每 3mm 厚约加压 1min。浮雕模压件主要用作各种家具的零部件、线条及室内装饰件。

模压浮雕花纹深度约为 1.5mm，深度过大会使面层浸渍纸在局部撕裂。若是直接用碎料板模压浮雕图案，其浮雕花纹深度要浅一些。

5.6.4 模压成型件的加工

在一般情况下，模压成型件已具有所要求的形状和尺寸，只要除去表面上的挤出物，不需另行加工。对于要求进行精加工的模压件，主要有锯切、钻孔、铣槽、表面砂光、表面装饰（贴面或涂饰）等后续加工。

除去挤出物，是每个模压件必须进行的工序。因为在模压成型过程中，压模闭合后，在阴模与阳模间总会有一些碎料挤出。故加压成型后，要用刀子敲击边部并削去多余的部分。

模压成型件的磨光，常用金刚砂的砂带。磨光效果与模压碎料中含胶量有关，含胶量大的制品较难磨光。对于在模压成型过程中同时胶贴饰面材料的模压件或表面光滑的模压件，则不需砂光。

模压件的切削加工（锯切、铣削、钻孔）最好采用硬质合金刀具。钻孔可以在普通的钻床上进行，钻深孔时最好使用镀铬的钻头，以提高韧性和耐磨性。

5.6.5 影响模压质量的因素

5.6.5.1 模具的影响

模压成型工艺，必须重视模具的设计和使用状态，以保证模压成型顺利进行。设计模具时必须考虑以下各因素：模压成型件的形状尺寸、精度、密度、表面粗糙度、所用胶黏剂种类、木碎料材种、对模具的腐蚀性要求等。

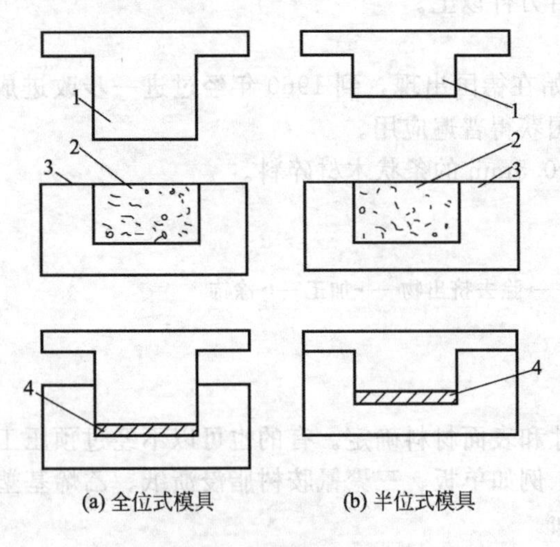

图 5-28 模具类型

1—阳模；2—碎料；3—阴模；4—模压成型件

常用的加压模具是金属模具，由阴模和阳模两部分组成，如图 5-28 所示。按其闭合类型可分为全位式和半位式两种。用全位式模具时，成型件的厚度，随压力大小而定。半位式压模在未装料时，阳模和阴模间留有间隙，间隙大小即为压制部件的厚度。

如模压件密度大，则压力要加大，对模具的强度要求也高。酸度大的木材碎料和胶黏剂，对钢模有腐蚀作用，因此，要采用耐酸的材料（如不锈钢）制造模具。

为了保证脱模方便，模具表面要有一定光洁度。表面粗糙的模具脱模困难，影响产品质量。此外，还要注意施胶均匀和保持模具清洁。使用过程中要经常用弱碱液清洗模具，保持洁净，并且要定期抛光模具表面。模压前，在压模表面涂蜡或涂一层硅脱模剂。

5.6.5.2　模压件的密度

模压件的密度和产品性能与模压工艺有密切关系。密度大的模压件静曲强度大，耐腐性好，硬度高。同时，模压件密度对产品的吸水性、冲击强度和握螺钉力也有影响。密度大、吸水性低、抗冲击强度和握螺钉力高。

但是模压件的密度越高，越容易产生翘曲变形，并且对模具力学强度要求也越高。需对模压件的密度提出合理要求，在确保产品质量的前提下，尽可能地降低模压件的密度。

5.6.5.3　碎料的流动性

模压成型要考虑木材碎料在模压过程中的流动性。流动性就是施过胶的木材碎料在压力和温度作用下的流动能力。因为模压件形状复杂，厚度不一，故要求木材碎料具有良好的流动性，才能在压力作用下布满模具的每一个角落，最后压制出合格的制品。越是形状复杂的模压成型件，要求木材碎料的流动性越好。流动性的高低主要与碎料中含水率、含胶量和所加压力大小有关。碎料含水率过低，流动性差。含胶量越大，压力越高，则流动性越好。根据测定，压力对流动性的影响不如施胶量显著。施胶量对流动性的影响较为显著，施胶量大，碎料在压力作用下的流动距离也大，流动性能也越好。

5.6.5.4　胶黏剂的选择

用三聚氯胺树脂胶模压的制品表面硬度高，光泽好，但是流动性不如酚醛树脂胶。

5.6.5.5　压力与温度

温度对模压质量的影响表现在：壁厚的模压件因为传热距离大，因此固化慢，如固化温度高些，固化时间就可相对缩短些。压力大小直接影响模压件的密度，压力大则密度大，压力小则密度小。若压力过小，木材碎料的流动性差，流不到位，会导致模压件局部缺料，而使产品报废。

思考题

1. 在当前家具制造工艺中，主要有哪些弯曲件制造工艺？它们各自有何优缺点？

2. 通过分析木材受压弯曲原理，思考木材顺纹拉伸形变与顺纹压缩形变的规律。

3. 通过分析木材中性层向拉伸面外移和实木蒸煮软化处理，理解为提高木材弯曲性能而采取措施的原理。

4. 何谓实木加压弯曲？实木方材的加压弯曲工艺是怎样的？分析影响方材弯曲质量的因素有哪些？

5. 何谓薄板胶合弯曲？薄板胶合弯曲的原理是什么？

6. 分析薄板胶合弯曲的加工工艺和设备要求是怎样的？影响胶合弯曲质量的主要因素有哪些？

7. 薄板胶合弯曲件的配坯有哪几种方式？如何根据产品结构和使用要求灵活地设计配坯方式？

8. 何谓胶合板弯曲？通常有哪几种胶合板弯曲方式？

9. 分析纵向、横向锯口胶合弯曲以及横向锯口折叠成型的加工工艺。

10. 何谓模压成型弯曲件制造工艺？木材碎料模压成型主要有哪几种方法？每种方法的工艺流程和技术要求是什么？影响模压质量的因素是什么？

第6章

雕刻工艺

家具雕刻工艺主要是指木雕工艺。木雕是我国一种具有民族特色的传统艺术，其历史源远流长。长期以来木雕以其古朴典雅的图案，精美绚丽的表现形式，为我国各族人民所喜爱，得到了广泛应用；在国际艺术殿堂，中国木雕更以其独特的艺术风格，弘扬和展示着中华民族的悠久历史文化。

木雕是一门表现形式多样，应用范围广泛，操作技艺繁杂的传统艺术。就其应用范围而言，大至古建筑的雕梁画栋、飞罩、门窗格扇，宗教方面的木雕，如佛像、佛座、供桌等；小至联匾、陈设工艺品，托物配件的台、几、案、架、座以及家具的床、橱、箱、桌、椅等。大多都会采用木雕形式进行表现，以帮助家具产品实现其教育功能、审美功能、对话功能和娱乐功能，从而提升产品在精神与艺术层面上的附加值。

当前，木工雕刻在从手工作业走向工业化、自动化、数字化的进程中，已形成了一套完备的系统化、柔性化、标准化的先进制造技术。自从1996年木材加工工业中出现数控铣床开始，尤其是计算机数控的问世，极大提升了家具雕刻的发展空间。CNC自动雕刻技术（computer numerical control）可以利用图形设计及计算机数控扫描的方式来控制操作，使木家具的曲线、雕花、钻孔、刻槽等复杂工艺实现了数控自动化，这些都为家具雕刻工业机械化创造了良好的条件。

本章系统地研究雕刻的手工工具及操作技巧，分析雕刻的种类及工艺，学习木工数控雕刻技术，为家具雕刻工艺奠定坚实的理论基础。

6.1 雕刻的手工工具及操作技巧

目前我国木雕在很大程度上仍普遍依靠手工进行，手工雕刻需要有高度熟练的手艺，劳动强度也较繁重。传统的手工雕刻工具有各种凿子、雕刻刀以及锯弓、牵钻等。雕刀的品种较多，就刃口的形状而言，有圆弧形、扁平形、V形等多种；又有平口凿、圆凿、斜角凿、三角凿、叉凿、线凿等之分，每种又有刃口宽度规格的不同。

在凿粗坯时，一般要用锤子敲击雕刀的木柄，进行雕刻。最好使用铁锤，本身有一定的重量，在敲击时便不需要用力挥动，反而比用木锤省力些。用于凿粗坯的凿子，其木柄要比用于修光的凿子柄短一些，这样锤子打下来不会晃动，也比较准确而且省力。凿子木柄要选用质地比较坚硬又具有韧性的木材来制作，方能经久耐用，其长度一般不超过（连凿子计算）200mm。凿粗坯所用凿子的刀口也比修光用的凿子要厚一些，刀刃契角为20°～25°，这样遇有质地坚硬的工件方能适应。

在修光时，凿子要磨得锋利，而且一般不用锤子，而是靠手力、臂力和前胸的推力。修光时，手持刀具，刀柄抵在胸的上部，手的主要作用是掌握刀口运行的方向，以便于准确进行雕刻，而发力是靠臂力和前胸的推力。

6.1.1 平口凿

平口凿的刃口宽 8～20mm，刃口平齐，厚约 3mm；刃口底面与背面约成 30°角；凿刀为 120～150mm，凿柄长 130～150mm；凿柄直径约为 25mm。平口凿如图 6-1 所示。平口凿主要用于铲削较大的平面以及较大余量工件的凿削和直线凿削。

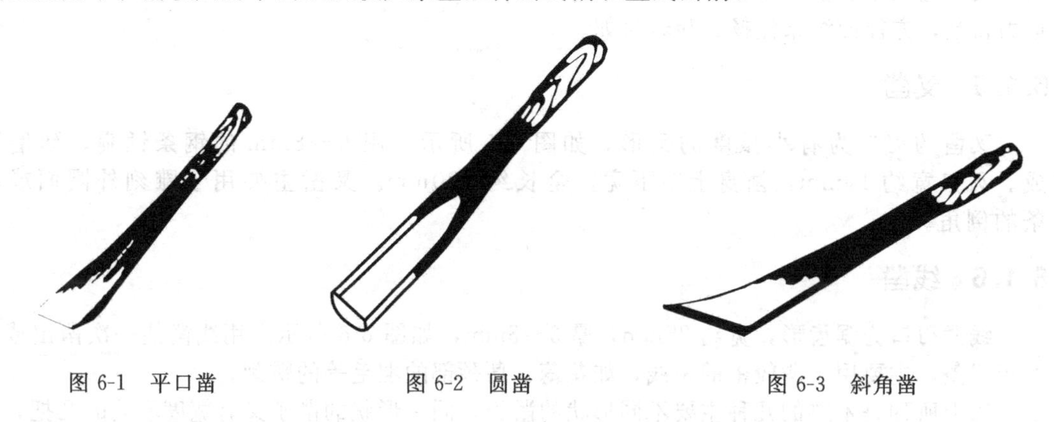

图 6-1 平口凿　　图 6-2 圆凿　　图 6-3 斜角凿

6.1.2 圆凿

圆凿的刃口部分为圆弧形，刃口的弧宽有 6mm、8mm、10mm、12mm、18mm、20mm、26mm、35mm，木柄长 130～150mm。圆凿如图 6-2 所示。圆凿用于凿削各种大小的外圆面、内圆面。圆凿应配有相应弧度的青磨石进行刃磨。

6.1.3 斜角凿

斜角凿的刃口为斜形，约成 45°角，如图 6-3 所示。刃口宽度有 10mm、12mm、16mm、20mm、28mm 等几种，刃口木柄长 130～150mm。斜角凿用于剔削各种槽沟、斜面及边沿直线刻削等。

6.1.4 三角凿

三角凿的刃口为双尖齿形，如图 6-4 所示。多用直径为 5mm 的钢杆磨成，上端插入长度为 160～200mm 的木柄中，主要用于雕刻槽沟、叶脉和板面浅刻花纹。

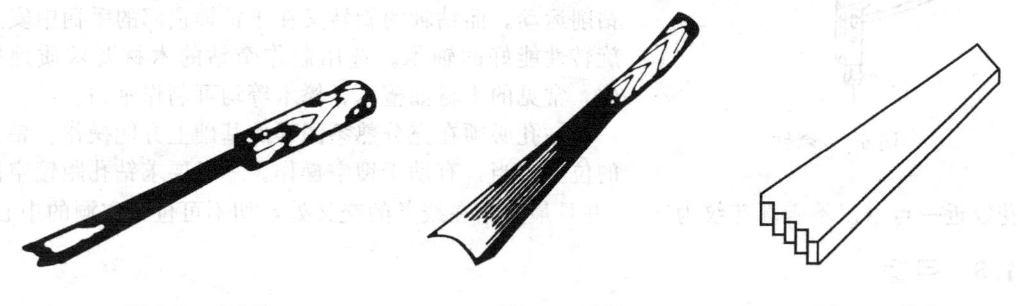

图 6-4 三角凿　　图 6-5 叉凿　　图 6-6 线凿

三角凿是木雕工艺在“细饰”中起画龙点睛、装饰美化作用的一种必不可少的工具。制作三角凿要选用软硬适中的工具钢（一般用 3～6mm 的圆钢）铣出 55°～60°的三角槽，将两腰磨平，其端部磨成刃口。操作时，用三角凿的刀尖在木板上推进，木屑从三角槽内排出，三角凿刀尖推过的部位便刻划出线条。要使三角凿刻出的线条既深又光洁，需在每次修磨时都要核对三角形的磨石是否与三角凿的角度相吻合。只有经常保持磨石与三角凿的角度相吻合，才能将三角凿的刃口磨得尖锐锋利。

三角凿是单线线雕的主要工具，单线线雕的操作方法是用三角凿根据图样的花纹，刻出粗细匀称的线条，显示图案。在运用三角凿进行组雕操作时，要注意对三角凿的运力得当，如果用力时大时小，刻出来的槽线会时深时浅，并出现粗细不匀的现象，影响画面的线条流畅。用力过猛还有损于刃口，用力太小，刻出来的花纹线条太浅、不醒目。只有对三角凿的运力得当，方能使线条流畅、宛转自如。

6.1.5 叉凿

叉凿的刃口为有小弧度的叉形，如图 6-5 所示。用 6～8mm 的钢条锤扁、研磨而成。刃口宽约 10mm，凿身上窄下宽，全长约 220mm。叉凿主要用于雕刻外圆面或线条的倒角。

6.1.6 线凿

线凿刃口为锯齿形，宽约 25mm，厚 3～5mm，如图 6-6 所示。用线凿能一次凿出成排的短线条，主要用于凿较密的短线，如花蕊、鸟颈部的羽毛等的雕刻。

以上所列是木雕的几种主要不同形状的凿子，同一形状的凿子又有宽度不同的几把，才能适用各种不同的曲面、线条、弯筋等造型的需要。各种凿子都要配用相应的专用磨石，以保持刃口锋利。使用时，一字形排放于工作台上，凿柄都朝向一头，不得碰坏刃口，用完后要涂上防锈油。

6.1.7 牵钻

牵钻又称扯钻、拉钻，是一种利用拉杆与绳子，牵动主轴下面的钻头作正、反转运动，以在木板上钻孔的工具，如图 6-7 所示，它是镂空操作时必不可少的工具之一。一块画好了镂空雕刻图样的板料，如果没有牵钻来钻孔，弓锯的钢丝锯条就无法穿过，便不能进行锯切。牵钻往下进行钻孔，往上提出钻头，方便、省力，比较适宜手工雕刻使用。

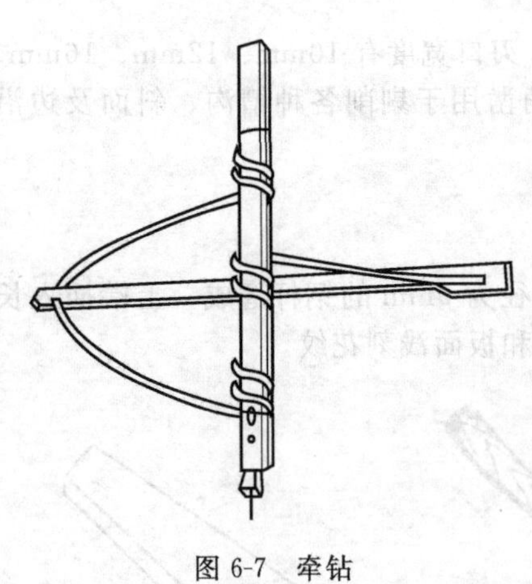

图 6-7　牵钻

牵钻的结构比较简单，它由钻轴（俗称钻梗）、拉杆、绳及钻头组成。它的旋转主要靠缠绕在钻轴与拉杆上的绳子，利用拉杆牵拉带动钻轴上的钻头作往复旋转钻削运动。而钻轴的旋转又在于钻轴顶部的手柄中安上旋转性能好的轴承。选用制作牵钻的木材要求质地坚硬，常见的木材如檀木、榉木等均可制作牵钻。

钻孔必须在充分熟悉图样的基础上方能操作。钻孔的位置得当，有助于镂空操作。一般要求钻孔距镂空图样花纹近一点（以不破坏花纹为准），并且最好钻在线条的交叉处，切不可位于空洞的中心。

6.1.8 弓锯

弓锯用毛竹片制成，在其下端钉一个铁钉，上端钻一个小孔。将一根凿有锯齿的钢丝，上端制成环形状，用竹梢等固定；下端穿过锯弓的小孔，套在弓锯铁钉上，利用竹片锯弓的弹性把钢丝绷紧，便能镂割花纹。因其形状似弓箭故名弓锯，如图 6-8 所示。

选择制弓的毛竹片要质地坚硬，富有弹性，竹片的皮呈嫩黄色，竹节要匀称。选老毛竹根部以上的中下段较为适宜。竹片的宽度约为45mm，厚度12mm左右。

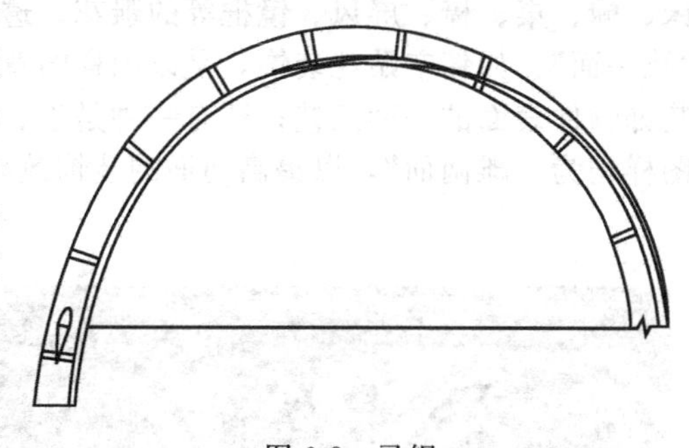

图6-8　弓锯

弓的大小即长短，要根据所要进行镂空的工件大小来决定。厚度在15mm以内，长度不超过1000mm的工件（即花板料），需用小型的弓锯，弓的长度约1500mm。这样的弓锯在镂割上述规格的花板时，小巧灵活，比较适宜。如工件厚为20～40mm，甚至更厚一点，锯弓的长度需为1000～1800mm，制成较大弓方能适应。弓的弧度要略呈半圆形，一般弧度为160°～180°，小于这个标准，弓的弹性不足；大于这个标准，毛竹片会因超过韧性限度而爆皮甚至开裂，影响弓的使用寿命。

弓锯的锯条是用弹簧钢丝制成的。选用钢丝的粗细要根据工件的厚薄、大小而决定。其规格仍按上述大弓、小弓的要求，小弓一般选用直径为0.6～0.7mm，大弓用0.7～0.9mm的钢丝较为适宜，用于制作锯条的工具有钢凿和垫丝板。

镂空操作，首先要讲究姿势。弓锯操作时脚要分开，左脚稍向前，右脚稍向后。人从腰部以上要向前倾斜，特别是腰部不能直挺挺的；拉弓时，人的身体也要随拉弓的右手上下起伏，这样才能借助全身的力量来拉弓。为防止钢丝断损而被竹弓或钢丝弹伤，人头切不可位于竹弓的上端，脚不要伸在弓的下端。

镂空时，运弓有正弓与反弓的区别。正弓就是拉弓时，顺着图案线条由里向外，即由左向右转。因为正弓操作正齿的锯路留在工件上，边齿的锯路留在锯掉的木块上，从空洞的洞壁及锯掉的木块断面可以看出，留在花纹边子即洞壁上正齿的锯痕光滑、平整，留在木块断面上边齿的锯痕毛糙不平。主要原因是正齿的齿距密而集中，边齿的齿距稀而且分布在几个不同角度的直线上。所以利用正弓操作，可以达到工件图案花纹断面即空洞洞壁与花纹边子光洁、平整的要求。正弓操作最适宜锯薄板小件。如工件超过弓锯正常运弓范围内的长度时，锯割曲线弓锯转不过弯，就不能机械地坚持正弓操作；可以退到下锯部位，再往相反方向即运用反弓操作。一般来讲，不到万不得已的情况下，不用反弓操作。

6.2 雕刻的种类及工艺

我国传统雕刻的装饰手法丰富多彩，各具特色，从表现形式上来分，有线雕、浮雕、透雕、圆雕（悬雕）四种主要形式，对这四种主要形式进行详细划分，还可分为阴阳额雕、铲地线雕、锦地浮雕、深浮雕（高浮雕）、双面透雕、刻字、刻画等许多雕刻形式。从应用及装饰的范围来讲，可分为建筑雕刻、家具雕刻、陈设工艺品雕刻三大类。根据木材质地的不同，又分硬质木雕与软质木雕两大类（民间习惯称硬质木雕为红木雕刻、软质木雕为白木雕刻）。根据雕刻流派、技法与题材的不同，可分为东阳木雕、潮州木雕、徽州木雕、宁波金漆木雕、三晋木雕等。

6.2.1 透雕

透雕，习惯上又称镂空雕刻，如图6-9和图6-10所示，是在木板上用钢丝锯条镂割空洞，并施以平面雕刻的一种工艺技术。如图6-11所示为透雕纹饰。透雕一般要经过绘图、镂空、凿粗坯、修光、细饰等一系列工序而成。透雕具有比较匀称的空洞，能使人很容易看出雕刻的图案花纹，玲珑剔透而具有强烈的雕刻艺术风格，极富于装饰性，最适用于家具的床、橱、桌、椅、屏风、镜框等的雕花。透雕艺术有两种表现形式：一种叫正面雕花，俗称"雕一面"，如镂空贴花装饰，是以图样的背面为平面，利用胶黏剂将镂空的纹饰图案贴在被装饰物件表面的一种工艺；还有一种是正、背两面雕刻，称为"雕两面"，如屏风上的透雕图样均为"雕两面"，以提高两面的装饰效果。

图 6-9 高香几望板花草纹（透雕）

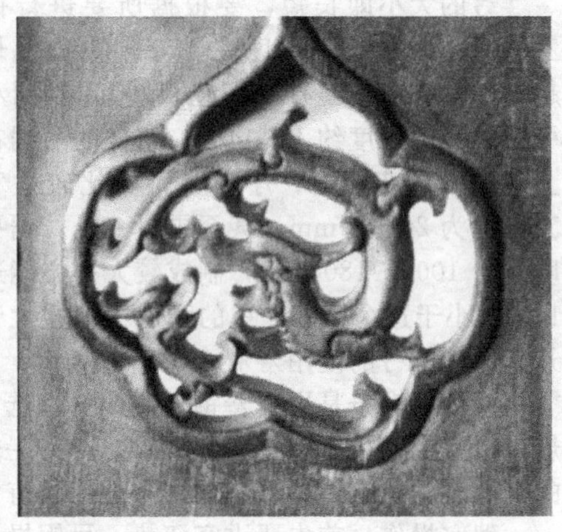

图 6-10 如意夔龙纹（透雕）

镂空贴花雕刻工艺是利用镂空技艺，将图案或文字镂割出来，利用胶黏剂粘贴在被装饰物表面的一种工艺，它的制作原理如同民间剪纸贴花一样，只不过是材料和工具不同而已，如图 6-11 所示为镂空纹饰。与剪纸贴花相比，镂空贴花尽管也是一种平面性的花板，然而它却可以根据材料的厚薄，进行一些简单的雕饰。镂空贴花工艺最大的艺术特色是利用镂空这种雕刻技艺，将要表现的装饰题材镂刻出来，这种式样飘洒、自如的图案花纹贴到器物上后，有浮雕一样的艺术风格，却不需要花浮雕那么多的制作时间及材料，这是当代古典家具雕刻生产的主要方法之一。

图 6-11 透雕纹饰

镂空雕刻技法的工序大致为：图案设计-镂空-凿粗坯-修光-细饰。

镂空又称锯空，是用钢丝锯锯切木材。镂空要求所锯的空洞壁上下垂直、表面整齐，并能很好地掌握图案设计要求，使粗细均匀、方圆规则。镂空时，有正弓与反弓的区别，多用正弓锯切，以提高锯切质量，如图 6-12 所示为利用线锯机镂空工件。

通过凿粗坯，能使图案花纹的雕刻形象初具雏形，如图 6-13 所示为凿粗坯。在凿粗坯之前，应先充分了解图案的设计要求，分清主次，分出主要表现的部位与次要的起烘托、陪衬作用的部位。操作时，要特别注意的是深浅问题，太浅则图案花纹呆板生硬、缺乏立体感；太深会影响工件的牢固性。具体深浅由工件情况来定，凿粗坯应该层次分明，切忌模糊不清，线条应该流畅，当圆则圆，当方则方。凿粗坯的主要工具是敲锤与凿子，凿子主要是平凿和圆凿。

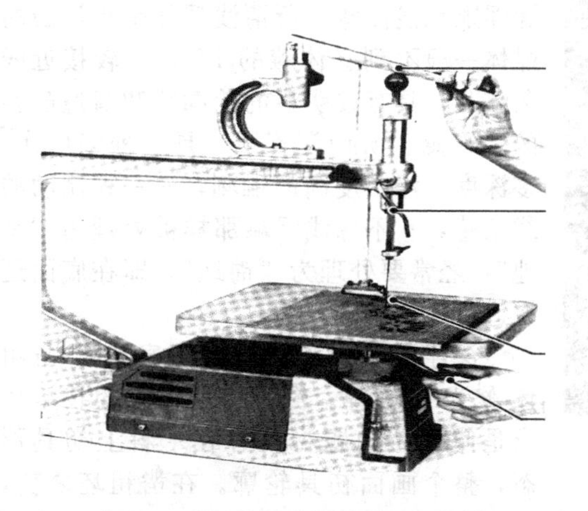

图 6-12　利用线锯机镂空工作

图 6-13　凿粗坯

图 6-14　修光

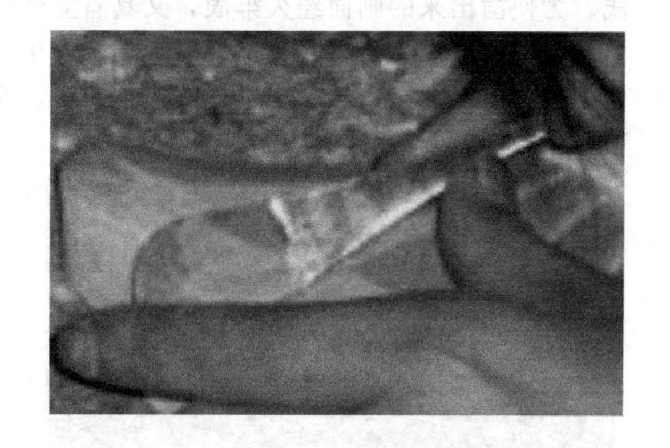

图 6-15　细饰

修光的主要任务是修粗坯为光坯，将图案设计比较细致地表达出来，如图 6-14 所示为修光。修光的标准是光滑、干净，并且有棱有角、有骨有肉、血肉丰满。修光的第一步是平整，所谓平整就是将凿粗坯时留下的大块面积的凿子斑痕以及高与低、深与浅之间，利用平凿将其修整得光滑与协调。经平整后，下一步是要使花纹线条流畅，最主要的是要根脚干净。根脚就是花纹的横竖交叉、上下交叉的部位。这些部位一定要切得齐、修得光、铲得干净，不留一点木屑。修光的最后一步是光洁处理，包括切空、磨光、背面去毛。切空就是将镂空的空壁上的锯痕利用凿子切干净。磨光就是利用砂纸和棒玉砂布将雕花的表面与空洞壁磨光。背面去毛就是利用平凿或斜凿，将工件背面的花纹边缘的毛边修掉，以达到工件的整洁。

细饰俗称了工，主要任务是利用各种木雕工艺的表现技法来装饰画面，使画面更加精美华丽，形象生动，具有更强的装饰艺术效果，给人以赏心悦目的艺术效果，如图 6-15 所示为细饰。细饰中的仿真表现技法，要求所表现的对象生动逼真，达到栩栩如生的艺术效果，这种表现技法与中国画的工笔技巧相似。细饰中利用装饰性表现技法，可以填补画面的单调无味，增强与渲染木雕的艺术性，从而使画面具有浓厚的雕刻艺术风格。通过这种方法可以达到画龙点睛的作用，达到锦上添花的艺术效果。

6.2.2　浮雕

浮雕是在木材上将所要表现的图案形象凸起高出底面，雕刻技法上属于“阳文”雕，是

图 6-16　龙题材浮雕

中国传统家具最主要的雕刻装饰技法，如图 6-16～图 6-18 所示为浮雕。浮雕分为深浮雕和浅浮雕。所谓浅浮雕是指浮凸的雕体一般不到立体雕的 1/2，比较接近线条雕刻，具有较明显的轮廓线和清逸静雅的装饰感。所谓深浮雕，是一种多层次、多深度、浮凸度高的雕刻，有一种流动的线条感，它不像浅浮雕那样被处理为“平地”，经常要处理为“锦地”，即在底面还要进行雕饰。

深浮雕的操作顺序：图案设计-凿粗坯-修光-细饰等。深浮雕凿粗坯的技术要求是使作品的题材内容在木料上初具形态，整个画面初具轮廓。在凿粗坯之前，必须熟悉图案的设计要求，先看浮雕作品的内容，而后通过图案的题材内容定层次、分深浅。为使凿出来的画面经久牢固，又具有立体感，在操作时要注意“露脚”与“藏脚”的适当配合。所谓藏脚与露脚是指所表现的画面中的物体边缘的上下垂直与倾斜，斜于垂直线以内的称为藏脚，斜于垂直线以外的称为露脚。露脚所表现的物象呆滞但画面饱满，藏脚则有清秀的美感。

图 6-17　花鸟纹浮雕

图 6-18　夔龙纹浅浮雕

深浮雕的修光难度较大，难在要将底子即画面的空白部分铲平。深浮雕修光的另一个特点就是通过修光才能将画面的造型及所要表现题材中的物体的大小、粗细、物体与物体间的深浅、比例等最后正式定型。深浮雕的修光应采取分层次、分主次，要用集中精力各个击破的方法，修一处清一处，修一层清一层，直至结束。

浅浮雕的操作也是要经过凿粗坯、修光、细饰等工序而成。浅浮雕的凿粗坯较深浮雕要简便得多，因此在设计浅浮雕图案时，要考虑到其浮凸高度一般不超过 15mm，所以画面不作过多的穿插、叠盖。浅浮雕凿粗坯也要以图案的装饰题材而采用不同的凿法，浅浮雕适宜线条型的纹样和花卉、飞禽等。浅浮雕修光的关键是铲底，铲底时竖方向铲比横向顺木纹铲效果要好得多。

6.2.3 圆雕

圆雕又称立体圆雕或悬雕，是一种完全立体的雕刻，前、后、左、右四面都要雕刻出具体的形象来。圆雕可分为装饰性（即“规格型”）和独立性（即“自然型”）两种。规格型圆雕是装饰性的，又可分为双面雕刻、三面雕刻、四面雕刻，如图 6-19 所示为规格型立体圆雕——内翻马蹄腿。

规格型立体圆雕是属于装饰性的，在家具中多用于立体雕刻部件，如桌腿、椅腿、立柱等。分为双面雕刻、三面雕刻、四面雕刻，其操作顺序为切割外形、凿粗坯、修光、细饰等。切割外形的要求是掌握上下垂直、该方即方、当圆则圆，否则便会失去立体雕刻的装饰效果，影响整体的美观。规格型立体雕刻的凿粗坯一般力求两面对称，可采用以中心线分等份及凿同样的部位用同样的固定凿子等方法。其修光、细饰与其他木雕形式相同。

图 6-19 规格型立体圆雕——内翻马蹄腿

自然型立体圆雕是一种专供欣赏的陈设工艺品，又属雕塑艺术范畴，是一种造型艺术，根据实体要求，作形象逼真的造型。它的最大特点就是表现了对象实际材料的“体积”，自然式立体圆雕的操作难度大，工艺复杂。其工序可以概括为确定体积、分块体积、凿粗坯、修光与细饰。

6.2.4 线雕

线雕是在木板上刻出较浅的、简洁明快的线条图案。它是以线条为主要造型手段，具有流畅自如、清晰明快的特点，犹如中国画中的“白描”，通常用来装点某一局部，一般很少大面积使用，如图 6-20 所示为架子床牙子上的线雕。线雕分单线线雕与块面线雕。单线浅雕是用三角凿根据图样的花纹，刻出粗细匀称的线条，显示图案。块面线雕不是用单线条来表现图案内容，而是利用块面来表达。铲地线雕是沿纹饰轮廓线，将外地挖低铲平，使纹样薄薄地高出一层，再施以雕刻的手法。

图 6-20 架子床牙子上的线雕

线雕的操作程序是先进行图样设计，后操作。它的主要工具是三角凿。线雕的图案设计不受任何制约，可以在大面积的板料上任意发挥，但其图案的画面要尽量避免穿插与重叠，因为穿插与重叠要靠推落层次才能表达清楚，而线雕是极浅的平面线条雕刻，不宜表达穿插与重叠的画面。此外，要使线雕艺术起到装饰的艺术效果，使画面具有典雅、古朴、醒目的艺术特色，在画面布局上切忌大面积的“满花”。最理想的方法是吸取中国画的表现技巧。中国画强调空灵，诗文题款与画面融合在一起。故其画面的空白部分最能为线雕艺术在大面积的板料上表现所借用。

单线线雕的操作方法是用三角凿根据图样的花纹，刻出粗细匀称的线条，显示图案。在运用三角凿进行线雕操作时，要注意对三角凿的运力得当。如果用力时大时小，刻出来的槽线会时深时浅，并出现粗细不匀的现象，影响画面的线条流畅。同时用力过猛还有损于刃口，用力太小，刻出来的花纹线条太浅、不醒目。

块面线雕的操作原理基本上与单线相同，块面线雕是在单线线雕的基础上发展起来的。它不是用单线条来表现图案内容，而是利用块面来表达，根据画面的内容也可利用单线条与块面相结合的方法。块面浅雕的表现形式如同中国画中的写意技法，不强调线条粗细匀称、流畅，寥寥几笔意境含蓄。它的特点是重意不重形。花卉、鸟虫、龙凤等图案最适宜为块面浅雕所表现。设计块面线雕要在掌握物象自然形态的基础上，加以概括、凝练，既要简化，又要特别强调其神态、意境。块面线雕的主要工具是圆翘凿与三角凿。块面线雕的优点是操作简便、画面古朴、简洁典雅，具有独特的艺术魅力。

6.2.5 阴阳额花雕

阴阳额花雕是随纹饰的轮廓线铲出阳面与阴面，阴阳面的交界线便形成纹饰图形，有的还在凸面中实施雕刻。如图 6-21 所示为阴阳额竹雕，如图 6-22 所示为阴阳额花雕。

图 6-21 阴阳额竹雕

图 6-22 阴阳额花雕

6.3 雕刻机械设备

随着现代化技术的不断发展，在成批和标准化生产时，家具企业可以选择自动机械进行雕刻生产。雕刻机械有线锯机，如图 6-23 所示；上轴数控镂铣机（NC），如图 6-24 和图6-25所示；多轴计算机数控雕刻机（CNC），如图 6-26 所示；单轴数控精雕机，如图 6-27 所示，等多种设备。在线锯机上能进行各种镂空透雕图案的粗加工，还可锯切粗坯；在上轴数控镂铣机上可以进行简单线雕、浮雕加工；在多轴计算机数控雕刻机上可以完成形状相当复杂的艺术雕刻，适于雕刻批量的家具零部件；在数控精雕机上可以进行复杂的传统图案的雕刻加工。数控铣床可按照事先编好的图样程序自动进行雕刻，只要更换不同图样的程序，就可雕刻出不同图案的工件，适于小批量多品种的雕刻。

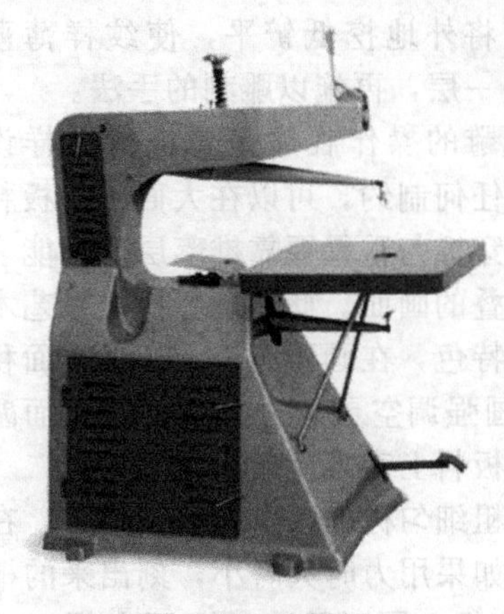

图 6-23 线锯机

从目前的企业生产实际情况来看，运用上述机械设备已可以在相当程度上代替手工雕刻，比如较简单的形态和凿粗坯工序完全可以采用设备完成，但细饰工序和对复杂雕刻形体的把握，仍然需要雕刻工人用大量细致的手工技艺去完成。

图 6-24　单轴数控镂铣机（NC）

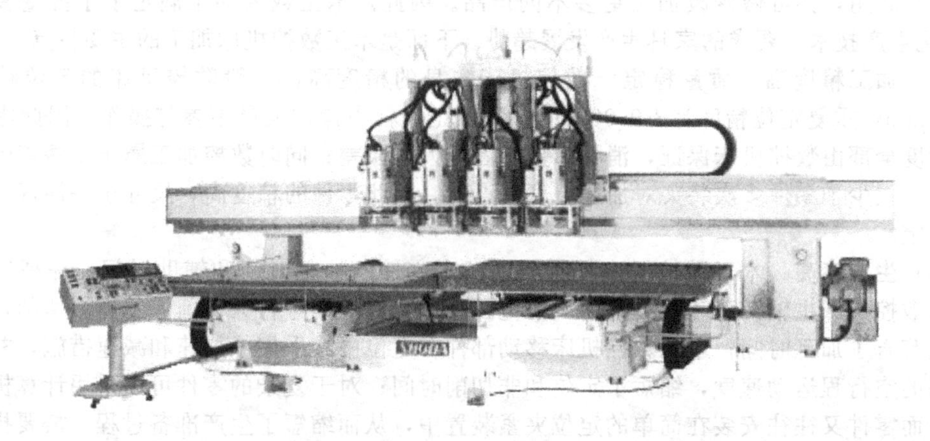

图 6-25　四轴数控镂铣机（NC）

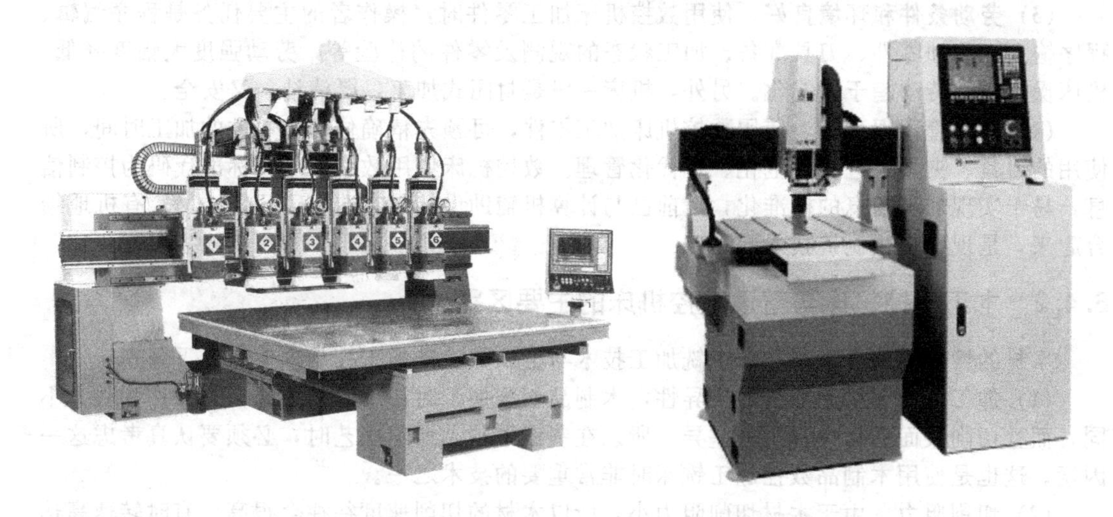

图 6-26　多轴计算机数控雕刻机（CNC）　　图 6-27　单轴数控精雕机

6.4 木工数控雕刻技术

数控雕刻（NC Router）是用两轴、四轴或六轴上位铣床在NC装置的控制下，使轴上的刀刃能自如地移动来实现各种形状的雕刻。具体方法是先把实物制成图形，然后将图形设计为可接受的加工程序，所以图形必须解析直线与圆弧的组合，直线部分的移动距离与圆弧的始点到终点，以及圆中心位置的坐标计算数值。选择正确的刀具、下刀方式，设定刀具切削的顺序及切削速度，按规定程序逐段作成程式，利用编集机制成纸带或直接利用键盘输入。程式输入到NC装置后，使机床空运转确认动作是否正确，然后将材料及刀具在机器上设定，启动机床就能按图样把制品加工出来。

6.4.1 木工数控机床加工的特点

生产中，首先对产品进行建模，通过辅助软件绘图，然后对加工参数进行设置，可以预览加工效果，待虚拟加工无误后，计算机自动生成能使生产数控机床识别的NC编码文件，并传输到机床上，数控机床可同时存储多套NC编码文件，以便生产随时调用，另外同一程序可反复调用，亦可做修改加工更多不同产品。因此，木工数控加工满足了小批量多品种“柔性化生产技术”要求的家具生产发展趋势。下面是木工数控机床加工的主要特点。

(1) 加工精度高、质量稳定 数控机床本身的精度高，一般数控机床的定位精度为±0.01mm，重复定位精度为±0.005mm，在加工过程中操作人员不参与操作，因此零件的加工精度全部由数控机床保证，消除了操作者的人为误差；同时数控加工属于工序集中的生产方式，减少了零件多次装夹对加工精度的影响，因此零件的精度高，尺寸统一性好，质量比较稳定。

(2) 生产率高 木工数控机床可有效地减少零件的加工时间和辅助时间，提高生产效率。因数控机床主轴转速和进给量的调节范围大，允许机床进行大切削量的强力切削，从而有效地节省了加工时间；木工数控机床移动部件在定位中均采用了加速和减速措施，并可选用很高的空行程运动速度，缩短了定位和非切削时间；对于复杂的零件可以采用计算机自动编程，而零件又往往安装在简单的定位夹紧装置中，从而缩短了生产准备过程。需要指出的是，在木制品加工过程中，形状简单工件的加工效率远不及通用机床。

(3) 劳动条件和环境良好 使用数控机床加工零件时，操作者的主要任务是程序编辑、程序输入、装卸零件、刀具准备、加工状态的观测及零件的检验等，劳动强度大幅度降低，机床操作者的劳动趋于智能化。另外，机床一般是封闭式加工，既清洁，又安全。

(4) 生产管理现代化 使用数控机床加工零件，可预先精确估算出零件的加工时间，所使用的刀具、夹具可进行规范化、现代化管理。数控机床使用数字信号与标准代码为控制信息，易于实现加工信息的标准化，目前已与计算机辅助设计与制造（CAD/CAM）有机地结合起来，是现代集成制造技术的基础。

6.4.2 木工数控机床与普通数控机床的主要区别

木材的性质决定了木制品数控铣加工技术与金属数控铣加工技术主要有以下区别。

(1) 加工方向 由于木材各向异性，木制品切削加工时在不同的方向，不仅切削阻力不同，而且切削表面质量也有很大差异，所以在制定木制品加工工艺时，必须要认真考虑这一因素。这也是使用木制品数控加工铣床时非常重要的技术之一。

(2) 切削阻力 由于木材切削阻力小，所以木材的切削速度往往会很高，有时转速高达每分钟数万转，进给速度也相对较高，动力消耗较少，因而其铣头及铣床整体结构比较轻巧。

(3) 风冷降温 由于木材容易吸水，且含水率不同时，其切削性能也不同，所以木材在切削时不宜像金属加工那样用冷却液加以冷却，通常是借助吸尘装置进行风冷。

(4) 气力除尘 由于木材切削中的粉尘和切屑重量小，特别是一些细小的粉尘很容易弥漫到空气中，所以宜采用气力吸尘装置及时排除切屑及粉尘。

(5) 一次走刀量大 木材的一次走道（切削）量可以很大，因此，在木材切削机床上多使用成型刀，通过少量走刀次数就可加工出形状复杂、光滑且美观的切削表面。

(6) 工艺系统总刚度要求高 由于木材数控机床的转速很高，对机床、夹具、刀具、样模、工件所构成的工艺系统弹性变形要求较高，也就是工艺系统总刚度要高。另外木材数控机床的噪声比较大。

6.4.3 数控机床的种类

根据数控机床的功能、结构，可以大致从加工方式、运动控制方式、伺服控制方式和系统功能水平等几个方面进行分类。

(1) 按加工方式分类

① 切削类数控机床 指采用车、铣、镗、铰、钻、磨及刨等各种切削工艺的数控机床。

② 成形类数控机床 指采用挤、冲、压及拉等成形工艺的数控机床，包括数控折弯机、数控组合冲床、数控弯管机及数控压力机等。

③ 特种加工机床 如数控线切割机床、数控电火花加工机床、数控火焰切割机床及数控激光切割机床等。

(2) 按机床运动的控制轨迹分类

① 点位控制数控机床 点位控制数控机床只要求控制机床的移动部件从某一位置移动到另一位置的准确定位，对于两位置之间的运动轨迹不作严格要求，在移动过程中刀具不进行切削加工。

② 直线控制数控机床 直线控制数控机床的特点是除了控制点与点之间的准确定位外，还要保证两点之间移动的轨迹是一条与机床坐标轴平行的直线，而且对移动的速度也要进行控制。

③ 轮廓控制数控机床 又称连续轨迹控制，这类数控机床能够对两个或两个以上的运动坐标的位移及速度进行连续相关的控制，因而可以进行曲线或曲面的加工。

(3) 按伺服控制的方式分类

① 开环控制数控机床 这类控制的数控机床其控制系统没有位置检测元件，伺服驱动部件通常为反应式步进电动机或混合式伺服步进电动机。

② 闭环控制数控机床 闭环控制数控机床是指在机床移动部件上安装直线位移检测装置，直接对工作台的实际位移进行检测，将测量的实际位移值反馈到数控装置中，与输入的指令位移值进行比较，用差值对机床进行控制，使移动部件按照实际需要的位移量运动，最终实现移动部件的精确运动和定位。

③ 半闭环控制数控机床 半闭环控制数控机床是指在伺服电动机的轴或数控机床的传动丝杠上装有角位移电流检测装置（如光电编码器等），通过检测丝杠的转角间接地检测移动部件的实际位移，然后反馈到数控装置中去，并对误差进行修正。

(4) 按联动轴数的分类 数控系统控制几个坐标轴按需要的函数关系同时协调运动，称为坐标联动。按照联动轴数，数控机床可以分为以下几类。

① 两轴联动 数控机床能同时控制两个坐标轴联动，适于数控车床加工旋转曲面或数控铣床铣削平面轮廓。

② 两轴半联动 在两轴的基础上增加了 Z 轴的移动，当机床坐标系的 X、Y 轴固定时，Z 轴可以作周期性进给。两轴半联动加工可以实现分层加工。

③ 三轴联动　数控机床能同时控制三个坐标轴的联动，用于一般曲面的加工，一般的型腔模具均可以用三轴加工完成。

④ 多坐标联动　数控机床能同时控制四个以上坐标轴的联动。多坐标数控机床的结构复杂、精度要求高、程序编制复杂，适于加工形状复杂的零件。

6.4.4 数控机床加工零件的过程

利用木工数控机床完成零件加工过程主要步骤如下（图 6-28）。

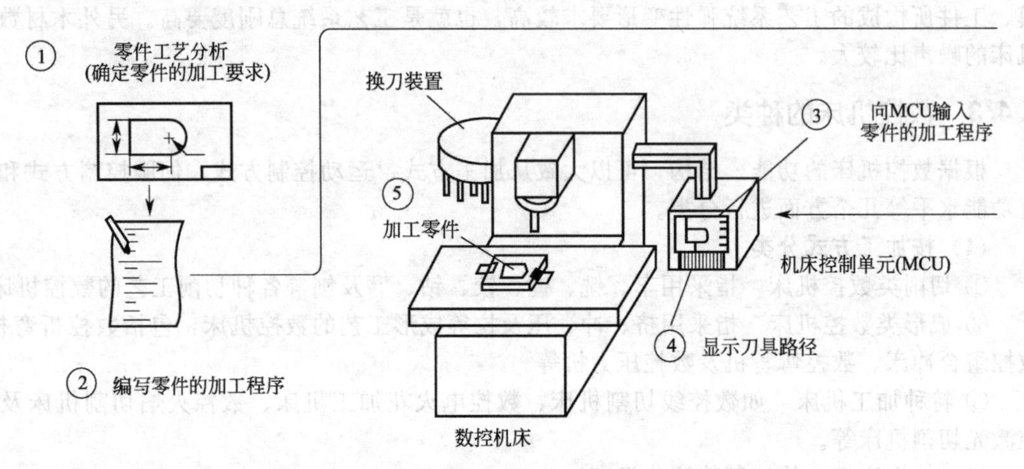

图 6-28　数控机床加工零件的过程

① 根据零件加工图样进行工艺分析，确定加工方案、工艺参数和位移数据。

② 用规定的程序代码和格式编写零件加工程序单，或用自动编程软件直接生成零件的加工程序文件。

③ 程序的输入或传输。由手工编写的程序，可以通过数控机床的操作面板输入程序；由编程软件生成的程序，通过计算机的串行通信接口直接传输到数控机床的数控单元。

④ 将输入或传输到数控单元的加工程序，进行刀具路径模拟和试运行。

⑤ 通过对机床的正确操作，运行程序，完成零件的加工。

6.4.5 零件程序编制的内容与方法

在数控机床上加工零件时，首先要将被加工零件的全部工艺过程以及其他辅助动作按运动顺序，用规定的指令代码程序格式编成一个加工程序清单，以此为依据自动控制数控机床完成工件的全部加工过程。从零件图样分析开始，到获得数控机床所需的加工程序（或控制介质）的过程称为程序编制。

程序编制有手工编程和自动编程。手工编程在点位直线加工及直线圆弧组成的轮廓加工中仍被广泛应用，但对于曲线轮廓、三维曲面等复杂形面，一般采用计算机自动编程。

自动编程与手工编程相比，编程的准确性和质量提高，特别是复杂零件的编程，其技术经济效益显著。

6.4.5.1 零件程序编制的步骤与内容

程序编制的过程就是把零件加工所需的数据和信息，如零件的材料、形状、尺寸、精度、加工路线、切削用量及数值计算数据等按数控系统规定的格式和代码，编写成加工程序，然后将程序输入数控装置，由数控装置控制数控机床进行加工。理想的加工程序不仅应保证加工出符合图样要求的合格零件，而且应使数控机床的功能合理地应用和充分地发挥，使机床安全、可靠、高效地工作。在编制程序之前，编程人员应充分了解数控加工工艺的特点，了解数控机床的规格、性能，熟悉数控系统所具备的功能及编程指令格式代码。

数控机床程序编制的内容与步骤一般包括：分析零件图样、确定加工工艺过程、数值计算、编写零件加工程序单、程序输入数控系统、校核加工程序和首件试切加工。程序编制的一般步骤如图 6-29 所示。

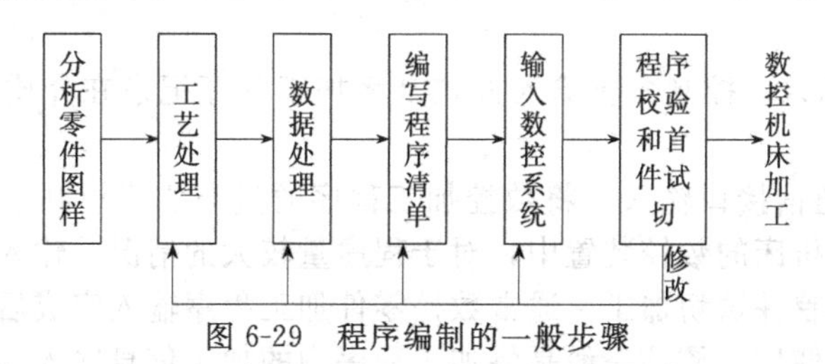

图 6-29 程序编制的一般步骤

(1) 分析零件图样 通过零件图样对零件材料、形状、尺寸、精度及毛坯形状进行分析，以便确定该零件是否适合在数控机床上加工，或适合在哪种类型的数控机床上加工，明确加工的内容及要求、确定加工方案、选择合适的数控机床、设计夹具、选择刀具、确定合理的走刀路线及选择合理的切削用量等。一般来说，只有那些属于批量小、形状复杂、精度要求高及生产周期要求短的零件，才最适合数控加工。

(2) 工艺处理 在对零件图样做了全面的分析后，确定零件的加工方法（如采用的工夹具、装夹定位方法等）、加工路线（如对刀方式、选择对刀点、换刀点、制订进给路线以及确定加工余量）及切削用量等工艺参数（如进给速度、主轴转速、切削宽度和切削深度等）。制订数控加工工艺时，具体考虑以下几方面。

① 确定加工方案 除了考虑数控机床使用的合理性及经济性，并充分发挥数控机床的功能外，还须遵循数控加工的特点，按照工序集中的原则，尽可能在一次装夹中完成所有工序。

② 工夹具的设计和选择 确定采用的工夹具、装夹定位方法等，减少辅助时间。若使用组合夹具，生产准备周期短，夹具零件可以反复使用，经济效果好。此外，所用夹具应便于安装，便于协调工件和机床坐标系的尺寸关系。

③ 正确选择编程原点及坐标系 对于数控机床来说，编程原点及坐标系的选择原则如下：所选的编程原点及坐标系应使程序编制简单；编程原点、对刀点应选在容易找正并在加工过程中便于检查的位置；可能引起的加工误差小。

④ 选择合理的进给路线 进给路线的选择应从以下几个方面考虑：进给路线尽量短，并使数值计算容易，减少空行程，提高生产效率；合理选取起刀点、切入点和切入方式，保证切入过程平稳，没有冲击；保证加工零件精度和表面粗糙度的要求；保证加工过程的安全性，避免刀具与非加工面的干涉；有利于简化数值计算，减少程序段数目和编制程序工作量。

⑤ 选择合理的刀具 根据零件材料的性能、机床的加工能力、加工工序的类型、切削用量以及其他与加工有关的因素来选择刀具。

(3) 数据处理 根据零件图样上零件的几何尺寸及确定的加工路线、切削用量和刀具半径补偿方式等，计算刀具的运动轨迹，计算出数控机床所需输入的刀位数据。数值计算主要包括计算零件轮廓的基点和节点坐标等。

(4) 编写程序清单 在完成上述工艺处理和数值计算之后，根据计算出来的刀具运动轨迹坐标值和已确定的加工路线、刀具、切削用量以及辅助动作，依据数控系统规定使用的指令代码及程序段格式，逐段编写零件加工程序单。编程人员必须对所用的数控机床的性能、编程指令和代码都非常熟悉，才能正确编写出加工程序。

(5) 输入数控系统 程序单编好之后，需要通过一定的方法将其输入给数控系统，常用的输入方法有如下几种。

① 手动数据输入　按所编程序清单的内容，通过操作数控系统键盘上的数字、字母、符号键进行输入，同时利用 CRT 显示内容进行检查，即将程序清单的内容直接通过数控系统的键盘手动输入到数控系统。对于不太复杂的零件常用手动数据输入（MDI）显得较为方便、及时。

② 用控制介质输入　控制介质输入方式是将加工程序记录在介质上，用输入装置一次性输入。

③ 通过机床的通信接口输入　将数控加工程序通过与机床控制系统的通信接口连接的电缆直接快速输入到机床的数控装置中，对于程序量较大的情况，输入快捷。

(6) 程序校验和首件试切加工　通常数控零件加工程序输入完成后，必须经过校核和首件试切加工才能正式使用。校核一般是将加工程序中的加工信息输入到数控系统进行空运转检验，也可在数控机床上用笔代替刀具，以坐标纸代替零件进行画图模拟加工，以检验机床动作和运动轨迹的正确性。

但是，校核后的零件加工程序只能检验出运动是否正确，还不能确定出因编程计算不准确或刀具调整不当造成加工误差的大小，即不能检查出被加工零件的加工精度，因而还必须经过首件试切加工进行实际检查，进一步考察程序清单的正确性并检查工件是否达到加工精度。根据试切情况进行程序单的修改以及采取尺寸补偿措施等，当发现有加工误差时，应分析误差产生的原因，找出问题所在，加以修正，直到加工出满足要求的零件为止。

6.4.5.2　零件程序编制的方法

零件程序编制的方法有手工编程与自动编程两种。

(1) 手工编程　手工编程是指从零件图样分析、工艺处理、数值计算、编写程序清单、输入程序直至程序校验等各个步骤均由人工完成。手工编程适用于点位加工、几何形状不太复杂的零件加工或程序编制中坐标计算较为简单、程序段不多、程序编制易于实现的场合，出错机会较少，这时用手工编程既经济又及时，因而手工编程被广泛地应用于形状简单的点位加工及平面轮廓加工中。有时，手工编程也可用计算机辅助进行数值计算。

(2) 自动编程　自动编程是指借助于数控语言编程系统或图形编程系统，由计算机来自动生成零件加工程序的过程。自动编程也称为计算机（或编程机）辅助编程，即程序编制工作的大部分或全部由计算机完成，如完成坐标值计算、编写零件加工程序单等，有时甚至能帮助进行工艺处理。自动编程方法编出的程序还可通过计算机或自动绘图仪进行刀具运动轨迹的图形检查，编程人员可以及时检查程序是否正确，并及时修改。自动编程大大减轻了编程人员的劳动强度，提高效率几百倍乃至上千倍，同时解决了手工编程无法解决的许多复杂零件的编程难题。零件表面形状越复杂，工艺过程越烦琐，自动编程的优势越明显。

编程人员只需根据加工对象及工艺要求，借助数控语言编程系统规定的数控编程语言或图形编程系统提供的图形菜单功能，对加工过程与要求进行较简便的描述，而由编程系统自动计算出加工运动轨迹，并输出零件数控加工程序。由于在计算机上可自动绘出所编程序的图形及进给轨迹，所以能及时地检查程序是否有错，并进行修改，得到正确的程序。

应指出的是，手工编程与自动编程只是应用场合与编程手段的不同，而涉及的内容基础相同，最终所编出的加工程序应无原则性差异，都必须遵守具体数控机床数控程序所规定的指令代码、程序格式及功能指令编程方法。

6.4.6　零件加工程序的指令代码与程序结构

CNC 程序由一系列关于零件加工的有顺序的指令构成。每一条指令都是 CNC 系统可以接受、编译和执行的格式，同时它们必须符合机床说明。不同的控制器有不同的格式，但是大多数是相似的，不同生产厂家生产的 CNC 机床之间存在细微的差别，就是装备了相同控制系统的 CNC 机床也有一点差别。

这些指令有准备功能 G 和辅助功能 M 指令，还包含 F 进给功能、S 主轴转速功能、T 功能等。

6.4.6.1 准备功能 G

典型铣削系统的常用代码见表 6-1，供参考，应用中可查阅机床参考手册。

表 6-1 G 代码组及解释

G代码	组别	解释	G代码	组别	解释
* G00	01	快速定位	G73	09	高速深孔钻循环
G01		直线插补	G74		左旋攻丝循环
G02		顺时针切圆弧插补	G76		精镗孔循环
G03		逆时针切圆弧插补	* G80		固定循环取消
G04	00	暂停(单独程序段使用)	G81		钻孔循环
* G17	02	选择 XY 平面	G82		孔底暂停钻孔循环
G18		选择 XZ 平面	G83		深孔钻循环
G19		选择 YZ 平面	G84		右旋攻丝循环
G20	06	英制单位输入	G85		镗削循环
G21		公制单位输入	G86		镗削循环
G28	00	返回机床原点	G87		背镗循环
G30		返回机床原点(参考点 2)	G88		镗削循环
* G40	07	刀具半径补偿取消	G89		镗削循环
G41		刀具半径左补偿	G90	03	绝对尺寸模式
G42		刀具半径右补偿	* G91		增量尺寸模式
* G43	08	刀具长度正补偿	G92	00	设置工件坐标系
* G44		刀具长度负补偿	G98	10	固定循环返回到初始点
* G49		刀具长度补偿取消	* G99		固定循环返回到 R 点

注：带 * 者表示是开机时会初始化的代码，也可据用户要求修改，供参考。

本表代码可能与用户选用控制系统手册中所列代码有出入，应以制造商所提供的代码为准。

① 每一个代码都归属其各自的代码组，任何 G 代码都将自动取代同组中的另一个 G 代码。如 G01 组中有 G00、G01、G02 和 G03 四个指令，同一时刻只有一个生效，同组中另一代码一旦生效，之前其他同组代码注销。

需要注意的问题如下。

G01 组中的代码到 G09 组中的任何固定循环中，循环将立即取消；固定循环不会取消、激活的运动指令，G01 组不受 G09 组中的 G 代码影响。

G00 组中的所有准备功能都是非模态的，非模态指令只在所在程序段中有效，如果需要在连续几个程序段中使用，则必须在每一程序段中编写它们。

② G00 组是特殊的一组，这一组包括的指令都是“非模态”的，换言之，除本组外，其他指令都是模态的。模态代码是指在执行某个程序的时候，从开始到结束都会一直执行有效，直到被同一组的功能注销为止。非模态代码，只在一个程序段内有效。准备功能指令(M 指令）也有模态与非模态之分。

6.4.6.2 辅助功能 M

在 CNC 程序结构中，程序员通常需要一些方法来激活某些机床操作或控制程序流程。

如果没有这些方法，程序是不完整的，也是不可能运行的。常见辅助功能代码表见表 6-2，不同型号机床可能有所不同，需查阅说明书。

表 6-2 常见辅助功能代码表

组 别	M代码	解 释	组 别	M代码	解 释
程序	M00	强制停止程序	冷却液	M08	冷却液开/吸尘开
程序	M01	可选择停止程序	冷却液	M09	冷却液关/吸尘关
程序	M02	程序结束	主轴	M19	主轴定位
主轴	M03	主轴正转	程序	M30	程序结束
主轴	M04	主轴反转	子程序	M98	子程序调用
主轴	M05	主轴停	子程序	M99	子程序结束
换刀	M06	自动换刀			

6.4.6.3 其他常见代码

(1) 进给率控制 F 切削进给率就是刀具在切削运动中切除材料的进给速度。用 F 来表示，如：

N100 G21

N110 G01 X100. F500.

表示直线插补，进给率为 500mm/min。

进给率的选择取决于很多因素，主要有：主轴转速——单位是 r/min；刀柄直径（M）或刀尖圆弧半径（T）；工件的表面要求；切削刀具几何尺寸；切削力；工件安装方式；刀具伸出的悬臂量；切削运动的长度；材料切除量（切削深度或宽度）；铣削方式（顺铣或逆铣）；铣刀槽的数量。家具铣削中，速度较高，进给率也较大，中纤板雕刻中，通常可设置在 1000mm/min 以上。

(2) 刀具功能 T 自动换刀装置的缩写为 ATC。在机床的程序或 MDI 模式中，刀具功能为 T 功能。地址 T 表示程序员选择的刀具号，后面的数字就是刀具号本身，如 N100 T01 D01，表示调用编号为 01 的刀具，其刀补号是 01。在这里，T01 究竟是什么刀，其参数如果是程序员应知道的，根据刀型确定自己的加工效果，其安装根据刀具的“库存”而定。

刀补的意义在于，在加工曲线轮廓时可以直接按加工工件轮廓编程，同时在程序中给出刀具半径补偿指令，而不必求出刀具中心的运动轨迹，避免了烦琐的数据计算；另外，利用刀具半径补偿功能，可以实现在同一个加工程序下，使用不同直径的刀具加工得到相同的产品。或者，由于刀具的磨损或因换刀引起的刀具半径变化时，不必重新编程，只需修改相应的偏置参数即可。这些都给数控加工带来极大的方便，极大程度上解放了程序员的工作。刀补的数据则需要根据刀具加工状态和程序编制而定。

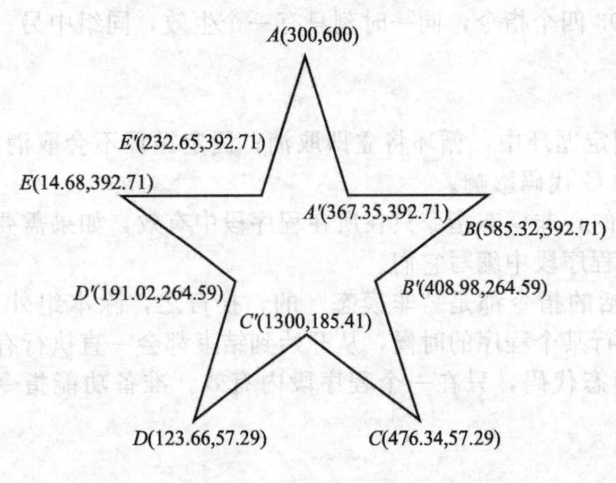

图 6-30 待雕刻图案

(3) 主轴转速 S CNC 系统中，由地址 S 控制与主轴转速相关的程序指令，S 地址的编程范围是 1～9999，且不能使用小数点 S1～S9999。如：

N100 G21

N110 M02 S10000

表示主轴正转，10000r/min，这个速度也大于金属切削，但在木工机械中，10000 转以上的速度是常见的。

6.4.7 手工编程

结合前面所述，可根据图案进行手工编程。如图 6-30 所示为待雕刻图案。

下面逐步分析并编写程序，表格左侧为思路和规则，右侧为代码，手工编程分析表见表 6-3。

表 6-3 手工编程分析表

程序编写思路与规则	代 码
程序号命名，一般为字母 O+五位数字或四位数字，设其为四位，后面用节标题数字 0747	O0747
程序名称，可要可不要，主要是增加可读性。用括号表注释，括号里面可用任意字符，无语法限制，汉字等都可以	(PROGRAM NAME-五角星)
程序修订日期，也为注释方式，注明写程序日期	(DATE = DD-MM-YY-15-08-10 TIME = HH:MM-21:50)
用 N100 表程序段开始，之所以不从 1 开始，假设：前面需要补充内容怎么办 思考：尺寸模式用公制(mm)还是英制(in)，用 G21 选用了英制，即后面尺寸单位均为 mm，影响全局，放前面。	N100 G21
N105 段是初始设置与取消。为何不是 101 呢？同样道理，留下四个空行备用，有弹性空间可以修改 初始设置包括以下内容 G00：快速移动，而非直线插补或圆弧插补 G17：是在 *XY* 平面加工 G40：所有刀具半径补偿取消 G49：所有刀具长度补偿取消 G80：所有固定循环取消 G90：采用绝对坐标尺寸 上面命令大多是机床开机后的默认代码，再次声明多此一举吗？好的编程员不会依赖于机床的初始设置，再者，程序也有可能用在多个不同机床上，每个机床设置一样吗？增加了程序通用性	N105 G00 G17 G40 G49 G80 G90
使用的刀具信息，注释，可读性强，准备用直径 3.17mm 的平底铣刀	(2. FLAT ENDMILL TOOL-1 DIA. OFF. -1 LEN. -1 DIA. -3. 17)
准备加工，用什么加工？刀具！先调刀，“库存”的 1 号刀合适，用它，M06 将刀具 T1 安装到主轴	N110 T01 M06
刀安好了，还要干吗？让刀转起来，否则不能加工 M04：刀具逆时针转动，看工件材料，也可修改为 M03 顺时针转动 S10000：速度为 10000r/min，这个速度，对于木质材料不算高	N115 M04 S10000
N119，明显插入的一句，将刀具抬升到 50mm 高度的地方。为什么呢？N120 里有解释，结合起来看	N119 Z50.
G54：建立工件坐标系，经过对刀后，图纸的坐标和机床结合起来了 G90：采用绝对坐标尺寸，N105 定义过了，重复？重复也是一种习惯，安全，再后，是建立工件坐标系后使用的 G00：快速移动至工件上方，图中 *A* 点。一般刀是在原点，在图中左下角，现在移动刀 *A* 点，会不会碰撞到工件呢？有可能，即使安全的，也要防止，为此，N119 先将刀抬起，再移动才安全，否则可能没有加工就断刀 为何将 G00 放在最后解读呢？一般 G 代码在同一段中顺序可调整，不影响结果！再者 G00 是移动到 *A* 点，要等工件坐标系定义好后说明尺寸模式 X300. Y600.：即 *A* 点的坐标，本段中的坐标值是目标点，起始点看前一段，无前一段，就看程序执行前的位置	N120 G00 G90 G54 X300. Y600.

续表

程序编写思路与规则	代　码
移动到参考高度，25mm 处，工件上方，安全	N125 Z25.
刀具下降至进给下刀位置 5mm 处，快接近工件，下面要慢慢走，准备将 G00 改为 G01	N130 Z5.
开始加工！用 G01 直线插补，深度为－2mm，下刀速率为 100mm/min Z 轴，先后从 25mm、5mm、－2mm 分步下降，是考虑安全因素，否则会撞刀出现意外	N135 G1 Z-2. F100.
到达 A′位置。进给率由 100 提高到 600，为何不一步到位？100 用在 Z 轴是下降过程，太快了会崩刀，600 是走直线，提高效率 起点中 A，终点中 B′，本段中只说明 B′的值，起点与本段"无关"	N140 X367.35 Y392.71 F600.
到达 B 位置。F 不注销前值总为 600，Y 坐标值未变，只说明 X 值即可	N145 X585.32
到达 B′位置	N155 X408.98 Y264.59
到达 C 位置	N160 X476.34 Y57.29
到达 C′位置	N170 X300. Y185.41
到达 D 位置	N175 X123.66 Y57.29
到达 D′位置	N185 X191.02 Y263.9844.59
到达 E 位置	N190 X14.68 Y392.71
到达 E′位置	N200 X232.65
到达 A 位置，闭合加工完毕	N205 X300. Y600.
加工完了，刀要抬起来，离开工件，到达上表面	N215 G00 Z25.
加工完了，M05 使主轴停止转动	N220 M05
G91 为尺寸增量模式，注销了 G90，Z 轴回原点。这时的 Z0 比 N215 的 Z25 谁的绝对值高？谁安全谁高，可能是本段中的 Z0。两者数字不具可比性，尺寸模式不同	N225 G91 G28 Z0.
X、Y 轴回原点。Z 轴又先回去，最后下降，先收回，安全	N230 G28 X0. Y0.
M30：程序结束	N235 M30
停止代码，程序传递结束	%

显然，手工编程是非常烦琐的，如果图案再复杂一些，可能需要成百上千行，显然不太现实。为此，应该将软件自动编程与手工编程有机结合起来。因为软件编程功能虽然强大，可能不一定能适应车间机床的全部实际情况，有时还有需手工修改，所以应以自动编程为主，手工编程为辅。

6.4.8 常用数控软件介绍

目前市场上数控软件很多，哪款软件使用者最多？哪款软件最好？暂时没有定论。软件主要还是编程人员根据熟悉的程序进行选择，根据产品特点进行选择。但任何一款软件都可以生成前面所述的 NC 文件，因为这个文件是通用的。

必须注意的是，任何一款软件所生成的 NC 文件都可能与自己的机床并不完全适应，很难有哪款软件直接与车间里的机床实现无缝对接，一般都需要进行编译处理。例如 M02 一般是代表主轴正转，则有的厂家生产的机床设定为 M12 为主轴正转，那么，生成的 NC 文件，需要将全部的 M02 替换为 M12；同时软件一般先进于机床。再例如：车间的机床执行程序段时，控制器预读一个程序段；而软件假设是预读两个程序段，在刀具补偿 G41 或

G42 执行中，可能出现两个程序段内无坐标值移动而发生过切现象，这则需要程序员根据自己的机床情况进行再次调整。

6.4.8.1 SolidWorks

SolidWorks 是生信国际有限公司推出的基于 Windows 的机械设计软件。生信公司是一家专业化的信息高速技术服务公司，在信息和技术方面一直保持与国际 CAD/CAE/CAM/PDM 市场同步。该公司提倡的“基于 Windows 的 CAD/CAE/CAM/PDM 桌面集成系统”是以 Windows 为平台，以 SolidWorks 为核心的各种应用的集成，包括结构分析、运动分析、工程数据管理和数控加工等。此软件对家具模型建立、效果图渲染也有很大优势。

6.4.8.2 CATIA

CATIA 是由法国著名飞机制造公司 Dassault 开发并由 IBM 公司负责销售的 CAD/CAM/ CAE/PDM 应用系统，CATIA 起源于航空工业，其最大的标志客户即美国波音公司。波音公司通过 CATIA 建立起了一整套无纸飞机生产系统，取得了重大的成功。在木工雕刻中，该款软件对人像雕像方面功能较便捷。

6.4.8.3 Pro/ENGINEER

Pro/ENGINEER 在机械制造领域中大量使用，是美国参数技术公司（Parametric Technology Corporation，PTC）的著名产品。PTC 公司提出的单一数据库、参数化、基于特征、全相关的概念改变了机械 CAD/CAE/CAM 的传统观念，这种全新的概念已成为当今世界机械 CAD/CAE/CAM 领域的新标准。Pro/ENGINEER 是航空、机械领域里的王牌软件，用在木工雕刻也完全可行。

6.4.8.4 Cimatron CAD/CAM

CimatronCAD/CAM 系统是以色列 Cimatron 公司的 CAD/CAM/PDM 产品，是较早在微机平台上实现三维 CAD/CAM 全功能的系统。该系统提供了比较灵活的用户界面，优良的三维造型、工程绘图，全面的数控加工，各种通用、专用数据接口以及集成化的产品数据管理。木工雕刻中，这款软件三维造型功能强大。

6.4.8.5 Master CAM

Mastercam 是美国 CNC Software. Inc 公司开发的基于 PC 平台的 CAD/CAM 软件。它集二维绘图、三维实体造型、曲面设计、体素拼合、数控编程、刀具路径模拟及真实感模拟等功能于一身，对系统运行环境要求较低，使用户无论是在造型设计、CNC 铣床、CNC 车床或 CNC 线切割等加工操作中，都能获得最佳效果。Mastercam 提供了设计零件外形所需的理想环境，其强大稳定的造型功能可设计出复杂的曲线、曲面零件。这款软件的特点是易学、运行快，强大的二维加工，很容易满足家具饰品的雕刻加工需求。

6.4.8.6 APS

APS（Advanced Programing System）是英国 Licom 公司开发的电脑辅助设计/制造（CAD/CAM）软件，它能实现在计算机内虚拟设计与虚拟制造两者合一，以电脑雕花机为主体的加工中心与计算机实现数据信息共享。APS 系统具有完整的编辑程式，包括 3D 的完整图画功能及针对各种 NC 机器的特定 CAM 模组，这些模组为铣床、车床、冲床、线切割及火焰切割等。除了上述之外，还有 DNC（直接数值控制模组），可将 CAM 作出 NC 程式直接送到 NC 机器上。其整个设计制造过程如下：首先进行图案设计，然后选择刀具和下刀方式（顺、逆时针，外、内、左、中、右等下刀方式），设定参数（深度、进刀次数），在计算机内生成虚拟加工情况，通过后处理器转译成 NC 码，最后输入到加工中心进行加工。

6.4.8.7 ARTCAM PRO

中南林业科技大学依托本校国家重点学科木材科学与技术和国家管理专业家具设计与制造在国内的领先优势，结合近年来在木工辅助设计与制造开发应用软件方面所积累的丰硕经验与科研成果，利用澳大利亚卧龙岗大学（WOLLONGONG UNIVERSITY）在 CNC 方面的先进技术，与澳方共同改进了新一代木工雕刻辅助设计与制造软硬件一体化系统——ARTCAM PRO，新系统稳定可靠，技术领先，性能价格比极高，CNC控制器采用先进的闭环伺服控制系统4轴驱动，能雕刻出复杂和细腻的花纹。该软件功能强大，使用方便，可满足家具行业的各种雕刻需求，而且也能应用于其他材料和CNC雕刻机的加工。其具体参数要求见表6-4。

表 6-4　雕刻机具体参数

名　称	参　数	单　位	名　称	参　数	单　位
加工尺寸	400×600×100～1200×2400×200	mm	主轴最大转速(可调)	24000	r/min
			刀具直径	φ2、φ4、φ6、φ8	mm
加工速度	≥40	mm/s	动力	AC220±22,50Hz	V
精确度	±0.02	mm/step	驱动模式	4轴	

6.5　木工数控雕刻案例

6.5.1　加工案例1——MasterCAM二维窗花雕刻

案例加工家具中最常用的部件——窗花，使用的软件有两款：家具设计中最常用到的AutoCAD和Mastercam。

(1) 启动Mastercam X3，选择菜单“文件/打开文件”命令，打开如图6-31所示的对话框。

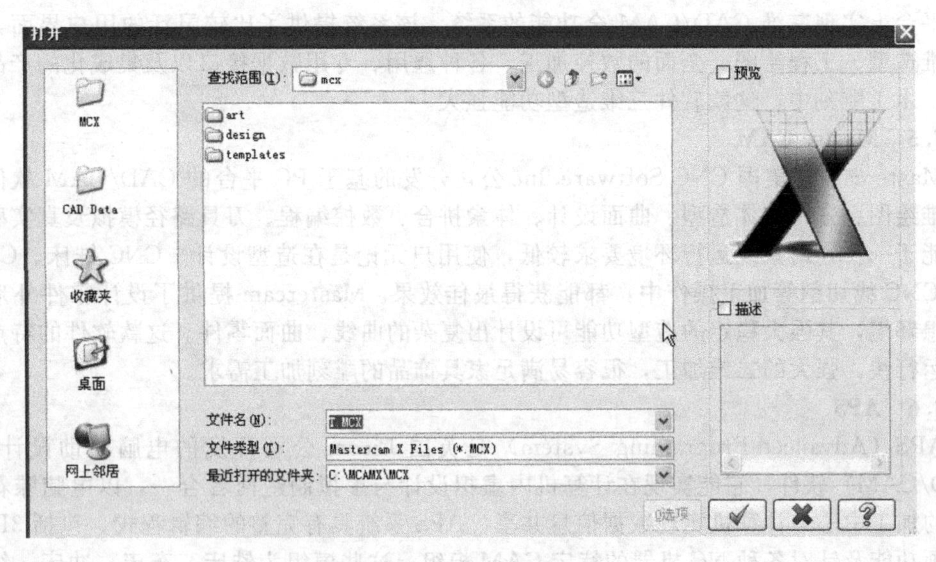

图6-31　打开文件对话框

(2) 在文件类型下拉菜单中选择“AutoCad文件”类型，在电脑中找到已经用CAD画好的图形文件（CAD中需要另存为DXF文件，至于CAD如何画出下图不再赘述），打开后如图6-32所示。

(3) 选择“机床类型/铣床/默认”命令，铣削是木工数控中常用加工方式，一般企业所拥有的数控设备可能是此类型，如图6-33所示。

(4) 选择“刀具路径/标准挖槽”命令，可以将一部分材料挖去，透光。系统弹出如图6-34所示的对话框和提示。

图 6-32 窗花雕刻图形

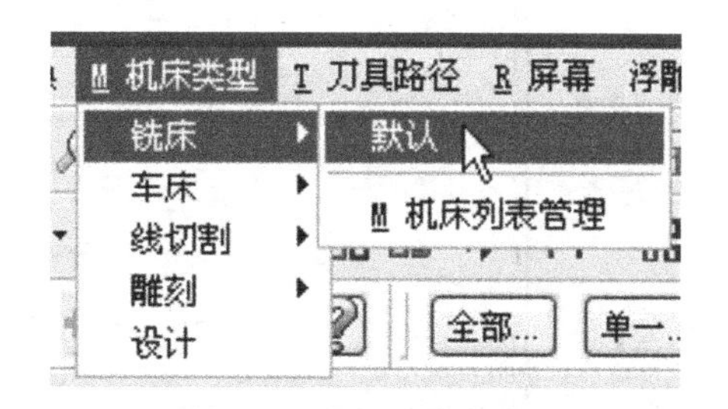

图 6-33 选择机床类型

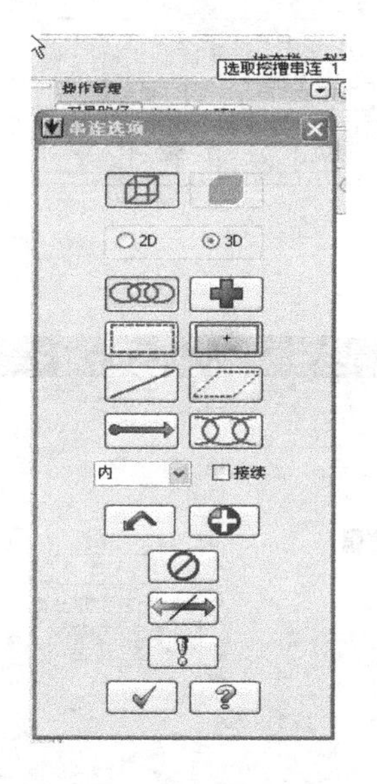

图 6-34 串联选项对话框

图 6-35 挖槽对话框

(5) 选取“窗口” 按钮，在图形中框选如图 6-35 所示区域。

接着系统提示“输入搜寻点”，然后单击图形上的点，接着单击对话框上的“确定” 按钮，系统弹出如图 6-36 所示的对话框。

(6) 单击“选择库中刀库” 选择库中刀具 按钮，从下拉列表中选择刀具文件，如图 6-37所示。选择已设置好参数的刀具，如图 6-38 所示。

(7) 选择“2D 挖槽参数”选项，在“深度” 深度... 0.0 标签右边的文本框中，根据所用的材料设置所需铣削的深度，这里设置为−13，假设用的是 12mm 厚的中纤板，这个厚度足以将其挖透。另外，把挖槽加工形式设为打开，选择“精修的参数” 精修的参数 选项，选择“等距环切” 等距环切，接着去掉 ☑ L进/退刀向量 按钮前的钩，从而取消进/退刀量，接着单击对话框上的“确定” 按钮，完成部分刀具路径的创建，如图 6-39 所示。

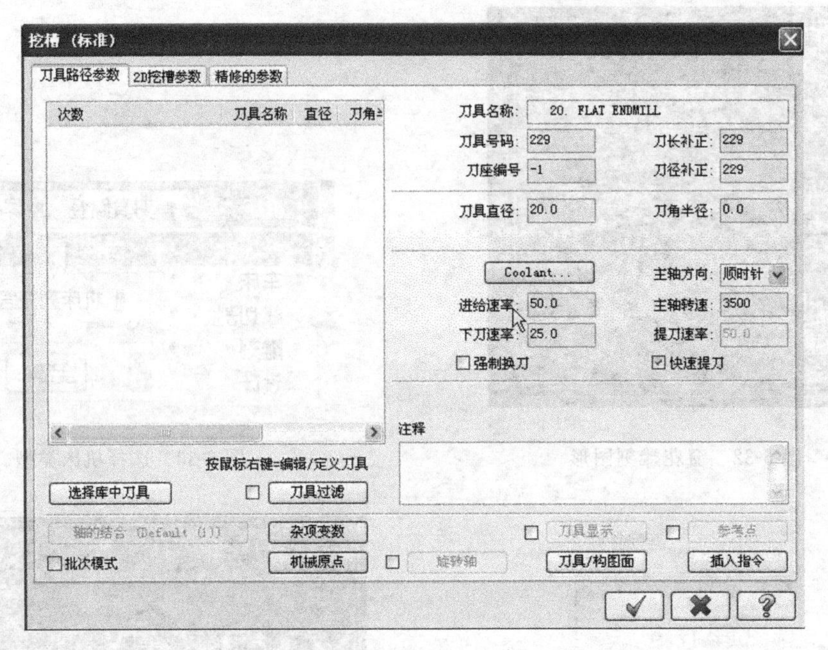

图 6-36　挖槽对话框

选择刀具 - C:\mcamx\MILL\TOOLS\STEEL - MM.tools

Steel - MM.TOOLS

次数	刀具名称	直径	刀角半径	长度	刀刃数	类型	刀具半径形式
4	4...	40.0	0.0	50.0	3	平...	无
5	4...	4.0	0.2	12.0	6	圆...	角落
29	2...	2.0	0.0	5.0	2	平...	无
30	3...	3.0	0.0	50.0	2	平...	无
31	4...	4.0	0.0	10.0	2	平...	无
32	5...	5.0	0.0	50.0	2	平...	无
33	6...	6.0	0.0	15.0	2	平...	无
34	8...	8.0	0.0	20.0	4	平...	无
35	1...	10.0	0.0	20.0	2	平...	无
36	1...	12.0	0.0	50.0	2	平...	无
37	1...	16.0	0.0	50.0	3	平...	无
39	2...	20.0	0.0	50.0	4	平...	无
40	1...	12.0	0.0	50.0	2	平...	无
41	1...	16.0	0.0	50.0	2	平...	无
43	2...	20.0	0.0	50.0	2	平...	无
44	2...	25.0	0.0	50.0	4	平...	无
45	3...	32.0	0.0	50.0	4	平...	无

过虑

启用刀具过滤

显示的刀具数52 /

图 6-37　选择刀具对话框

（8）再次利用挖槽命令把其他轮廓选上，完成效果，如图 6-40 所示。

（9）选择“刀具路径”操作管理器中的“材料设置”命令，系统弹出如图 6-41 所示的“材料设置”参数设置选项卡。

接着选择边界盒按钮，系统弹出如图 6-42 所示的边界盒对话框，并进行设置。这里不设置延伸（即材料的边界和图形的边界重合），直接单击“确定”按钮。

（10）在中设置材料的厚度，这里为了看到透雕的效果，将厚度设为 12，单击“确定”按钮完成。

（11）将屏幕视角切换为等角视图，单击“实体切削验证”按钮对工件进行计算机虚拟加工。如图 6-43 所示为计算机虚拟不同加工阶段的加工行程图。

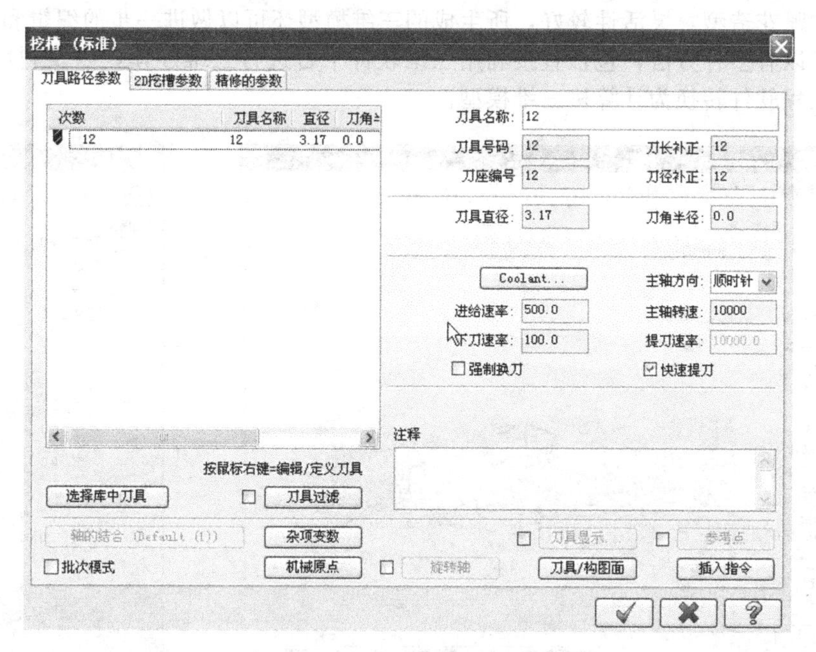

图 6-38　刀具路径对话框

图 6-39　部分刀具路径

图 6-40　刀具路径效果

(12) 生成代码。按代码生成按钮 G1，选择保存的名称和位置后，就可以生成相应的 G 代码。将代码复制到加工机床上，按厂家说明操作即可。

6.5.2　加工案例 2——ARTCAM PRO 三维雕刻加工

木工数控雕花是一项技术性和艺术性均要求较高的工作，要生成最终的加工用数控代码，大体上有两种方法。一种是先用手工方式，做一个雕花的实际成品，然后用坐标测量仪扫描它，并将所得到的数据点直接转换为相应的数控代码，而不做任何调整。这种方法的雕花手工感较强，产品较为自然，但它较适合于已经有现成的实际的手工雕花的成品的情况。另一种是首先建立所要雕花的计算机三维模型，然后根据三维模型生成数控代码，这种方法适用于各种雕花造型，灵活性较好，所生成的三维模型还可以做进一步的编辑和修改。这种三维建模可以有多种方法，包括直接利用三维软件平台进行三维建模，以及利用实物扫描，通过逆向工程软件转换为计算机三维模型。

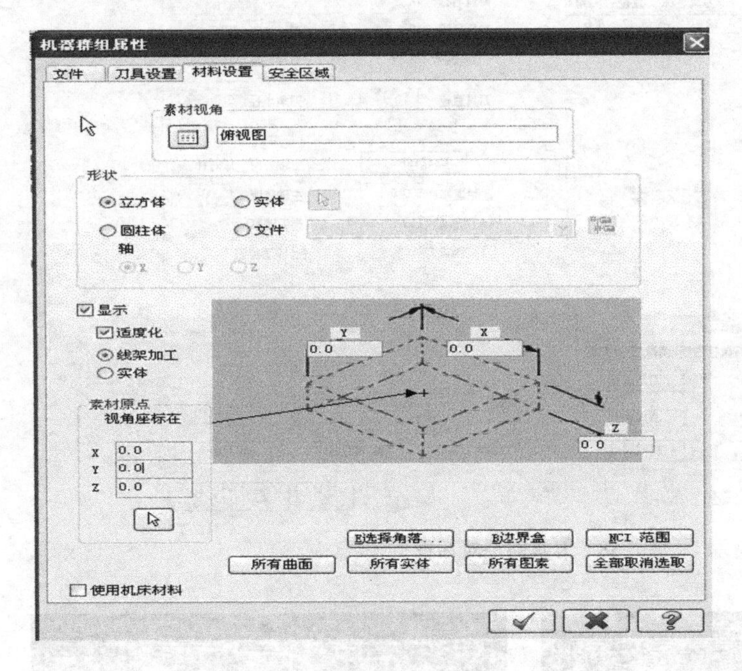

图 6-41 材料设置对话框

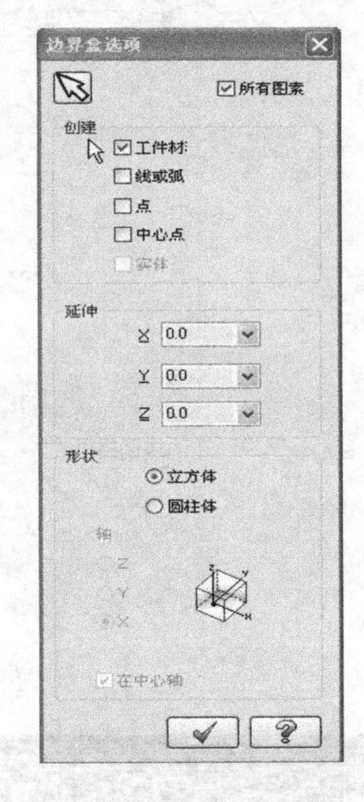

图 6-42 边界盒对话框

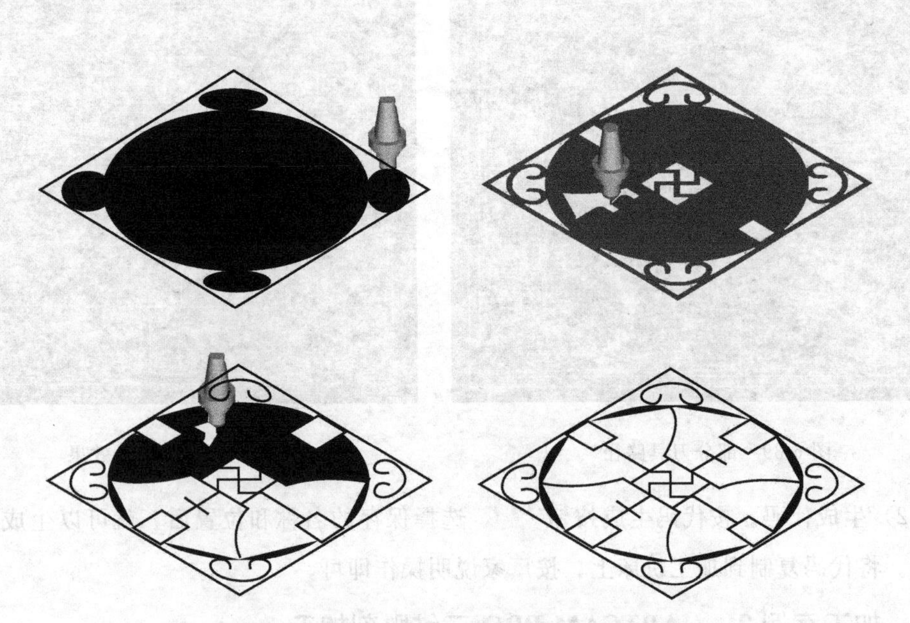

图 6-43 计算机虚拟不同加工阶段的加工行程

下面通过一个鸟的浮雕建模与数控加工实例介绍利用计算机三维建模生成数控代码的木工数控雕花方法。使用的三维建模软件为 DELCAM 公司的浮雕制作软件——ARTCAM PRO，数控系统为美国的 DESKCNC 系统。

6.5.2.1 建立雕花的计算机三维模型

(1) 输入扫描文件 打开鸟的扫描位图文件，于是计算机屏幕上出现如图 6-44 所示的图像。下一步将利用这一位图产生如图 6-45 所示的浮雕图像。

图 6-44　扫描图像

图 6-45　浮雕图像

(2) 确定建模思路　将要生成的浮雕由三个主要轮廓所构成：鸟身、树干、树叶。鸟和树干的轮廓是圆形的；树叶的形状要限制在一定的高度；树叶茎和翅膀细节以及呈锯齿状的鸟身的下部细节是凸起的。图像细节分析如图 6-46 所示。

图 6-46　图像细节分析

图 6-47　经颜色处理后的图像

(3) 进行颜色处理　下面开始处理这个扫描图像。用颜色产生浮雕的概念是基于每一种颜色都对应于一种不同的轮廓形态。此例中不同的颜色用于树叶、鸟、树干、树叶的茎、树干突出部分、翅膀细节、鸟身下部细节、眼、瞳孔、鸟嘴、鸟嘴分割线、脚、脚的突出部位。

先在调色板中增加一些颜色。为此选取增加颜色图标，然后点取自定义颜色。首先来设计白色（突出）区域。需要在这些区域涂上合适的颜色。选取想涂在树叶茎上的颜色（假设为亮绿色）为主要颜色，选取白色为辅助颜色。于是仅当前为白色的像素被着色为绿色，而黑色的依然保持黑色。然后用一个合适的笔刷将大部分白色的树叶结构变为绿色。最后点击放大图像并用笔刷修整细节。

具体方法如下：①选取选择着色图标；②用左鼠标键从调色板中选取主要颜色（假设为淡绿色）；③用鼠标右键从调色板中选取辅助颜色（白色）；④选取大尺寸笔刷；⑤将树叶的茎着色为亮绿色；⑥选取小的笔刷；⑦放大并整理边缘；⑧使用其他颜色时需重复这些步骤；⑨将鸟身上部的突出部分（翅膀细节）着色为紫色；⑩将鸟身下部突出部分着色为蓝绿色；⑪将鸟嘴着色为黄色；⑫将脚部着色为黑灰色；⑬将脚部突出区域着色为亮灰色；⑭将树干突出部着色为橙色。现在的图像应如图 6-47 所示，并将这个图像以文件 bird01.art

形式保存。

下一步是着色黑色区域。只要区域定义清晰，使用填充选项可非常快速地进行区域填充。可以试着使用填充选项填充左下角的树叶，可以看到，图像的大部分马上变为黑绿色。然而，如果使用选择着色来标记树叶的边缘以显现哪里是树叶的开始部分，哪里是树干的结束部分，如图 6-48 所示。然后再进行填充，则将得到所希望的结果，如图 6-49 所示。

图 6-48　确定着色边缘

图 6-49　着色后的图像

图像的其他部分着色情况为：树叶，黑绿；鸟身，黑蓝；脚，黑灰；树，黑棕；鸟嘴分割线，黄褐色；眼，蓝色；瞳孔，蓝色。并将此图像保存为文件 Bird02.art，如图 6-50 所示。

图 6-50　保存图像

图 6-51　图像颜色细部处理

(4) 整理图像　在此基础上还需要对所产生的图像做一定的“整理”，尤其是树叶部分。需要决定：树叶的轮廓线（即保留的白色）、树叶的茎（也即变为淡绿色），哪里是树干的结束部分，哪里是树叶的开始部分，描绘脚爪，检查孔洞（是否存在遗漏的白色或黑色像素点）。这些几何元素如图 6-51 所示。这些数值的选取基于软件操作者艺术图像方面的经验。树叶的整理应结合最终所需要的浮雕来进行。浮雕是以颜色块来计算的，颜色块愈大，浮雕愈高。因此，如果树叶需要一个清楚的轮廓，则必须保证它被一个白的轮廓线所包围。

下一步是填充那些因扫描或不完全着色所产生的“孔洞”。用一个很小的笔刷（最小的和次最小的正方形笔刷），使用着色 或选择着色 选项来进行填充。在所需要的区域，一次完成一个像素点。鸟身上的一点黑色或白色的像素将对最终的浮雕轮廓产生巨大的影响，将整理好的图像保存为文件 bird03. art。

(5) 形成三维浮雕 ArtCAM 构造浮雕的方法是为每一个二维图像的像素点指定一个高度。因此可将一个浮雕增加到另一个浮雕上。这种浮雕的组合可以产生更复杂形状的浮雕。每一种不同颜色都能对应于不同的浮雕形状。通过编辑和每种颜色有关的颜色属性计算浮雕。

这里把树叶、鸟和树干作为主要特征，希望为其加上细节。鸟是图形中最重要的部分，因此相对其他的特性，其高度要更高，其他细节可通过将一个轮廓增加到另一个轮廓来得到。

最初，可将树叶和树叶的突出部分连接在一起并对它们应用较轻的圆形轮廓，然后将一个附加的轮廓增加到突出部分。用同样的办法可对树干和鸟进行处理。为此，需要产生不同的查看。在此，一个查看和另一个查看具有完全相同的几何图形，但却具有不同的颜色链接。

① 查看要求　所需要查看的数量取决于得到理想结果所需要的层的数量。本例的查看数量安排如下：a. 在第一个查看上需要产生鸟、树叶和树干的基本轮廓；b. 在第二个查看上需要产生树叶的茎，树干的突出部分，脚的主要部分，翅膀及鸟的下部的突出部分和鸟嘴；c. 在第三个查看上需要产生眼睛和脚的突出部分；d. 在第四个查看上需要产生瞳孔。

一般来说，最好是保持一个查看不变（也就是说没有颜色连接），这样始终有一个基本的图像，可避免混淆。由此可见，需要 5 个查看。为确保能从一个绝对整洁的图像开始，首先使用“文件/打开”选项下打开文件 bird03. art，然后再产生新的查看。

② 从二维查看菜单中选取新的查看　从二维查看菜单中选取编辑查看名称。于是调出以下对话方框，如图 6-52 所示。

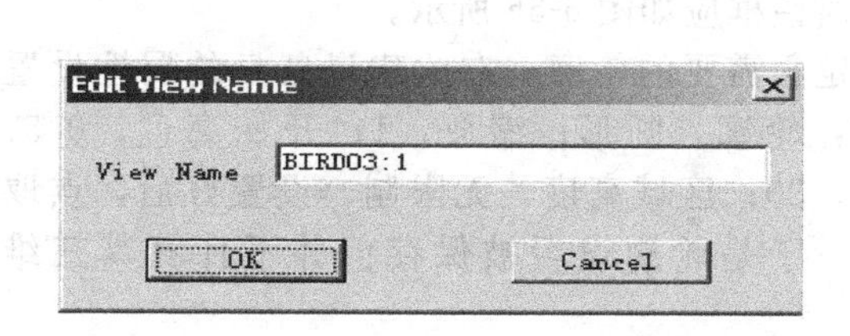

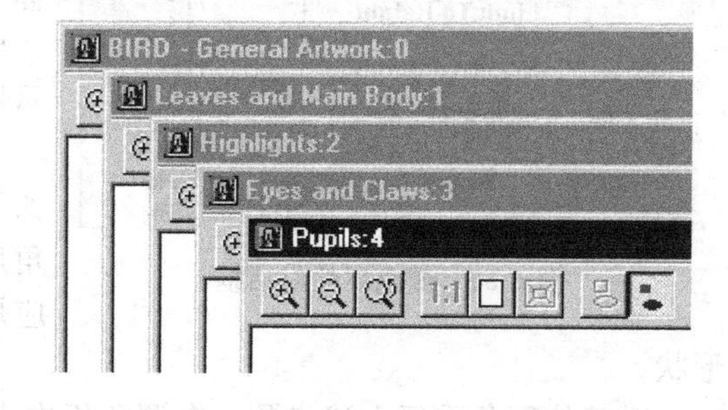

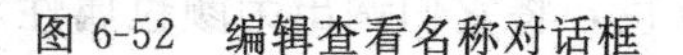

图 6-52　编辑查看名称对话框　　图 6-53　名称使用示例

输入一个合适的名称（如：Leaves 和 Main Body：1）。保持标题上的编号是很有用的，这样，以后可容易地回忆起是如何产生此浮雕的。此例中建议使用下列名称，如图 6-53 所示。

③ 连接颜色　现在可以为每个查看建立颜色连接。在查看“Leaves and Main Body：1”中，树叶的突出部分需和树叶连接在一起，所有鸟的细节都需要和鸟的主体部分颜色相连接，树干的细节和脚也需要和树干颜色相连接。

确认“Leaves and Main Body：1”是当前查看（通过视窗菜单）。

从调色板中选取树叶颜色（黑绿色）作为主要颜色（使用左鼠标键）。

用右鼠标键双击树叶的突出部分颜色（亮绿色）。

现在可以看到，此查看中所有的树叶都呈黑绿色并且两个绿色的阴影被连接在一起，调色板中已作连接的颜色如图 6-54 所示。

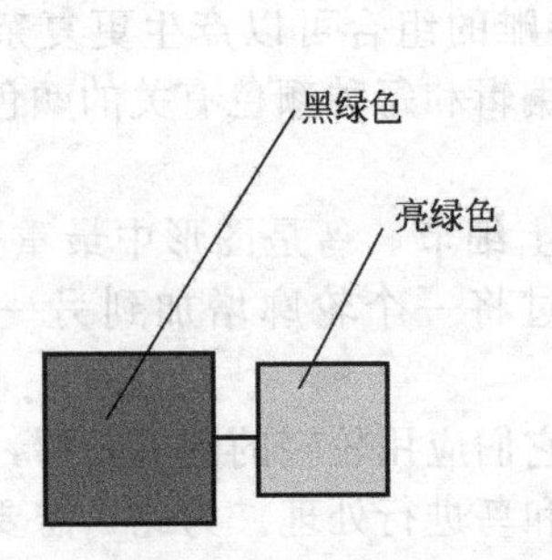

图 6-54　调色板中已作连接的颜色

图 6-55　图像颜色

重复上述步骤，对鸟和其所有的细节（翅膀，身体下部，鸟嘴，鸟嘴分割线，眼睛和瞳孔）以及树干和其细节（树干突出部分和脚）进行连接。图像现在应仅有三种颜色（树叶、树干和鸟）。可从查看“Leaves and Main Body：1”中看到如图 6-55 所示的结果。

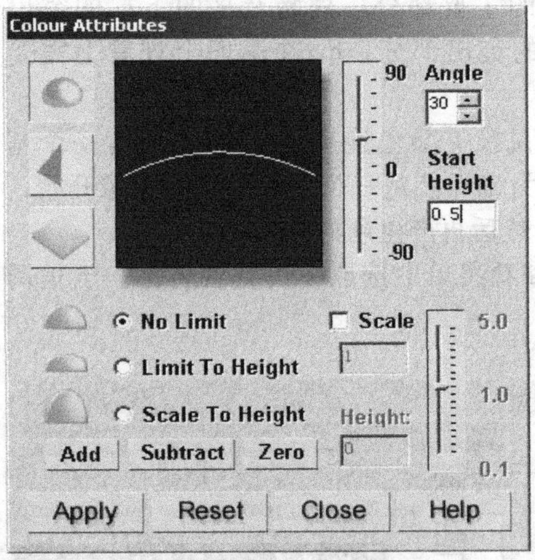

④ 应用轮廓　一次只能对一个查看应用轮廓，第二个查看的结果将增加到第一个上面。确认当前查看为“Leaves and Main Body：1”，为此可点取视窗或从树形视窗中选取“Leaves and Main Body：1”。

用左鼠标键双击鸟的颜色（黑蓝色），于是屏幕上出现颜色属性对话方框。同样，通过从颜色菜单中选取属性选项也可调出此对话方框。颜色属性对话框应如图 6-56 所示。

图 6-56　颜色属性对话框

定义需要的轮廓，在此建议鸟身的属性设置如下：轮廓，圆形；缩放，1；开始高度，0.5；角度，30；区域高度，无限制。设置好后，点取应用。于是轮廓设置被保存但并不计算其三维形状。

对其他颜色重复上述步骤。在调色板中点取这些颜色，将它们调出为颜色属性对话框中的当前颜色。建议值见表 6-5。这些值应输入表 6-6，然后再查看表 6-7 和表 6-8。

表 6-5　Leaves and Main Body：1

轮　廓	类　型	缩　放	开始高度	角　度	区域高度
鸟身	圆形	1	0.5	30	无限制
树叶	圆形	1	0.3	15	按高度 1 缩放
树干	圆形	1	0.3	45	无限制

表 6-6　Highlights：2

轮　　廓	类　　型	缩　　放	开始高度	角　　度	区域高度
鸟嘴	平面		0.75		
翅膀	平面		0.5		
鸟身+眼	平面		0.3		
树干突出部分	圆形	1	0	45	无限制
树叶茎	圆形	1	0.2	45	无限制
脚	圆形	1	0.2	45	无限制

表 6-7　Eyes and Claws：3

轮　　廓	类　　型	缩　　放	开始高度	角　　度	区域高度
眼	圆形	1	0	45	无限制
脚的突出部	圆形	1	0.3	45	按高度 3 缩放

表 6-8　Pupils：4

轮　　廓	类　　型	缩　　放	开始高度	角　　度	区域高度
瞳孔	平面		0.15		

⑤ 计算及绘制浮雕　将三种颜色的颜色属性应用于查看“Leaves and Main Body：1”后，现在可以来计算第一个浮雕。选取替换浮雕图标。于是系统开始计算，计算过程中，屏幕显示如图 6-57 所示的视窗。

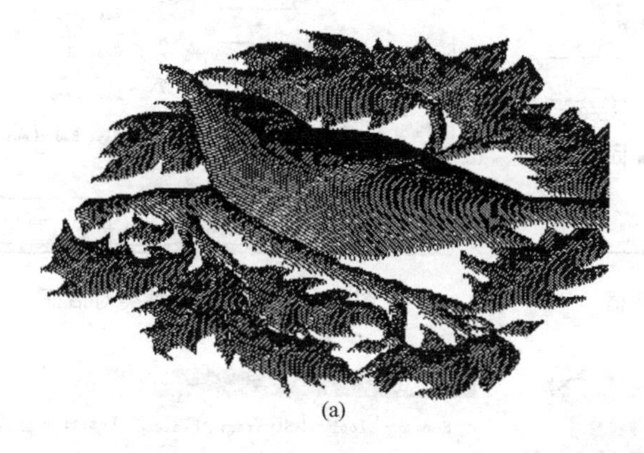
(a)

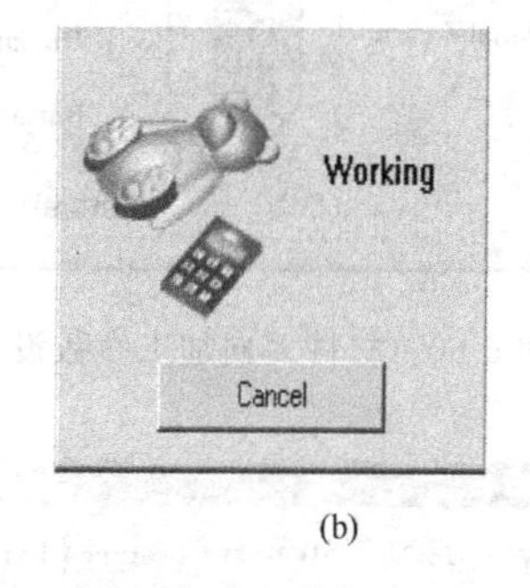

(b)

图 6-57　计算浮雕视窗

将此浮雕保存为文件 bird01. rlf。产生浮雕的其余部分与产生第一个查看“Leaves and Main Body：1”所用的方法完全一样。

将“Highlights：2”作为当前查看，将眼睛和瞳孔与身体主体连接，将脚的突出部分和脚连接。选取浮雕相加图标，查看修改了的三维图像。浮雕的细节可从图 6-58 中看到。

此时，主体与鸟嘴已被提高了少许，留下锯齿状的下体细节和鸟嘴分割线（一个同等有效的方法是使鸟嘴分割线和下体细节呈凹面形式并且不改变主体的轮廓）。继续对第三和第四个查看定义颜色属性并使用浮雕相加图标来将浮雕增加到已有的浮雕上。至此，产生浮雕的工作完成，将其存为 bird04. rlf 文件。

图 6-58 图像浮雕细节

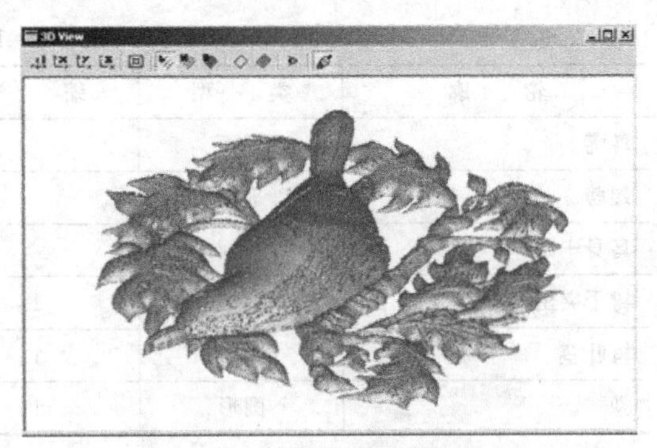

图 6-59 三维浮雕着色后图像

6.5.2.2 生成刀具路径和数控代码

(1) 生成刀具路径 新建一个文件，然后在浮雕工具栏中选用加载浮雕命令，在加载浮雕对话框中选替代选项，将已经生成的三维浮雕加载到当前文件中。着色后如图 6-59 所示。

选择刀具路径工具条，选择材料设置命令，在材料设置对话框中设置待加工材料的厚度，Z 方向坐标原点的位置，模型在材料中的 Z 向位置等参数如图 6-60 所示。

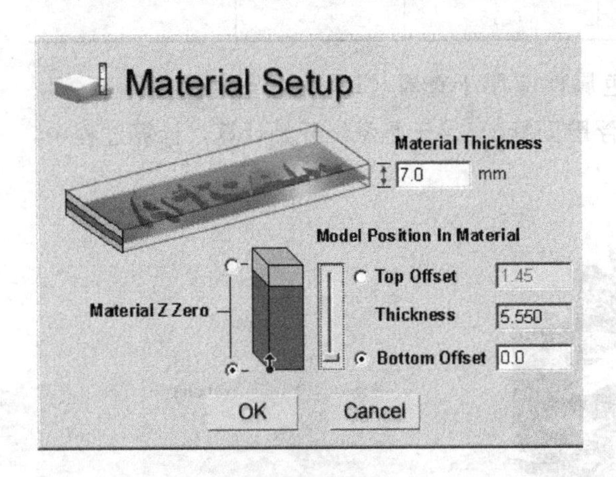

图 6-60 材料 Z 向加工参数设置对话框

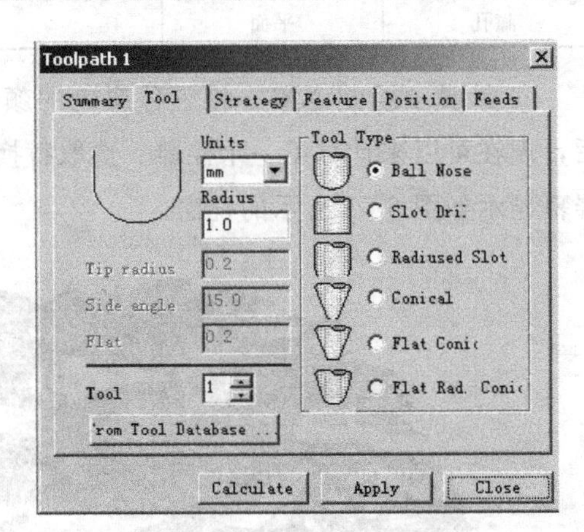

图 6-61 设置刀具种类对话框

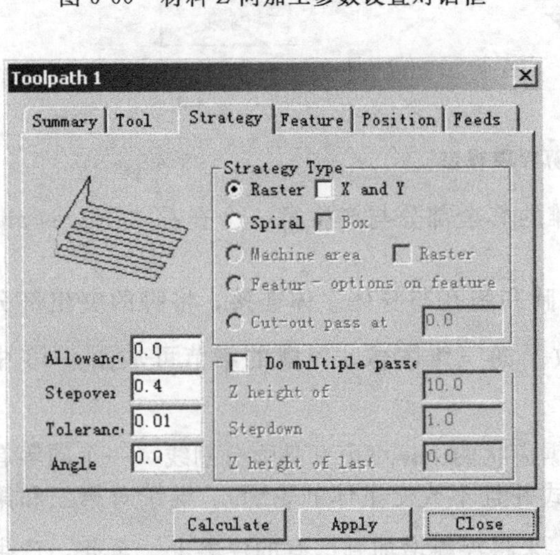

图 6-62 设置加工策略对话框

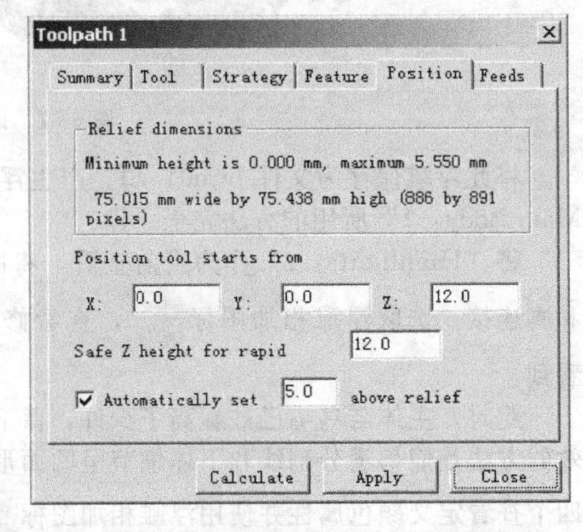

图 6-63 设置加工起刀点坐标对话框

再选择新建刀具路径命令，在弹出的刀具路径对话框中设置刀具、加工策略、起刀点坐标、切削等相关参数，如图 6-61～图 6-64 所示。

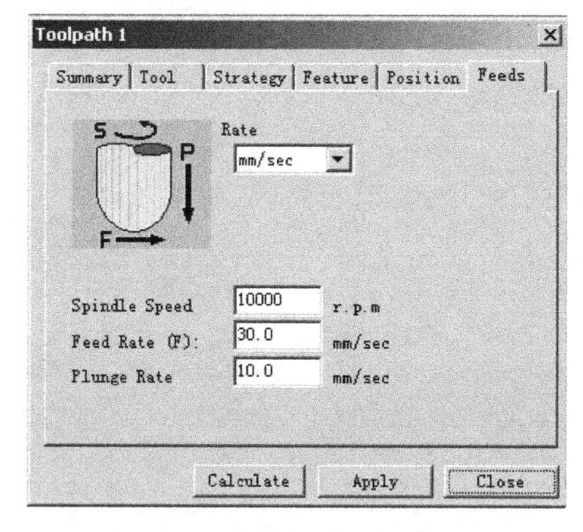

图 6-64　设置切削参数对话框

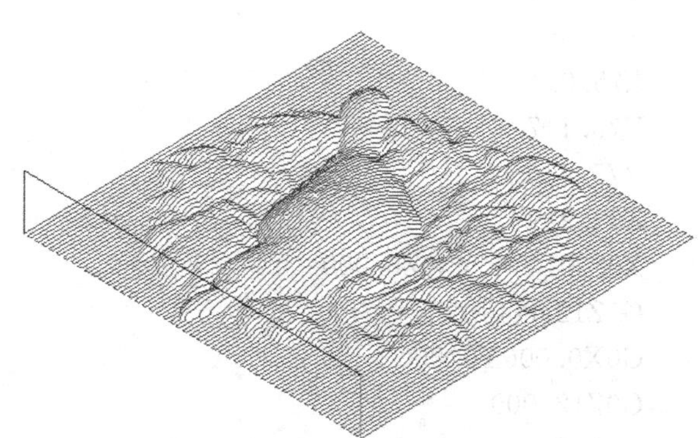

图 6-65　刀具路径图

参数设置好后按 Apply 按钮和 Calculate 按钮，系统将自动生成刀具路径，如图 6-65 所示。至此，刀具路径生成完毕。

（2）生成数控代码　选保存刀具路径命令，在出现的保存刀具路径对话框中选择要生成的数控代码格式，如 G 代码格式，如图 6-66 所示。

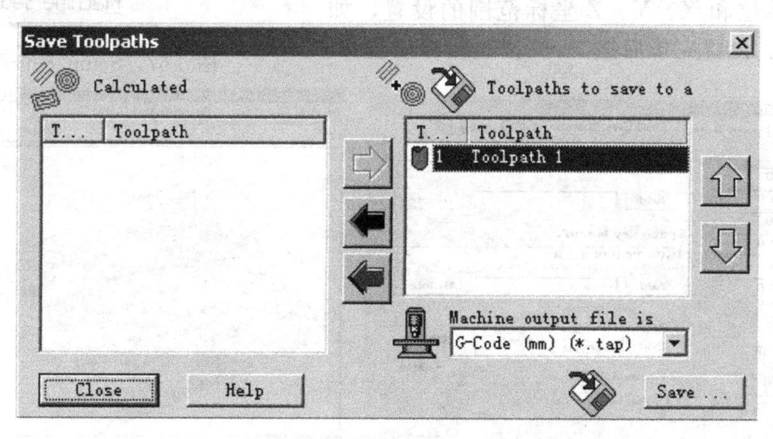

图 6-66　选择数控代码格式对话框

按保存按钮，指定路径和文件名，就可生成与刀具路径对应的数控代码。生成代码的部分内容如下（代码很长，这里只截取了其头尾部分）。

```
T1M6
G0Z12.000
G0X0.000Y0.000S10000M3
G0X0.001Y0.001Z12.000
G1Z0.000F600.0
G1X0.086F1800.0
X75.014
Y0.081
```

Y0.400
X74.929
...
Y74.717
Y75.037
X0.086
X75.014
Y75.117
Y75.436
X74.929
X0.001Y75.436Z0.000
G0Z12.000
G0X0.000Y0.000
G0Z12.000
G0X0Y0
M30

6.5.2.3 加载到雕刻机数控系统进行数控雕刻加工

(1) 设置相应参数 进入 DeskCNC 数控系统中，设置相应参数，选 Setup 菜单下的 Machine Setup 子菜单，如图 6-67 所示。

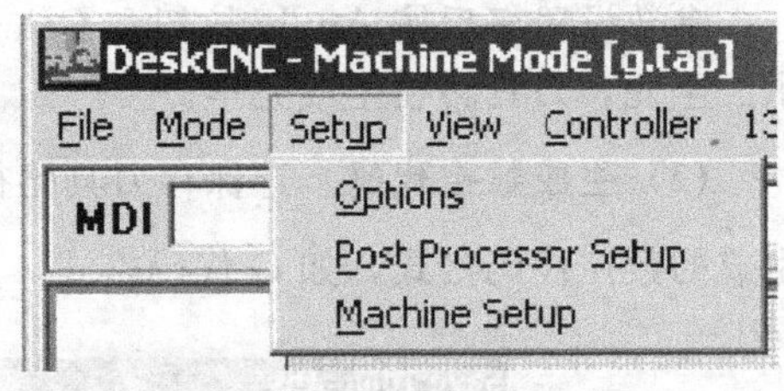

图 6-67 Setup 下拉子菜单

在弹出的相应对话框中选 DeskCNC Setup 标签，并进行单位和 X、Y、Z 坐标范围的设置，如图 6-68 所示。设置完毕后按 Save 按钮保存设置。

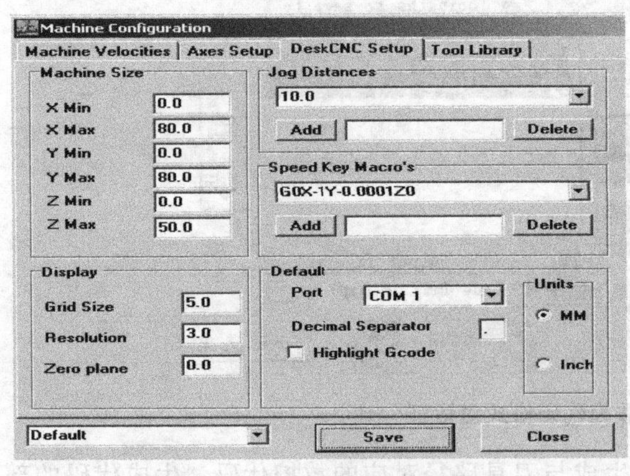

图 6-68 设备加工参数设置

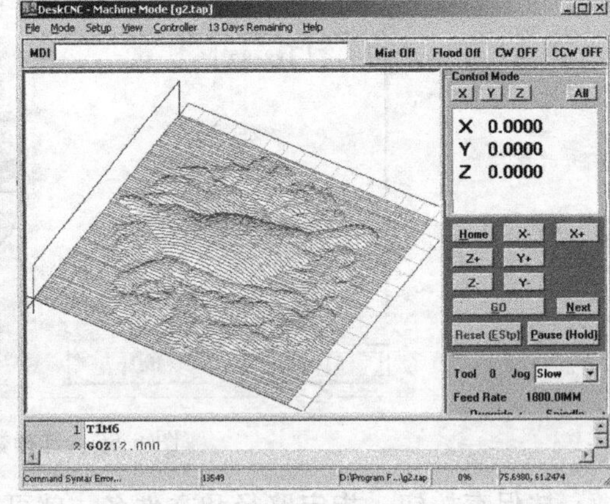

图 6-69 虚拟加工与制造示意

(2) 进行计算机虚拟加工与制造 从 File 菜单 OPEN NC 子菜单中加载上面用 ArtCAM PRO 生成的数控代码结果，如图 6-69 所示，先在计算机上进行虚拟加工与制造。

(3) 进行实际加工与制造 在雕刻机的相应位置上装好待加工的毛坯木板，必要时以 G92 指令根据当前刀具位置确定编程原点，按 GO 按钮加工该浮雕。

6.5.3 加工案例 3——广州亚运会标志雕刻加工

2010 年 11 月亚运会在广州举行，这是中华民族在新世纪的又一隆重盛世，亚运会的标志早已深入人心。假设某一亚运主题酒店需要定制一批家具门板，要求带有 2010 亚运标志，如何做呢？

（1）图案素材确定。图案既可由业主方提供，也可以来自网络搜索。

（2）构图，将标志生成矢量图。可以用 CAD 描图，也可以用 CorelDRAW 快速临摹，或者其他设计软件均可。这里用 CorelDRAW 软件快速临摹，之后进行局部修改。构图中尊重原图，但避免尖角，同时注意间距，以保证与车间刀具通用，如图 6-70 和图 6-71 所示。

图 6-70　用 CorelDRAW 软件临摹标志（一）

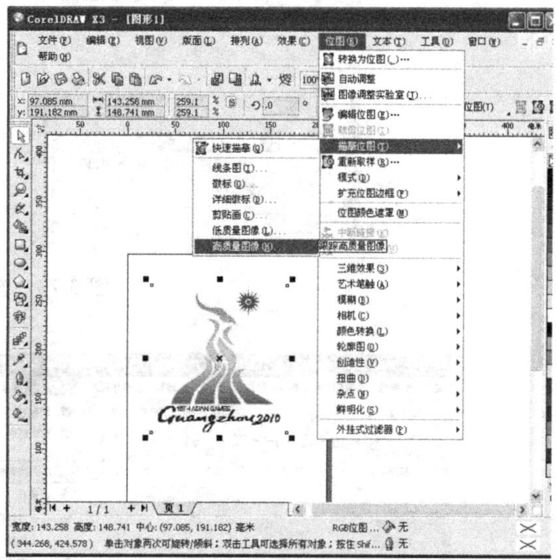

图 6-71　用 CorelDRAW 软件临摹标志（二）

（3）另存为中间文件。一般选用的是 PLT 格式，其他格式也可以。原则是，既要让设计软件（这里指 CorelDRAW）能够导出，也要使自动编程数控软件能够接收，这里指 MasterCAM。

（4）在 MasterCAM 中，打开 CorelDRAW 导出的文件，如图 6-72 所示。

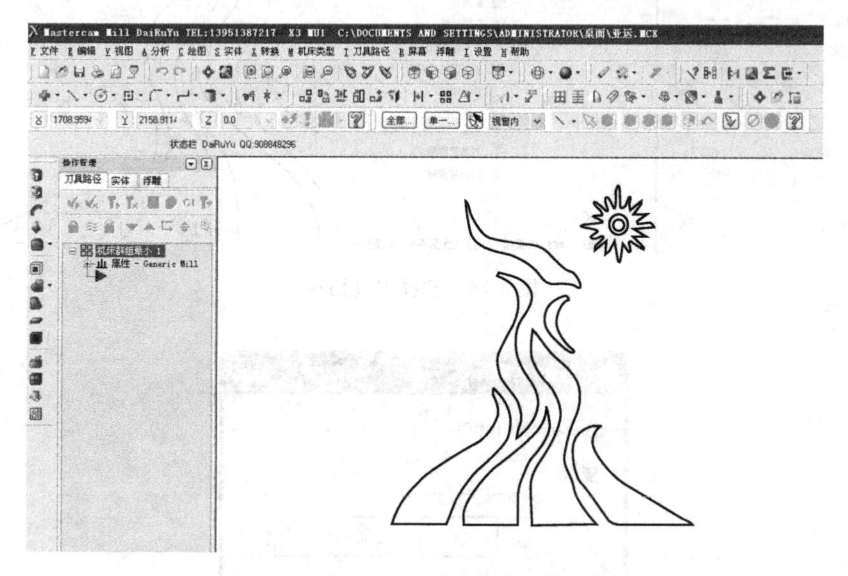

图 6-72　在 MasterCAM 中打开标志图案

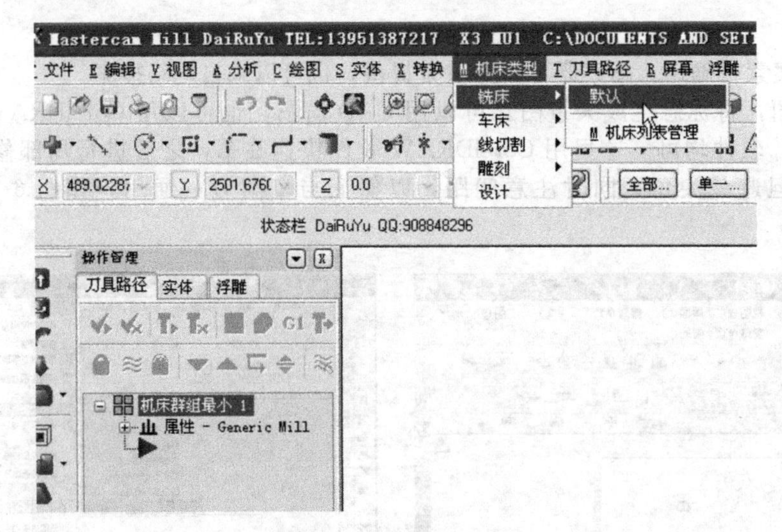

图 6-73 选择机床类型

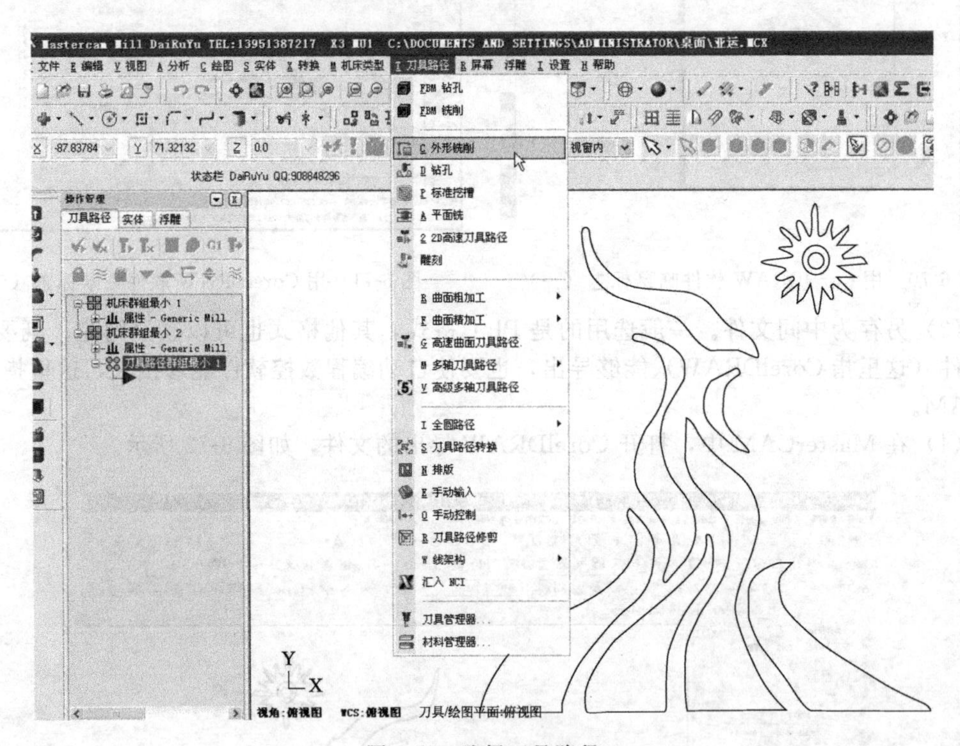

图 6-74 选择刀具路径

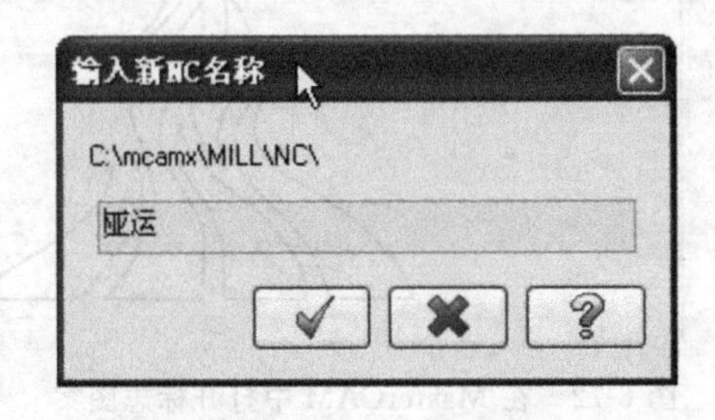

图 6-75 输入文件名

（5）选择“机床类型/铣床/默认”，选用铣削中的默认命令，如图 6-73 所示。

（6）选择“刀具路径/外形铣削”，如果用在门板上，则只加工出轮廓，如图 6-74 所示。

（7）输入文件名，如图 6-75 所示。

（8）窗选加工图案，逐个点击也可以，如图 6-76 和图 6-77 所示。

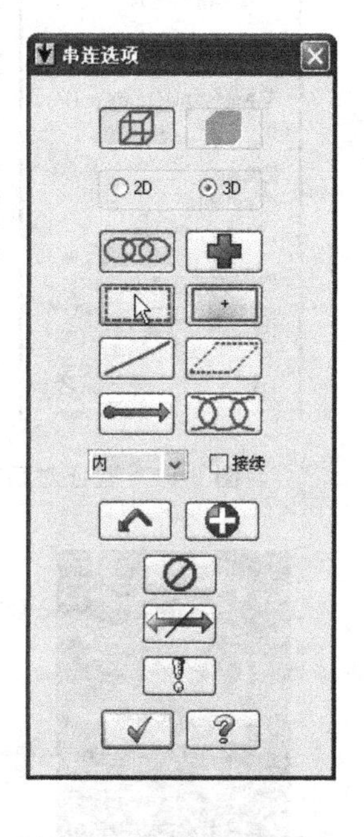

图 6-76　串选选项对话框

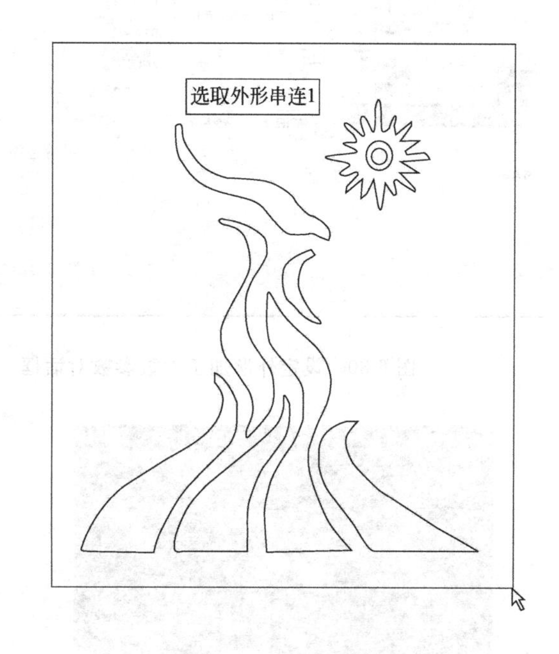

图 6-77　窗选加工图案

（9）选择刀具，设定刀具参数，不同图案用同刀具，参数要作一定调整，如图 6-78～图 6-80 所示。

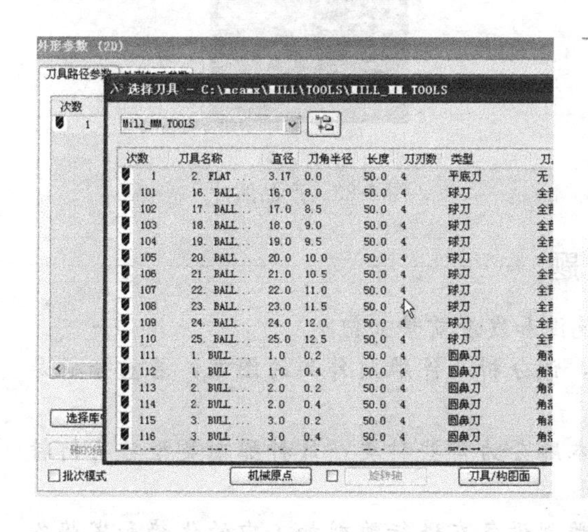

图 6-78　选择刀具对话框

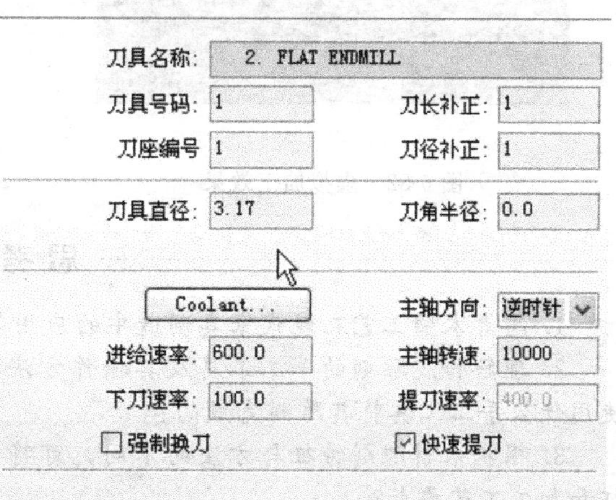

图 6-79　设定刀具参数对话框

（10）为了了解上述设置是否可行，在生成后处理编码之前，需要在计算机虚拟环境下进行验证，如图 6-81 和图 6-82 所示。

（11）符合要求，可以到机床加工，产品图片如图 6-83 所示。

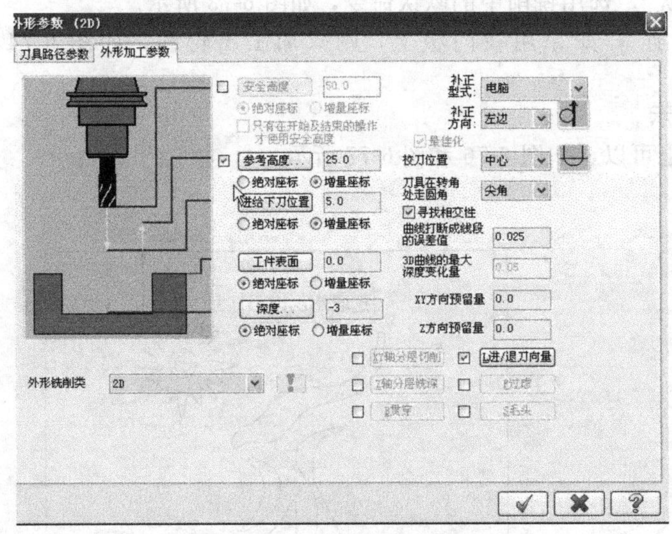

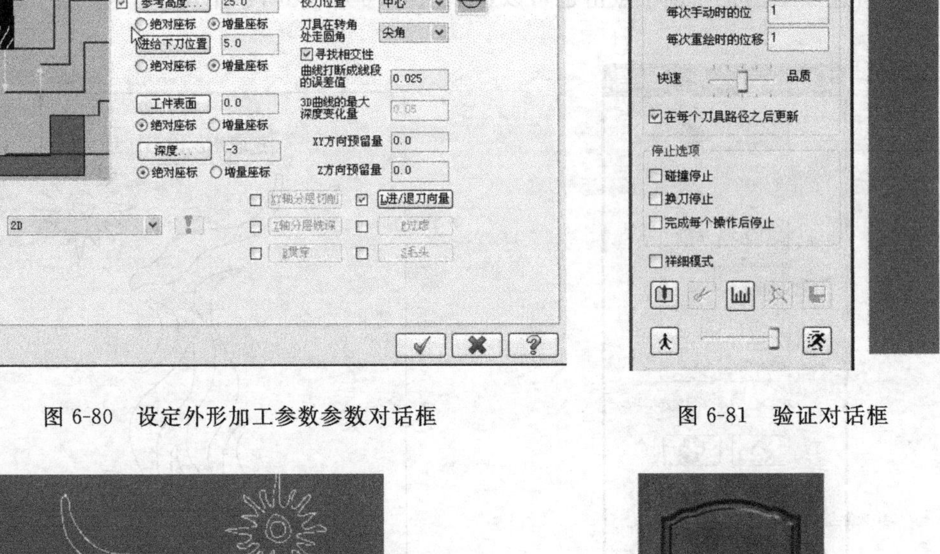

图 6-80　设定外形加工参数参数对话框

图 6-81　验证对话框

图 6-82　虚拟加工效果

图 6-83　产品照片

思考题

1. 思考木雕工艺在现代家具制造中的应用范围和发展前景如何？

2. 理解传统雕刻的手工工具及其操作方法，试分析几件雕刻作品的图案，着重分析是使用什么手工工具将其雕刻完成的？

3. 根据木材雕刻特征与方法的不同，可将木雕分为哪些种类？每种雕刻类型各有何特征和加工工艺要求？

4. 当前有哪些种类的雕刻设备？思考现代雕刻设备在进行雕刻加工中的优势和劣势各是什么？

5. 理解木工数控机床的加工特点，熟悉木工数控机床加工零件的过程。

6. 思考采用木工数控机床进行雕刻加工时，编制零件加工程序的步骤与内容。

第7章

家具表面装饰工艺

家具表面装饰工艺就是对家具形体表面进行美化的生产工艺。对家具产品而言，好的装饰能加强受众对产品的印象，增强产品的美感，提升产品的附加值。本章主要介绍除家具雕刻以外的其他表面装饰工艺，包括家具表面镶嵌工艺技术、真空覆膜技术、烙画及金属家具和配件电镀工艺等家具表面装饰工艺。

7.1 镶嵌工艺技术

所谓家具镶嵌，是指以不同色彩、不同质地的木材、石材、兽骨、金属、螺钿、象牙、龟甲等为材料拼成艺术图案，嵌入或粘贴到已铣刻好，且与艺术图案吻合的家具表面沟（槽）中或家具表面上，使之与家具表面基材形成鲜明的对比，以达到装饰家具表面的目的。镶嵌是艺术与技术相结合的典范，在家具、工艺美术品及其他装饰品中获得广泛的应用。

我国家具的镶嵌有着悠久的历史，据出土文物考证，早在商代晚期的漆器中已用贝壳图案进行镶嵌装饰。唐朝已有用贝壳镶嵌图案装饰的家具，经长期发展，到清朝中叶，江浙地区的镶嵌技术相当发达，木嵌、竹嵌、骨嵌、石嵌、贝壳嵌等工艺技术，广泛用于家具、工艺美术及其他日用品的装饰，而且名扬中外。如图 7-1 所示为中国传统镶嵌家具，直到现在仍是家具中的精品，备受人们喜爱；图 7-2 所示为仿清镶嵌家具，同样是国内外传统家具市场上的经典家具产品。

7.1.1 镶嵌的分类

7.1.1.1 按镶嵌的材料分类

根据用于家具的主要镶嵌材料，可将镶嵌家具分为实木镶嵌、薄木镶嵌、兽骨镶嵌、云石镶嵌、玉石镶嵌、大理石镶嵌、铜合金镶嵌、铝合金镶嵌、贝壳镶嵌、龟甲镶嵌、仿宝石高分子材料镶嵌等多种。

7.1.1.2 按镶嵌工艺分类

(1) 拼贴 又称镶拼或胶贴，一般是用具有漂亮花纹的薄木或薄板拼成优美的图案元件，胶贴在被装饰件表面的装饰部位上。用薄木或薄板拼贴图案元件又有普通拼贴与透嵌拼贴之分。如图 7-3 中的（a）所示为普通拼贴，图 7-3 中的（c）所示为透嵌拼贴。其中透嵌拼贴元件需要进行挖雕，工艺技术较复杂，制作成本较高。

(2) 挖嵌 在家具零部件的装饰部位，以镶嵌图案的外部轮廓为界线，用雕刻刀具挖出

(a) (b) (c) (d)

图 7-1　中国传统镶嵌家具

图 7-2　仿清镶嵌家具

一定深度的凹坑，并将凹坑底面修整平滑；然后在凹坑的周边及底面涂好胶后，将加工好的镶嵌图案嵌入凹坑中，待胶层固化后，进行修整加工即可。如图 7-3 中的（b）所示为挖嵌示意图。镶嵌图案元件与被镶嵌基材的结构形式有三种：一是镶嵌元件的表面与被镶嵌基材的表面处于同一平面上，称为平嵌；二是镶嵌元件的表面高于被镶嵌基材的表面，称为高嵌；三是镶嵌元件的表面低于被镶嵌基材的表面，称为低嵌。

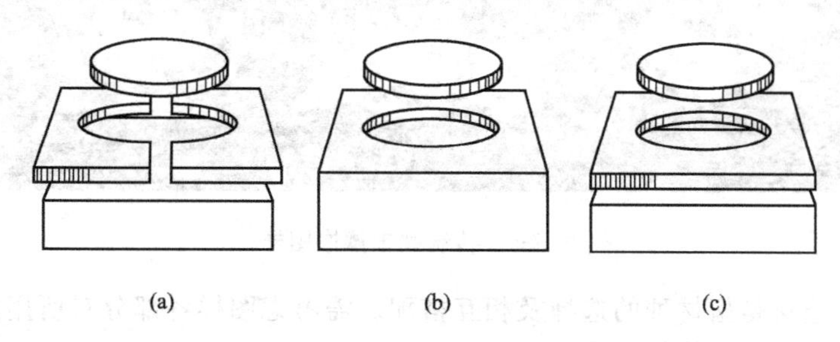
(a) (b) (c)

图 7-3 镶嵌的类型

(3) 镂花胶贴 为减轻手工雕刻的劳动强度，进一步提高家具生产标准化程度和生产效率，可先将雕刻图案通过数控机床批量生产出来，然后再作为产品零件组装到产品表面。一般是用较薄的优质木板加工透雕图案，再胶贴到被装饰件表面的装饰部位上。如图 7-4 所示为几种常用的镂花胶贴图案。

(a)

(b)

(c)

图 7-4 几种常用的镂花胶贴图案

(4) 压嵌 压嵌是将制作好的镶嵌图案元件涂上胶覆贴在被装饰件的装饰品部位上，然后在镶嵌图案元件表面上施加一定的压力，将镶嵌图案元件压入被装饰件一定的深度，以使彼此牢固接合。该方法不需挖凹坑，工艺简单，但需硬度较大的材料制作镶嵌图案元件，否则有可能被压破。

7.1.2 镶嵌工艺

用不同材料进行镶嵌，其制作工艺有所不同。在此，仅以薄木为例进行介绍。

(1) 设计图样 设计图样是镶嵌艺术能否达到较理想装饰效果的关键。镶嵌图案需与家具整体造型风格相适应，以达到最佳的装饰效果。如图 7-5 所示为传统螺钿镶嵌图样。

图 7-5 传统螺钿镶嵌图样

(2) 选材 选材是指材种的选择及相互搭配。需考虑图样各部分对所用薄木的材种、纹理、色彩、厚度、含水率等的要求。

(3) 镶嵌元件的制作 首先选择好的薄木进行漂白、干燥、染色处理；然后按照设计图案要求进行剪切加工；接着按照设计图案要求用胶纸、胶线进行胶拼或将正面贴在纸上，其拼缝一定要严密，待胶固化后进行修整加工，以使其形状与尺寸符合设计图纸的要求。

(4) 底板制作 作为镶嵌基材的底板所用薄木，其厚度与含水率需与制作镶嵌元件的薄木相同，其色彩需形成较明显的对比。底板上的供镶嵌用孔可用冲压机进行冲压加工制造，也可雕刻加工或用镂锯加工制造。若底板幅面较大，可用胶纸带将较窄的薄木拼宽，使之满足使用要求。在底板上所加工的孔，需使其形状与尺寸与镶嵌元件的周边相吻合。

(5) 镶嵌及胶压 首先将制备好的镶嵌元件嵌入底板的孔中，并用胶纸带固定，然后在底板的背面涂上胶，胶压在被装饰部件的表面上。其涂胶量与胶压工艺和覆面板薄木胶合完全相同，在此不再赘述。

(6) 表面修整 用 00＃木砂纸将整个部件的表面砂磨平整光滑。若镶嵌元件或与被嵌薄木交界处有缺陷，需修补好，以取得更好的装饰效果。

7.2 真空覆膜技术

虽然覆面板芯料为刨花板、纤维板的装饰方法在本书第 4 章已作过介绍，但在人造板材表面装饰方面，近年又发明出一种新的覆面装饰技术——真空覆膜技术。即运用压缩空气，在具有特殊形状的芯材表面覆贴图案精美的饰面材料，使产品表面的饰面图案极富立体感，犹如浮雕一般，从而达到提高产品性能与装饰效果的目的。真空覆膜产品广泛用于家具制造、建筑及室内装修等行业。其显著特点是：不需用模具，并且将覆面、封边一次完成。如图 7-6 所示为门板采用真空覆膜装饰的橱柜家具产品。

7.2.1 真空覆膜设备的组成与工作原理

真空覆膜压机外形如图 7-7 所示，其一般是由上工作腔、上加热板、换气装置、下工作腔、下加热板、垫板、薄膜气压垫等部件组成，如图 7-8 所示。根据其工作腔内是否有薄膜气压垫，可以把真空覆膜压机分为有薄膜气垫压机和无薄膜气垫压机。

7.2.1.1 有薄膜气垫压机的工作原理

有薄膜气垫压机是在覆面材料的上工作腔安装一个大幅面的橡胶薄膜气压垫，压机开启时（图 7-9），上工作腔 1 处于真空状态，薄膜气压垫 5 被吸附到上加热板 2 上，当到达一定的温度后（图 7-10），上工作腔 1 通入常压热循环空气，中间工作腔 3 处于真空状态，覆面

图 7-6　门板采用真空覆膜装饰的橱柜家具

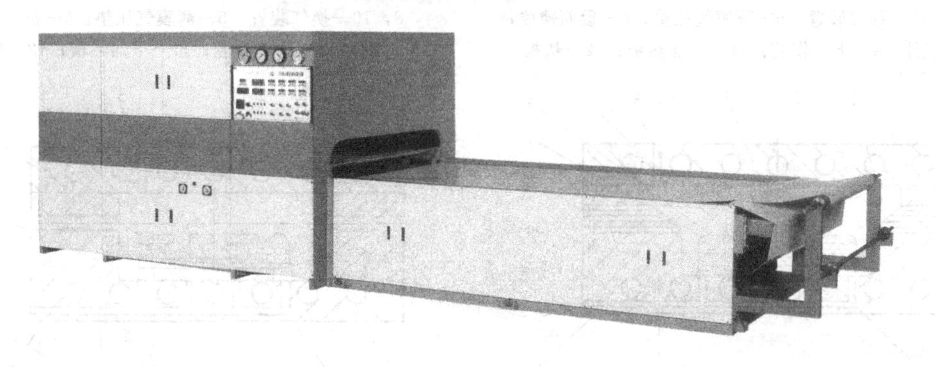

图 7-7　真空覆膜压机外形

薄膜 6 被吸附到薄膜气压垫 5 上进行加热塑化。进入加压状态时（图 7-11），上工作腔 1 通入热循环压缩空气，中间工作腔 3 以及下工作腔 9 处于真空状态，由于压力与热的作用，在覆面薄膜 6 与工件 7 之间产生很强的附着力，这样预先喷涂在工件 7 表面的胶黏剂在胶联剂的作用下，胶黏剂形成具有牢固粘接力的立体网状结构，从而使覆面薄膜 6 与工件 7 牢固地黏合在一起。当撤去压力和打开压机后，模压部件已制成。当使用有薄膜气垫压机模压 PVC 薄膜时，PVC 薄膜随着橡胶膜的移动而移动，其他与模压薄木相同。

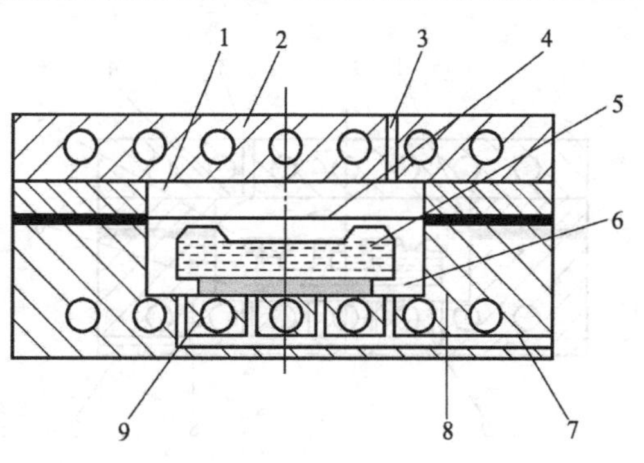

图 7-8　真空覆膜压机结构示意图

1—上工作腔；2—上加热板；3，7—换气装置；4—覆面薄膜；5—工件；6—下工作腔；8—下加热板；9—垫板

双面有薄膜气垫压机的工作原理与单面有膜真空模压类似，不同的是在上下压腔之间加了一个吸排气道，以使上下两面可同时模压。

7.2.1.2　无薄膜气垫压机的工作原理

无薄膜气垫压机是覆面材料的上工作腔没有橡胶薄膜垫，压机开启时（图 7-12），覆面薄膜 4 呈自然状态地被放置在工件 5 上，压机闭合后（图 7-13），上工作腔 1 处于真空状态，下工作腔 6 通入常压热循环空气，覆面薄膜 4 被吸附到上加热板上进行加热塑化。经过一段时间之后，进入加压状态（图 7-14），这时上工作腔 1 通入热循环压缩空气，下工作腔 6 处于真空状态，这样在一定的压力、温度、时间和真空度诸因素的作用下，覆面薄膜 4 被牢固地与工件 5 黏合在一起。当撤去压力和打开压机后，模压的部件便已制成。

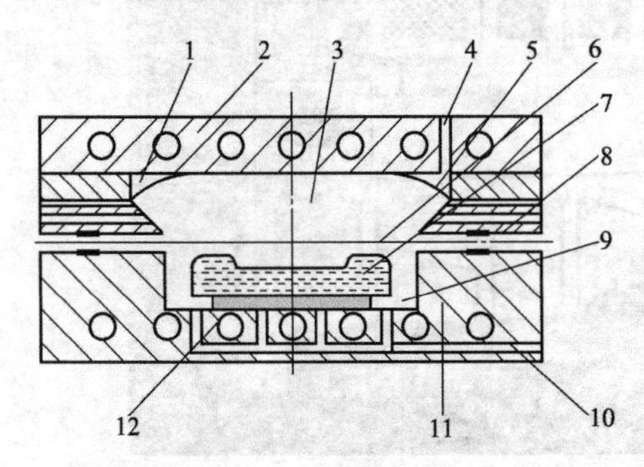

图 7-9　压机开启状态

1—上工作腔；2—上加热板；3—中间工作腔；4，8，10—换气装置；5—薄膜气压垫；6—覆面薄膜；7—工件；9—下工作腔；11—下加热板；12—垫板

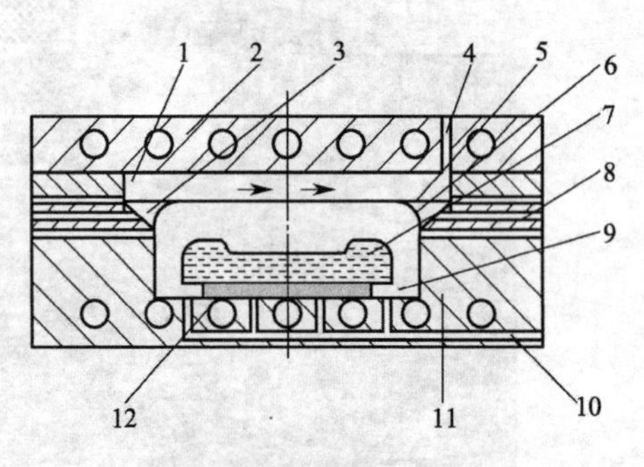

图 7-10　压机闭合状态

1—上工作腔；2—上加热板；3—中间工作腔；4，8，10—换气装置；5—薄膜气压垫；6—覆面薄膜；7—工件；9—下工作腔；11—下加热板；12—垫板

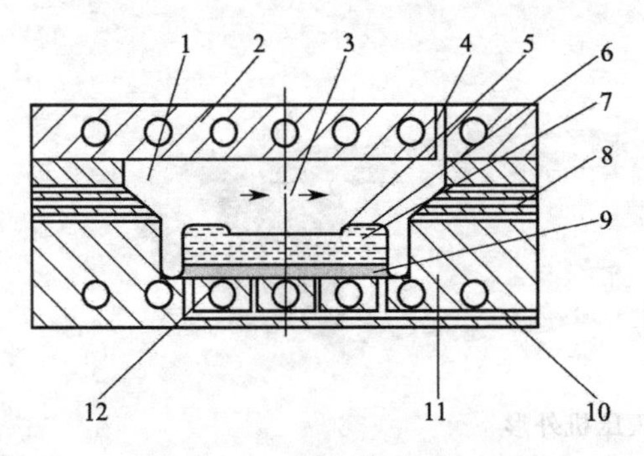

图 7-11　压机加压状态

1—上工作腔；2—上加热板；3—中间工作腔；4，8，10—换气装置；5—薄膜气压垫；6—覆面薄膜 7—工件；9—下工作腔；11—下加热板；12—垫板

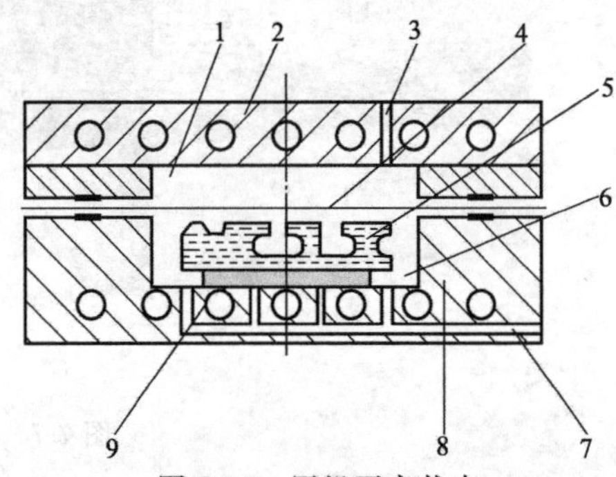

图 7-12　压机开启状态

1—上工作腔；2—上加热板；3，7—换气装置；4—覆面薄膜；5—工件；6—下工作腔；8—下加热板；9—垫板

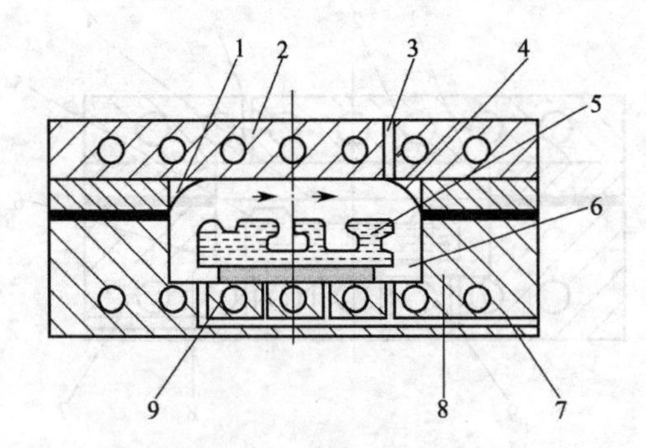

图 7-13　压机闭合状态

1—上工作腔；2—上加热板；3，7—换气装置；4—覆面薄膜；5—工件；6—下工作腔；8—下加热板；9—垫板

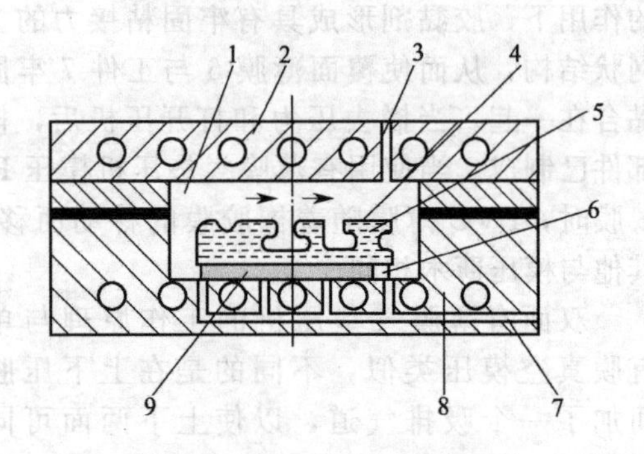

图 7-14　压机加压状态

1—上工作腔；2—上加热板；3，7—换气装置；4—覆面薄膜；5—工件；6—下工作腔；8—下加热板；9—垫板

7.2.2 真空覆膜材料

真空覆膜板所用的材料与一般覆面板一样分为芯料、覆面材料，再加上胶黏剂。

7.2.2.1 芯材

真空覆膜使用的芯材一般是刨花板和中密度纤维板。但是国产的刨花板还存在着刨花形态不规则、表层刨花和芯层刨花大等问题，所以使用国产刨花板还不能实现真空覆膜，而只能使用中密度纤维板（MDF），并对 MDF 的质量有很高的要求。采用中密度纤维板做基材时，一般要求其密度为 0.7g/cm^3 左右，表层和芯层的纤维密度均匀，没有树皮或其他杂质，否则，加工后的产品表面将有粗糙的小颗粒。

在工件的铣削过程中，刀具和线型的选择也是至关重要的，铣削表面的粗糙度会影响贴面后的产品平整度，线型选择不能过窄和过深，否则覆面薄膜拉伸不到位、粘贴不牢，受环境影响，覆面薄膜会鼓起。

在工件贴面前，工件的表面要进行严格的砂光和除尘处理，有时还需刮腻子找平。同时，表面不许有油渍，不然将影响胶合强度和贴面的表面质量。砂光处理时，砂纸目数不低于 180 目。

7.2.2.2 覆面材料

真空模压常用的覆面材料是具有各种精美图案的合成材料，主要有聚氯乙烯（PVC）薄膜、聚丙烯（PP）薄膜、丙烯腈-丁二烯-苯乙烯三元共聚物（ABS）薄膜、非晶态聚酯、聚烯烃、PET 薄膜、三聚氰胺浸渍薄膜等。珍贵木材的刨切薄木，也是真空覆膜经常使用的覆面材料。各类覆面材料的厚度为 0.3～0.6mm，过厚会加大材料成本；过薄容易产生开裂、泛白和“橘皮”等缺陷。薄木覆面须采用有气垫膜的真空覆膜压机来实现，并要求芯料的内凹面不能太深，薄木的胶贴面尚需胶贴丝织材料，以确保薄木在模压时不产生撕裂的缺陷。

PVC 薄膜是真空覆膜的主要覆面材料，其影响真空覆膜的主要性能如下。

（1）拉伸性能 PVC 薄膜受热后，其拉伸的范围及冷却后的收缩指标，直接影响贴面的效果和强度，尤其是表面形状复杂的芯料，对 PVC 薄膜的拉伸性能要求更高。关于此项指标，现今还没有具体的检测方法，仅通过生产试验来确定，以满足工艺要求为准则。若不能达到工艺要求，则只能重新设计覆面板表面的图样，以适应 PVC 薄膜的拉伸性能。

（2）耐热性 PVC 薄膜真空异形覆面，需依靠温度变化来完成。因此，要求 PVC 薄膜具有合适的耐热性，温度过高或过低都影响覆面的质量；同时也影响覆面板的使用寿命。要求 PVC 薄膜能耐高于 120℃和低于－30℃的温度。

（3）胶黏剂的渗透性 PVC 薄膜对胶黏剂的渗透性，直接影响覆面的胶合强度。PVC 薄膜对胶黏剂渗透性的检测，可使用 PVC 薄膜胶黏剂渗透性检测试剂。将试剂涂布在 PVC 薄膜内表面，观察其渗透变化，渗透能力越高越好，最低标准为 35 个单位。

此外，PVC 薄膜的厚度也影响覆面的质量。PVC 厚度以 0.3～0.42mm 为宜，此厚度既可较好地覆盖芯料的表面，又具有较大的拉伸强度，确保产品的质量要求。

（4）胶黏剂 高品质的胶黏剂是达到胶合强度的关键，胶黏剂应具有良好的耐热、耐湿、耐蒸汽的性能，同时受我国地理环境的影响，也应具有良好的耐寒性。选择胶黏剂时，应充分考虑胶的活化温度，过高不易加工，过低受环境温度的影响，又会造成边部的薄膜剥离、卷边等质量问题。一般选择活化温度在 80℃左右的胶黏剂。施胶要根据线型的差异，适当控制涂胶量。涂胶量过大或不足，会导致表面粗糙和贴面强度不够等质量缺陷。

真空覆膜使用的胶黏剂主要是聚氨酯树脂胶、醋酸乙烯-丙烯酸共聚树脂胶。薄木使用的胶黏剂主要是脲醛树脂胶等。现在国内各厂家使用的胶黏剂均以进口为主，而其中德国的聚氨酯胶黏剂质量较好，多为双组分，基体为聚氨酯乳液，活化温度一般在 70～90℃之间，热压时间为 30～90s。

7.2.3 真空覆膜工艺

7.2.3.1 真空覆膜的技术参数

真空覆膜的时间、温度和压力对真空覆膜件的质量影响较大。采用的芯料、覆面材料以及胶黏剂种类不同，覆膜的工艺技术参数也有所差异。先进的真空覆膜压机与计算机技术联合起来，可以根据覆面板的厚度、所用覆面材料的种类等不同，合理选定真空覆膜压机的不同控制程序。实际生产中真空覆膜压机模压的几个主要技术参数见表 7-1，以供参考。

表 7-1 真空覆膜压机模压的几个主要技术参数

真空覆膜压机类型	芯料厚度/mm	覆面材料	覆面材料厚度/mm	上压腔温度/℃	下压腔温度/℃	加压压力/MPa	加压时间/s
单面有膜压机	18	PVC	0.32～0.4	130～140	50	0.6	180～260
	15	薄木	0.6	110～120	常温	0.6	130～180
双面有膜压机	18	PVC	0.32～0.4	130～140	130～140	0.6	180～260
无膜压机	18	PVC	0.6	130～140	50	0.5	80～120

7.2.3.2 真空覆膜生产线工艺流程

真空覆膜生产线的一般工艺过程是：将工料（刨花板或中密度纤维板）先行砂光、清灰，然后根据不同的图案要求编制不同的程序输入电脑，由电脑控制数控雕刻机对芯料进行图案雕刻；对雕刻完的图案雕刻进行砂光、清灰；然后喷胶、晾干；接着进行组坯（即在芯料表面上覆盖 PVC 膜或薄木等覆面材料）；送入全方位真空热塑成型覆膜压机内，进行真空模压；间隔一定时间，将已模压好的覆面板取出，进行修整；最后验收入库。其工艺流程如下：

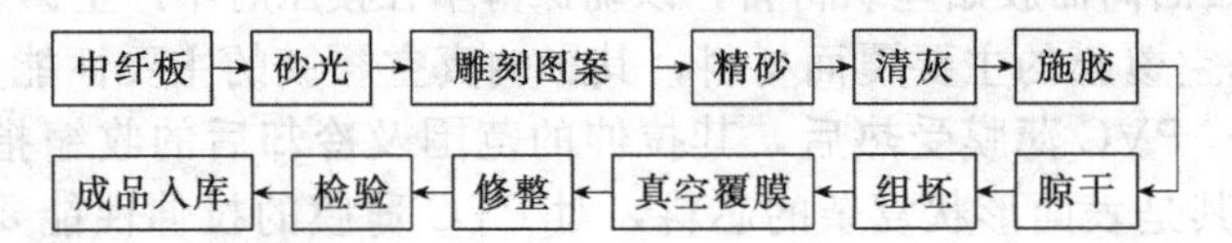

7.2.4 影响覆膜质量的因素

7.2.4.1 PVC 薄膜真空异形贴面常见的质量问题及产生的原因

因该项技术对材料、设备及环境要求较高，容易产生各种各样的质量问题，所以在解决、处理质量问题时，应首先了解设备的工作原理，然后再根据人员、设备、材料、方法、环境等因素进行判断和分析。在 PVC 薄膜真空异形覆面生产中，主要会产生边部脱胶、烫伤、皱褶、泛白、鼓泡等质量问题，现将其产生的原因列于表 7-2。

表 7-2 PVC 真空薄膜常见缺陷产生的原因

缺陷名称	产生的原因
烫伤：PVC 表面出现局部的亮印，影响产品的表面质量	① PVC 本身的耐热性能较低，预热时局部拉伤；②设备上加热板设定的温度过高，一般温度应设定在 130～140℃之间；③设备加热板局部加热设施损坏
鼓泡：在 PVC 薄膜与工件之间存在气体，排不出去，造成废品	① 工件过大或摆放过多，使工件台面上的排气孔阻塞，一般通过在垫板背面加工纵横交错的浅槽来解决；②设备真空系统出现问题，PVC 薄膜局部损坏，有漏气现象
边部脱胶：产品边部 PVC 薄膜出现剥离，特别是环境温度升高会更严重，造成 PVC 薄膜翘起、卷边现象 边角 PVC 薄膜拉伸不到位	① 垫板太大，影响边部胶合；②加压时 PVC 薄膜传递给工件的热量达不到胶黏剂的活化温度；③胶黏剂的活化温度过高或过低；④PVC 薄膜背面对胶黏剂的渗透力过低；⑤PVC 薄膜、胶黏剂的耐热性差，温度升高导致开边垫板过薄
表面出现皱褶	PVC 薄膜软化过度，造成局部拉伸
泛白	PVC 薄膜拉伸过度

7.2.4.2 加热方法

从选择覆面材料塑化的热源来看，采用空气对流加热有利于覆面质量的提高。由于空气具有流动的特点，它能流进复杂形状制品的各个部位，甚至芯料侧面凹陷较深的部位也能加热到，能使覆面材料粘贴到位。而远红外线辐射加热很容易产生照射盲区；接触加热，在芯料表面凹陷较深处或侧面的凹陷部位，较难加热到位，导致覆面时容易产生"搭桥"现象，即局部粘贴不上。另外覆面材料不宜距上加热板或加热薄膜气压垫太远，否则由于覆面材料受热塑化不均匀，可能会产生"皱皮"的缺陷。

7.2.4.3 覆面材料与压机匹配

从选择覆面材料来看，无薄膜气垫压机宜选择厚度较大的硬聚氯乙烯薄膜进行贴面。一方面是因为较厚的覆面材料不易在芯料边角的尖锐处产生撕裂而成为废品；另一方面，芯料表面细小的尘埃较粗糙，不易显现出来。对于在长宽方向具有不同伸缩量的覆面材料来说，更适于在有薄膜气垫压机上进行覆面。

7.2.4.4 胶黏剂的质量

从胶黏剂的选择来看，不同的芯料用不同的覆面材料覆面，必须选择与之相适应的胶黏剂才能得到良好的效果。就目前广泛使用的中密度纤维板芯料，用聚氯乙烯薄膜覆面来说，最早使用的胶黏剂为乙烯-醋酸乙烯共聚物（EV）胶黏剂，由于其初始胶合强度低，耐水、耐蒸汽和耐热性能较差，已基本淘汰。现在大量使用双组分聚氨酯（PU）胶黏剂（采用异氰酸酯交联剂，在每 100 份胶黏剂中加入 5 份交联剂）。由于其粘接强度高，又具有良好的耐热性、耐水性和耐蒸汽性能，故受到普遍的欢迎。还有一种单组分的 PU 胶黏剂的性能可以与之相媲美。值得一提的是，要有较好的涂胶技术，并实施最佳的涂胶量。特别是使用具有单色有光泽的覆面材料进行覆面时，若涂胶量过大，其表现易产生"橘皮"现象，这是由于胶黏剂的线型分子固化聚集所致。

7.2.4.5 涂胶工艺

一般情况下，在芯料表面上涂胶一次即可，但当芯料的表面纤维较粗糙时，在镂铣过程中，产生刀痕及撕裂，涂胶时，刀痕及撕裂处的纤维会吸湿膨胀，变硬竖起。为此，需对芯料表面进行修复、砂磨光滑，再第二次涂胶，才能进行覆膜。

此外，芯料的摆放和垫板的制作对芯料覆膜质量也有较大的影响。只有合理地摆放相适合的垫板，才能确保产品的成本不会提高，同时又能保证产品的质量。在摆放时，各芯料的间距应为（3.5～4）S（S 为芯料的厚度），并尽可能避免遮挡真空孔。垫板的制作应与工件形状相同，其长、宽需比芯料小 5～6mm，垫板过大将影响边部胶合强度，过小又会导致覆面薄膜破损、漏气及报废。

覆面板真空覆膜技术是三维立体装饰的一项新技术，使原来造型呆板、只能是平面上变化的板式家具，具有了三维空间的立体浮雕感，是板式家具的一次革命。因此该项技术必将能大大促进板式家具的发展。

7.3 烙画装饰工艺

烙画，也叫烙花，或者烫画、烫花、火画等。当木材被加热到 150℃以上时，在碳化以前，随着加热温度的不同，在木材表面可以产生不同深浅的棕色，烙画就是利用这一原理和方法获得的装饰画面。烙画可以用于木材表面，也可以用于竹材表面。烙画在古今中外均有过广泛的应用，如图 7-15 所示为烙画装饰家具。

各种形式的烙画，工作原理相同，都是拿金属体作笔，再通过电、火加热之后，在木、竹、布等材料上烙、熨、烫产生的痕迹来作画。烙画对基材的要求是纹理细腻、色彩白净，我国最好的适于烙画装饰的树种是椴木。烙画是家具表面装饰的重要手段之一。如图 7-16

所示为烙画装饰图案。

图 7-15 烙画装饰家具

在木材表面烙画有以下特点：①线条简洁、自然、明快、流畅，工笔写意栩栩如生；②取材广泛，人物、花鸟、禽兽、山水、书法融汇各家画派画风为一体，作品巧夺天工、精妙无比；③其表现力具有一定的浮雕效果，色泽呈深浅褐色，古朴典雅，清晰秀丽，别具一格；④烙画是中国民间传统绘画之一，属于一种自然的绿色画种，无毒无味；⑤烙画汲取绘画艺术之长和火笔运用技巧，体现了中国绘画多种题材，画面丰富、精细且永不褪色，耐用宜存，具有极高的装饰收藏价值。

7.3.1 家具表面烙画工具

家具表面烙画工具种类很多，如：火烙铁、电烙铁、电烙笔、喷灯、火炉、焊熔机、变压器等，这些工具各个有独特的使用方法，分别发挥不同作用。火烙铁、电烙铁、电烙笔以及喷灯直接用于家具表面烙画，其余是一些辅助工具。传统的家具表面烙画工具是把金属材料（主要是铁、铜）加工成各种形状，用火将其烧热，在竹木表面熨烫。现代家具生产将电工用的电烙铁改造加工成各种形状大、小不同的电烙笔，并用变压器调节温度，使用起来非常方便。

图 7-16 烙画装饰图案

家具表面烙画中也有不用烙铁的火印版画、火喷画等。火印版画是将各种异型金属件和大小不同的齿轮、垫片、铁钉等，用火烧热后组织成一定图形进行烙印，具有一定装饰性；火喷画是用喷灯、焊枪等喷出的火焰在木板上进行烘烤，它没有烙印的痕迹，具有独特的水墨画效果。

7.3.1.1 火烙铁

火烙铁是家具表面烙画的主要工具，最早人们用火钩子、铁扦子之类的铁器，在炭火上加热后进行熨烫，如图 7-17 所示为各种形状的火烙铁。

火钩子是把粗细不同的钢筋一端弯成钩状，铁扦子是把钢筋的一头磨成针状。平常家庭用的熨烙衣物的火烙铁等都可以用来家具表面烙画。火烙铁的特点是温度高，烙出的线条粗犷、奔放，处理大面积深色画面又快又省力，而且有虚有实，有浓有淡，具有中国画大泼墨特色。若与电烙铁、电烙笔结合使用，可增强画面表现力。火烙铁的缺点是不能保持恒温，必须配备火炉才能使用，不够方便。如不作特殊效果，一般不使用。

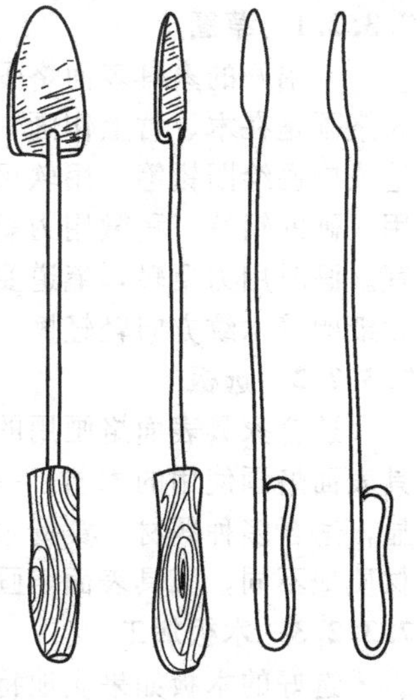

图 7-17　各种形状的火烙铁

7.3.1.2　电烙铁

电烙铁，即电工使用的最普通的焊接线头用的电烙铁，焊头使用紫铜制成，用来家具表面烙画可以把焊头磨成所需形状，以适应家具表面烙画线、块、面的需要。

电烙铁的特点是能够保持相对恒温，配备接触调压器可以任意调节烙铁温度。如果在电源线上或烙铁柄上安装一个电源开关，可以随时启闭电源，也可以任意调节烙铁的温度，比较简便易行。

7.3.1.3　电烙笔

电烙笔实际上就是比较小的电烙铁（自制的微型电烙铁），它的特点是体积小，使用方便，升温快。最多不超过16V电压，通过变压器调节变换温度，比较安全可靠。电烙笔是目前最理想的家具表面烙画工具。

用电烙笔可以烙出丰富的"笔法"，如毛笔中的顿、挫、点、厾、皴、擦、勾、勒等，在纸上则可以烙出棕色素描和石版画的效果，是纸烙画必不可少的工具。

7.3.1.4　变压器

家具表面烙画的变压器有接触调压器和调节变压器之分。多与电烙铁配合使用，也可以与电烙笔配合使用。一般烙画所需的变压器功率在500W即可。

7.3.1.5　辅助工具

家具表面烙画工具除了火烙铁、电烙铁、电烙笔、变压器以外，还有一些辅助工具，如：磨具、烙铁支架、玻璃片、铅笔、橡皮、小刀、直尺、三角板等。

(1) 磨具　即在烙画前把木板打光或修改画面用的细砂纸或细砂布。根据需要选择不同型号的砂纸、砂布。有条件可以使用抛光机。

(2) 烙铁支架　将直径4mm、长50cm的铁丝弯成几个连续波浪形，将两端折回或固定在长方形的木板上便做成烙铁支架。用时放在工作台旁，把热烙铁头搭在支架上，防止烫坏桌面或引起火灾。

(3) 玻璃片、小刀　在家具表面烙画时改正错误，可选边沿呈弧形而且锋利的玻璃片，用凸边轻轻刮掉烙痕。用玻璃片刮较重的颜色，比砂纸打磨快得多，而且不脏画面。玻璃片、小刀的另一用途是根据画面需要刮出特定的效果，如表现皮毛、蓬松的发丝或岩石旁的杂草等。

(4) 铅笔　在木板上勾画轮廓，以棕色铅笔为宜，也可以用普通的中性铅笔。

钳子、螺丝刀和试电笔等工具也要准备一套，用于简单的电器和电烙笔维修。此外，还有一些不常用，但是能作一些特殊效果的家具表面烙画工具，如煤火炉、液化气灶、熔焊机、焊枪、模版、喷灯等。

7.3.2　家具表面烙画的步骤与基本技法

由于家具表面烙画的工具不同，使用的材料质地有很大差异，加之温度高低不一，产生的烙痕变幻莫测，人们就是从中摸索其变化规律，利用其各种偶然奇特的效果，进而转化为绘画手段。

7.3.2.1　草图

一幅好的家具表面烙画作品必须事先画好草图，这与其他画种的创作方法是一样的。因为烙画是在木、竹上作画，这就要求草图更要精细、准确。在木板上勾画草图，宜用棕色铅笔或中性绘图铅笔。用软铅笔容易弄脏画面，一旦铅末被擦进木纹里就很难再擦干净。如果用太硬的铅笔，稍微用力就有可能将笔痕划进木纹里，破坏画面效果。铅笔以2H～2B为宜。画时用力要轻，笔道要简。已被弄脏的画面要用软橡皮擦去，橡皮擦不掉的部分再用细砂纸顺着木纹方向轻轻擦一遍。

7.3.2.2　选板

适合家具表面烙画用的木材有椴木、杨木、松木、柳木、黄杨木、冬青木等。常见的家具表面烙画使用的木材，一般以椴木、杨木为主，因其色泽洁白，木质细腻，纹理不太明显，适合多种题材。黄杨木和冬青木是上好的材料，只是比较稀少，难以普遍使用。各种板材质地不同，家具表面烙画的效果也不一样，可根据个人爱好、习惯以及题材需要来选择。

7.3.2.3　木板加工

选好的木板如果质地特别粗糙或陈旧，可用净刨刨光，新板子可用细砂纸或细砂布打磨光滑。擦板时顺着木纹的方向擦，不能横向擦，也不能转圈乱擦。如果无规律地乱擦，会在木板上留下横七竖八的划痕，干扰画面，很难再把它擦掉。可手持砂布直接擦，把砂纸或砂布包在一块平整而光滑的木块上。如图7-18所示为板面打磨。生产大批家具表面烙画，可使用擦板机（抛光机），比手工擦板可节省几十倍时间，而且质量也好。

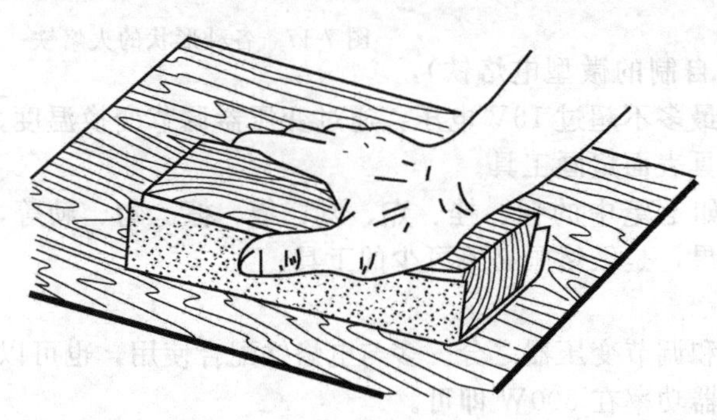

图7-18　板面打磨

7.3.2.4　拓稿

利用陈旧的复写纸把稿子拓到木板上，因为新的复写纸容易污染板面，留下深色的印痕，烙画时很难擦掉，直接影响画面效果。新的复写纸可用较软的纸将其表层的蓝色轻轻擦去，然后放在阳光下曝晒再用。用这种复写纸印出的痕迹，在烙画完成后很容易擦去。另一种方法是，用铅笔在白报纸上均匀地涂上铅粉，用它来代替复写纸，效果比较理想。用炭铅笔或棕色铅笔涂比较快，涂好以后用软布或软纸轻轻擦一遍，炭粉既牢固又均匀。也可以在稿子背后直接涂上炭粉，但不要涂得太深以免弄脏板面。

拓稿时把稿子与木板对好，用夹子夹住画稿一侧，防止移动。用硬铅笔沿着画稿的轮廓和结构拓印，不需要十分细致的描绘，表示出线条的精确位置即可，注意不要有漏拓的地方。

7.3.2.5　烙画温度与运笔速度

家具表面烙画虽没有五颜六色之分，但也像铅笔素描一样有五大调。水墨画的五色是靠毛笔中所含水分多少来决定的。铅笔素描的层次，由软硬度不同的铅笔在纸上画出来的深浅来决定。用烙笔烙画，既可以采用像铅笔素描那样反复熨烙，以增加层次，更应该靠调节烙笔温度高低以及运笔速度快慢和用力大小来表现色调深浅，这也是烙画独特的技法。

在恒温的情况下，运笔速度快，所烙出的色调就浅，速度慢，色调就深。温度越高，速度越慢，烙出的色调就越深。另外要注意的是，烙铁变换温度有一个时间过程，如果频繁调节温度就会浪费时间，为了提高工作效率，可以先高温把较深的色调烙完，再适当调低温度烙中间色或浅色调，最后统一调整。

7.3.2.6 烙铁的运用

(1) 火烙铁 火烙铁是比较原始、简单的烙画工具，将烙铁头放在炉火罩上烧烤，先在另外一块木板上试烙，观察烙痕，凭经验和感觉估测温度。这种烙铁离开火炉温度下降很快，不好控制。可以先烙颜色较深的地方，温度降下后再烙色调较浅的部位。

用火烙铁烙画手要握得紧方能有力，下“笔”才准确。有时烙较大面积色调要双手紧握烙铁，双臂同时用力推拉，烙出的色调均匀，而且颜色油光发亮。烙块面时，将扁平烙铁头平放在木板上用臂力推拉，掌握好速度和力的大小，可以烙出浓淡不同的色调。把扁平烙铁头侧起或用蛇头状火烙铁，手臂同时操作，左右摇摆，推推拉拉，有顿、有挫、有断、有续，可以烙出不同质感的线条。用火烙铁烙出的画“笔墨”奔放，线条流畅，气韵生动，具有中国画大写意的效果。

(2) 电烙铁 用电烙铁烙画，操作方法与火烙铁基本相似。用电烙铁的尖端或侧面在木板上进行推拉，以动作的轻、重、缓、急烙出不同效果的线条。

烙大面积色块，用较低温的扁平烙铁头慢慢烘烙。下笔时要轻，运笔时要稳，收笔时要轻，色块两头虚，中间实，色块衔接自然，不露痕迹，这样烙出的色块才能均匀。行笔时手紧握烙铁，中途不可停顿，否则就会烙出黑色斑点，画面显得脏乱。烙深色块面与火烙铁的方法一样，要随时清除烙铁头上的污垢，否则烙出的深色显得干涩无光，而且色调也不容易均匀。烙点子，一般都用普通的电烙铁头或蛇头状电烙铁头的尖端。烙铁头不像毛笔那样柔软，表现变化很多的点法比较困难。烙点时，手的动作要不断变换角度，并掌握好熨烙每一个点的不同时间和压力。这样烙出的点有大、小、横、竖之分，变化丰富。

(3) 电烙笔 电烙笔体积较小，使用灵便，适用范围比较广。除作木板烙画外，还是纸烙画、布烙画和其他工艺烙画不可缺少的工具，因此，使用电烙笔的技法是烙画的主要方法。

电烙笔的执笔方法与执铅笔、钢笔的方法基本相似。因为烙笔头温度很高，烙笔杆就相应加长，手指离烙笔头远些，执笔时不得不悬起手腕。使用电烙笔烙画时，由于表现的需要，手指和手腕应不停地变换动作，这与执毛笔写字画画有相似之处，有时还要借鉴木刻握刀方法，以求获得最佳效果。电烙笔笔头是硬的，在运笔的时候有顺笔、逆笔，有顿、挫、转、折等笔法之说。电烙笔笔头形状不一，在运笔时，靠方向不同表现不同的质感。

7.4 金属家具及配件电镀工艺

金属家具及配件电镀工艺就是借助外界直流电的作用，在溶液中进行电解反应，使金属家具及配件表面沉积出附着良好、但性能和基体材料不同的金属覆层的技术。电镀层比热浸层均匀，一般都较薄，从几微米到几十微米不等。通过电镀，可以在机械制品上获得装饰保护性和各种功能性的表面层，从而起到防止腐蚀，提高耐磨性、导电性、反光性及增进美观等作用。同时通过电镀还可以修复磨损和加工失误的金属家具及配件。

利用电解作用镀层大多是单一金属或合金，如钛、锌、镉、金或黄铜、青铜等；也有弥散层，如镍-碳化硅、镍-氟化石墨等；还有覆合层，如钢上的铜-镍-铬层、钢上的银-铟层等。电镀的金属家具基体材料除铁基的铸铁、钢和不锈钢外，还可以是非铁金属家具及配件，如ABS塑料、聚丙烯、聚砜和酚醛塑料，但塑料电镀前，必须经过特殊的活化和敏化处理。

7.4.1 基本原理

电镀是一种电化学过程，也是一种氧化还原过程。电镀的基本过程是将零件浸在金属盐的溶液中作为阴极，金属板作为阳极，接直流电源后，在零件上沉积出所需的镀层。

例如：镀镍时，阴极为待镀零件，阳极为纯镍板，在阴阳极分别发生如下反应。

阴极（镀件）：$Ni^{2+}+2e \longrightarrow Ni$（主反应）

$2H^{+}+e \longrightarrow H_2\uparrow$（副反应）

阳极（镍板）：$Ni-2e \longrightarrow Ni^{2+}$（主反应）

$4OH^{-}-4e \longrightarrow 2H_2O+O_2+4e$（副反应）

不是所有的金属离子都能从水溶液中沉积出来的，如果阴极上氢离子还原为氢的副反应占主要地位，则金属离子难以在阴极上析出。

阳极分为可溶性阳极和不溶性阳极，大多数阳极为与镀层相对应的可溶性阳极，如：镀锌为锌阳极，镀银为银阳极，镀锡-铅合金使用锡-铅合金阳极。但是少数电镀由于阳极溶解困难，使用不溶性阳极，如酸性镀金使用的多为铂或钛阳极。镀液主盐离子靠添加配制好的标准含金溶液来补充。镀铬阳极使用纯铅，铅-锡合金，铅-锑合金等不溶性阳极。

7.4.2 电镀按镀层组成分类

① 单金属电镀　应用较广的镀层有锌、镉、铜、铬、锡、镍、金、银等。

② 合金电镀　又可分为以下几类。

a. 二元合金电镀　常用的有锡-铅合金，锌-镍，锌-钴，铜-锡等。

b. 三元合金电镀　常用的有铜-锡-锌，锌-镍-铁等。

c. 多元合金电镀　尚处于研究阶段。

③ 复合电沉积　电镀层中嵌入固体颗粒形成复合镀层。

7.4.3 电镀基本工艺及各工序的作用

7.4.3.1 基本工序

（磨光→抛光）→上挂→脱脂除油→水洗→（电解抛光或化学抛光）→酸洗活化→（预镀）→电镀→水洗→（后处理）→水洗→干燥→下挂→检验包装

7.4.3.2 各工序的作用

(1) 前处理　施镀前的所有工序称为前处理，其目的是修整工件表面，除掉工件表面的油脂、锈皮、氧化膜等，为后续镀层的沉积提供所需的电镀表面。前处理主要影响到外观和结合力。

① 喷砂　除去零件表面的锈蚀、焊渣、积碳、旧涂料层和其他干燥的油污；除去铸件、锻件或热处理后零件表面的型砂和氧化皮；除去零件表面的毛刺和方向性磨痕；降低零件表面的粗糙度，以提高涂料和其他涂层的附着力；使零件呈漫反射的消光状态。

② 磨光　除掉零件表面的毛刺、锈蚀、划痕、焊缝、焊瘤、砂眼、氧化皮等各种宏观缺陷，以提高零件的平整度和电镀质量。

③ 抛光　抛光的目的是进一步降低零件表面的粗糙度，获得光亮的外观。有机械抛光、化学抛光、电化学抛光等方式。

④ 脱脂除油　除掉工件表面油脂。包括有机溶剂除油、化学除油、电化学除油、擦拭除油、滚筒除油等手段。

⑤ 酸洗　除掉工件表面锈和氧化膜。有化学酸洗和电化学酸洗。

(2) 电镀　在工件表面得到所需镀层，是电镀加工的核心工序，此工序工艺的优劣直接影响到镀层的各种性能。此工序中对镀层有重要影响的因素主要有以下几个方面。

① 主盐体系　每一镀种都会发展出多种主盐体系及与之相配套的添加剂体系。如镀锌有氰化镀锌、锌酸盐镀锌、氯化物镀锌（或称为钾盐镀锌）、氨盐镀锌、硫酸盐镀锌等体系。每一体系都有自己的优缺点，如氰化镀锌液具有分散能力和深度能力好，镀层结晶细

致，与基体结合力好，耐蚀性好，工艺范围宽，镀液稳定易操作，对杂质不太敏感等优点。但是剧毒，严重污染环境。氯化物镀锌液是不含络合剂的单盐镀液，废水极易处理；镀层的光亮性和整平性优于其他体系；电流效率高，沉积速度快；氢电位低的钢材如高碳钢、铸件、锻件等容易施镀。但是由于氯离子的弱酸性对设备有一定的腐蚀性，一方面会对设备造成一定的腐蚀；另一方面此类镀液不适于需加辅助阳极的深孔或管状零件。

② 添加剂　添加剂包括光泽剂、稳定剂、柔软剂、润湿剂、低区走位剂等。光泽剂又分为主光泽剂、载体光亮剂和辅助光泽剂等。对于同一主盐体系，使用不同厂商制作的添加剂，所得镀层在质量上有很大差别。

③ 电镀设备

a. 挂具　方形挂具与方形镀槽配合使用，圆形挂具与圆形镀槽配合使用。圆形镀槽和挂具更有利于保证电流分布均匀，方形挂具则需在挂具周围加设诸如铁丝网之类的分散电流装置或缩短两侧阳极板的长度。

b. 搅拌装置　促进溶液流动，使溶液状态分布均匀，消除气泡在工件表面的停留。

c. 电源　直流，稳定性好，波纹系数小。

(3) 后处理　电镀后对镀层进行各种处理以增强镀层的各种性能，如耐蚀性、抗变色能力、可焊性等。后处理的主要方式有以下几种。脱水处理：水中添加脱水剂，如镀亮镍后处理。钝化处理：提高镀层耐蚀性，如镀锌。防变色处理：水中添加防变色药剂，如镀银、镀锡、镀仿金等。提高可焊性处理：如镀锡。由此可见，后处理工艺的优劣直接影响到镀层这些功能的好坏。

思考题

1. 何谓镶嵌？镶嵌的种类有哪些？薄木镶嵌的加工工艺是怎样的？
2. 何谓真空覆膜技术？真空覆膜技术在家具制造行业中的发展现状如何？
3. 试分析真空覆膜设备的种类及其工作原理。
4. 真空覆膜的工艺流程和技术要求是什么？影响真空覆膜质量的因素有哪些？
5. 何谓烙画？家具表面烙画的主要工具有哪些？各有何特点？
6. 简述金属家具及配件电镀工艺与电镀的基本原理。
7. 简述在电镀工艺中各工序的作用是什么？

第8章 家具装配工艺

每一件家具都是由若干个零件、部件接合而成的。按照设计结构图与技术要求，使用手工具或机械设备，将零件接合成为部件或将零、部件接合成制品的过程称为装配。前者称为部件装配，后者称为产品总装配。

现代家具的装配过程：一是在生产企业内完成；二是在用户处完成。后者主要是用于拆装式的各类家具。根据家具结构的不同，其涂饰与装配的先后顺序有以下两种：固定式（非拆装式）家具一般先装配后涂饰；拆装式家具一般先涂饰后装配。

由于家具生产企业的生产规模不一，产品结构、技术水平、生产工艺以及劳动组织等各有不同，所以家具装配方式有所差异。在小型家具企业中，对于单件或小批量家具生产，其装配过程通常是由一个或者几个熟练工人，在同一个工作位置上完成全部操作，未形成流水装配作业生产线；在大中型企业中，由于实现了工业化大批量生产，所以其装配过程多是按流水装配作业生产线的方式进行，按先后顺序通过一系列工序来完成。装配工人只需要熟练地掌握其中某道装配工序的操作，其专业技术水平高，速度快，质量好。同时，也便于实现装配与装饰过程的机械化和连续化。对于大批量生产的家具，采用拆装式装配结构最为合理。这样，工厂生产出的可互换与带有连接件的零部件，可直接包装、销售给用户，用户可以按照装配说明书自行装配。这种方式不仅可以使生产厂家省掉在工厂内的装配工作，而且还可以节约生产和仓储的建筑面积，降低加工成本和运输费用，提高劳动和运输的效率。

家具装配方法主要有手工装配和机械装配两种。手工装配费工费时，劳动强度大，效率低，但能适应各种复杂结构家具的装配。机械装配较手工装配劳动强度低，质量好，效率高，是我国现代家具产业生产结构调整的方向之一。

8.1 装配工艺概述

8.1.1 家具装配的工艺流程

家具的类型较多，即使是同一类型的家具，其生产工艺和结构也往往有所不同，故家具的装配工艺过程不尽相同。一般可归纳为两种类型：一种是产品结构较简单的家具，直接由零件装配为成品，如椅、凳类家具；另一种是产品结构较复杂的家具，先将零件装配成部件，经修整加工后，再由部件装配成家具成品。一般家具的装配工艺过程可大致如图 8-1 所示。

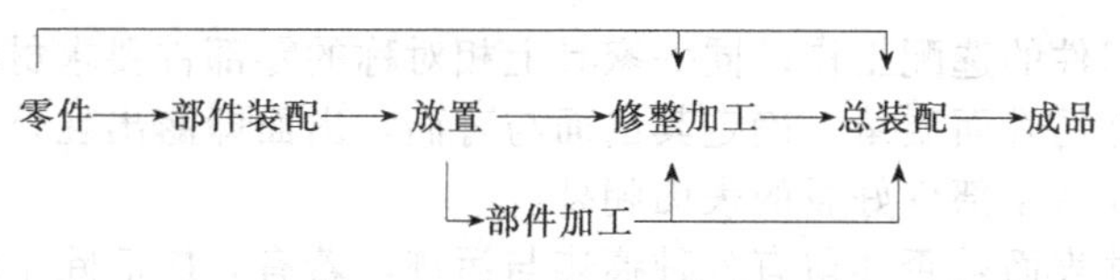

图 8-1　家具装配工艺流程

8.1.2　装配的准备工作

为了高效率、高质量地完成装配家具的任务，在进行装配前，应做好以下的准备工作。

（1）首先要看懂产品的结构装配图（如图 8-2 和图 8-3 所示分别为柜类和框架类家具结构装配图），领会设计意图，弄清产品的全部结构、所有部件的形状和相互间关系，以便确定产品的装配工艺过程。

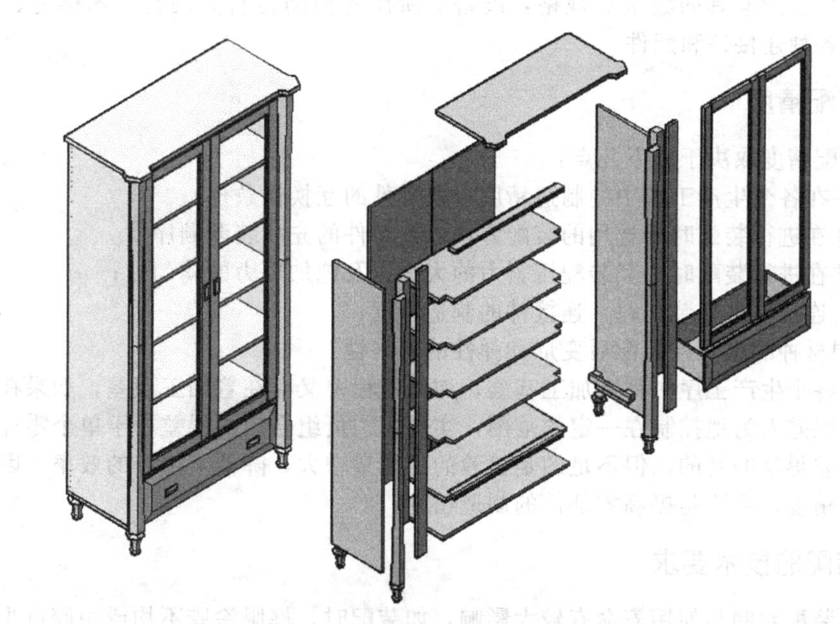

图 8-2　柜类家具结构装配图

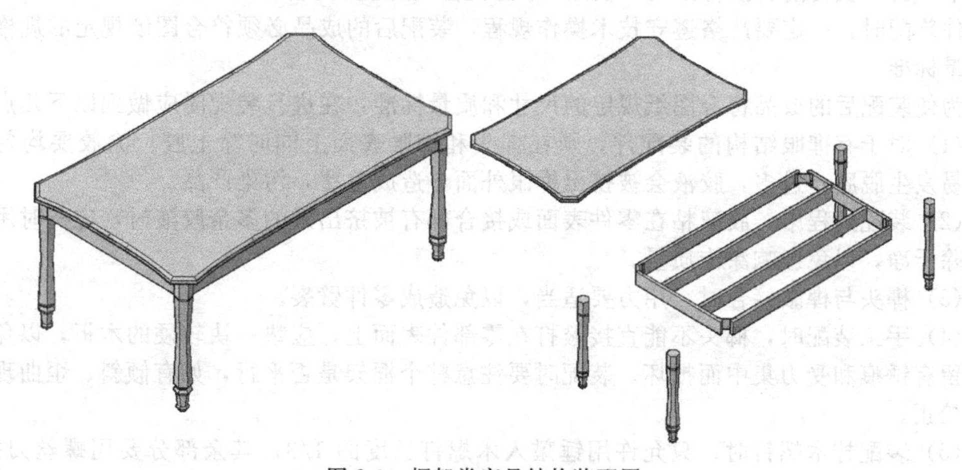

图 8-3　框架类家具结构装配图

（2）逐一检查核对所有零件数量，对不符合质量要求的需挑出进行修整或更换。批量较大的新产品，应事先试装配一件产品，以便及时发现零件加工误差和设计上的问题，从而及时采取技术措施予以解决。

(3) 先做好零部件的选配工作。同一家具上相对称的零部件要求材种、纹理、颜色应一致或近似。按零部件的表面质量，确定其出面与背面，出面即露出在外的表面，直接影响家具的美观性，需争取将零部件好看的表面朝外。

(4) 检查零部件表面是否还留有各种痕迹与污迹，若有，应清除干净。

(5) 所有榫头的端面宜用机械倒棱，以保证装配时能顺利打入榫眼内。同时要检查所有榫头长度与榫眼深度是否适宜。若榫头过长，顶住榫眼底部，会使榫肩接合处不严密。

(6) 先调好胶黏剂备用。调配胶黏剂时，要使胶液的黏度符合工艺要求，以便榫接合时，在榫头上与榫眼中涂上适量的胶黏剂来增加接合强度。

(7) 准备好夹具，如采用机械装配，应检查机械各转动部分有无障碍，压力是否适宜。如果采用手工装配应检查装配使用的工具是否牢固，以保证安全。

(8) 按所装配家具的数量和规格，准备好所用的辅助材料如圆钉、木螺钉、铰链、拉手、插销等各种连接件和配件。

8.1.3 装配精度

家具装配精度取决于以下几点：

① 零件在各个生产工序中的制造精度以及零件的互换性条件；

② 零件在进行装配时所选用的装配方法以及零件的先后装配顺序；

③ 零件在进行装配时，其装配压紧力的大小以及施加压力的均匀性；

④ 采用连接件进行装配时，连接件的制造精度；

⑤ 不同材种的家具，装配后变形和弹性的差异性。

零件在各个生产工序中都有加工基准，加工过程中又存在着加工误差，如果在加工时将零件的加工误差人为地控制在一定的范围，实现正、负组合后的误差小于单个零件的误差或实现正、负差得零的目的。但不足的是检验的工作量增大，降低了生产的效率。因此要提高部件的装配精度，主要是提高零部件的制造精度。

8.1.4 装配的技术要求

家具的装配对制品使用寿命有较大影响，如装配时，榫眼涂胶不均或用胶过少，榫肩处接合不严密，就会削弱接合强度，使用不久就会发生脱胶松动，从而降低使用寿命。因此，零部件装配时，一定要严格遵守技术操作规程，装配后的成品必须符合图纸规定的规格尺寸及质量标准。

为使装配后的成品符合图纸规定的尺寸和质量标准，在进行装配时应做到以下几点。

(1) 对于有榫眼结构的装配件，须在榫头和榫眼表面上同时涂上胶。涂胶要均匀，过少，易发生脱胶；过多，胶液会被挤出榫眼外面，造成浪费，污染产品。

(2) 装配过程中，胶液粘在零件表面或接合部有被挤出来的多余胶液时，应及时用温湿布清除干净，以免影响涂饰质量。

(3) 榫头与榫眼接合时，用力要适当，以免造成零件劈裂。

(4) 手工装配时，榔头不能直接敲打在零部件表面上，应垫一块较硬的木板，以免工件表面留有锤痕和受力集中而损坏。装配时要注意整个框架是否平行，如有倾斜、歪曲现象应及时校正。

(5) 装配拧木螺钉时，只允许用锤敲入木螺钉长度的 1/3，其余部分要用螺丝刀拧入，不可用锤敲到底，木螺钉的帽头要与板面平齐，不得歪斜。

(6) 框架等部件装配后，应按图样要求进行检查，如发现倾斜、翘曲和接合不严等缺陷，应及时校正。若对角线误差很大，可将长角用锤敲或用压力校正，装配好待胶干后，再根据设计要求进行精光、倒棱、圆角等修整加工。

(7) 木材含水率应符合产品使用地的木材年平均含水率，特殊要求的可根据情况确定。

(8) 配件与装饰件应满足设计要求，安装应严密、端正、牢固，不损坏制品表面，接合处应无崩裂或松动；不得有少件、漏钉、透钉；门、抽屉开关应灵活，不得有自开、自关或过松、过紧的现象，如不受外力影响，应可停止在任何位置不动。

(9) 外观要求：各种部件表面加工平整光洁、棱角清晰，眼观手摸时十分舒畅，无缺陷。产品底脚着地应平稳。

(10) 木家具装配质量应达到国家 GB/T 3324《木家具通用技术条件》等标准的要求，以及有关产品专业标准或地方（企业）标准的技术要求。

8.2 装配机械

一般家具的装配工作量为生产工作总量的 20%～30%。用手工装配不仅劳动强度高，生产效率低，且装配质量也不稳定。所以，装配机械化程度的提高对我国家具产业现代化有着十分重要的意义。

8.2.1 影响装配机械化的主要因素

① **产品结构** 产品结构简单与否，对装配机械化难易程度有着直接影响。零部件接合结构越简单，实现机械化装配就越容易，否则就越困难。

② **木材的干燥质量** 干燥质量好，材性稳定，加工好的零部件变形小，则有利于机械装配。

③ **零部件的加工精度** 零部件的尺寸与形状精度高，有利于实现机械化装配。

8.2.2 装配机械的类型

8.2.2.1 框架件的装配机械

框架件的装配机械，按其工作台的位置不同，可分为卧式框架装配机和立式框架装配机；按其加压方法不同，可分为机械传动加压、气压和液压等装配机。如图 8-4 所示为各种框架件装配机械。

(a) 立式框架装配机

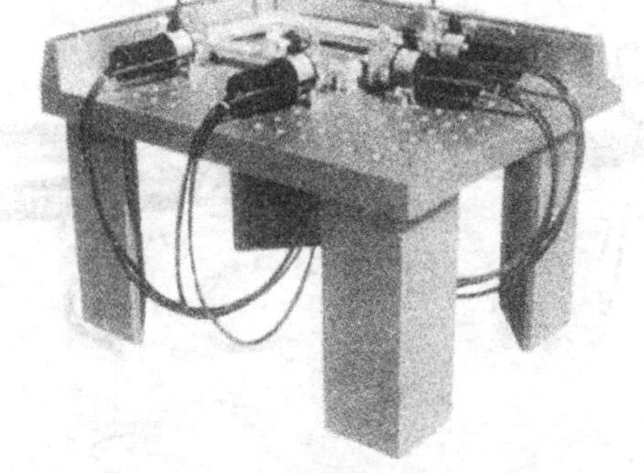

(b) 卧式框架装配机

图 8-4 各种框架件装配机械

框架产品是零件利用各种形式的榫接合组装而成，为不可拆结构。多见于椅、凳、桌等产品。古代的家具，无论什么产品几乎都是框架结构的。如图 8-5 所示是用于装配大型木框的气压装配机，它的前方有汽缸 13 与可动压板 12 相连，侧面还有一个汽缸 10 与可动压板 9 相连，工件安放在支座 3 上。为了便于将装好的大型木框从装配机中取出，在装配机下的直立汽缸 6 的活塞杆 4 上还装有升降台 8。如图 8-6 所示为卧式木框组装机，该设备具有操作简便、调整方便、定位快捷、组装质量好、适用范围广的优点。

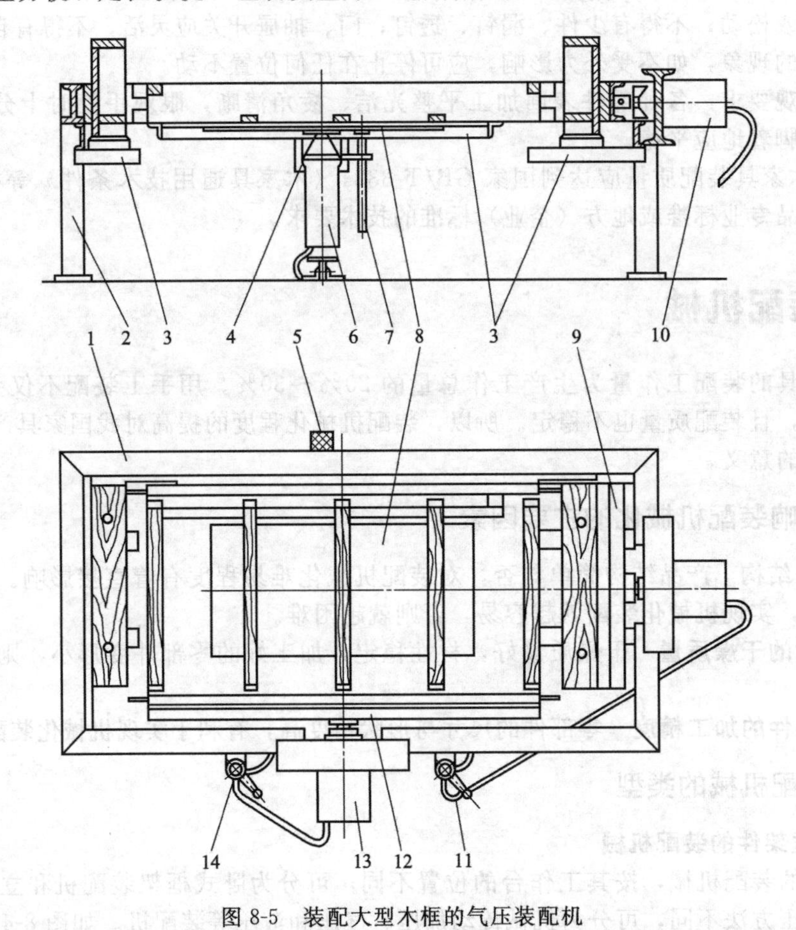

图 8-5 装配大型木框的气压装配机

1—机框；2—机架；3—支座；4—活塞杆；5—汽缸阀门踏板；6—直立汽缸；7—导向杆；8—升降台；9，12—可动压板；10，13—汽缸；11，14——三通阀

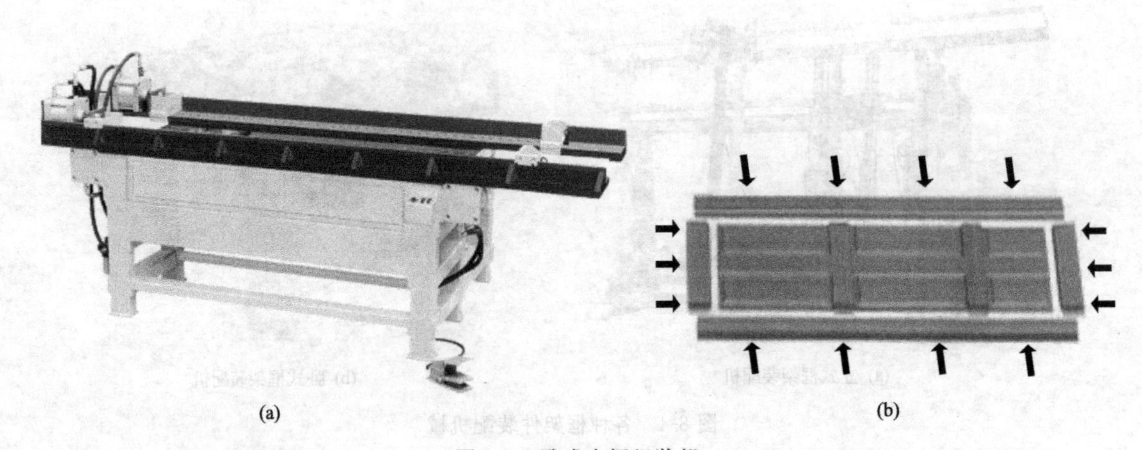

图 8-6 卧式木框组装机

8.2.2.2 箱框件的装配机械

周边由板组成的框架称为箱框。箱框角接合的方法有多种，由于角接合的方法不同，其装配的方法有较大的差异。

① 燕尾榫、圆棒榫、穿条的接合现多采用手工预装配，手工装配后，再用机械加压使之能紧密接合。

② 对于直角多榫接合结构可用箱框装配机进行装配。对于较大的箱框件，为增加接合强度，还需在其底部四角内部胶钉塞角。

抽屉属于箱框件，如图 8-7 所示的装配机械，主要用于抽屉的装配。装配机上的两个汽缸 2 与 9，分别跟可动挡板 3 与 8 相连，安装在机架的上方。在机架中装有板条 6，以便安放抽屉板，弹簧片 7 则用于夹住安放在机架上的抽屉板。如果抽屉板接合处有较好的加工精度，就不需要事先进行预装。带直角榫的抽屉板放入装配机中，对两个汽缸通入压缩空气就可以装配好。装配时，将抽屉板放好后，打开三通阀 1 接通汽缸 2，打开三通阀 10 接通汽缸 9，便自动进行加压装配。这种装配机通常都是按照最大尺寸的抽屉设计的，需要装配较小尺寸的抽屉时，只需在内部加上木制衬垫就可以进行装配。

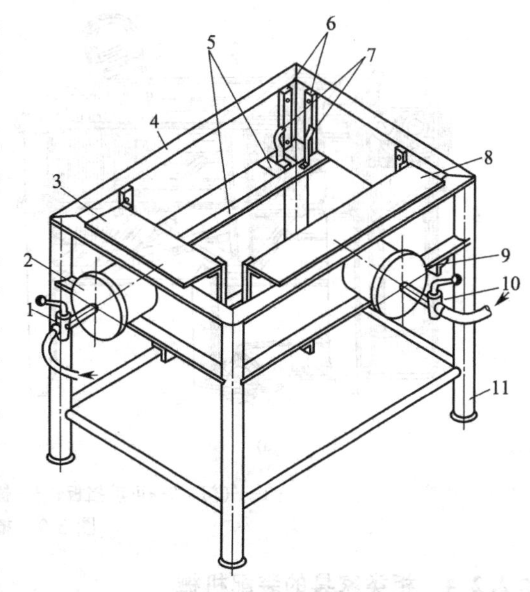

图 8-7　抽屉装配机示意图

1，10—三通阀；2，9—汽缸；3，8—可动挡板；4—机架；5—用于安放抽屉板的板条；6—板条；7—弹簧片；11—机架腿

目前，在家具生产中，大多数的装配机都是企业本身按照其产品结构设计制造的，属专用装配机械。

8.2.2.3　椅凳家具的装配机械与装配方法

靠背椅的装配，首先将两后腿与靠背档、牵脚档装配成框架部件，再将两前腿与牵脚档装配成另一个部件。然后利用椅侧面的牵脚档将椅后腿组成的框架与椅前腿组成的框架接合成整体椅骨架，最后把椅座面装上即可。如图 8-8 所示为椅后腿的装配，同时也可用来装配椅前腿。

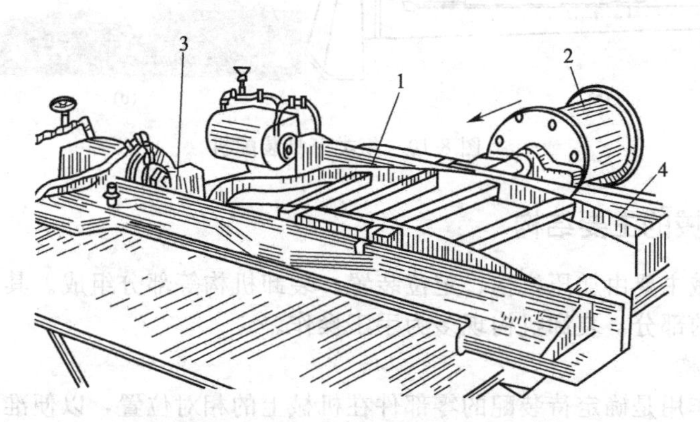

图 8-8　椅后腿的装配

1—可动方木；2—汽缸；3—固定挡块；4—装配件

椅骨架的总体装配，可用如图 8-9 所示的装配机械，只要前面有一个动力头即可。椅子的装配机，先在部件装配机上摆好零件，在接合处涂胶液，然后压拢，形成部件，待胶固化后，将这种部件连同椅档等零件在总装配机上装成椅子。桌、凳等产品的装配方法与椅子基本相同。

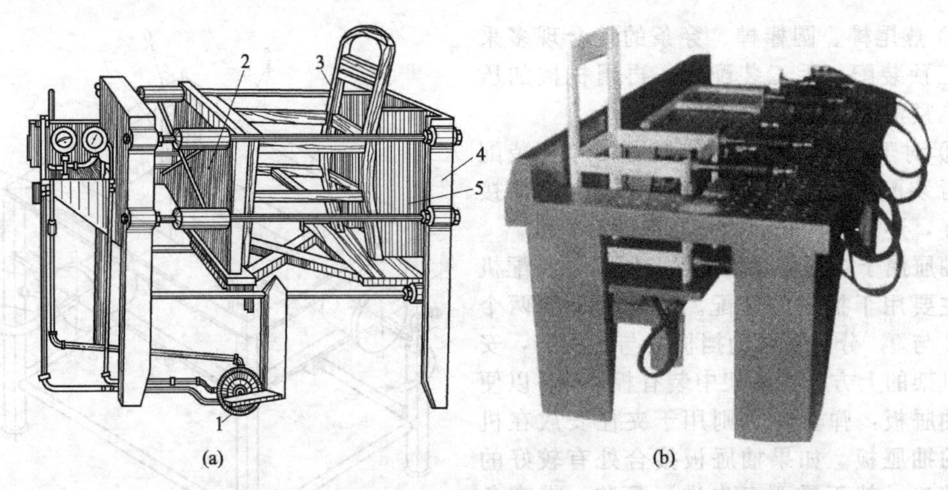

1—气门；2—可动挡板；3—椅子；4—机架；5—曲线形模具

图 8-9　椅子总装配

8.2.2.4　柜类家具的装配机械

在大量生产柜类家具的情况下，为实现机械化装配，应当用通用性的柜类家具装配机，如图 8-10 所示。这类装配机的框架上装有可调节位置的加压汽缸、定位挡块或挡板。与汽缸相连的加压板表面及定位挡块表面，都包有软质材料，以避免在被装配部件的抛光表面上留下压痕。

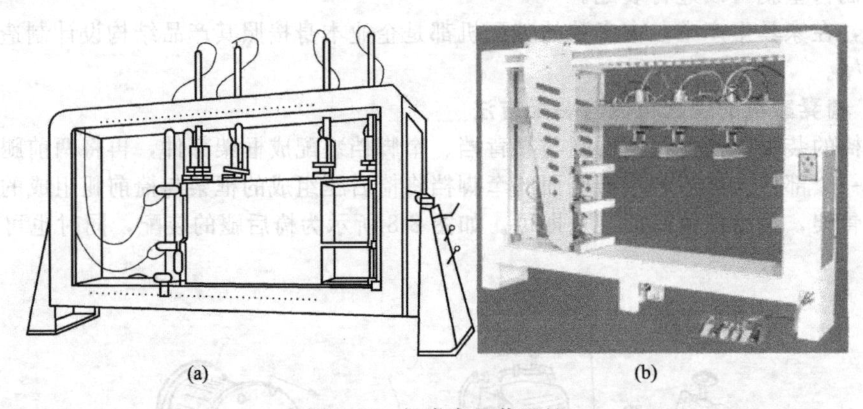

图 8-10　柜类家具装配机

8.2.3　装配机械的主要结构

家具装配机械主要由加压机构、定位装置、装卸机构等部分组成。其中，加压装置和定位装置是最重要的部分，装卸机构现多为手工操作。

8.2.3.1　定位机构

定位机构的作用是确定待装配的零部件在机械上的相对位置，以便准确进行装配，使装配后所得到的产品尺寸符合设计要求。它的结构比较简单，一般是采用导轨、挡板、挡块，这些机构可以是固定的，亦可以是活动的，但能调整相对位置。定位机构有外定位和内定位两种，若装配件最终尺寸精度要求在内框，则采用内定位；若装配件最终尺寸精度要求在外框，则用外定位。

8.2.3.2　加压机构

加压机构的作用在于对零部件施加足够的压力，在零部件之间取得正确的相对位置之后，使其紧密牢固地接合。加压机构按压力方向分类，有单向——朝着一个方向压紧；双向——朝着两个相垂直的方向压紧；多向——沿对角线方向压紧等多种方向，如图 8-11 所示。按动力来源分类，有人力、电力、气压、液压等几种。按机械结构分类有丝杆、杠杆、偏心轮、凸轮、气压、液压等多种。

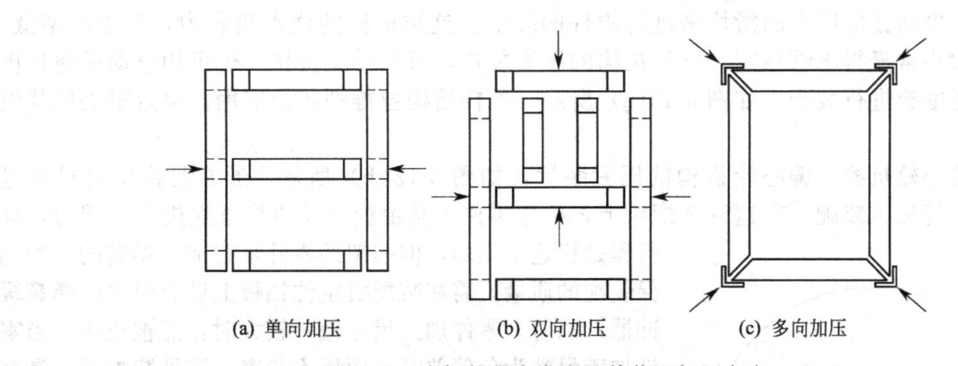

图 8-11　木框的基本类型及其装配加压方向

装配机械的结构取决于被装配对象的结构。例如装配的框架中没有横撑和立撑，或只有横撑而无立撑的，则是最简单的木框，就只需要从一个方向施力以压紧即可，如图 8-11（a）所示。若装配框架中既有横撑，又有立撑，就需要从互相垂直的两个方向先后施加压力进行装配，如图 8-11（b）所示。框架为斜角接合，则要求通过四个角从两个对角线的方向施加压力进行装配，如图 8-11（c）所示。

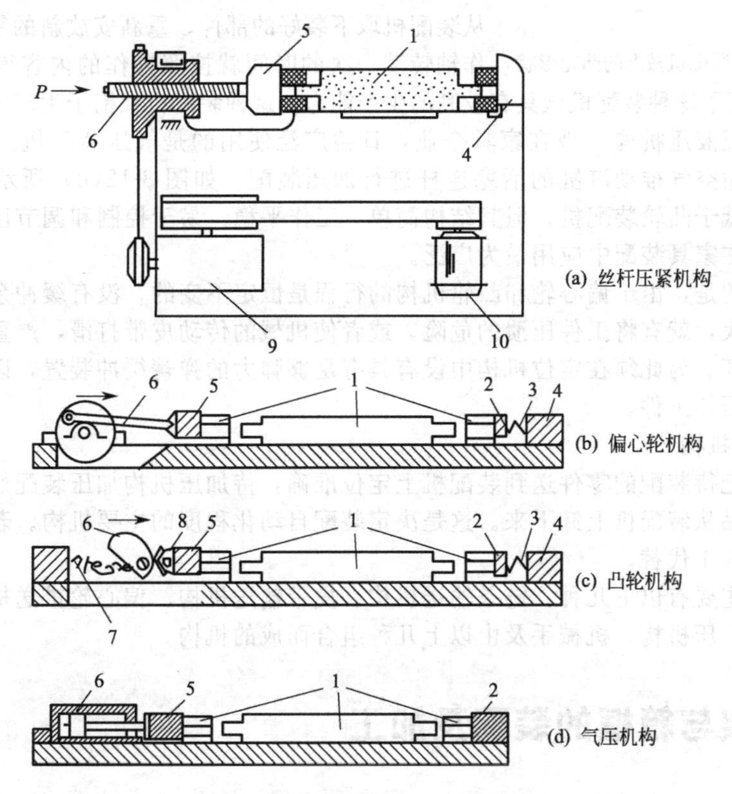

图 8-12　装配机常用的几种压紧机构

1—框架零件；2—缓冲定位板；3—缓冲弹簧；4—定位挡板；5—可动压板；6—丝杆、连杆、凸轮、汽缸活塞；7—拉紧弹簧；8—小滚轮；9—变速箱；10—电动机

装配机械压紧机构的结构对于装配工作的精度和生产率有很大的影响。如图 8-12 所示，装配机械上的压紧装置，可以采用丝杆机构、杠杆机构、偏心轮机构、凸轮机构和气压或液压机构等。

(1) 丝杆机构或杠杆机构 作为压紧装置的装配机械，最初都是用手动或脚动的杠杆机，以机构推动施加压力的滑块来进行构件的装配。这类机械的优点是省力，但生产率低，且压力的大小常显得不够稳定。丝杆机构的压紧装置，可以手工操作，也可用电动机通过皮带传动，对框架进行装配，如图 8-12(a) 所示。丝杆结构曾得到普遍应用，但效率仍比其他机械低。

(2) 偏心轮机构 偏心轮机构的压紧装置，如图 8-12(b) 所示。通常是由电动机通过机械传动进行加压装配。在这种装配机上，框架零件 1 是由偏心轮机构推送进行装配的，其行程是稳定不变的，但框架的零件是有加工误差的，为确保装配的质量，需在装配机定位挡板上设有橡皮或弹簧缓冲器，以防止零件加工尺寸偏差较大时，而被压坏；当零件加工尺寸为负偏差时，而压不紧密。这种装配机，具有较高的生产效率和较强工作节拍，应用较广泛。

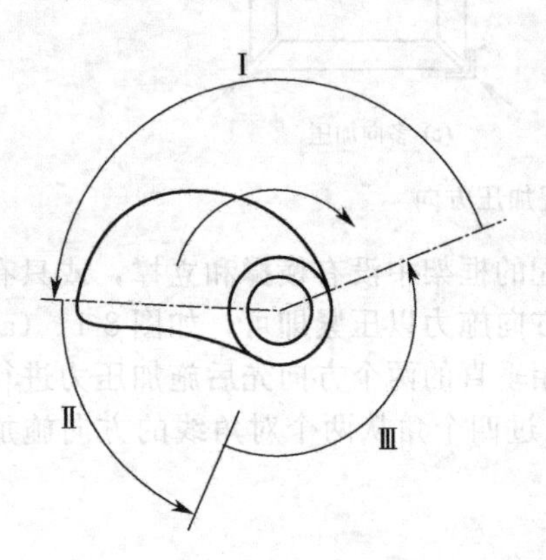

图 8-13 常用于装配机械上的凸轮形状

(3) 凸轮机构 如图 8-12(c) 所示，凸轮的行程图与偏心轮一样，是稳定的，为此也需有缓冲装置。其装配的原理也相同。如图 8-13 所示为常用于装配机械上的凸轮形状，在这里区间Ⅰ为加压移动的工作行程，区间Ⅱ为卸压复位的行程。而区间Ⅲ为卸压后的行程区，在这期间从装配机取下装好的部件，重新安放新的零件。这样，工作轴转动一次的时间就按照操作的内容得到了合理的分配，因而就保证了这种装配机械具有较高的生产能力。这种装配机在椅子生产中应用较多。

(4) 气压或液压机构 现在家具企业，日益广泛使用的是气压装配机。在这种装配机上，是利用压缩空气推动汽缸的活塞连杆进行加压装配，如图 8-12(d) 所示。这种装配机的生产能力稍低于凸轮装配机，但其结构简单，工作平稳，易于控制和调节压力。气压或液压传动装配机在家具装配中应用最为广泛。

需要指出的是，由于偏心轮和凸轮机构的行程是恒定不变的，没有缓冲余地，若装配件的尺寸公差过大，就有将工件压溃的危险，或者使机械的传动皮带打滑，严重的会导致电机因过载而被烧坏。为此须在定位机构中设有具有足够弹力的弹簧缓冲装置，以便保证装配的紧密性和防止压坏工件。

8.2.3.3 装卸机构

其作用是把待装配的零件送到装配机上定位准确，待加压机构加压装配好松压后，立即把装配好的产品从装配机上卸下来。这是决定装配自动化程度的主要机构。若企业条件不允许，则只得由人工代替。

装卸机构主要有以下几种：链条输送机构、皮带输送机构、偏心轮推送机构、凸轮推送机构、气（液）压机构、机械手及由以上几种组合而成的机构。

8.3 框架与箱框的装配及加工

8.3.1 框架件的装配与修整加工

8.3.1.1 框架件的装配

框架结构可分为两种基本类型：一种是框架内仅有若干横撑，其装配方法如图 8-14 所示；另一种是框架内既有横撑又有立撑，其装配方法如图 8-15 所示。图中加压的动力头可以是汽缸，也可以是油缸或是丝杆螺母机构或是凸轮机构等。

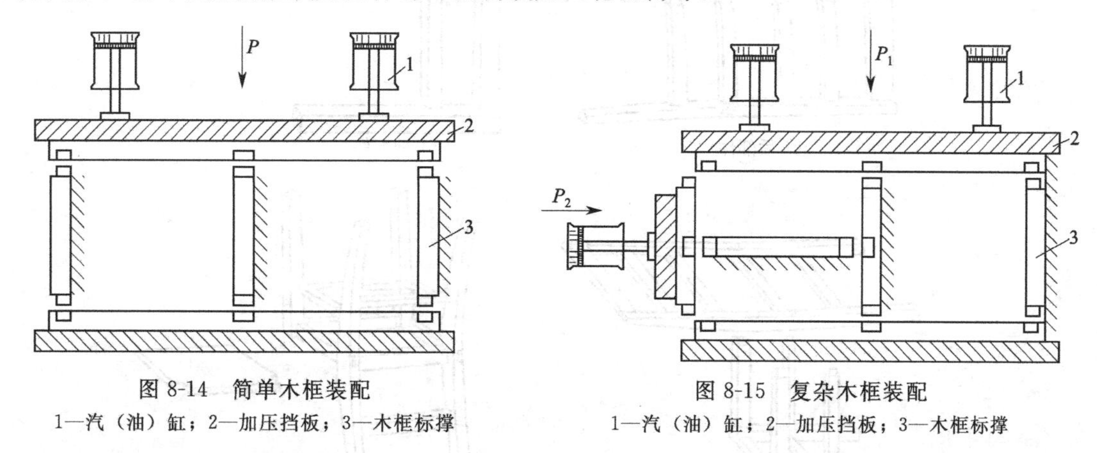

图 8-14 简单木框装配

1—汽（油）缸；2—加压挡板；3—木框标撑

图 8-15 复杂木框装配

1—汽（油）缸；2—加压挡板；3—木框标撑

8.3.1.2 框架部件的修整加工

由于木框零件在切削加工中会出现误差及加工后的变形，影响表面平整度，所以仍需进行修整加工。

(1) 框架基准面的修整 多在大型平刨机上进行，最好是用斜轴平刨机加工，这样可以减少切削阻力，提高框架帽头与横撑的切削光洁度。否则在刨削进料时应使框架与刨刀轴成一定角度进料。

(2) 框架相对面的修整 对框架厚度尺寸要求不高的，框架的两面都可在平刨机上修整。若对厚度尺寸精度要求较高的，则先在平刨机上修整基准面，然后再用压刨（最好是斜轴压刨）修整相对面。

对于框架表面平直度要求不高的，只要求具有一定的光洁度，可用较短的手工光刨由人工进行修整即可。

(3) 框架基准边的修整 利用带导轨的平刨进行修整。修整时，使框架的基准面紧靠导轨，基准边贴平刨工作台面，向刨刀慢速进给刨削修整。经平刨修整的表面，其面光洁度较精密裁边锯修整的要高得多。

(4) 框架相对边的修整 利用立式铣床进行修整，不仅表面光洁度较高，幅面尺寸精度可用铣床的导轨进行控制。框架周边是成型边，必须用立式铣床通过成型铣刀进行铣削加工修整。

若对框架的幅面尺寸精度要求不高，可利用立式砂光机砂磨修整。而如对其周边的光洁度要求较高，则可选用较细砂粒的砂带进行精砂修整。

8.3.1.3 框架产品的装配与修整

框架产品是由各种零件利用各种形式的榫接合组装而成，大多为不可拆结构。如椅、凳、桌等产品。古典家具，几乎都为框架结构。如图 8-16 和图 8-17 所示分别为靠背椅和桌子装配过程。

凡是能装配成部件的零件，先组装成部件，然后利用余下零件将部件连接起来总装成产品。如一般靠背椅的装配方法：首先将两后腿与靠背档、牵脚档装配成框架部件；再将两前腿与牵脚档装配成另一个框架部件；然后利用椅侧面的牵脚档将椅后腿组成的框架与椅前腿组成的框架装配成整体椅骨架；最后把椅座面装在椅骨架上即可。凳类产品的装配方法与椅子的基本相同，不再赘述。

另外，为了便于运输、节约成本和方便拆卸，对于实木床、餐桌、餐椅等实木框架类家具装配，目前除了可以采用上面提到的榫铆接合装配方法外，还可以采用专用的螺杆螺母紧

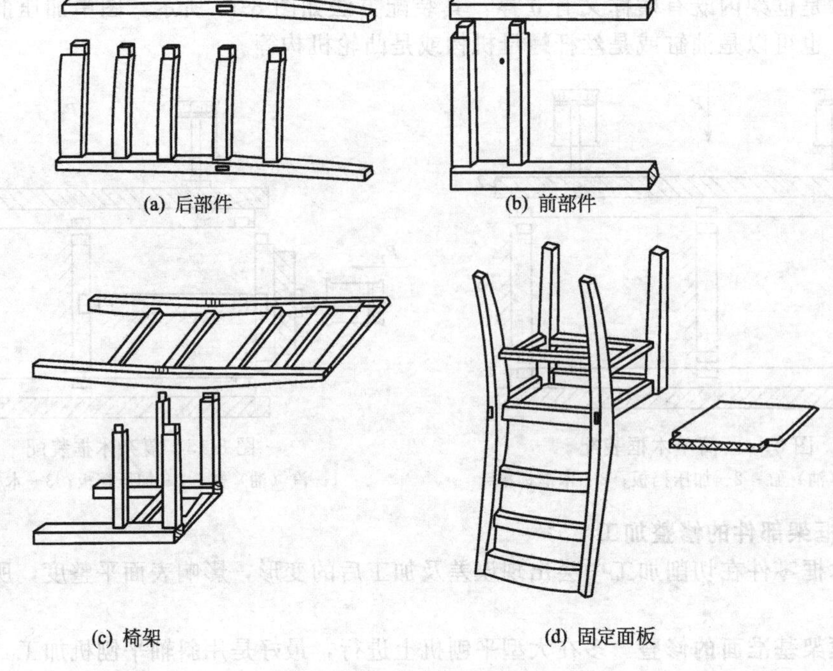

(a) 后部件　(b) 前部件

(c) 椅架　(d) 固定面板

图 8-16　靠背椅装配过程

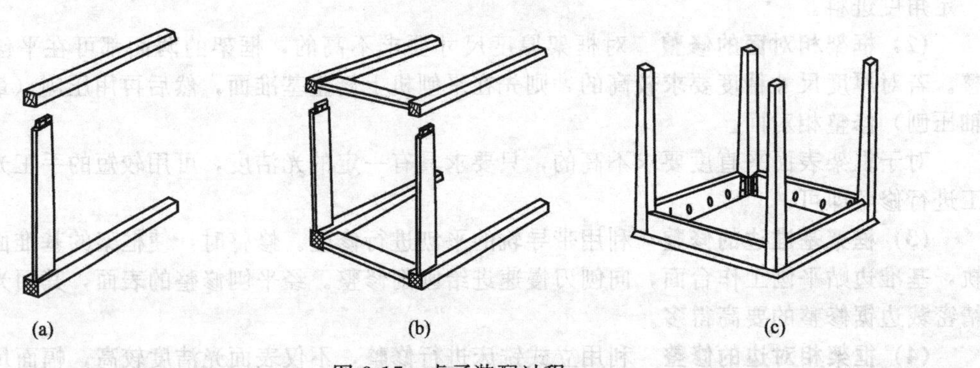

(a)　(b)　(c)

图 8-17　桌子装配过程

扣件进行可拆卸式装配。如图 8-18 所示为螺杆螺母紧扣件（四合一中的一种），因其接合力强大，适用于拆装强度要求大的实木家具结构，如实木床、餐台类产品；如图 8-19 所示为螺杆螺母紧扣件（二合一中的一种），这种连接件的结合强度小于四合一形式，主要用于餐椅的装配。

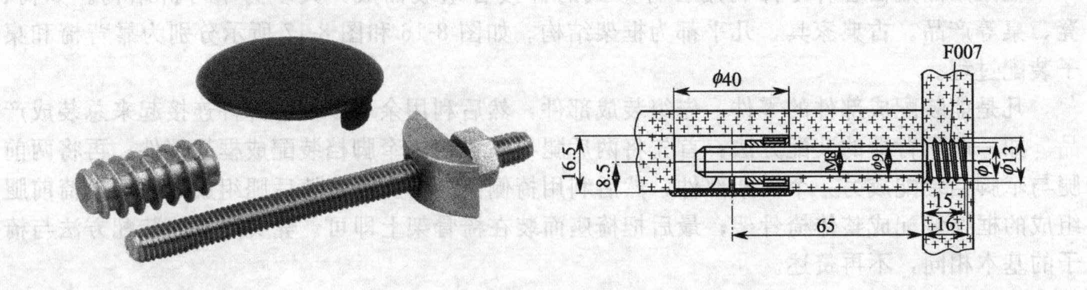

图 8-18　螺杆螺母紧扣件（四合一）

框架产品的修整方法，现仍然采用手工短光刨进行刨削修整。对于刨削不到的细部，可用手工木工凿与砂纸相结合进行修整光滑，先用木工凿大致修平，然后用砂纸砂磨光滑即可。

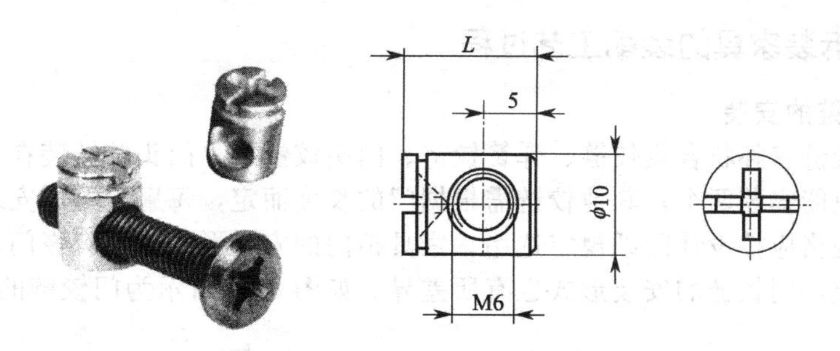

图 8-19　螺杆螺母紧扣件（二合一）

8.3.2　箱框的装配与修整加工

8.3.2.1　箱框的装配

周边为板件的框架称为箱框，箱框件主要指木箱、抽屉一类的制品。由于箱框角接合的方法有多种，其装配的方法也有所差异。如图 8-20 所示为抽屉装配示意图。

① 采用燕尾榫、圆棒榫、穿条接合的箱框，现多采用手工装配。若有加压设备，手工装配后，再用机械压力使之能紧密接合，不必借助斧头敲击。

② 采用直角多榫接合的箱框，现多用箱框装配机进行装配。如图 8-21 所示为箱框装配机的工作原理。图中箭头表示加压动力头的压力方向。对于较大的箱框，为增加接合强度，尚需在其底部四角内部另胶钉塞角。

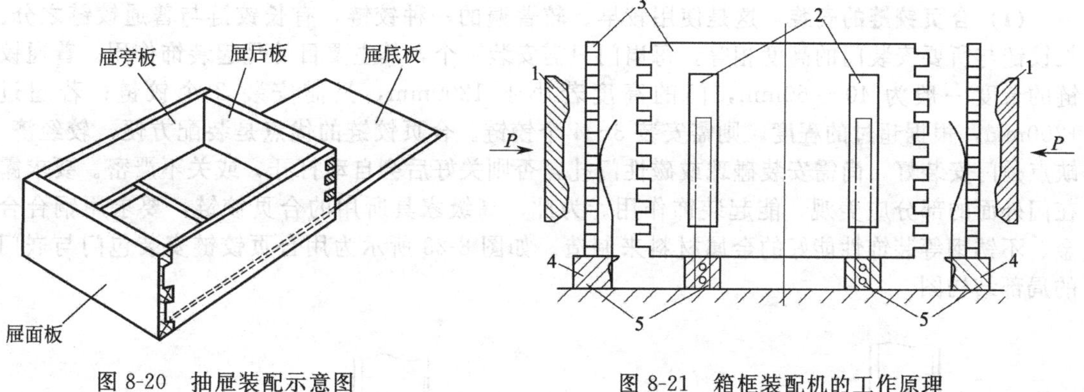

图 8-20　抽屉装配示意图

图 8-21　箱框装配机的工作原理
1—加压挡板；2—定位挡板；3—箱框零件；
4—定位搁板；5—弹簧挡片

8.3.2.2　箱框的修整加工

① 高度的修整　为确保箱框高度尺寸的精度，一般先在斜轴平刨机上刨削其基准底面，然后在立式铣床上安装以锯代刨的锯片将箱框上面修整光滑。

② 周边修整　一般在平刨机上进行刨削，刨刀的吃刀量应控制在 0.5mm 以下。也可利用立式砂光机进行砂磨修整，或用手工短光刨进行刨削修整。

8.4　板式拆装家具的装配

现代板式家具，几乎都是由板式部件通过各种连接件组装而成。一般组装后都能拆开重新组装，并能反复多次进行，故把这种家具称为板式拆装家具。其装配结构在结构设计中已作详细讨论，这里不再赘述。现仅介绍其装配工艺过程。

8.4.1 板式拆装家具的装配工艺过程

8.4.1.1 门铰链的安装

常用的门铰链有杯状合页铰链、弹簧铰链、门头铰链等。门头铰链装在门板的上、下两端，每扇门上只能安装两个；其他铰链需根据门的长度而定，每扇门上可安装 2～3 个不等。铰链的型号、规格应按设计图纸规定选用。家具柜门的安装形式主要有嵌门、盖门和半盖门结构三种，因此，门铰链的安装形式也有所差异。如图 8-22 所示为门铰链的种类。

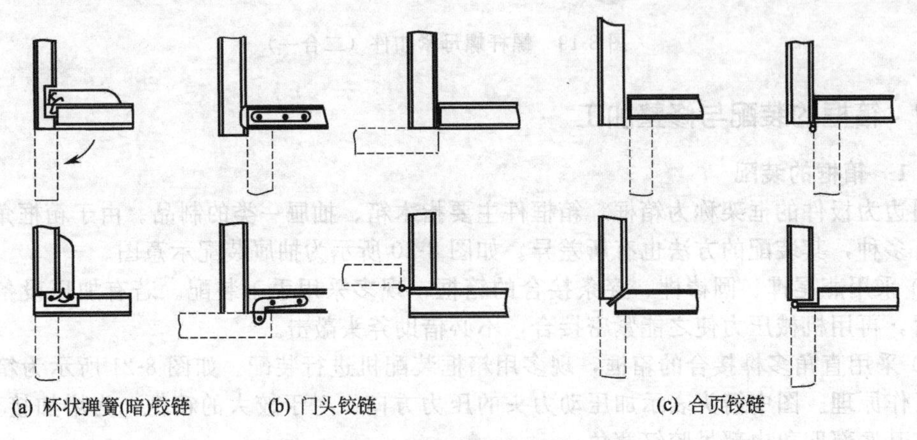

图 8-22 门铰链的种类

(1) 合页铰链的安装 这是使用较早、较普遍的一种铰链，有长铰链与普通铰链之分。长铰链与所要安装门的高度相等，每扇门只需安装一个，其主要目的是起装饰作用。普通铰链的长度一般为 40～60mm，门的高度若小于 1200mm，只需安装 2 个铰链；若超过 1200mm，根据超过的程度，则需安装 3～4 个铰链。合页铰链的优点是装配方便，较经济。缺点是门安装好，尚需安装碰珠或磁性门扎，否则关好后会自动打开，或关不严密。要求露在门外面的部分应美观，能起装饰作用。为此，高级家具所用的合页铰链，要求用铜合合金、不锈钢等装饰性能好的金属材料来制造。如图 8-23 所示为用合页铰链安装包门与嵌门的局部结构图。

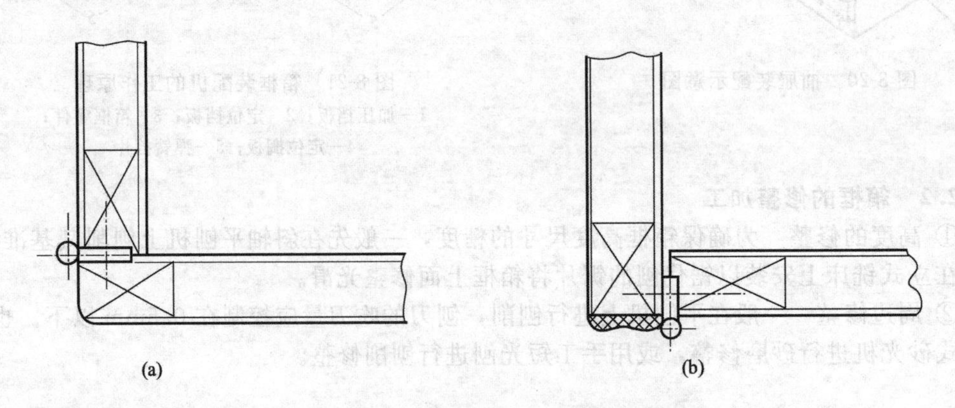

图 8-23 用合页铰链安装包门与嵌门的局部结构图

合页铰链有单面开槽法与双面开槽法之分。

① 单面开槽法 一般在门上开槽，槽口深度约为铰链圆轴外径的 95%。槽口宽度，需

使铰链轴径外露3/4为宜。槽长等于铰链的长度。铰链的主页要装在门板上，铰链的副页装在旁板上。安装时，要先将铰链主页端正地嵌入门板上的铰链槽中，并用沉头木螺钉固定，所有木螺钉杆要端正，钉帽要平整，然后将门试装，使门上端离缝0.5mm，将铰链副页贴在旁板上，先在铰链副页中间的螺钉孔中拧进一只螺钉，如位置合适，开关灵活，不发生自开现象时，再拧入其他螺钉。如铰链位置需稍作调整时，可将旁板上试装中的螺钉略作松动，调整好位置后，再拧上其他螺钉。

② 双面开槽法　在门板和旁板两面都开槽，深度各为铰链圆轴直径的1/2。先在门板上开槽，装好铰链主页，进行试装，调整好门的位置；再在旁板上用铅笔划好铰链槽的位置，开好铰链槽。安装方法和技术要求，与单面开槽法相同。如为成批生产，按设计图纸要求，将门板、旁板开槽的位置定好，统一划线开槽，这样就能较大地提高生产效率。双面开槽法严密、质量好，用于中高档产品。

(2) 杯状弹簧铰链的安装　用杯状弹簧铰链安装门的结构，杯状弹簧铰链有直臂、小弯臂、大弯臂之分，分别用于全包门、半包门、嵌门的安装，如图8-24所示。杯状弹簧铰链安装因后不外露，而不影响美观，门关闭后不能自动开启，并可调整门的安装误差。

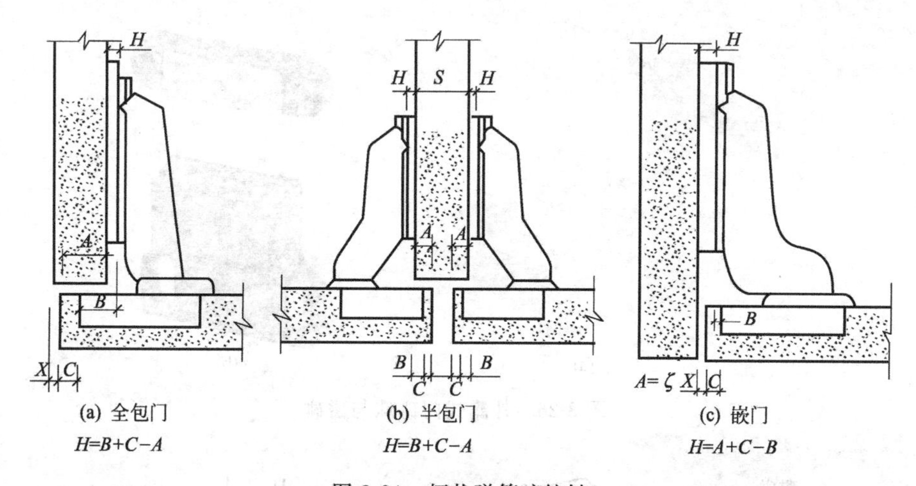

图8-24　杯状弹簧暗铰链

安装步骤为：先在门上钻出铰链杯状圆孔，并将杯状弹簧铰链先安装在门上；然后进行试装，以确定杯状弹簧铰链臂的基座在旁板上的安装位置，并将基座安装好；最后螺钉将铰链臂固定在基座上，即安装完毕。对于大批量安装，需按设计图纸的要求，统一在门板与旁板上定位划线，用机器统一钻孔。最后由人工将杯状弹簧铰链装上即可。

(3) 门头铰链的安装　门头铰链是上海地区20世纪70年代兴起的一种新型门铰链。它属暗铰链，不影响制品外观美。需安装在门的两端头，要求两只铰链的转动轴在同一条中心线上，否则开、关不灵活，甚至难以开启。由于装拆方便，价格便宜，颇受欢迎，现仍在广泛使用。安装时，常将具有轴头的一片安装在门的两端头，将具有轴孔的一片安装在柜的顶、底板相对应的位置上。由于门是绕铰链转动轴中心线旋转面开、关，故须将门对应的旁板处铣成一条弧线，弧的半径应等于或略大于门侧棱至铰链轴中心线的垂直距离，门方能开、关自如。如图8-25所示为门头铰链安装的局部结构图。因门头铰链方式安装的柜门为嵌门结构，安装时，根据图纸要求，在门的两端及柜的顶、底板相应部位上加工出安装铰链的孔或槽，然后将铰链固定在门及顶、底板的孔或槽中。需提出的是，门两端的门头铰链的梢轴中心线一定要处于同一垂直线上，否则门就无法进行安装，或虽能勉强安装上，但开关不灵活。

8.4.1.2　门碰珠的装配

除安装杯状弹簧铰链的门外，用其他铰链安装的门，则需要柜的顶板或底板上安装碰

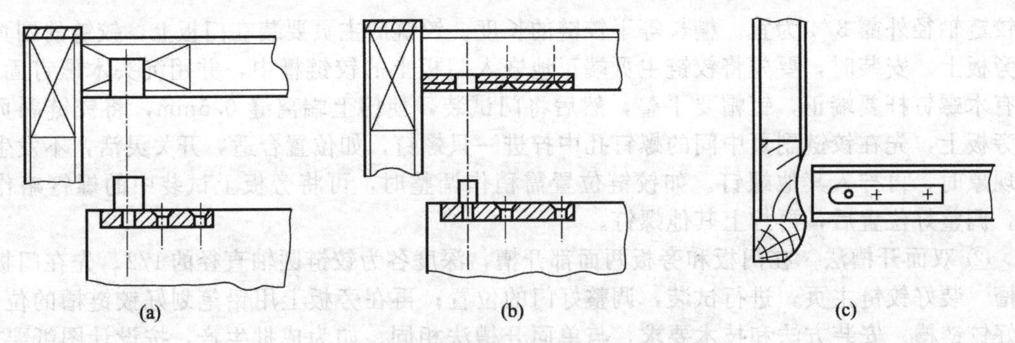

图 8-25　门头铰链安装的局部结构图

珠，在门板的上端或下端相应位置上安装碰珠的配件，以防止门自动开启，如图 8-26 所示为外露式门碰珠与磁碰。安装碰珠时，需根据所用碰珠类型，按设计图的要求进行钻孔或开槽。然后将碰珠安装好即可。装配后要求关门时能听出清脆的碰珠响声，门板闭合后不得自动启开。如图 8-27 所示为玻璃门磁碰安装示意图。

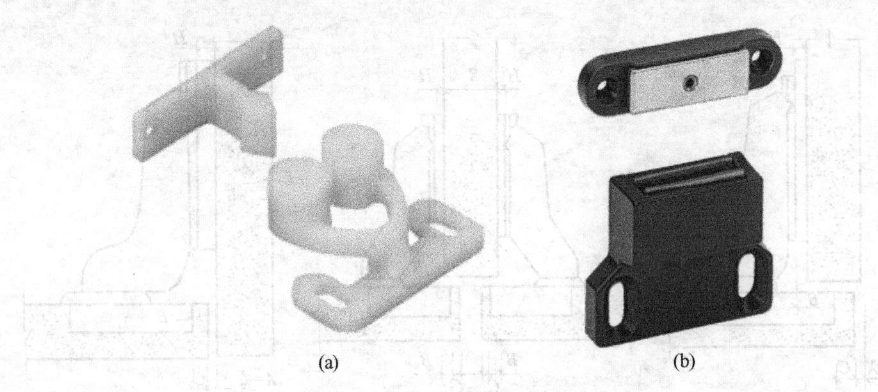

图 8-26　外露式门碰珠与磁碰

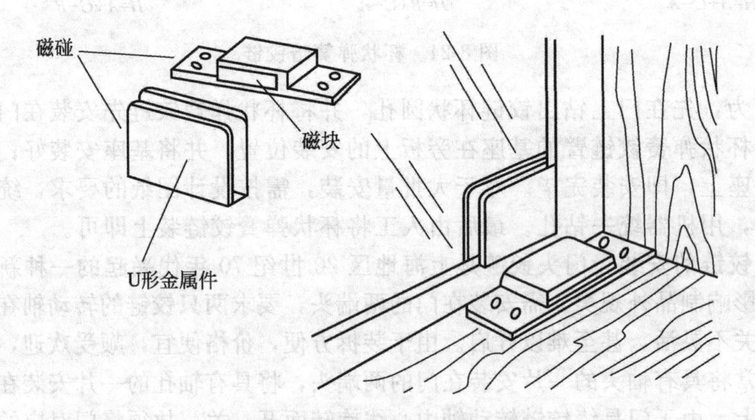

图 8-27　玻璃门磁碰安装示意图

8.4.1.3　安装连接件

采用拆装式连接件装配的板式家具，零部件间可以进行多次反复装拆。根据设计图要求，先在需装配的部件上加工出安装连接件的孔或槽。凡是需要先将连接件的一部分固定在部件上的，都应预先安装好。通常在工厂里进行试装后，再拆开按部件包装、运输。使用者可按装配说明书重新进行装配。拆装式连接件的形式很多，如倒牙螺母连接件、空心螺钉连接件、偏心连接件等。常用的接合形式和安装方法如下。

（1）矩形板螺母连接件的安装 按设计图纸要求，先在旁板或顶、底板的两端加工好安装矩形板螺母的嵌槽，用木螺钉将矩形板螺母固定于嵌槽中。然后，在顶、底板或旁板相对应的接合部位加工螺栓孔。装配时，先利用定位圆棒榫，将柜的旁板、顶板、底板、隔板、搁板连接成柜体；然后，用螺栓穿过螺栓孔拧入矩形板螺母中，以使柜中所有板件坚固地连接为一体。

（2）直角连接件 直角式连接件又可分为直角式、角尺式与角铁式连接件。其特点是呈直角状安装于柜体内部，不影响外观美；安装方便；价格低廉。常用于各种板式柜类家具的装配。

直角式连接件是由倒刺螺母、直角倒刺件和螺栓三部分组成。使用时，先在板件上钻孔，然后分别把倒刺螺母和直角倒刺分别嵌入板件的孔内，接合时再将螺钉通过直角倒刺与倒刺螺母旋紧。如图 8-28 所示为其连接示意。

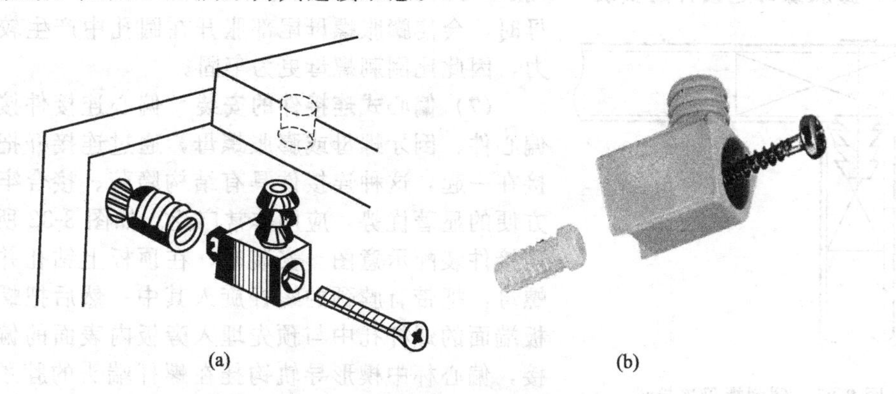

图 8-28 直角式连接件连接示意

（3）螺钉螺母连接件的安装 螺钉螺母具有内外螺纹，外螺纹拧入柜旁板或顶、底板的两端加工好的圆锥形孔中，起自身的固定作用；内螺纹与螺栓连接，起连接作用。安装柜体时，先将空心螺钉拧入旁板或顶、底板的两端加工好的圆锥形孔中；然后利用空心螺钉外露部分作为定位梢，将柜子所有的板件连接成柜体；最后将螺栓从相对应的螺栓孔中拧入空心螺钉的内螺纹中，使柜体牢固接合。如图 8-29 所示为螺钉螺母连接件。

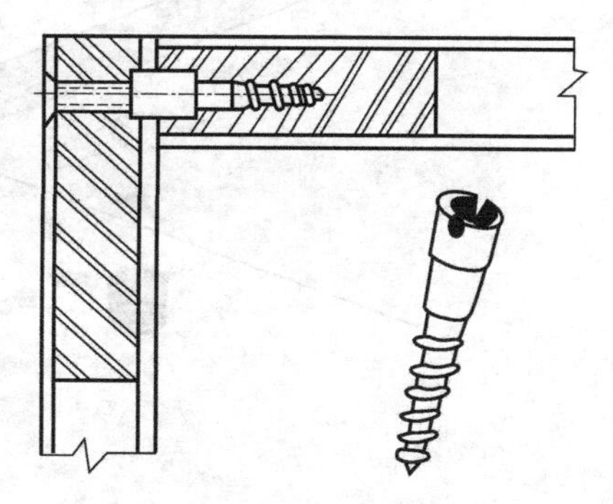
图 8-29 螺钉螺母连接件

（4）圆柱螺母连接件的安装 由圆柱螺母、螺栓、定位连杆组成。如图 8-30 所示为圆柱螺母连接件。使用时，先在板内侧连接处钻好圆柱螺母孔，用于装圆柱螺母。再在其端面钻螺钉孔与螺母孔相通。接合时，将螺栓穿过螺栓孔，对准圆柱螺母上的螺孔旋紧即可。结构特点：连接强度高，不需要木材的握钉力，最适合于刨花板部件的连接。按设计图纸要求，通常在旁板内表面两头钻出安装圆柱螺母的圆孔，孔径略大于圆柱螺母直径约 0.2mm；在顶、底板两头加工出螺栓孔，孔径略大于螺栓直径 0.5mm，并要求螺栓孔的中心线与圆柱螺母的螺母中心线在同一直线上。装配时，将螺栓从顶、底板的螺栓孔中穿过，拧入圆柱螺母的螺母中进行紧固连接。

（5）倒刺螺母连接件的安装 按设计图纸要求，通常在旁板或顶、底板两端加工出安装倒刺螺母的圆孔，圆孔的直径需小于倒刺螺母最大外径约 0.5mm；然后，在圆孔中涂胶，并把倒刺螺母打入圆孔中。在顶、底板或旁板两头与安装倒刺螺母相对应处加工螺栓孔，并使螺栓孔中心线与倒刺螺母的中心线相一致。装配时，将螺栓穿过螺栓孔，拧入倒刺螺母进行了连接。如图 8-31 所示为倒刺螺母连接件。

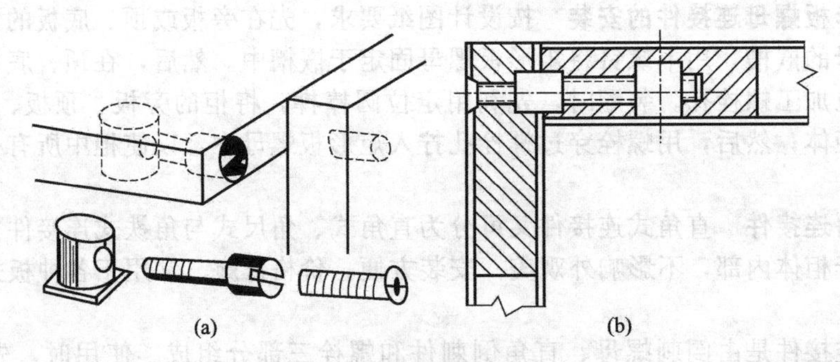

图 8-30　圆柱螺母连接件

(6) 膨胀螺母连接件的安装　膨胀螺母的安装与倒刺螺母基本相同。当螺栓拧入膨胀螺母时，会使膨胀螺母尾部胀开在圆孔中产生较大的挤压力，因此比倒刺螺母更为牢固。

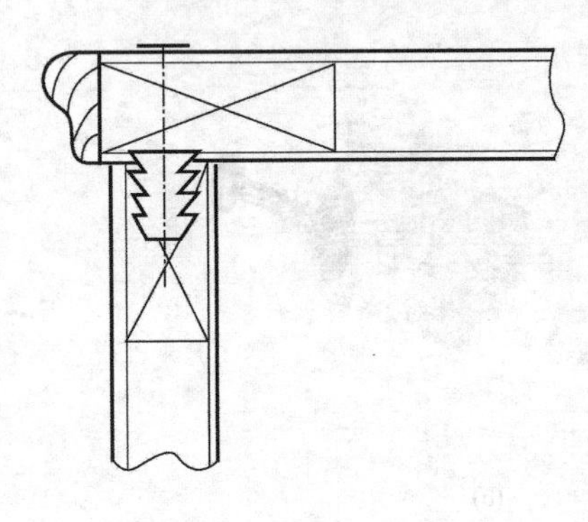

图 8-31　倒刺螺母连接件

(7) 偏心式连接件的安装　偏心连接件接合是利用偏心件、倒牙螺母或膨胀螺母，通过连接杆把两部件连接在一起，这种连接件具有结构隐蔽、接合牢固和拆装方便的显著优势，应用非常广泛。如图 8-32 所示为偏心连接件装配示意图。安装时，在顶板上钻孔并嵌入倒刺螺母，把带有脖颈的螺杆旋入其中；然后把螺杆插入旁板端面的螺杆孔中与预先埋入旁板内表面的偏心杯相连接，偏心杯中楔形导轨钩挂在螺杆端头的脖颈，旋转偏心杯即可将顶板锁紧，与旁板牢固连接。为使内侧表面美观，可用塑料盖将偏心杯掩饰起来。如图 8-33 所示为偏心连接件接合形式。

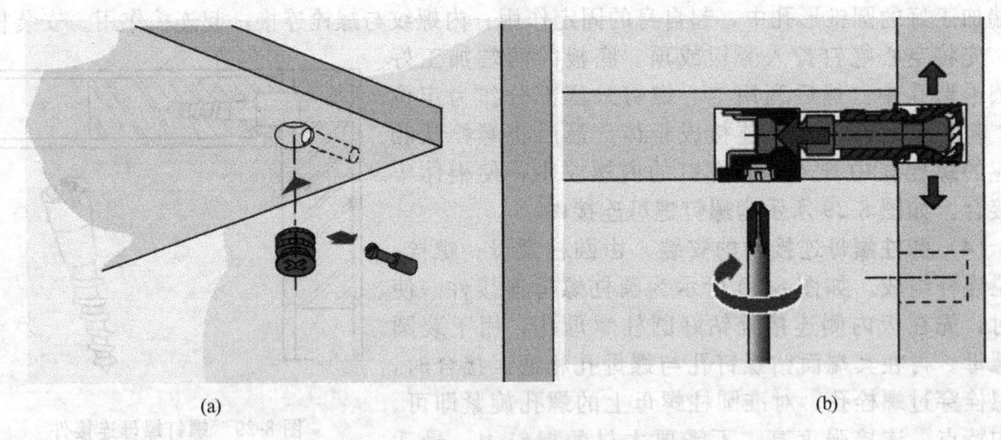

图 8-32　偏心连接件装配示意图

(8) 搁承连接件的安装　搁承（钎）用于活动搁板的连接。它是由倒刺螺母和搁承螺钉组成。先在旁板内侧钻一排圆孔，孔内嵌入倒刺螺母，并与旁板内侧面平齐，然后将搁承螺钉旋入倒刺螺母，再将搁板置于其上即可。如图 8-34 和图 8-35 所示分别为搁承连接件和衣棍搁承连接件。

8.4.1.4　抽屉滑道的安装

用木螺钉将托底滚轮或滚珠左右两滑道构件，分别固定在柜旁板（隔板）与屉旁板上，将抽屉放入即可。这类抽屉滑道开、关极其灵活、轻巧，应用日益广泛，早已实现专业制造。如图 8-36 和图 8-37 所示分别为托底滑道和滚珠滑道。

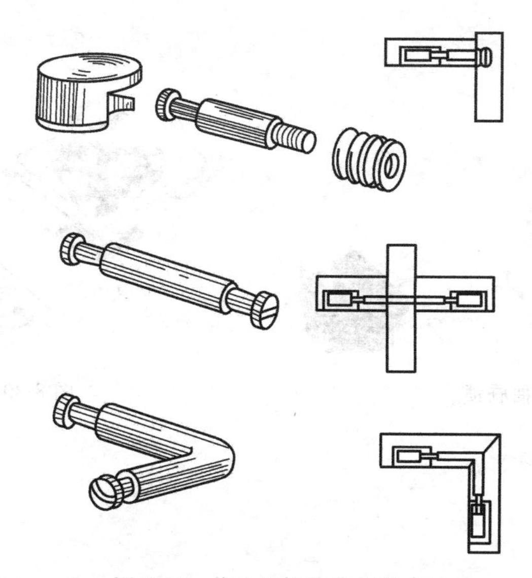

图 8-33　偏心连接件接合形式

图 8-34　搁板支承连接件

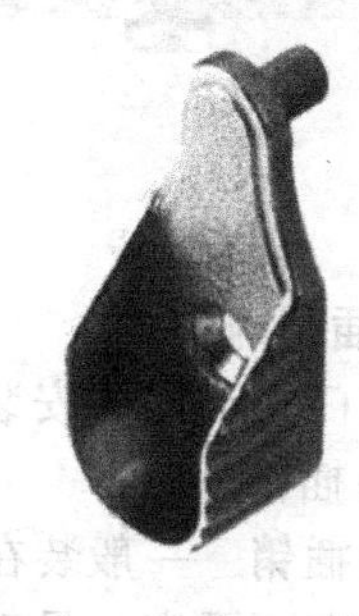

图 8-35　衣棍搁承连接件

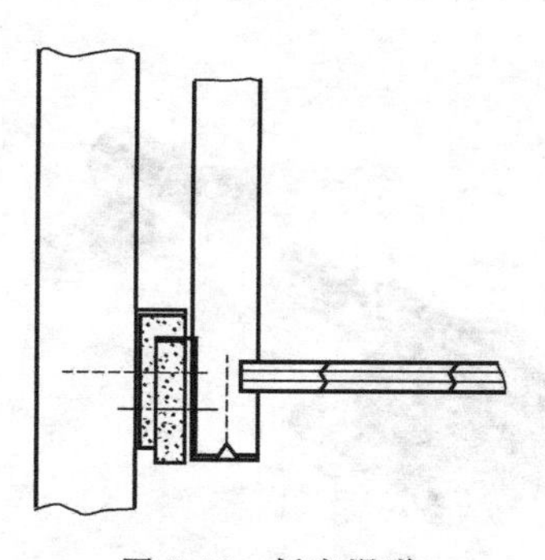

图 8-36　托底滑道

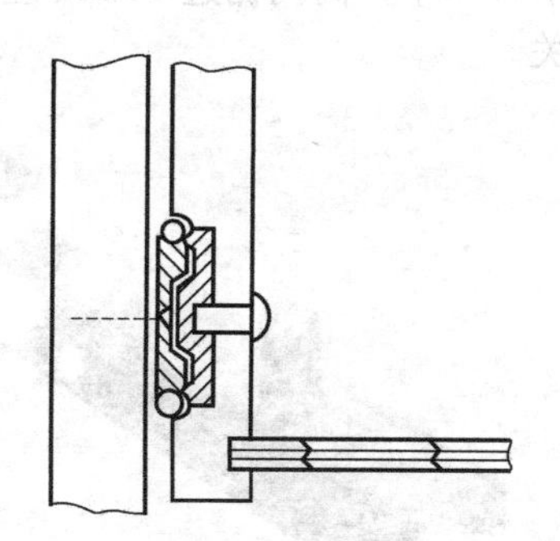

图 8-37　滚珠滑道

8.4.1.5　锁与抽屉锁的安装

先利用锁眼机加工锁眼，然后将锁安装好。门锁有左右之分，抽屉锁则不分左右。锁孔大小要适合，安上锁后应无缝隙，孔壁边缘光洁无毛刺。装锁时，锁芯凸出门面1～2mm，锁舌缩进门边约为0.5mm，不得超过门边，以免影响门的开关。大衣柜门锁的中心位置在门板中线下移约30mm，位于拉手的下端30～35mm；双门衣柜只装一把锁时，可装在右门上。小衣柜的门锁和拉手的安装要求与大衣柜相同。抽屉锁的安装方法和技术要求与门锁相同。如图8-38～图8-40所示分别为抽屉锁、玻璃门锁、正面三合一抽屉锁。

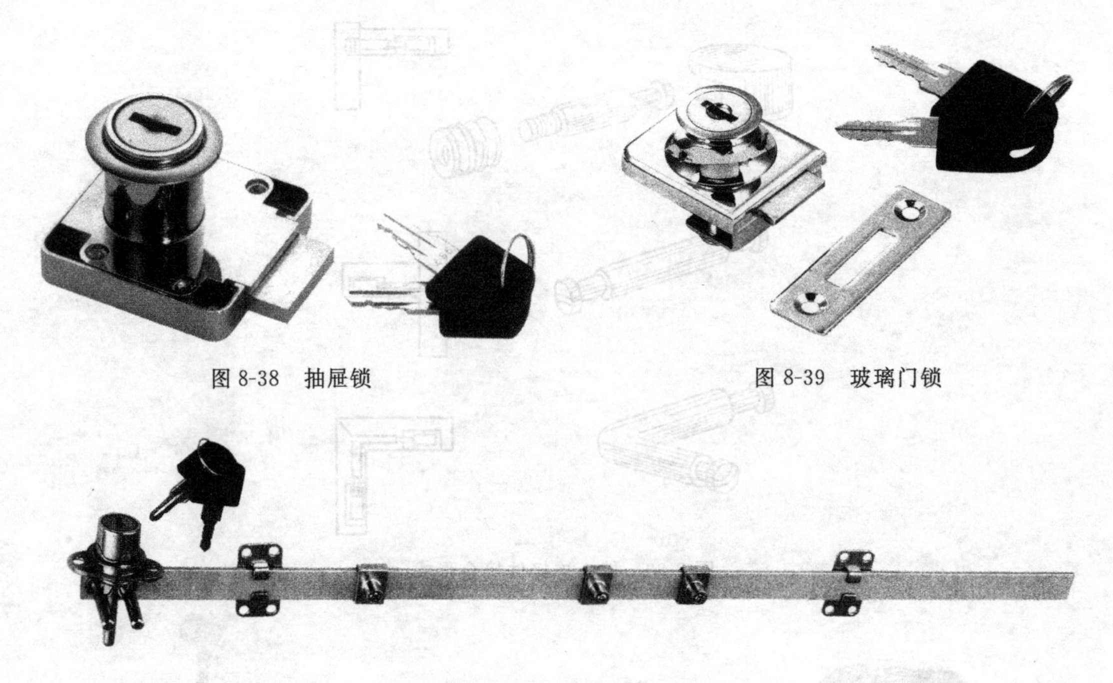

图 8-38　抽屉锁　　　　图 8-39　玻璃门锁

图 8-40　正面三合一抽屉锁

8.4.1.6　插销的装配

一般双门柜都需要安装插销。否则，柜门锁好后，稍用力就可拉开，很不安全。如图 8-41 所示为插销。

(1) 暗插销　一般装在双门柜的左门（不安装锁的门）背面的右上方，将暗插销嵌入背面，并与内背面平齐。最后用木螺钉固定即可。

(2) 明插销　同样装在双门柜的左门的背面，不用开槽，直接用木螺钉将明插销固定即可，上下各一个，离门侧边 10mm 左右，插销下端应离门的上、下端面 2～3mm，以免影响门的开关。

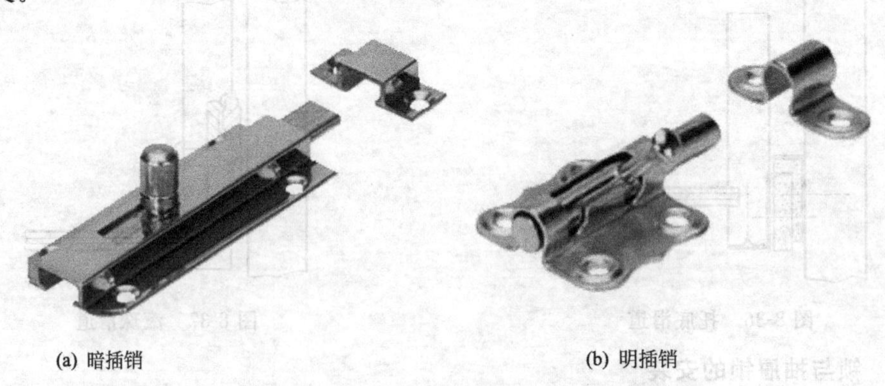

(a) 暗插销　　　　(b) 明插销

图 8-41　插销

8.4.1.7　安装拉手

凡需装拉手的门和抽屉，均需按要求加工好安装的孔眼或槽（挖拉手槽），再用木螺钉或螺丝把拉手固定。

8.4.1.8　圆榫的安装

现代板式家具，多利用圆榫进行定位，对于搁板而言圆榫起着定位与支撑的双重作用。如图 8-42 所示为圆棒榫安装。圆榫一般需先安装在板式部件两端，作为定位用的圆榫，每板的每个端面只需安装 2 个；有定位与支撑双重作用的圆榫，可安装 2 个或 2 个以上。若安装 2 个以上，则要求其中心线处于同一水平面上，否则反而降低支撑力。安装时，先要在板的端面安装圆榫的部位加工圆孔，圆孔的中心距离多为 32mm 的倍数，以便于利用当前普遍的 32mm 系列排钻来钻孔。然后将圆榫的一端涂上胶，插入孔内，使之牢固接合。外露的端头长度一般为 10～20mm（应小于装配板件厚度 3～5mm）。

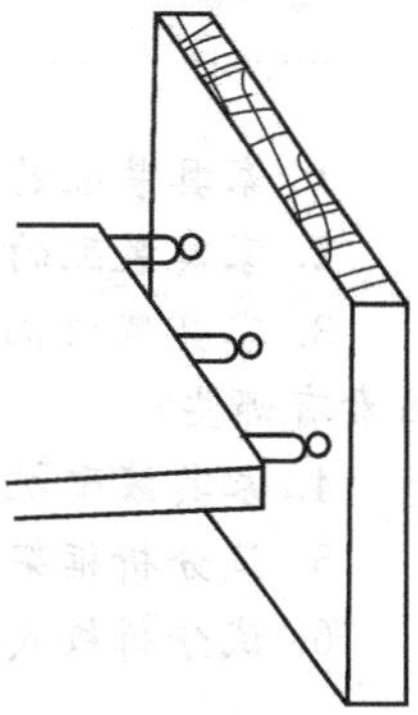

图 8-42　圆棒榫安装

8.4.1.9　碰珠轧头的装配

碰珠轧头一般都装在门板下端面。碰珠轧头为带有一个小圆孔的薄金属板条，宽约 10mm，厚 0.2～0.4mm，孔径略小于碰珠中弹子的直径。安装时，按设计图纸要求，先在门的下端面加工一个小孔，将碰珠轧头上的孔与其对正，然后用钉子钉牢即可 。需注意的是，要使碰珠轧头上的孔与嵌装在底板上的碰珠弹子对正，以使柜门关闭后被扎住而不会自动开启。

8.4.2　板式拆装家具的总装配

综上所述，分别在板式拆装家具的部件上安装所用的配件后，接着进行总装配。总装配的顺序为（以柜类家具为例）：先将衣柜倒放在铺有毛毯的地面上，首先安装顶（面）板、底板、旁板、搁板、隔板，以圆榫定位形成柜的基本骨架，接着利用连接件使之坚固地连接在一起；然后将衣柜侧放，安装衣柜的背板，并安装好柜脚（包括包脚、塞脚、亮脚、装脚，详见《家具设计与开发》一书的家具结构设计章节），再安装抽屉；最后将衣柜立起来，安装柜门，即完工。如图 8-43 所示为板式拆装典型家具——大衣柜的总装配程序。

其他板式家具的安装顺序与板式拆装家具的基本相同，可参照执行。

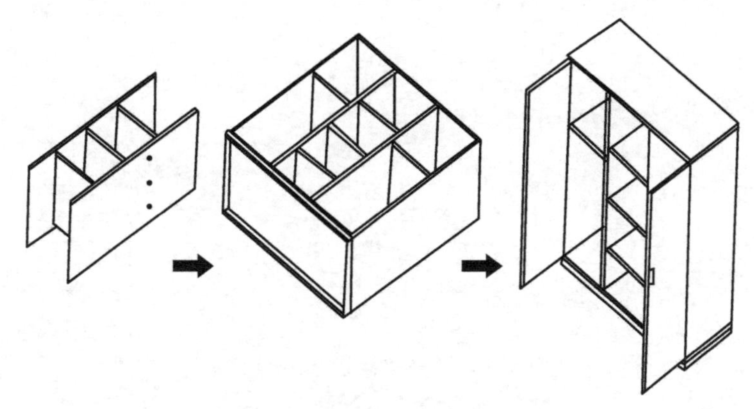

图 8-43　大衣柜的总装配程序图

8.4.3　板式拆装家具装配的一般技术要求

① 产品外形尺寸，误差应小于±3mm。

② 柜体应端正，左右、前后的倾斜为 3～10mm。小柜取小值，大柜取大值。

③ 柜的其他板件的翘曲、歪斜为 2～4mm。

④ 外表面需平整、光滑、清洁、无胶液残迹、无砂磨磨痕等缺陷。

⑤ 门开关灵活，无自开现象。门四周缝隙，左右为 1～1.5mm，上下为 1.5～2mm。

⑥ 抽屉进、出活络，左右缝隙为 0.5～1mm，上下缝隙为 1～1.5mm。

思考题

1. 家具装配的工艺流程是怎样的？试分析各道工序的工艺技术要求是什么？

2. 家具装配的准备工作主要包括哪些内容？

3. 家具装配机械的类型有哪些？工艺技术要求是什么？试分析影响装配机械化的主要因素有哪些？

4. 家具装配机械包括哪些主要机构？试分析各种机构的工作原理。

5. 试分析框架与箱框件装配的机械结构原理和工艺技术要求是什么？

6. 试分析板式拆装家具的装配工艺流程及各道工序的工艺技术要求是什么？

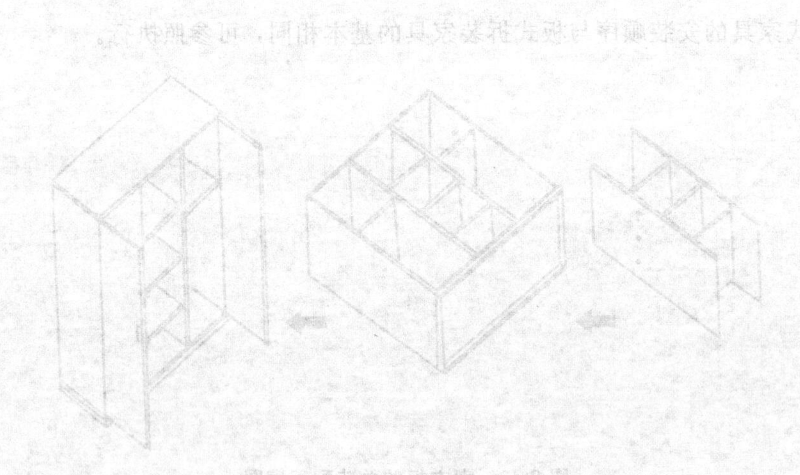

第9章 软体家具制造工艺

软体家具主要用木材、钢材、塑料等硬质材料为支架，以弹簧或泡沫塑料等软体材料为芯料，以布料、皮革为面料制成具有一定弹性的家具。如沙发椅、沙发凳、沙发、沙发床垫、沙发榻等。也有不用支架而全部用软体材料制作的软体家具。另外还有用具有一定压力的气体与水作为弹性材料的软体家具，即充气或充水软体家具。如图 9-1 所示为各种类型的软体家具。

图 9-1

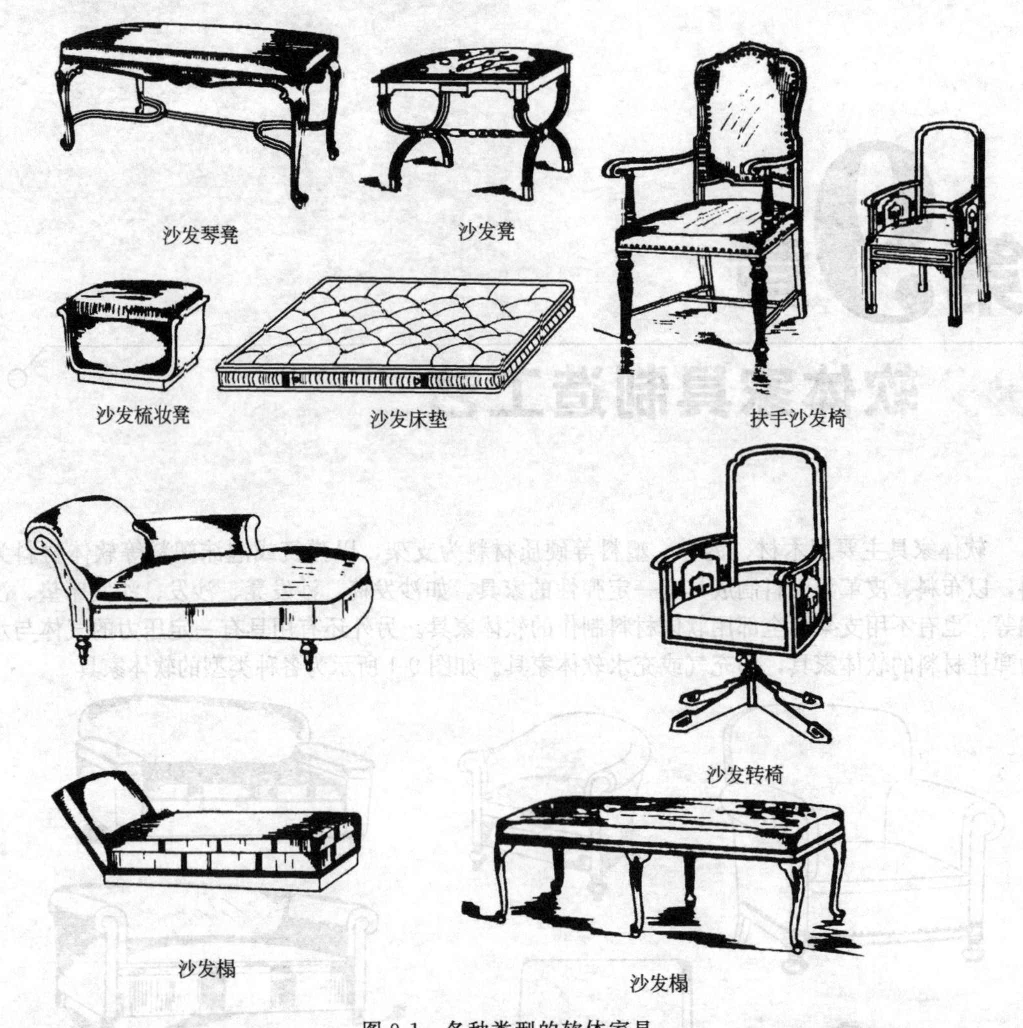

图 9-1　各种类型的软体家具

软家具由于其性质柔软而富有弹性，因此特别适宜作坐、卧类家具。它既能减轻人们的疲劳，作休息时的良好用具，同时软体家具又具有表面装饰色彩丰富、变化多样、更换方便等特点，常给人以华丽、温暖和舒适的感觉。

现代软体家具需造型科学，尺寸合理，弹性适度，用料讲究，做功精细。这样不仅能给人们以健康愉悦的享受，有利于更有效的工作、学习或休息；而且也是室内高级的装饰品，使工作与生活环境显得高雅、华丽、舒适。为促进软体家具工业的发展与技术水平的不断提升，本章将系统地介绍软体家具的生产材料、合理结构、科学功能尺寸及制造工艺。

9.1 软体家具的材料

制造软体家具的原辅材料主要包括骨架材料、弹簧、软垫物、钉、绳、底带、底布及面料等多种类型。

9.1.1 骨架材料

沙发及沙发凳、沙发椅等软体家具主要用各种木材作骨架，这样可以很方便地钉固底带、弹簧、绷绳、底布及面料，使之具有足够的强度，能承受正常使用的动荷载与冲击载荷，而不会被破坏。

对于骨架材料全部被包住而不外露的沙发称为全包沙发，所用木材的硬度要适中，对木材花纹及材色无任何要求。因硬度过小的木材（如杉木）握钉力小，会降低使用强度；硬度过大的木材，难以将钉子钉进去，会降低生产效率。一般采用来源较广、价格较便宜的各种松、杂木作骨架材料即可。

对于骨架的部分零部件外露的软体家具，如实木沙发，其外露的零部件，一般需选用木纹美观、材质好看、硬度较大的优质材，如水曲柳、樟木、桦木、榉木、梓木、柚木、柳桉、香椿、梨木、枣木等木材。对于被全部包住的骨架零部件用料，与全包沙发的相同。

沙发骨架用材的含水率，应低于当地木材年平衡含水率，一般需控制在12%～18%以内。木材中不得有活虫或白蚁存在，否则应进行杀虫处理，以提高骨架的质量。

9.1.2 弹簧

软体家具常用的弹簧有圆柱形螺旋弹簧、双圆锥形螺旋弹簧、圆锥形螺旋弹簧、蛇形弹簧、拉簧、穿簧等多种，其外形如图9-2所示。为满足各种弹簧的钢材性能要求，需要用不低于65#锰钢或70#碳钢的钢丝来制作。

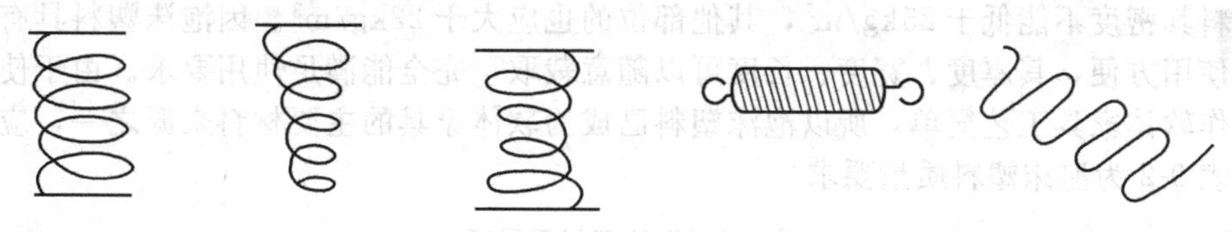

图9-2 各种弹簧的外形

9.1.2.1 圆柱型螺旋弹簧

圆柱型螺旋弹簧主要用于制作弹簧软床垫。常用规格的钢丝直径为2.3～2.8mm，弹簧外径为70～80mm，自由高度为100～150mm。

9.1.2.2 双圆锥型螺旋弹簧

双圆锥型螺旋弹簧是软体家具应用最为广泛的一种弹簧，俗称沙发弹簧，常用规格见表9-1。

表9-1 常用的双圆锥形螺旋弹簧规格

钢丝号	钢丝直径/mm	螺旋数/圈	自然高度/mm	上下螺旋外径/mm	中间螺旋外径/mm	备注
13#	2.3	5	127	85～90	50～52	俗称5寸弹簧
12#	2.8	5	127	85～90	50～52	俗称5寸弹簧
12#	2.8	6	152.4	90～92	52～53	俗称6寸弹簧
11#	2.9	6	152.4	90～92	52～53	俗称6寸弹簧
11#	2.9	7	178	90～95	52～53	俗称7寸弹簧
10#	3.2	8	203	95～100	53～55	俗称8寸弹簧
9#	3.6	9	229	100～105	55～57	俗称9寸弹簧
8#	4.0	10	254	105～110	55～57	俗称10寸弹簧

9.1.2.3 圆锥型螺旋弹簧

圆锥型螺旋弹簧俗称宝塔弹簧、喇叭弹簧。使用时大头朝上，小头钉固在骨架上。这样可节约弹簧钢丝用料，但稳定性较差。

9.1.2.4 蛇形弹簧

蛇形弹簧简称蛇簧，又称弓簧、曲簧。作为沙发底座用的蛇簧，以代替木材方料，其钢丝直径需大于3.2mm；作为沙发靠背弹簧，钢丝直径需大于2.8mm。蛇簧的宽度一般为50～60mm。其长度根据实际需要而定。蛇簧可单独作为沙发底座及靠背弹簧，常与泡沫塑料等软垫物配合使用。

9.1.2.5 拉簧

在弹簧软体家具中使用的拉簧，一般用直径为2mm的70#钢丝绕制，其外径为12mm，长度根据需要而定制。拉簧常与蛇簧配合使用，也可单独作沙发或沙发椅的靠背弹簧。

9.1.2.6 穿簧

穿簧用直径为1.2～1.6mm的70#碳钢绕制，绕成孔径比被穿弹簧的直径略大一点，其间隙在2mm内。弹簧床垫中的螺旋弹簧一般是依靠穿簧连接成整体。即是在绕制穿簧的过程中，将弹簧床垫中相邻的螺旋弹簧的上、下圈分别纵横交错地连接成床垫弹簧芯。既简便迅速，又牢固可靠。

9.1.3 软垫物

软垫物主要有塑料泡沫、棉花、棕丝、椰壳衣丝、笋壳丝等具有一定弹性与柔软性的材料。

(1) 泡沫塑料 现使用较多的泡沫塑料为聚氨酯泡沫塑料与聚醚泡沫塑料。作坐垫用的泡沫塑料其密度不能低于25kg/m³，其他部位的也应大于22kg/m³。因泡沫塑料具有一定的弹性，使用方便，其厚度、宽度、长度可以随意裁取，完全能满足使用要求。由于使用泡沫塑料制作软体家具工艺简单，所以泡沫塑料已成为软体家具的主要材料来源之一，应用日益广泛。表9-2为泡沫塑料质量要求。

表9-2 泡沫塑料质量要求

项目	高级产品	中级产品	普级产品
密度/(kg/m³)	底座部位≥27	底座部位≥26	底座部位≥25
密度/(kg/m³)	其他部位≥24	其他部位≥23	其他部位≥22
拉伸强度/kPa	≥110	≥100	≥90,压缩永久
变形/%	≤4.0	≤6.0	≤9.0

对泡沫塑料中含有的甲醛等有害物质需进行严格地限制。甲醛无色易溶、有强烈的刺激性气味。当室内空气中甲醛浓度为0.1mg/m³时，就有异味和不适感，会刺激眼睛而引起流泪；浓度高于0.5mg/m³时，将引起咽喉不适、恶心、呕吐、咳嗽和肺气肿；当空气中甲醛含量达到30mg/m³时，便能致人死亡。人们长期低剂量吸入时，会引起慢性呼吸道疾病，甚至可诱发鼻咽癌。甲醛对人体健康的影响见表9-3。

此外，用于生产软体家具的泡沫塑料在燃烧时会产生有毒烟雾，污染环境。

表9-3 甲醛对人体健康的影响

甲醛浓度/$\times10^{-6}$	对人体影响	甲醛浓度/$\times10^{-6}$	对人体影响
0.01～0.05	没有影响	0.10～25	风眼病
0.05～1.50	影响神经中枢	5～30	风眼病和肺部伤害
0.05～1.00	臭味	50～100	伤害肺部,可燃
0.01～2.00	刺眼	>100	致人死亡

(2) 棕丝及其相类似的软垫物 由于棕丝具有较强的柔韧性与抗拉强度、不吸潮、耐腐蚀、透气性好，使用寿命长等优点，所以一直是我国传统软体家具中的主要绿色环保软垫物，备受人们喜欢。与棕丝材料相类似的软垫物尚有椰壳衣丝、笋壳丝、麻丝、藤丝等多种。

为了简化弹簧软体家具的制造工艺和运输的方便，现不少企业将棕丝、椰壳衣丝先胶压成一定厚度（6～10mm）的软垫，像布一样卷成捆，使用时根据需要进行裁剪，非常方便。

(3) 棉花 棉花主要作为弹簧软体家具的填充物，铺垫于面料下面，以使面料包扎得饱满平整。现在随着泡沫塑料应用日益增多，逐渐取代了棉花。故棉花在软体家具中的应用已在逐渐减少。但因棉花是对人与环境无害的绿色材料，故在高级弹簧沙发制造中仍得到普遍应用。

9.1.4 底带与底布

(1) 底带 由粗麻线织成约为50mm宽的带子，卷成圆盘销售。常成纵横交错钉绷在沙发、沙发椅、沙发凳的底座及靠背上，然后将弹簧缝固于上面。由于底带具有一定弹性与承载能力，所以也可以将其他软垫物（如泡沫塑料、棕丝等）直接固定于其上，制成软体家具。

(2) 底布 有麻布、棉布、化纤布等。有沙发专用的麻布，其幅面一般为1140mm，很结实。弹簧软体家具一般需要分别在弹簧及棕丝上各钉蒙一层麻布；沙发扶手也需钉蒙两层麻布。

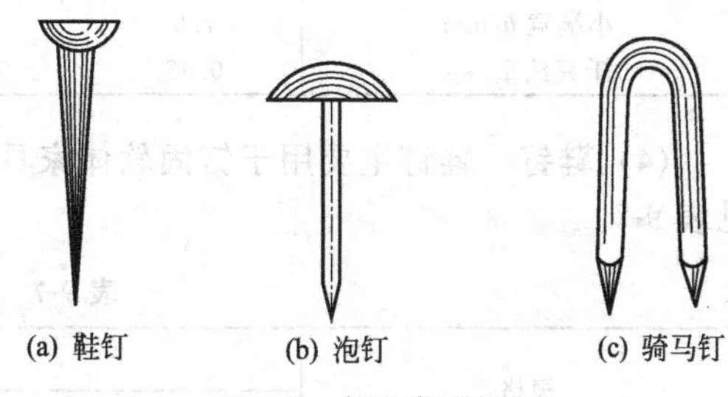

图 9-3 各种类型的钉

棉布与化纤布一般用作靠背后面、底座下面的遮盖布，起防尘作用，同时也作为面料的拉手布、塞头布及其里衬布，以满足制作工艺与质量的要求。

9.1.5 钉

软体家具所用的钉，主要有圆钉、木螺钉、骑马钉、鞋钉、气钉、泡钉等，如图 9-3 所示。

(1) 圆钉 圆钉主要用于钉制沙发的骨架，常用规格见表 9-4。

表 9-4 常用圆钉规格

钉长/mm	钉杆直径/mm	千只约重/kg	千克只数/只	钉长/mm	钉杆直径/mm	千只约重/kg	千克只数/只
25	1.6	0.359	2532	50	2.8	2.42	414
30	1.8	0.6	1666	60	3.1	3.56	281
35	2.0	0.86	1157	70	3.4	5.00	200
40	2.2	1.19	837	80	3.7	6.75	184
45	2.5	1.73	577				

(2) 木螺钉 木螺钉按其头部的形状可分为沉头木螺钉、半沉头木螺钉、圆头木螺钉。主要用于沙发骨架的连接。常用规格见表 9-5。

表 9-5 常用木螺钉规格

直径/mm	钉长/mm		
	沉头	圆头	半沉头
2.5	6～25	6～22	6～25
3.0	8～30	8～25	8～30
3.5	8～40	8～38	8～40
4.0	12～70	12～65	12～70
4.5	16～85	14～80	16～85
5.0	18～100	16～90	18～100
5.5	25～100	22～90	30～100
6.0	40～120	22～120	30～120

(3) U形钉（骑马钉） 主要用于钉固软体家具中的各种弹簧、钢丝，也可用于固定绷绳。骑马钉常用规格见表9-6。

表9-6 骑马钉常用规格

规格	钉长 L/mm				
	13	16	20	25	30
钉杆直径 d/mm	1.8	1.8	2	2.2	2.8
大端宽 B/mm	8.5	10	12	13	14.5
小端宽 b/mm	7.0	8	8.5	9	10.5
千只约重/kg	0.48	0.61	0.89	1.36	2.43

(4) 鞋钉 鞋钉主要用于钉固软体家具中的底带、绷绳、麻布、面料等。鞋钉常用规格见表9-7。

表9-7 鞋钉常用规格

规格		钉全长/mm					
		10	13	16	19	22	25
钉帽直径/mm	≥	3.1	3.4	3.9	4.4	4.7	4.9
钉末端宽/mm	≤	0.7	0.8	0.9	1.0	1.1	1.2
千只约重/g		90	147	227	330	435	488
千克只数(只)	≥	11000	6800	4400	3000	2300	2025

(5) Π形气枪钉 主要用于钉固软体家具中的底带、底布、面料。由于采用气钉枪钉制，故生产效率高，应用非常广泛。各种常用规格见表9-8。

表9-8 常用Π形气枪钉规格 单位：mm

钉内空宽 A	10	11.2	11.5	11.9
钉侧面宽 B	1.2	1.2	0.9	1.2
钉正面厚 b	0.7	0.9	0.6	0.5
钉高 I	6、8、10、13	20、25、30、35、38、40	12、14、16、18、20	12、14、18、20、22、25

(6) 漆泡 简称泡钉。由于钉的帽头涂有各种颜色的色漆，故俗称漆泡钉。主要用于钉固软体家具的面料与防尘布。不过，现代沙发很少使用此钉。其原因是钉的帽头露在外表，易脱漆生锈影响外观美，所以应尽量少用或用在软体家具的背面、不显眼之处。其规格一般为钉帽直径9～11mm、钉杆长15～20mm，钉杆直径1.5～2mm。

9.1.6 面料绳、线

(1) 蜡绷绳 蜡绷绳由优质棉纱制成，并涂上蜡，能防潮、防腐，使用寿命长。其直径为3～4mm。主要用于绷扎圆锥形、双圆锥形、圆柱形螺旋弹簧，以使每只弹簧对底座或靠背保持垂直位置，并互相连接成为牢固的整体，以获得适合的柔软度，并使之受力比较均匀。

(2) 细纱绳 细纱绳俗称纱线，主要用来使弹簧与紧蒙在弹簧上的麻布缝连在一起，并用于缝接夹在头层麻布与二层麻布中间的棕丝层，使三者紧密连接，而不使棕丝产生滑移。第三个作用是用于第二层麻布四周的锁边，以使周边轮廓平直而明显。细纱绳的规格有21支21股、21支24股、21支26股三种，根据要求选用。

(3) 嵌绳 嵌绳又称嵌线。嵌绳与绷绳的粗细基本相同，只是不需要上蜡，较为柔软。需用20～25mm宽的布条包住，缝制在面料与面料周边交接处，以使软体家具的棱角线平直、明显、美观。

9.1.7 面料

软体家具面料可以是各类皮革，棉、毛、化纤织品或棉缎织品，也可用各类人造革。

(1) 动物皮革 动物皮革通常用来制作高级软体家具的面料，主要品种有羊皮、牛皮、猪皮等多种。因皮革的透气性、弹性、耐磨性、耐脏性、牢固性、触摸感及质感等都比较好，故备受青睐。三者相比较，其中以牛皮力学强度高，羊皮柔韧较好，猪皮毛孔较粗糙，其质量较差一点。

动物皮革是高级产品的面料，一般不会产生污染。但在加工过程中，使用了含苯胺、乙酰胺的色素、含甲醛的胶黏剂和尼龙线，这些都会对环境造成污染。

(2) 人造皮革 由于仿真技术水平的提高，一些人造皮革酷似动物皮革，真假难分，有的质感比动物皮革还要好，因而应用相当广泛。人造皮革虽清洗方便，耐磨性好，但不透气，不吸汗，使用不舒服，易发脆龟裂，使用期限较短，只能作为中低级沙发的面料。

(3) 织物 用于制作各种布艺沙发。由于多数沙发纺织物的质感、透气性、保暖性、柔韧性都比较好，特别是棉缎织品还可以给人豪华之感，所以深受广大消费者的欢迎，已逐渐成为沙发面料使用的主流。纺织品花色品种多，质地、价格差异较大，可供不同档次的软体家具选用。

9.1.8 钢丝

钢丝主要用于将软边沙发与弹簧床垫的周边弹簧包扎连接在一起，以使周边挺直、牢固而富有整体弹性。软体家具所用钢丝一般为 65 号锰钢或 70 号碳钢，直径不小于 3.5mm。

9.2 软体家具的制作工具

软体家具的制作专用工具主要有胖头针、弯针、拔针、沙发榔头、嵌线压脚等。其他通用工具还有钢丝钳、胡桃钳（起钉钳）、凿子、剪刀、气钉枪、钢卷尺、缝纫机等。现仅介绍专用工具。

9.2.1 胖头针

胖头针是用来穿引纱线，对软体家具进行镶边与缝固麻布、棕丝层。其形状如图 9-4 所示。一般用直径为 2.5mm 的 60 号碳素钢制造。两头呈尖形，穿线孔处略呈扁形，因此称之为胖头。其长度为 200mm、250mm、280mm、300mm、350mm 等多种规格。

9.2.2 弯针

弯针的直径为 1.5～2mm，长约 100mm，呈弧形。其形状如图 9-5 所示。在平面上或两相交棱角处缝扎时，插入回出方便。主要用于将弹簧缝扎在底带或底布上（俗称扎三角针），还可用来镶边及面料边沿的缝合。

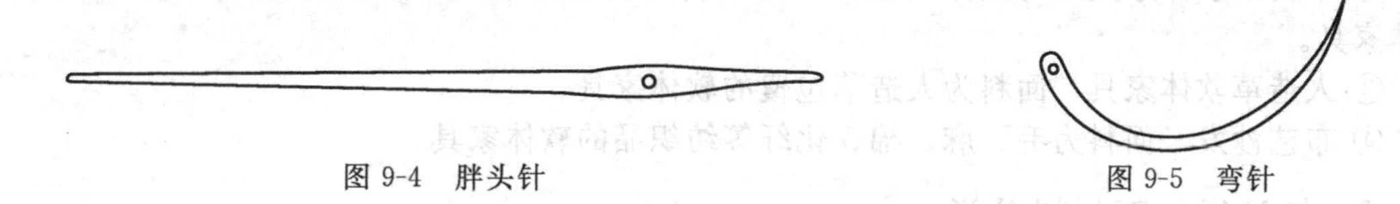

图 9-4 胖头针　　图 9-5 弯针

9.2.3 拔针

拔针又称拔杆，拔针一般用直径为 8mm 的碳钢做成长约 250mm 圆锥状。其形状如图

9-6 所示。主要用来将夹在两层麻布中间的棕丝拔均，并使周边的棕丝紧密、均匀、平直，以确保周边轮廓线明显。

9.2.4 沙发榔头

沙发榔头上端为扁楔形（端头厚 1～1.5mm，宽为 10～15mm）。下端成方锥形，端头为正方形（边长 6～8mm），均倒成圆角。其形状如图 9-7 所示。这种榔头小巧灵便，锤击接触面小，便于在转角处和狭窄处使用。钉底带、弹簧、绷绳、麻布、底布、面布等均需沙发榔头。

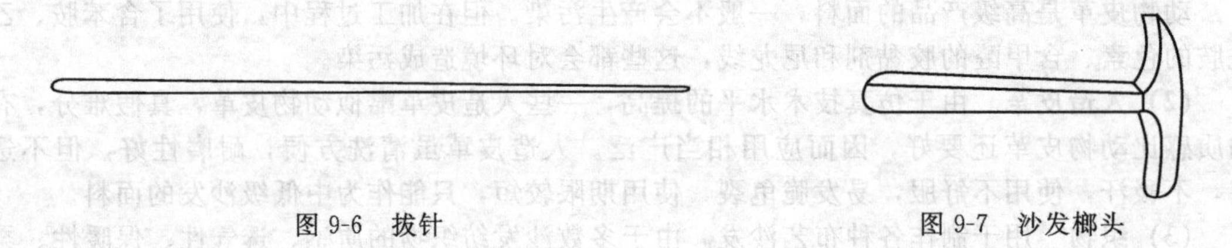

图 9-6 拔针　　　　图 9-7 沙发榔头

9.2.5 嵌线压脚

嵌线压脚是缝纫面料嵌线专用的缝纫机压脚。与普通的缝纫机压脚不同之处仅在于其压脚下面有一条半径为 3.5～4mm 的半圆形槽，以使缝纫好的嵌线显得挺直、圆满。嵌线压脚，可根据一般缝纫压脚的要求而自制。

9.3 软体家具的分类

软体家具可根据所用材料、制作结构、使用功能、构成尺寸等方面进行分类。

9.3.1 按弹性材料分类

按弹性材料的不同，可将软体家具分为螺旋弹簧、蛇簧、底带、泡沫塑料、混合型等软体家具。

① 螺旋弹簧软体家具　主要用螺旋形弹簧制成的软体家具。

② 蛇簧软体家具　主要用蛇簧和泡沫塑料制的成软体家具。

③ 底带软体家具　主要用底带和泡沫塑料制的成软体家具。

④ 海绵软体家具　主要用泡沫塑料制成的软体家具。

⑤ 混合型软体家具　主要用螺旋形弹簧、蛇簧、底带、泡沫塑料等多种弹性材料制成的软体家具。

9.3.2 按包覆面料分类

按软体家具所包覆的面料不同，可将软体家具分为皮革、人造革、布艺等软体家具。

① 全皮革软体家具　面料为动物皮革的软体家具。

② 半皮革软体家具　与人体接触部分的面料为动物皮革，其他部位的面料为人造革的软体家具。

③ 人造革软体家具　面料为人造革包覆的软体家具。

④ 布艺沙发　面料为毛、麻、棉、化纤等纺织品的软体家具。

9.3.3 按沙发骨架材料分类

按制作软体家具的骨架材料不同，可将软体家具分为木骨架、金属骨架、无骨架的软体家具。

① 木骨架软体家具　以木质材料为骨架的软体家具。

② 金属骨架软体家具　以金属材料或以金属与木材为骨架的软体家具。

③ 无骨架软体家具　即内部没有骨架，而用泡沫塑料直接发泡成型的软体家具。

9.3.4 按使用功能分类

按软体家具使用功能不同，可将软体家具分为单用软体家具、两用软体家具、多用软体家具。

① 单用软体家具　仅具有一种使用功能的软体家具。如仅满足坐功能的沙发。

② 两用软体家具　具有两种使用功能的软体家具。如能满足坐、卧功能的两用沙发。

③ 多用软体家具　具有多种使用功能的软体家具。如能满足坐、卧和贮存物品功能的三用沙发。

9.3.5 按座前宽分类

按软体家具宽度尺寸不同，可将软体家具分为单人、双人、三人、组合软体家具。

① 单人软体家具　供单人使用的软体家具。如单人沙发。

② 双人软体家具　供双人同时使用的软体家具。如双人沙发。

③ 三人软体家具　供三人同时使用的软体家具。如三人沙发。

④ 组合软体家具　由多个单体组合而成的软体家具。如由多个单体沙发组合排列成各种形式（圆圈形、曲线形、直线形等），可供多人坐用，多为会客厅、会议室、接待室等的沙发。

9.4 软体家具的功能尺寸与结构

9.4.1 沙发功能尺寸

软体家具的功能尺寸应遵照人体工效学的原理，以满足人们使用舒适，有利于身体健康的要求。凡是有国家标准的，都应严格按照国家标准来进行设计制造。

(1) 沙发功能尺寸　沙发功能尺寸的标注如图 9-8 所示。

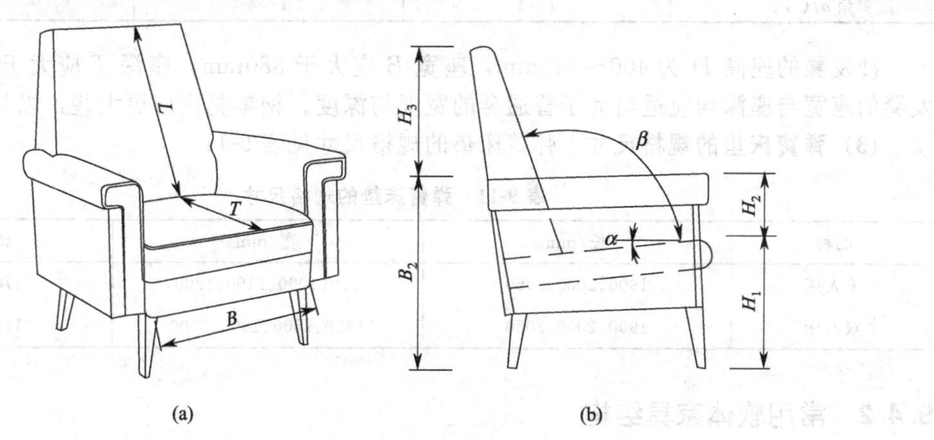

图 9-8　沙发的功能尺寸

双人及多人以上的沙发的功能尺寸，除座前宽度根据单人沙发的要求作相应增加外，其他功能尺寸应与单人沙发的相同。圈式沙发、多用沙发、转角沙发以及其他特殊造型的沙发的功能尺寸也可参照单人沙发的相应尺寸。单人沙发的功能尺寸见表 9-9。

表 9-9　单人沙发的功能尺寸

座前宽 B/mm	座深 T/mm	座前高 H_1/mm	扶手高 H_2/mm	背长 L/mm	座斜角 α/(°)	背斜角 β/(°)
>480	480～600	360～420	<250	>300	3～6	98～112

(2) 沙发椅、沙发凳的功能尺寸　目前沙发椅、沙发凳的功能尺寸尚未制定统一标准，可参照椅、凳的功能尺寸。沙发椅、凳的功能尺寸，如图 9-9 所示。

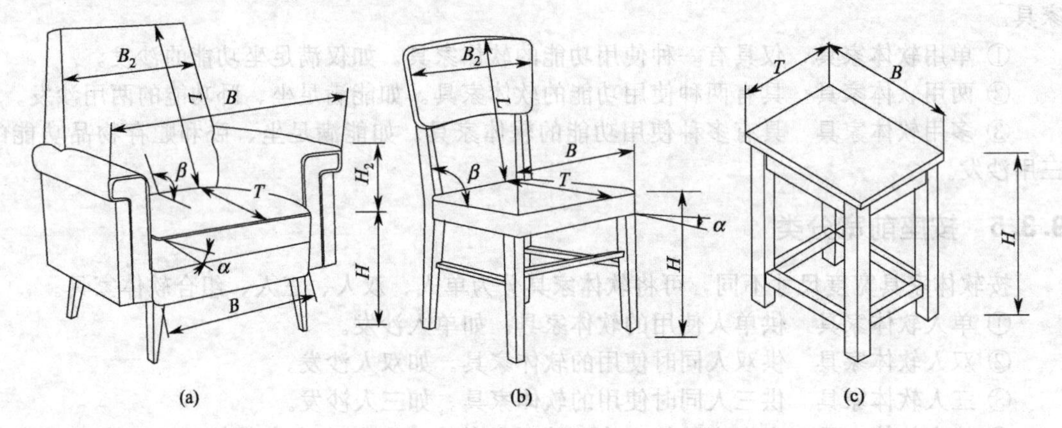

图 9-9　沙发椅、凳的功能尺寸

沙发椅的功能尺寸可参照表 9-10 椅子的相应功能尺寸。

表 9-10　椅子的相应功能尺寸

功能尺寸	扶手椅	靠背椅	级差/mm[或/(°)]
座高 H/mm	400～440	400～440	20
座宽 B/mm	>460	>380	10
座深 T/mm	400～440	340～420	10
背宽 B_2/mm	>400	>300	10
背长 L/mm	>275	>275	10
扶手高 H_1/mm	200～250		10
背斜角 β/(°)	95～100	95～100	1
座斜角 α/(°)	1～4	1～4	1

沙发凳的座高 H 为 400～440mm，座宽 B 应大于 380mm，座深 T 应大于 280mm。沙发凳的座宽与座深均应适当大于普通凳的宽度与深度。钢琴凳则应更大些，以与钢琴相配。

(3) 弹簧床垫的规格尺寸　弹簧床垫的规格尺寸见表 9-11。

表 9-11　弹簧床垫的规格尺寸

品种	长/mm	宽/mm	高/mm
单人床	1900、2000、2050	900、1000、1100、1200	170～230
双人床	1900、2000、2050	1350、1500、1800、2000	170～230

9.4.2　常用软体家具结构

软体家具大多采用木框骨架结构，其接合方法分为榫接合、钉接合和胶钉接合。榫接合多为直角榫接合，少数用燕尾榫接合。靠背与扶手多为框架式结构，底座一般为箱框式结构。

9.4.2.1　沙发骨架结构

沙发是主要的坐类家具，受力较大，它不仅承受静载荷，而且要承受动载荷，甚至冲击载荷。这就要求它具有足够的使用强度，尤其是要确保骨架的强度。与其他家具一样，沙发骨架是由若干个零部件按照不同的接合方式组合而成的。通常的接合方式有榫接合、榫胶接合、木螺钉、圆钉接合以及连接件接合等多种。通常采用圆钉、木螺钉的接合，工艺简单，成本低。若用榫接合，多用明榫接合，因明榫的制作简单，强度较高，外有面料遮盖，不影响美观。沙发骨架除了外露的脚、扶手等以外，其他各部件的表面都可以不进行粗刨，因骨架外面需包装软体材料及面料，所以对光洁、平整要求较低。

(1) 沙发骨架 如图 9-10 所示为弹簧沙发的实木骨架透视图。图中所有的零件都有专用名称与专门的作用，并通过直角榫或钢钉、木螺钉牢固地接合为一个整体。沙发骨架零件所用的木材无特殊要求，但需具有较好的握钉力，以防所钉弹簧、底布、面料松动、脱落，而降低沙发的使用寿命。

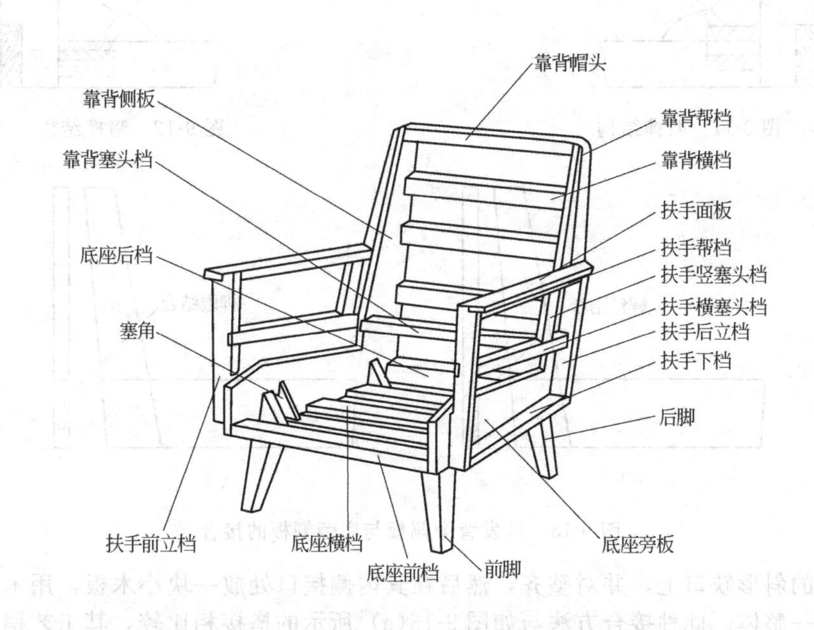

图 9-10 弹簧沙发的实木骨架透视图

(2) 沙发底座骨架与脚的明榫接合结构 如图 9-11 所示为沙发的底座骨架与脚的明榫接合结构，其脚的上端加工出单肩双榫，与底座骨架接合后，其中一榫头在底座骨架前梃的内侧，形成明榫夹槽接合结构，并用塞角予以加固。此种接合结构，强度高，稳定性好，应用较普遍。

(3) 沙发底座骨架跟脚和暗榫接合结构 如图 9-12 所示为沙发的底座骨架跟脚和暗榫接合结构。此种接合结构与如图 9-11 所示的基本相同，只是采用暗榫接合结构，虽榫端不外露较美观，但加工较复杂，故在沙发骨架接合中应用较少。

(4) 沙发靠背骨架跟与其底座骨架的接合结构 如图 9-13(a) 所示为沙发靠背骨架跟其底座骨架的接合结构，是采用利用靠背与底座的侧面板进行搭接，借助木螺钉牢固接合为一体。这种接合结构简单牢固，应用相当普遍。

(5) 沙发靠背骨架与其底座骨架采用榫接合的结构 如图 9-13(b) 所示，也是沙发靠背骨架跟其底座骨架采用榫接合的结构。采用榫接合结构，接合强度大，稳定性能好。但由于加工工艺较复杂，所以其应用不如图 9-13(a) 所示的接合结构广泛。

(6) 沙发底座骨架旁板与靠背骨架旁板的接合结构 如图 9-14 所示，为沙发底座骨架的旁板与靠背骨架旁板的接合结构。即在底座骨架旁板的后端加工出斜形缺口，将靠背骨架旁板的下端加工成与斜形缺口相吻合的斜面。装配时，将靠背骨架旁板下端斜面放入底座骨

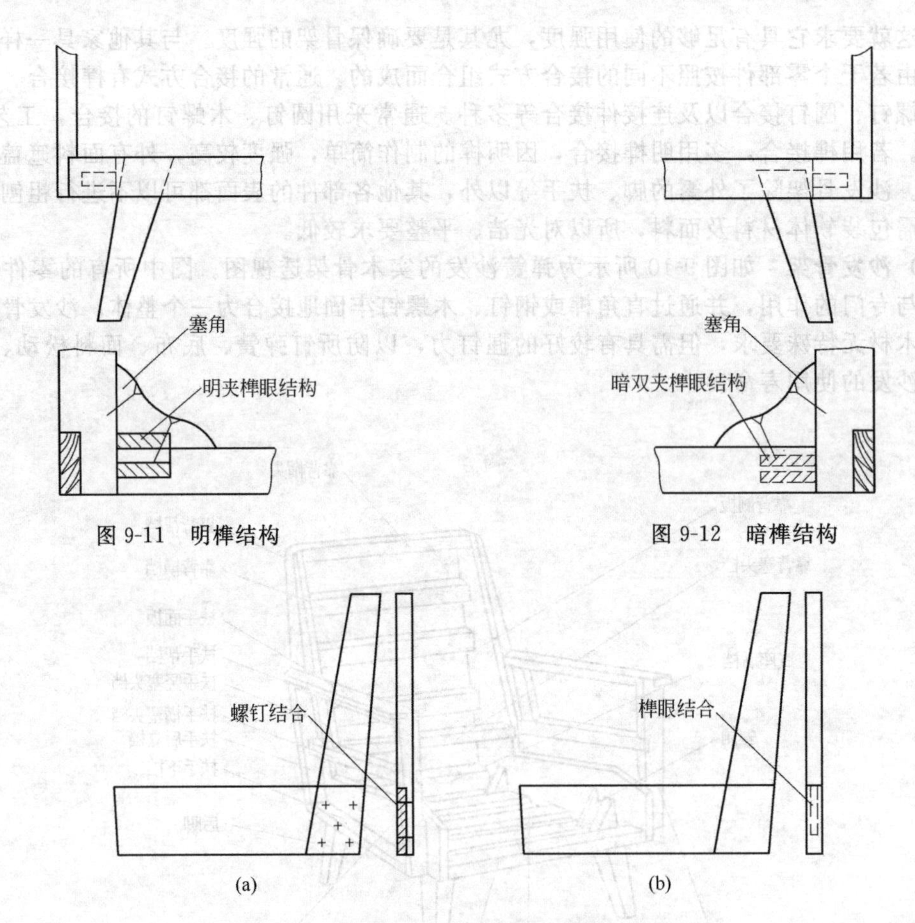

图 9-11　明榫结构　　图 9-12　暗榫结构

图 9-13　沙发背旁侧板与底旁侧板的接合

架旁板后面的斜形缺口上，并对整齐，然后在其内侧接口处放一块小木板，用木螺钉使之牢固地接合成一整体。此种接合方法与如图 9-13(a) 所示的搭接相比较，其工艺稍复杂，且稳定性也差些，故应用并不广泛。

(7) 沙发的前脚与前柱的接合结构　如图 9-15 所示为沙发的前脚与前柱头采用木螺钉接合；而扶手骨架的面板则采用直角槽榫接合，这是一种简单易行的接合结构。

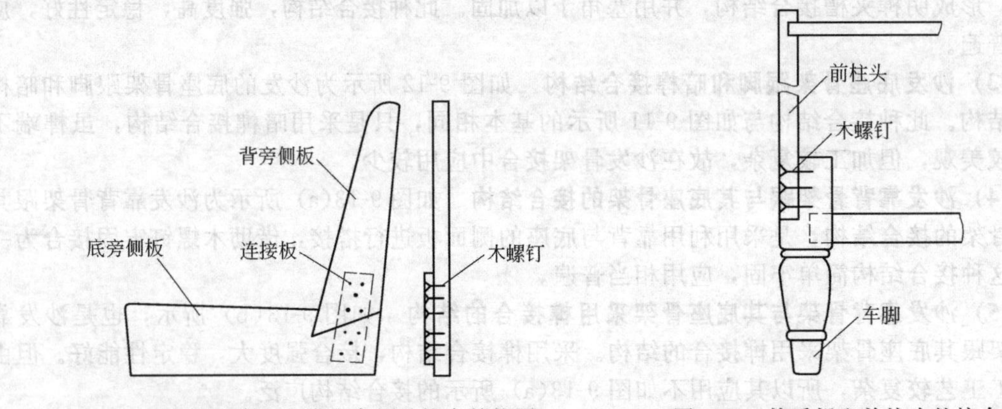

图 9-14　底座旁板与靠背旁板的接合结构图　　图 9-15　扶手板和前柱头的接合结构图

(8) 沙发椅座与靠背的装配结构　如图 9-16 所示为沙发椅座与靠背的装配结构图。

(9) 扶手沙发装配结构　如图 9-17 所示为扶手沙发装配结构图。

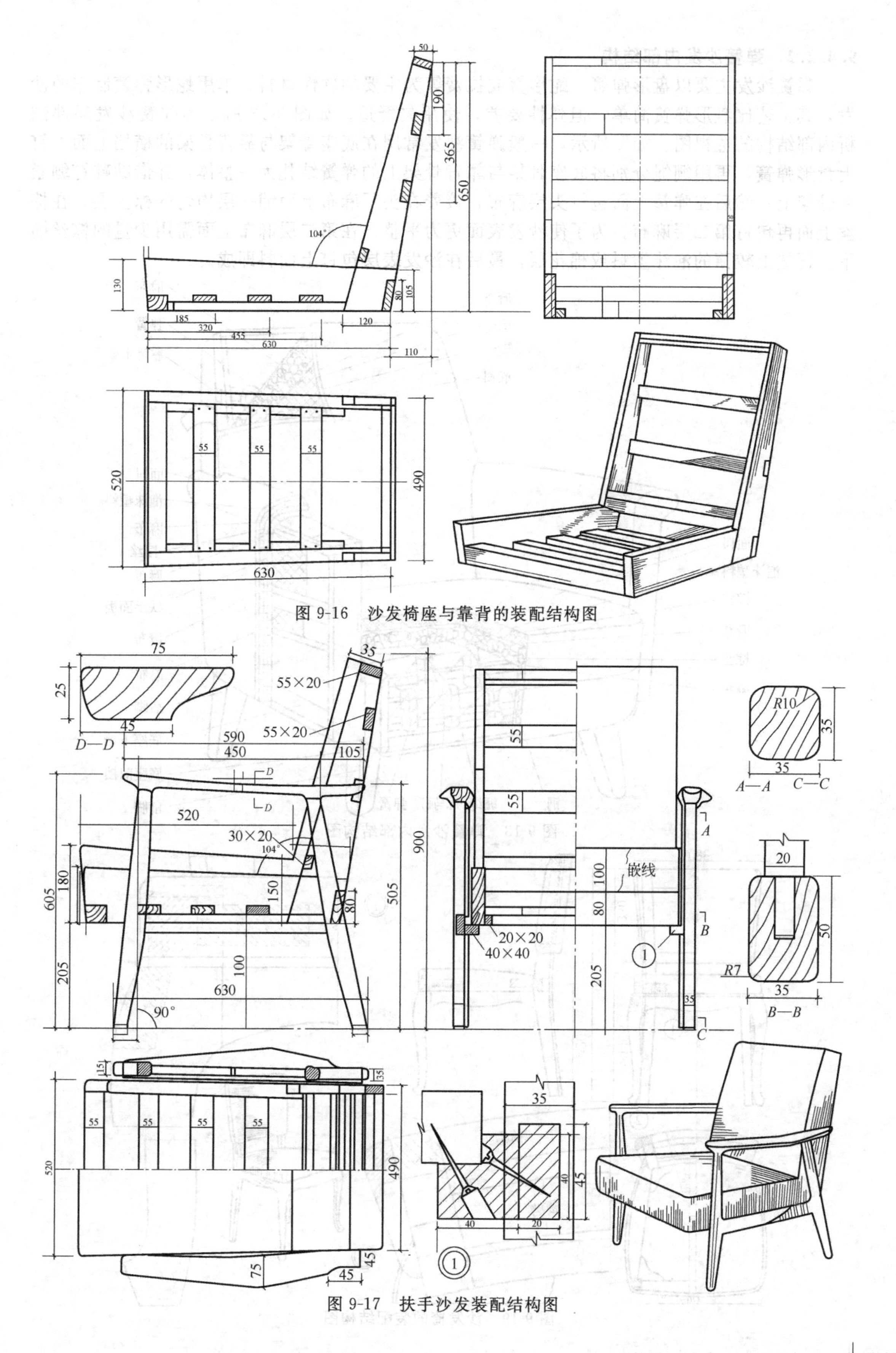

图 9-16 沙发椅座与靠背的装配结构图

图 9-17 扶手沙发装配结构图

9.4.2.2 弹簧沙发内部结构

弹簧沙发主要以盘形弹簧、蛇形簧或拉簧等为主要的软性材料。单用蛇形弹簧制作的沙发，其工艺比盘形弹簧简单，但弹性要差，使用欠舒适。如图 9-18 所示为弹簧沙发局部剖析内部结构的透视图。如图所示，一般弹簧沙发常用在底座骨架与靠背骨架的横档上面，钉上盘形弹簧，再用绷绳分别将底座骨架与靠背骨架上的弹簧结扎为一整体，并借助鞋钉绷紧在骨架上；然后在弹簧上面包钉头层麻布，接着在头层麻布上面铺一层均匀的棕丝层，在棕丝上面再包钉第二层麻布。为了使沙发表面更为平整，在第二层麻布上面需用少量的棕丝铺平，再垫上较薄的泡沫塑料或棉花层，最后在沙发表层包钉上面料即成。

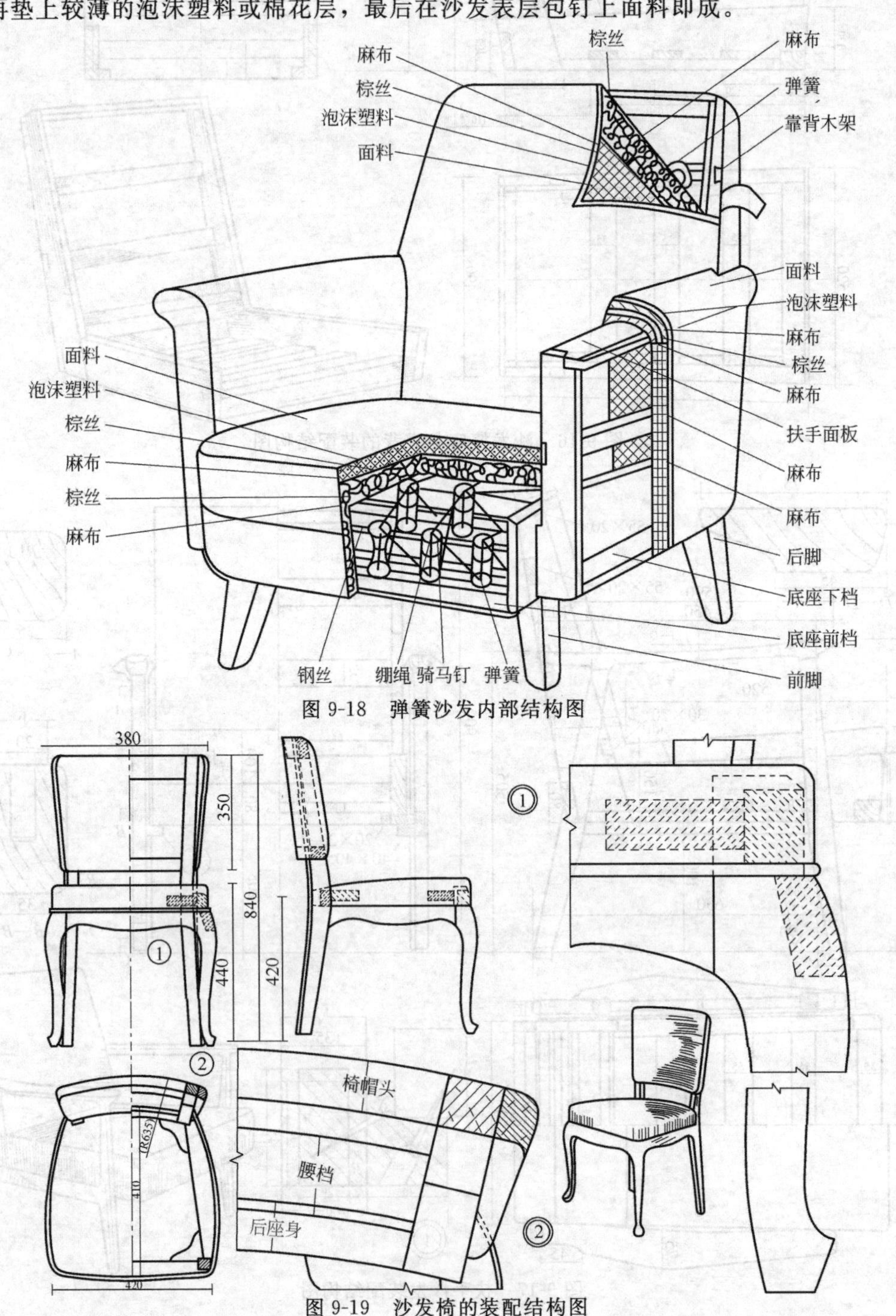

图 9-18 弹簧沙发内部结构图

图 9-19 沙发椅的装配结构图

9.4.2.3 沙发椅内部结构

沙发椅的骨架与实木椅的骨架基本相同，只是椅座与靠背的中间是空的或为若干根木方条，以用于包钉软体材料。如图 9-19 所示为沙发椅的装配结构图。

如图 9-20 所示为沙发椅座的骨架结构图，既在椅座框架上包钉棚带、蛇形弹簧或增加木条，以支承弹簧或其他软垫物。因为沙发椅座受力较大，一般需在椅座框架中增设木档，如图 9-20(a) 所示，其结构简单，且接合强度却有较大地增加。如图 9-20(b) 所示，椅座中的木档采用直角暗榫接合，接合强度高，牢固可靠，常用于高级沙发的制造。

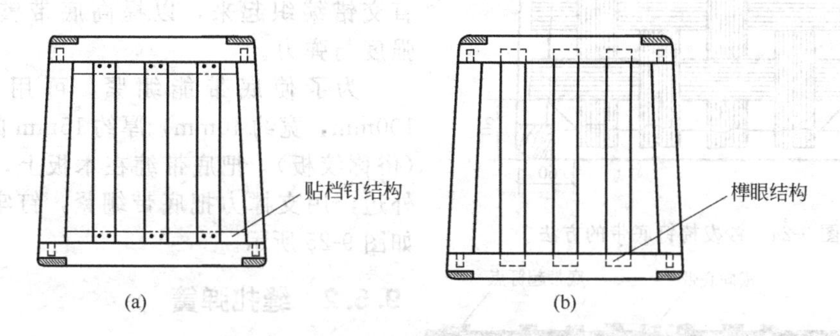

图 9-20 沙发椅座骨架结构

9.4.2.4 沙发椅、凳的木框骨架的基本结构

沙发椅木框骨架结构如图 9-21 所示。沙发凳木框骨架结构如图 9-22 所示。

图 9-21 沙发椅木框骨架结构

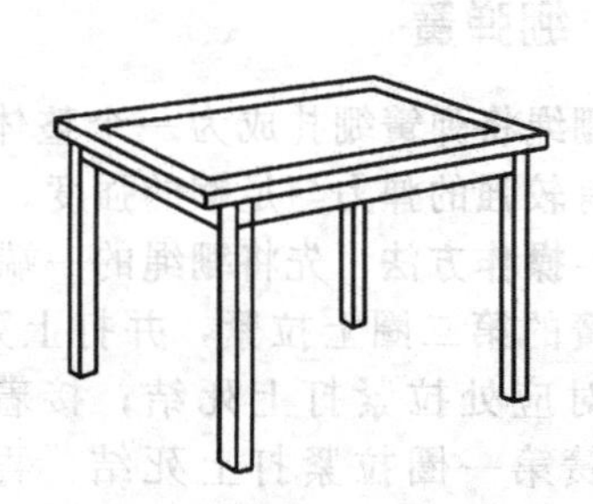

图 9-22 沙发凳木框骨架结构

9.4.2.5 弹簧床垫的基本结构

弹簧床垫通常是由弹簧芯、麻布、棕垫、泡沫塑料、面料等组成，如图 9-23 所示为其基本结构。

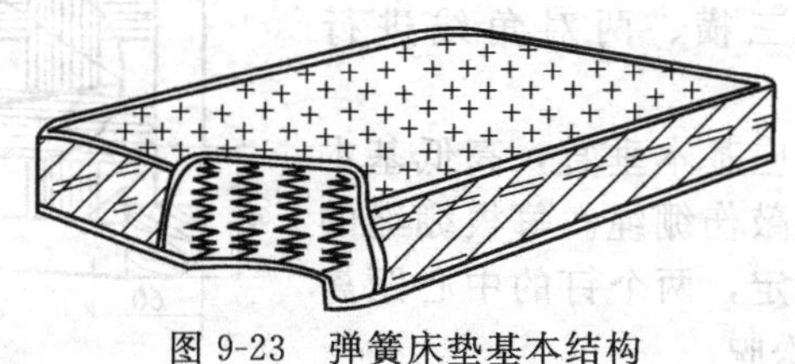

图 9-23 弹簧床垫基本结构

9.5 沙发椅的包制工艺

9.5.1 钉底带

沙发椅的底座与靠背上，一般需要钉底带。钉底带的方法如图 9-24 所示，先将底

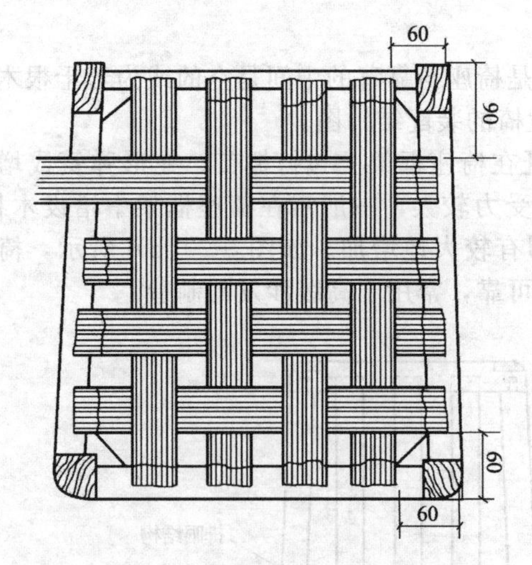

图 9-24　沙发椅钉底带的方法

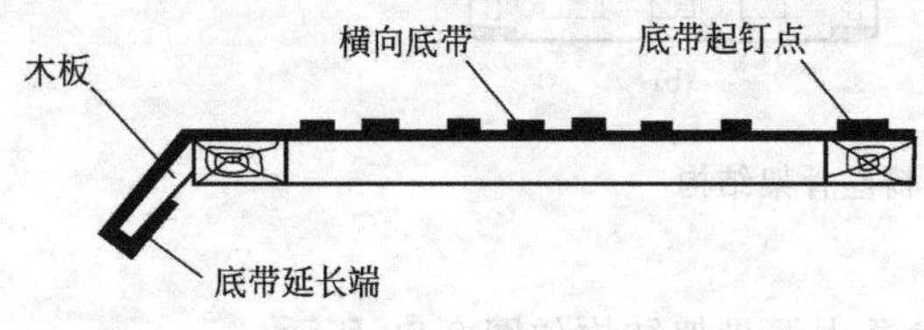

图 9-25　用绞块绷紧底带

带的一头折转约 30mm，用 3 个长为 19～20mm 的鞋钉，钉紧在骨架木条上，然后将底带折转再钉四只鞋钉；接着拉紧到对面的木条上，先用 3 个鞋钉钉紧，再将底带折转钉 4 个鞋钉，最后将底带剪断留约 30mm 长的折头。就这样一条一条地钉下去，直到全部钉好为止。钉时需将底带横、直交错编织起来，以提高底带整体的抗拉强度与弹力。

为了使底带能绷紧，可用一块长约 100mm，宽约 40mm，厚约 15mm 的平滑木板(俗称绞板)，把底带缠在木板上，抵住木框外边，用支撑力把底带绷紧，钉牢。其操作如图 9-25 所示。

9.5.2　缝扎弹簧

在沙发椅的底带上，一般需缝扎 5 个双圆锥型螺旋弹簧，如图 9-26 所示。将弹簧排成梅花形，然后用弯针穿双股纱线把弹簧底圈与底带缝成三角形，使之牢固固定。

9.5.3　绷弹簧

用绷绳将弹簧绷扎成为一个整体，如图 9-27 所示。将 5 个弹簧牢固地绷扎成一整体，使之具有较强的弹力与足够的强度。

(1) 操作方法　先将绷绳的一端用两个鞋钉钉在椅子底座的骨架木条棱角上，然后与靠近的弹簧的第二圈上拉紧，并打上死结，再与第一圈的对应处拉紧打上死结；接着将绷绳与相邻的弹簧第一圈拉紧打上死结，再与第一圈的对应处拉紧打上死结；再与第三个弹簧的第一圈上拉紧，并打上死结，再与第二圈的对应处拉紧打上死结；紧接着把绷绳端头钉在底座的骨架上。就这样，按图 9-27 所示，将绷绳一根根地绷扎好，即按三纵三横、两对角线进行绷扎。

(2) 质量要求　弹簧应基本垂直，高低基本一致，钉绷绳时榔头不能敲伤绷绳。每根绷绳的两头要用两个大头鞋钉固定，两个钉的中心距离为 10～15mm，以防绳头松脱。

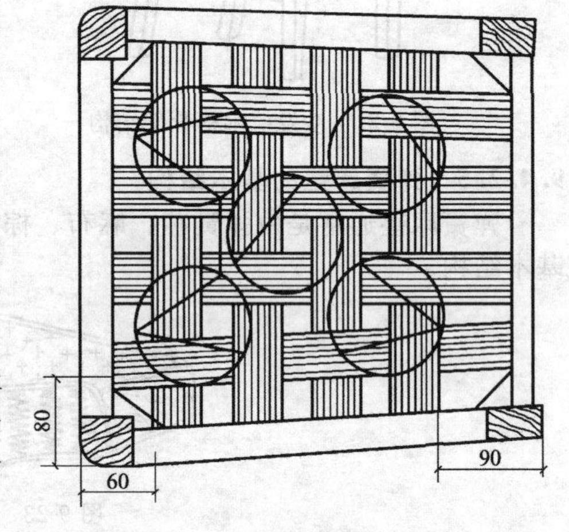

图 9-26　缝扎弹簧

9.5.4　钉头层麻布

如图 9-28 所示，先把剪好的麻布盖在绷好的弹簧上面，将一边向上折转 30～40mm，然后用鞋钉或气钉钉牢固（钉子间的距离约为 40mm），再用同样的方法钉牢其余三边。钉时应注意将麻布绷紧。接着用弯针穿纱线在麻布上面将弹簧上圈与麻布缝扎牢固，应在每个弹簧上圈缝成三角形，俗称扎三角针。

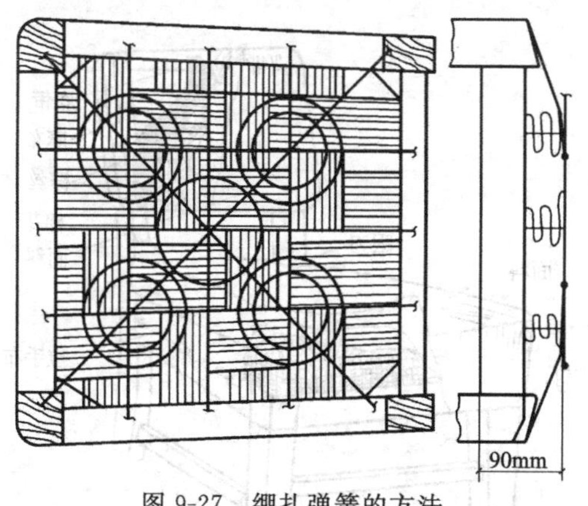

图 9-27　绷扎弹簧的方法

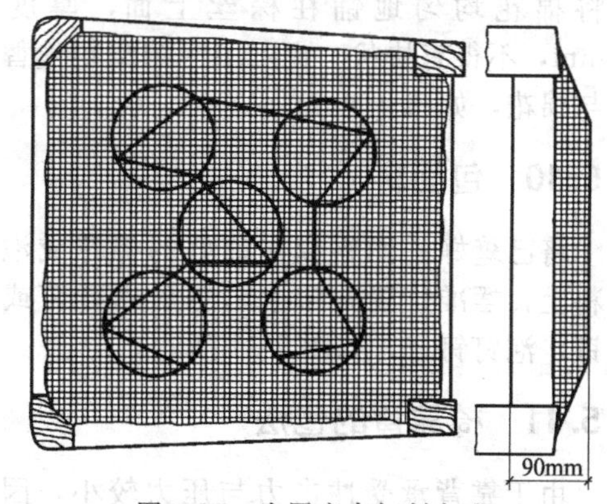

图 9-28　头层麻布钉制方法

9.5.5　铺棕丝

如图 9-29 所示，先将棕丝拍松，铺在头层麻布上面。铺平后用手掌按压没有硬块与高低不平的感觉，周边部位应铺得结实饱满些。

9.5.6　钉第二层麻布

如图 9-29 所示，铺好棕丝后，把剪裁好的第二层麻布盖在棕丝上面。接着用胖头针穿上纱线缝成长方形，针距 20～40mm，以将棕丝与两层麻布缝接在一起，以免使用时滑移。然后将麻布周边向内折转约 30mm，钉在骨架边条外侧棱上。钉子间距约为 20mm，要钉均匀、平直。并要求将麻布拉直绷紧，不能有歪斜与皱褶出现。

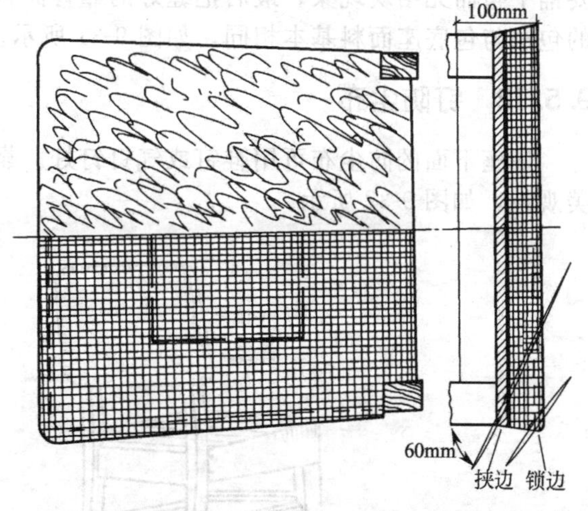

图 9-29　铺棕丝、钉第二层麻布、挟边、锁边

9.5.7　挟边

如图 9-29 所示，用胖针穿纱线从棕丝层的下沿与支架边板约成 60°角，由下向上斜穿出第二层麻布。当胖针尾端接近麻布表面而未露出麻布时，将胖针转向与所夹骨架边线平行，并与麻布表面约成 45°角向下斜穿，从棕丝层的下沿与原来的穿入点相距约 60mm 处穿出。这时将纱线的末端打一个套结，在抽出胖针，拉紧纱线，把棕丝向边缘拉紧。就这样一针一针挟下去，把整个周边挟好。

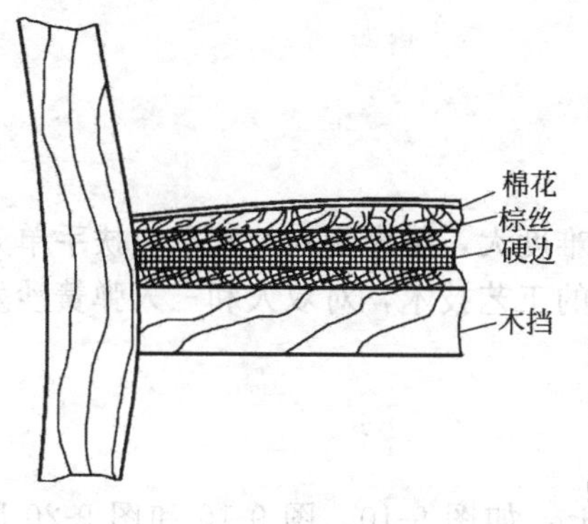

图 9-30　铺棕丝、棉花

9.5.8　锁边

先用拔针将挟住在麻布边缘内的棕丝一针一针地向外拔紧，一手拔，一手用力捏紧拔出来的棕丝，紧接着用胖头针穿纱线一针针地缝扎固定下来，以使四周形成结实、平直、均匀、明显的轮廓线。锁边的针距约 30mm，保持均匀，如图 9-29 所示。

9.5.9　铺棕丝、棉花或泡沫塑料

先用少量棕丝铺在第二层麻布上面，需铺平整。然

后将棉花均匀地铺在棕丝上面，厚度约10mm，不得有块状。也可用泡沫塑料代替棕丝与棉花，如图9-30所示。

9.5.10 包面料

将已缝好的面料套在铺好的棉花或泡沫塑料上，摆准位置并拉紧，然后用鞋钉或气枪钉、泡钉钉好，如图9-31所示。

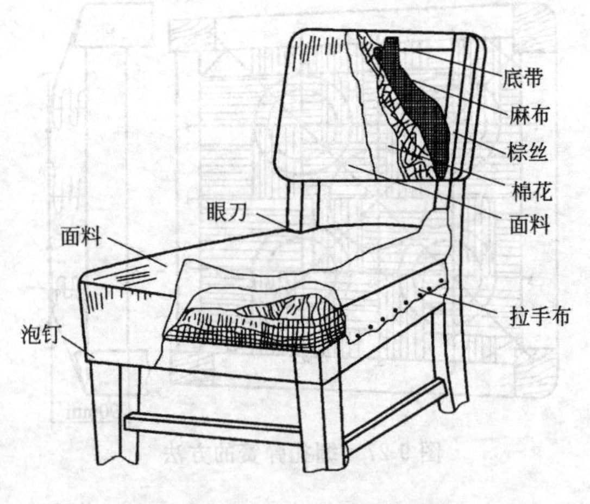

图9-31 底座面料与靠背包法

9.5.11 椅靠背的包法

由于靠背承受冲击力与压力较小，因此包制工艺较简单。先在靠背框架中央钉一根底带。然后钉上一块麻布，钉时需拉紧，四周折转30mm。接着在麻布上铺一层棕丝，再钉上一块麻布，然后用纱绳将棕丝与两层麻布缝合成一体。再在麻布表面上铺一层棉花，要铺平整而无结块现象。最后把缝好的靠背面料钉上去，钉时要把面料拉平绷紧。靠背面料的包法与包底座面料基本相同，如图9-31所示。

9.5.12 钉防尘布

底座下面的防尘布可用鞋钉或气钉钉好。靠背后面的防尘布需要用泡钉钉牢，以增加其美观性，如图9-32所示。

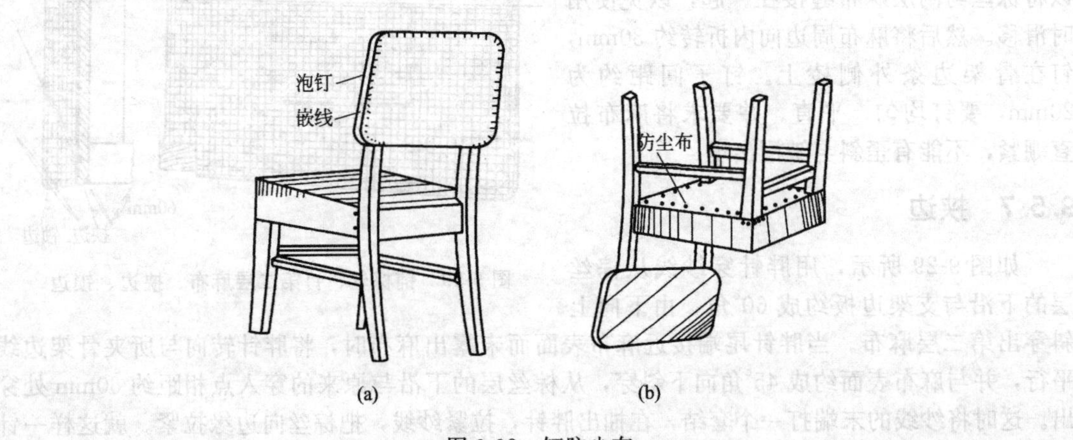

图9-32 钉防尘布

9.6 弹簧沙发制造工艺

弹簧沙发的制造工艺与沙发椅基本相同，只是技术难度大，要求更高。现以包扶手单人弹簧沙发为例进行介绍。只要能掌握好包单人弹簧沙发的工艺技术，对双人和三人弹簧沙发同样也就会操作。

9.6.1 钉底带

沙发弹簧一般设计钉在沙发底座和靠背的木方条上，如图9-10、图9-16和图9-20所示，也可设计成缝扎在其底带上，如图9-33所示。

若在绷有底带靠背上设计安装 9 个弹簧，则底带为三横三竖；如只设计安装 6 个弹簧则为三横两竖。横、竖底带须交叉编织，弹簧缝扎于交叉处。

底座受力大，若要钉底带，则要求将底带编织得紧密些，一般需为 7 纵和 6 横共 13 条底带。在扶手内侧中央处也需要竖向钉一条底带。

钉底带的方法和要求与钉沙发椅的底带完全相同。

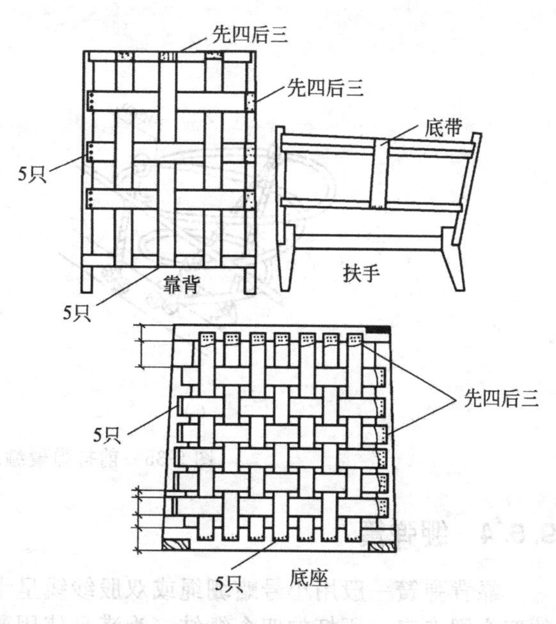

图 9-33　底带钉法

9.6.2 钉弹簧

一般底座用 10 号 8 圈双圆锥型弹簧 9 个、11 号 7 圈双圆锥型弹簧 4 个；靠背用 12 号 5 圈双圆锥型弹簧 9 个。排列方式如图 9-34 所示。

每个弹簧有硬、软边之分，排列时应注意将硬边朝里面，软边朝外面。若将弹簧固定在木板上，应在弹簧底圈下垫布块等软物，然后用长为 20mm 的骑马钉将弹簧钉牢在木板上，通常每个弹簧钉 3 个骑马钉。

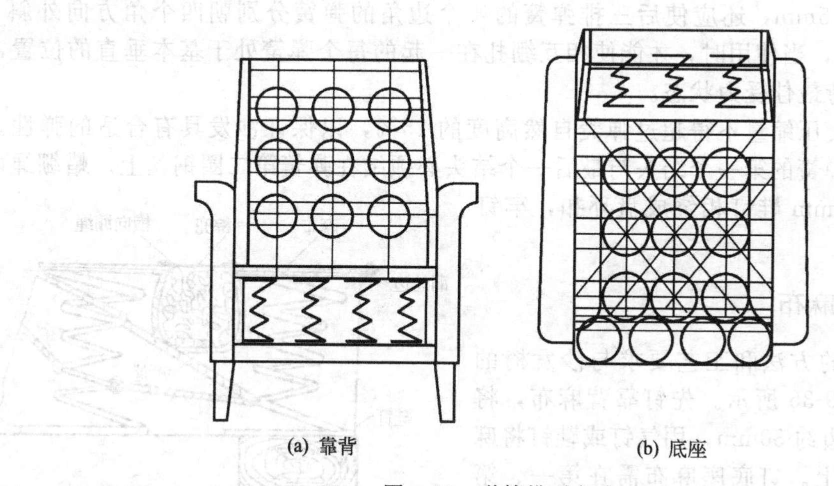

图 9-34　弹簧排列方式

若弹簧是固定在底带上，其固定方法与沙发椅的完全一样，用纱绳缝牢即可，此处不再重述。

9.6.3 扎钢丝

底座为软边结构的沙发，其弹簧周边要用直径为 3.5mm 的钢丝，先弯曲成与底座弹簧外沿相吻合形状，然后用细纱绳将钢丝与周边弹簧相接处缠扎紧固，并打上结，以防松动脱落。纱绳缠的长度应达 30mm。缠绕纱绳时，还应注意弹簧上圈不能突出于钢丝的外侧。接着用纱绳把前排 4 个弹簧绷扎到所需的高度。两侧的钢丝，需在后三排弹簧用蜡绷绳绷好后，再按上述方法与钢丝缠绕好。底座前排弹簧缠绕钢丝与绷扎的方法如图 9-35 所示。

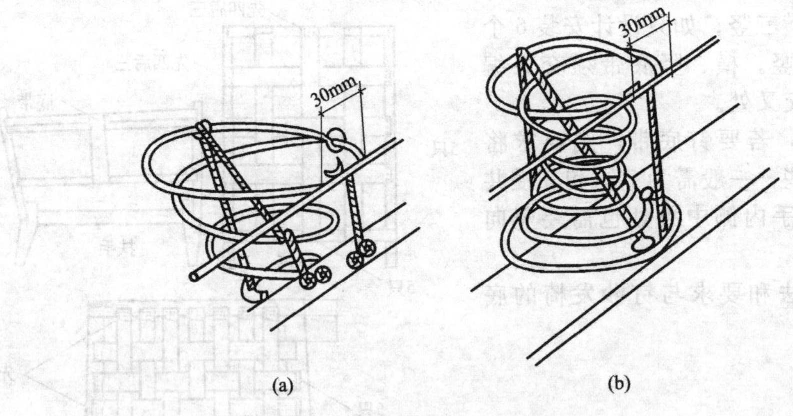

图 9-35　前排弹簧缠绕钢丝与绷扎方法

9.6.4　绷弹簧

靠背弹簧一般用小号蜡绷绳或双股纱线呈十字形绷扎，如图 9-34(a) 所示。图中弹簧上的四个圈点表示所打的四个绷结。为满足使用受力的需要，在绷扎时应使每个弹簧的上圈稍向上倾斜约 20mm，并使上排弹簧稍矮于下排弹簧，以使靠背保持一定斜度。

底座弹簧需要用较粗的蜡绷绳绷扎成所谓梅花形，如图 9-34(b) 所示。绷扎时应注意使第二排弹簧的上圈比下圈向前面倾斜 20mm，第三排弹簧垂直，第四排（最后排）弹簧分别向后倾斜 10～15mm，还应使后三排弹簧的 4 个边角的弹簧分别朝四个角方向外斜 5～10mm。只有这样，当使用时，才能使相互绷扎在一起的每个弹簧处于基本垂直的位置，以使沙发使用时保持最佳受力状态。

绷扎后的弹簧压缩量不得超过弹簧自然高度的 25%，以保证沙发具有合适的弹性。每根蜡绷绳与每排弹簧的第一个结头与最后一个结头必须结在弹簧第二圈钢丝上。蜡绷绳两端各与两个长为 22mm 鞋钉相绕成盘环扣，牢钉于支架边棱上。

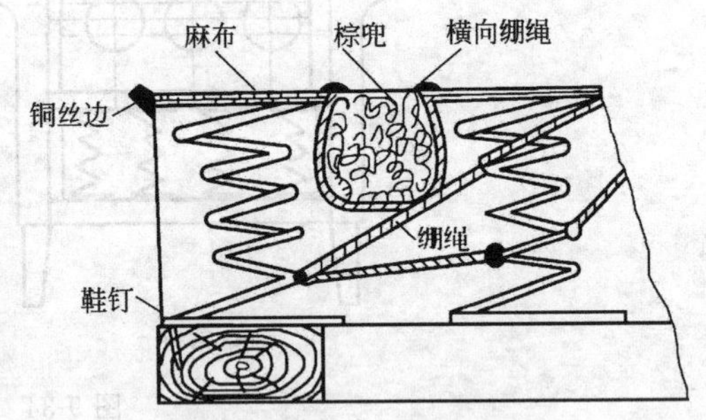

图 9-36　头层麻布钉法

9.6.5　钉头层麻布

钉头层麻布的方法和工艺要求与沙发椅的基本相同，如图 9-36 所示。先钉靠背麻布，将麻布四周向外折边约 30mm，用气钉或鞋钉将麻布钉在靠背木框上。钉底座麻布需在第一、第二排弹簧之间，将麻布下陷呈一条深约 60mm 的槽沟，并用弯针穿纱线将槽沟上面两边沿分别与第一、第二排各个弹簧的第一圈缝扎牢固，以便在槽沟内塞紧棕丝，防止第一排弹簧后倾。

麻布钉好后，再用弯针穿纱线将靠背与底座上的每个弹簧的上圈与麻布缝扎牢固。其要求与沙发椅的完全相同，如图 9-28 所示。

最后用弯针穿纱线将底座前沿软边钢丝与麻布缝扎好，针距约为 25mm。

9.6.6　钉扶手的软子口及麻布

如图 9-37 所示，沿扶手面板四周 45°棱角处，用长约 12mm 的鞋钉将一条宽约 50mm 的麻布底带钉上，钉距约为 30mm。然后放上棕丝或泡沫塑料等软垫物，接着将麻布翻转包裹结实，仍用鞋钉钉牢在扶手板周边上，钉距约为25mm。使之在扶手板周边形成一圈柔软而平直、均匀的轮廓线，俗称包边，此轮廓线的直径约为15mm。最后用麻布将扶手整个面板及里侧面与外侧面包好。

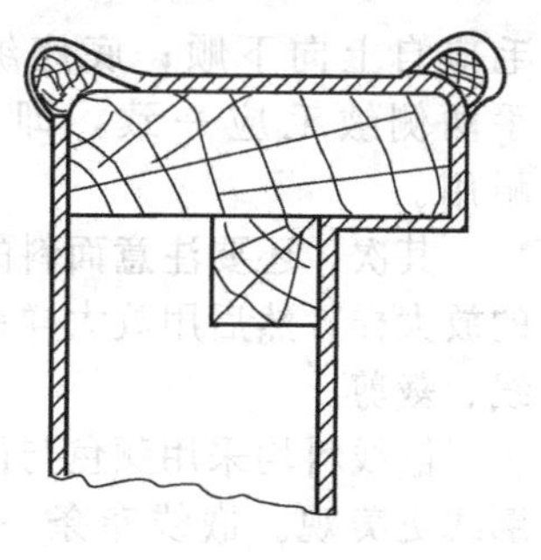

图 9-37 钉扶手的软子口及麻布

9.6.7 铺棕丝、钉第二层麻布、挟边、锁边

分别在底座、靠背、扶手的头层麻布表面上铺上棕丝（每个沙发约2.5kg），铺均后再钉上第二层麻布。接着进行挟边、锁边。这些工序的工艺技术要求与沙发椅的完全相同，不再重述。如图9-38所示为包钉好第二层麻布和锁边。

(a)

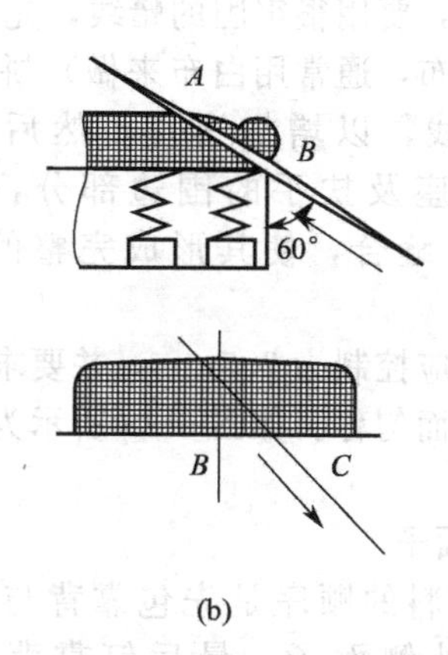

(b)

图 9-38 包钉好第二层麻布和锁边

9.6.8 铺棕丝与泡沫塑料

在包面料前，尚需在第二层麻布上面铺少量棕丝及棉花，然后铺放泡沫塑料。其方法是：用约1kg棕丝均匀地铺在靠背、底座的第二层麻布表面上，使之平整无凹陷。接着用胖头针穿细纱绳，将棕丝缝扎在第二层麻布上。缝扎后，再用手检查所铺棕丝的紧密均匀程度，如有凹陷不平处，可用棉花填铺平整。对质量要求较高的沙发，尚需根据靠背与底座的实际接触面积再铺放一层厚为12～25mm的泡沫材料。

扶手表面及扶手里侧需先铺一层约5mm厚的棕丝，并用胖头针穿细纱绳缝扎在麻布上。扶手前面需胶贴一块与其形状相同、厚约为25mm的泡沫塑料。再用一块厚约12mm的泡沫塑料，从扶手的整个里侧面胶贴至前面及外侧面。

9.6.9 包面料

沙发面料的花色和品种繁多，应根据沙发的档次与造型要求，进行选料、排料、裁剪、缝纫。

9.6.9.1 放料

在确定面料实际尺寸时，应考虑裁剪尺寸比实际使用面积大一些。如底座面料宽度比沙发座宽，需多放50～60mm；深度要比沙发座深多放80～100mm；靠背宽与高度方向均要多放50～60mm；扶手要根据其宽度适当放料。周边缝头均需放缝头8～10mm。

9.6.9.2 排料、划线及剪裁

裁剪排料，一般都采用布的竖纹理，即自上而下，由里及外的纹理。若选用横纹理，则最好选用一种花纹的面料。若是绒布面料，则要考虑绒毛的倒顺，靠背的绒

毛应自上向下顺；底座绒毛应由里及外向外顺；扶手面上的绒毛应由后向前顺；扶手两侧绒毛应一致，即自上向下顺。这样就能保持绒毛的光泽与美观，使之经久耐用。

其次，还要注意面料的花纹图案对称协调及套裁省料。通常是用硬板纸剪好沙发各部位的放大样，然后用放大样在面料上排列好，反复对比、检查，直到满意无误，再按放大样划线、裁剪。

嵌线料均采用颜色与面料相配的斜纹布制作。因斜纹布作嵌线布不会起皱褶，使沙发轮廓线更美观。嵌线布条一般宽 30mm，皮革类宽为 25mm。嵌线布长度按缝制边长进行拼接。

9.6.9.3　面料的缝制

缝制面料，要用很牢固的蜡线，先分别将靠背、底座、扶手面料与各自的塞头布（塞在里面不外露的布，通常用白布来做）拼缝好，并在原拼接缝上再压一条缝线，以增加牢度。然后再分别与嵌线、围边（即靠背、底座及扶手的围边部分，也称裙边、侧边、凳边、墙子等）缝合，使其形成完整的靠背、底座及扶手的面料。

缝制针距应控制为 2.5mm，并要求使缝制好的面子周边平直，嵌线突出而匀称。如图 9-39 所示为缝制好的面料局部放大剖视图。

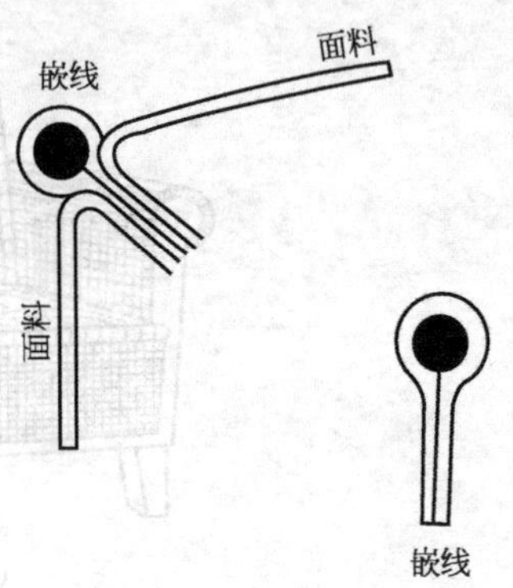

图 9-39　缝制好的面料局部放大剖视图

9.6.9.4　包面子

包沙发面料的顺序是先包靠背与扶手内侧，再包底座，然后包扶手外侧面子。最后钉靠背后面与底座下面的防尘布。

(1) 包靠背面子　把缝制好的靠背面子套好拉正，先把靠背拉手布钉在上角处，再向下拉平拉手布，钉在靠背两边侧板上。接着把底下的塞头布拉出，钉到靠背下面的塞头档下。然后把靠背面子围边翻转拉平钉在靠背上档与两侧板后面。应注意的是靠背面子侧面的围边与扶手面子交接处，要适当剪开，这样才能把围边与塞头布拉平，钉在扶手后表面上及塞头处。

(2) 扶手面子　将扶手面子套在扶手上，先套好前面，再向后拉紧。注意套、拉时不能让泡沫塑料移动。接着用气钉或 12mm 的鞋钉将扶手面子分别钉在扶手下面横塞头档、扶手前面外侧边、扶手面板外侧边及扶手后面板上。如图 9-40 所示。

(3) 包底座面子　底座前沿是软边的，面料不需缝拉手布，只要用弯针穿细纱绳将面子的卷边缝头与第二层麻布层的前沿缝牢（由中间分别向两边缝），接着用其余三面的塞头布拉出去，然后将面子翻过来，用 12mm 长鞋钉钉在周边柜板上。

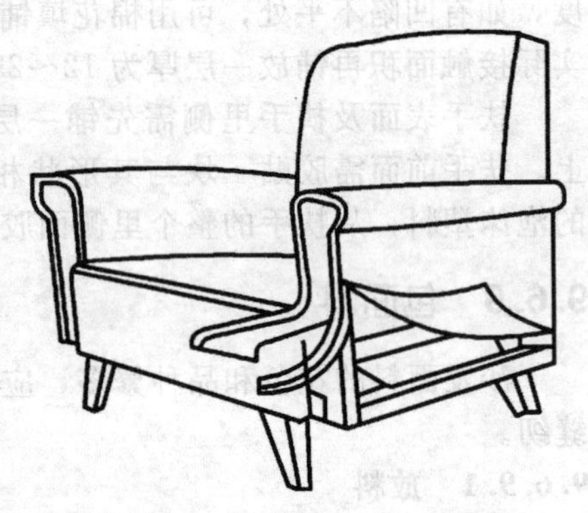
图 9-40　扶手面子包法

(4) 钉扶手外侧面子　如图 9-40 所示，将连接在扶手前面的嵌线拉直，用 12mm 长的鞋钉钉在扶手前面板的外侧边线上。接着将扶手外侧面子上边的边沿里子朝外，用气钉或鞋钉钉在扶手面板的外侧边。然后把面子翻过来向下拉紧沿扶手前面板的外侧用泡钉将面子与嵌线钉紧。面子的后沿与下沿用气钉或鞋钉分别钉在沙发靠背侧板后面和底座侧板的下面即完工。

9.6.10 钉防尘布

如图 9-41 所示，先用泡钉、鞋钉或气钉将靠背防尘布上、左、右三边钉好，下端钉在底座后座档的底面。然后用气钉或鞋钉将防尘布钉在底座下面。

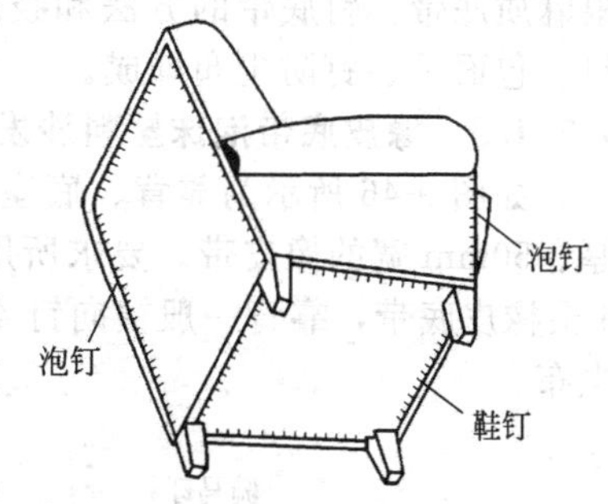

图 9-41 钉防尘布

9.6.11 沙发表面艺术处理

通过对沙发靠背、底座及扶手表面艺术处理，能增加整个沙发的美观性。如图 9-42 所示，在沙发靠背面上用高频热压烫花，使靠背显得格外美观。又如图 9-43 所示，在靠背与底座缝结包钮，使原来显得单调的平面成为分割自然、起伏有律、虚实错落的活泼形体，完全消除了形体的单调感。

如图 9-44 所示的沙发靠背面子用线条对称分割成凹凸形条状，使之显得挺括，富有弹性与韵律感。扶手用 10～20mm 宽的装饰带进行分割，使之充满节奏感。扶手正面简单的花纹图案也可增添几分活泼，这样使整个沙发显现出特殊的曲线和动感美。

图 9-42 高频热压烫花

图 9-43 打包钮

图 9-44 线条分割

9.7 其他软体家具制造工艺

除上面介绍的软体家具以外，软体家具还包括泡沫塑料沙发、沙发凳、多用沙发等多种形式。

9.7.1 泡沫塑料沙发

泡沫塑料沙发的靠背及底座一般不用螺旋弹簧，多用蛇形弹簧，或用麻质底带、橡皮底带。其扶手结构与包制工艺与弹簧沙发的基本相同。

9.7.1.1 蛇形弹簧泡沫塑料沙发

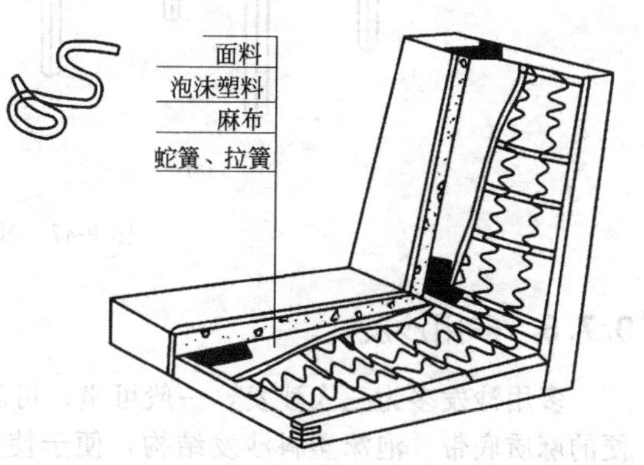

图 9-45 蛇形弹簧泡沫塑料沙发

如图 9-45 所示，在沙发靠背与底座上用骑马钉，各钉上 5 根蛇形弹簧，并各用 3 根拉簧将 5 根蛇簧串联成一体，以增加其弹性，使之受力均匀。然后在蛇形弹簧上面包钉一层麻布，接着铺放一块厚为 40～80mm 的泡沫塑料（靠背厚 40mm，底座厚 80mm），最后包好面子与防尘布。各工序的工艺技术要求与弹簧沙发的基本相同。

9.7.1.2　麻质底带泡沫塑料沙发

如图 9-33 所示，在靠背上钉三纵三横共 6 根麻质底带，在底座表面上钉七纵六横共 13 根麻质底带。钉底带的方法和技术要求与沙发椅完全相同。然后依次包钉麻布、铺泡沫塑料、包面子、钉防尘布即成。

9.7.1.3　橡皮底带泡沫塑料沙发

如图 9-46 所示为靠背、底座采用橡皮底带的结构。橡皮底带可以定制，或用 3～5mm 厚、50mm 宽的橡皮带。要求所用橡皮的弹性好、耐老化的性能要好。底座一般钉两纵四横 6 根橡皮底带，靠背一般横向钉 4 根即可。然后依次钉麻布，铺放泡沫塑料，包钉面子及防尘布。

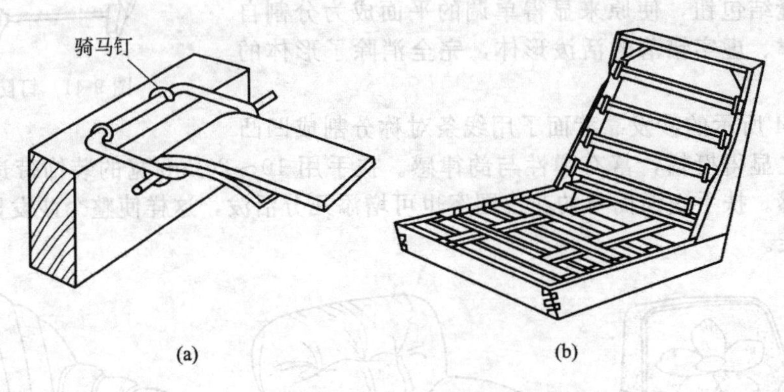

图 9-46　靠背、底座采用橡皮底带的结构

9.7.2　沙发凳

现在沙发凳的底座，一般是采用麻质底带或蛇形弹簧结构，如图 9-47 所示。然后钉麻布，铺放厚为 40～50mm 的泡沫塑料（铺棕丝要钉第二层麻布，再用棉花垫平），最后包钉面子与防尘布。

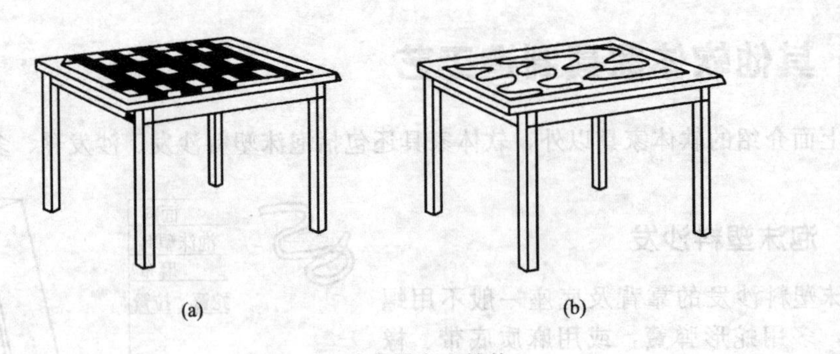

图 9-47　沙发凳底座结构

9.7.3　多用沙发

多用沙发多为三人沙发，一般可坐、可睡、还可贮藏物品。其结构，最好采用简单而轻便的麻质底带、泡沫塑料沙发结构，便于使用时移动和折叠。如图 9-48 所示为一种弹簧三用沙发。其包制工艺与一般弹簧沙发基本相同，只是连接件较多，而且要求使用方便、灵活、牢固。由于移动折叠次数较频繁，所以沙发的结构强度要比普通沙发高得多，否则将会大大缩短沙发的使用寿命。

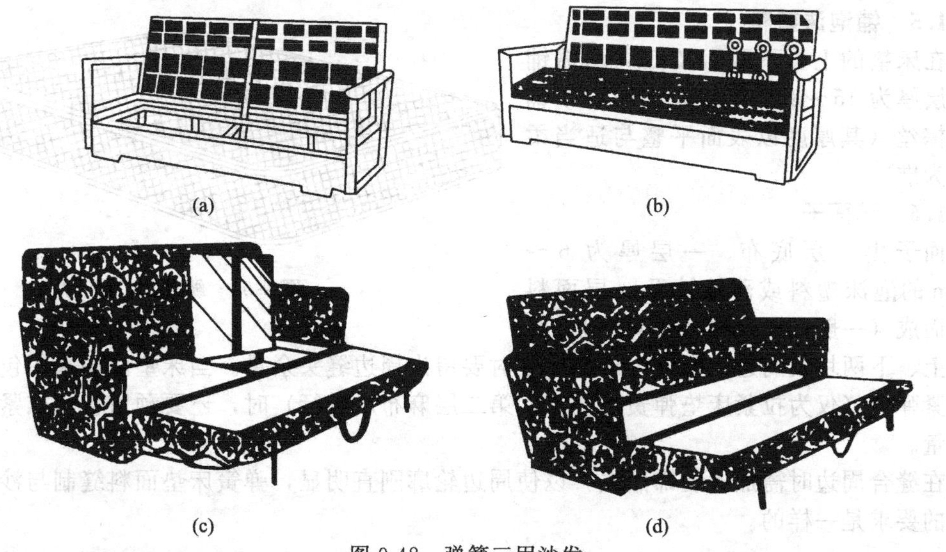

图 9-48 弹簧三用沙发

9.8 弹簧床垫制造工艺

由于弹簧床垫不仅能获得所要求的弹力与柔韧度，而且透气性好，强度高，经久耐用，所以颇受消费者欢迎。

9.8.1 弹簧床垫制造工艺

弹簧床垫所用的弹簧多为圆柱形弹簧，也可用双圆锥形弹簧。其制造工艺流程包括串弹簧、扎钢丝、缝麻布、铺棕丝(垫)、铺泡沫塑料、包缝面料。

9.8.1.1 串弹簧

弹簧床垫所用弹簧钢丝直径为 1.3～2.0mm，弹簧自由高度为 110～150mm，弹簧圈数不少于 5 圈。弹簧覆盖率应大于床垫总面积的 60%。床垫弹簧排列方式：宽度方向与长度方向相邻弹簧之间的净空距离需小于 40mm，或紧相连。串弹簧是用穿簧分别将所有相邻弹簧的上下圈按纵、横方向串联在一起，连接成为所谓弹簧床垫的弹簧芯，然后用钢丝钳把穿簧两端弯转紧于弹簧圈上，如图 9-49 所示。

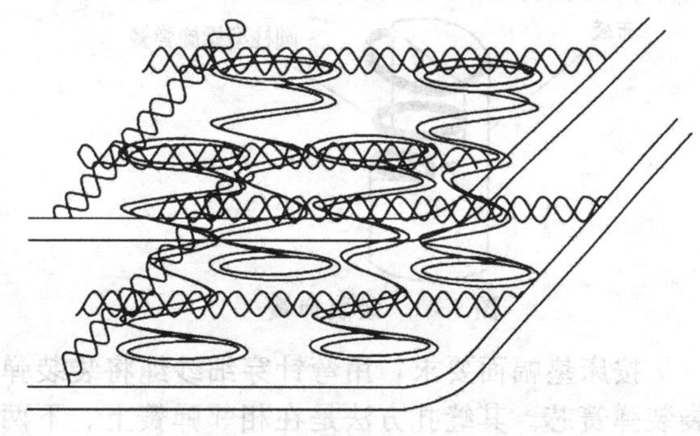
图 9-49 用穿簧串联的弹簧芯

9.8.1.2 扎钢丝

用直径为 3.5～5mm 的钢丝，弯曲成床垫周边所要求的尺寸与形状的钢丝圈，使之能与弹簧芯周边的弹簧相吻合。然后用细纱绳分别将钢丝圈与弹簧芯周边的每个弹簧的上、下圈接触处扎牢固即可，如图 9-49 所示。

9.8.1.3 缝麻布

用麻布将整个弹簧芯包扎好。其方法是用弯针穿细纱绳将麻布缝扎在上、下钢丝的周边上，针距约 30mm，如图 9-50 所示。

9.8.1.4 铺棕丝垫

在缝好麻布的弹簧芯上、下两面铺放棕丝垫，并用胖头针穿细纱绳将棕丝垫与钢丝周边缝扎结实。

9.8.1.5 铺泡沫塑料

在床垫的上、下两面及四周均需铺放一层厚为15～30mm的泡沫塑料或铺一层棕丝（其厚度以表面平整与适当柔软性为准）。

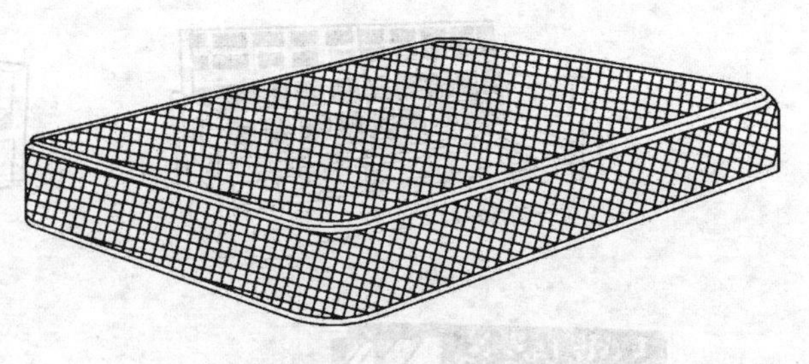

图9-50 缝麻布

9.8.1.6 缝面子

面子由一层底布、一层厚为6～10mm的泡沫塑料或薄棉被及一层面料缝制而成（一般在面上缝各种花纹）。面子由上、下两块及周边三部分组成。剪裁时要留出周边缝头余量。当床垫两面采用包钮装饰需拉紧弹簧（仅为拉紧床垫弹簧可在钉好第二层麻布后进行）时，还要预留包钮拉紧面子下凹余量。

在缝合周边时需加入装饰嵌线，以使周边轮廓刚直明显，弹簧床垫面料缝制与沙发面料缝制的要求是一样的。

9.8.2 袋装弹簧软床垫

袋装弹簧软床垫通常采用圆柱型螺旋弹簧，其规格质量要求，参看“沙发材料”一节，并用布袋将弹簧逐个袋装好，缝好袋口，如图9-51所示。

袋装弹簧床垫的制造工艺除缝扎袋装弹簧芯之外，其他工序与一般弹簧床垫的基本相同。在此仅介绍缝扎袋装弹簧芯的工艺技术。

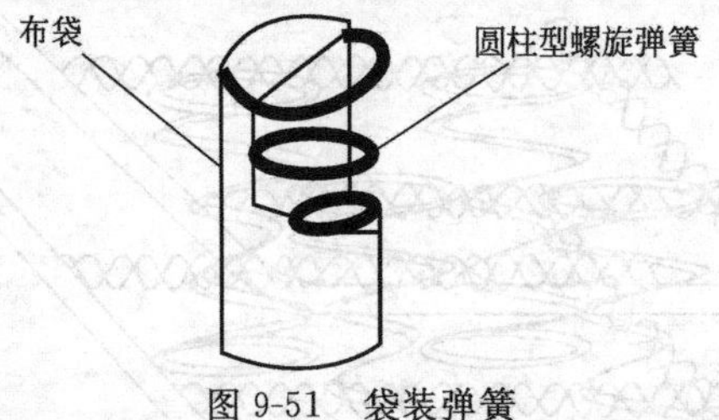

图9-51 袋装弹簧

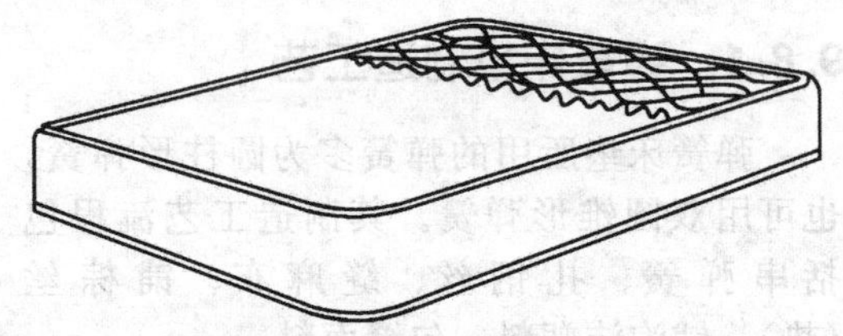

图9-52 袋装弹簧软床垫

按床垫幅面要求，用弯针穿细纱绳将袋装弹簧一个紧靠一个地缝扎起来，便成为床垫的袋装弹簧芯。其缝扎方法是在相邻弹簧上、下两圈相互接触处，缝扎4～6圈，将两钢丝扎紧打上死结，以防日后使用时松脱。如图9-52所示为袋装弹簧软床垫。

接着依次进行扎钢丝、缝麻布、铺泡沫塑料、用白布将泡沫塑料包缝好、包缝面子。各工序的工艺技术要求，请参考上面所述的弹簧软床垫。软床垫的种类还有很多种，如弹性欠佳的钢丝网床垫，不透气的充气床垫与充水床垫，还有弹性与透气性都欠佳的纯泡沫塑料床垫等。其制作工艺简便，使用也不太广泛，本书不再介绍。

思考题

1. 软体家具是由哪些材料所组成的？试分析各种材料是如何运用于软体家具结构之中并起到何种作用的？

2. 软体家具的制作工具有哪些？在软体家具制作中各起到了什么样的作用？

3. 如何根据所用材料、制作结构、使用功能、构成尺寸等方面的不同对软体家具进行科学分类？

4. 按照人体工效学的原理，试分析书中介绍的软体家具骨架结构和功能尺寸是否合理？

5. 分析沙发椅的包制工艺及其技术要求。

6. 分析弹簧沙发制造工艺及其技术要求。

7. 分析弹簧床垫制造工艺及其技术要求。

第10章

竹藤家具制造工艺

在当前大力倡导人与自然和谐共荣的生态文明时代，竹藤家具是当之无愧的绿色家具，正受到越来越多地青睐与关注。采用纯天然的竹材与藤条制作而成的家具，不仅符合环保要求，而且在制作过程中也较少出现诸如吸湿、吸热等现象，能防虫蛀，不易变形、不开裂、不脱胶。经过严格加工处理后，竹藤变得柔软而又坚韧，透气性好，在相互的交叠缠绕编制中制造出花样和款式丰富多彩的家具。此外，竹藤家具具有较高的装饰和观赏性，给人以温柔淡雅的感受。本章将介绍传统竹藤家具的结构形式、制造工艺等相关知识。

10.1 竹家具制造工艺

由于竹杆通直，柔韧性好，广受人们欢迎，千百年来，一直是中国传统的建筑与家具用材。竹家具有各种类型，如竹椅、竹床、竹屏风、竹类会议桌等。尽管它们品种丰富、造型各异，但其基本结构却是相似的，主要部件大体可分为框架件与板状部件两类，下面就竹材形态及这两类部件的结构及制造工艺展开介绍。

10.1.1 竹材形态

在竹家具中，视家具的造型特征、竹构件的形态和加工方式，竹材可以以各种形态出现，主要的有竹杆材、竹片材、竹篾材三种，现分别介绍如下。

10.1.1.1 竹杆材

形圆而中空有节的杆状零部件是竹家具最主要的组成部分。通常指截取竹杆材的一截作为竹家具的用材，截取的一段竹杆材常被称为竹段。

竹杆材的选用，主要应考虑竹材的不同部位、竹径、竹形、竹节疏密等因素。一般来说，位于竹根部的竹材整体强度较高，但竹节较密。竹节疏密是指竹节分布是否均匀。用作竹家具时对竹节的疏密无特殊要求，主要是基于美观因素的考虑。一般来说竹节较密的竹材，其机械强度较高。竹径越大，其整材的机械强度越高。但由于竹材是中空结构，一般来说，和木材同样直径大小的竹材比木材的机械强度要小，故要充分考虑构件的受力状况，选择直径大小合适的竹材。竹杆材零部件通过一般的连接方式如榫接、包接等组成了竹家具的框架件。根据竹杆材的外观形态，竹杆材有直线形和弯曲形之分。

(1) 直线形竹杆件 指经校直过或本身直线度极佳而不需校直的直线零件。如图 10-1 所示为直线形竹杆件脚架结构。

(2) 弯曲形竹杆件 根据零件的加工方式，又可以将弯曲形竹杆件分为直接加热弯曲零件和开凹槽弯曲零件两种类型。加热弯曲零件如图 10-2 所示。

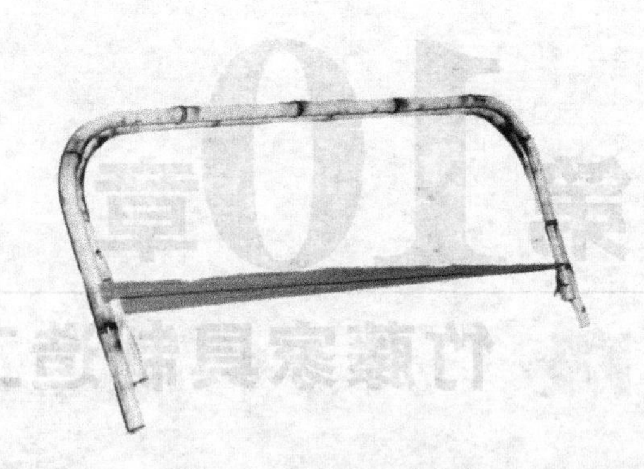

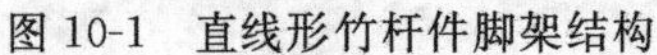

图 10-1　直线形竹杆件脚架结构　　　　图 10-2　加热弯曲竹杆件

开凹槽弯曲零件指先在经校直后的竹杆上按要求锯出横向的 V 形槽口，再加热弯曲而成的零件，如图 10-3 所示，这种加工工艺也称为骗竹工艺。弯曲方法见家具结构部分“开凹槽弯曲法”。

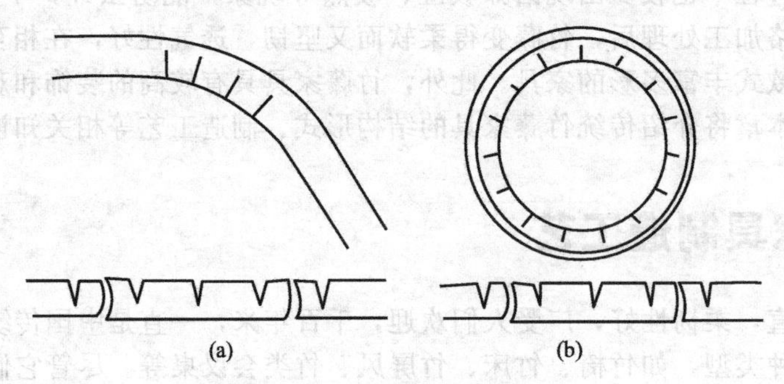

图 10-3　开凹槽弯曲零件

10.1.1.2　竹片材

竹片材是指将竹材剖切成厚度大于 1mm 的竹片。竹片材在现代家具中的使用可以是以单片形式，也可以是多片串接和编织，如图 10-4 所示。

现代家具中，竹片材一般用作辅助构件和家具中受力较小、主要起空间划分作用的构件。板状部件种类很多，在传统竹家具中常用的有：竹片板、竹排板、圆竹片竹帘板、麻将块板、竹黄板、编结板等。

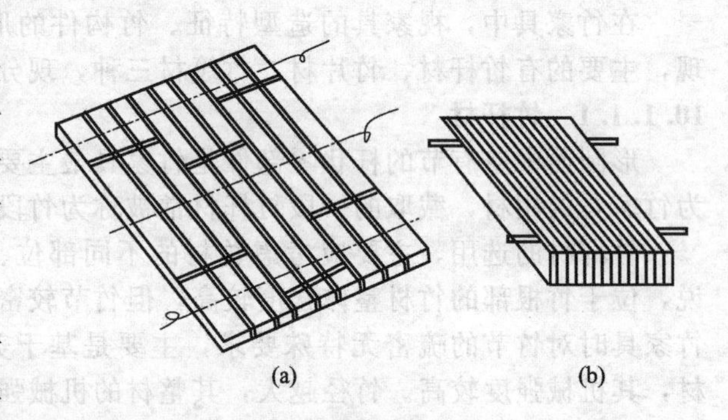

图 10-4　竹片材的串接和编织

10.1.1.3　竹篾及竹编

将竹材剖切成截面尺寸相对小的竹篾，并采用不同的方法将其进行编织，形成平面状或各种立体状的制品，再将其用于竹家具制造。

竹丝篾片坚实而富有韧性，很适宜编织。一般被调压的篾称为“经”，编入的篾成为“纬”，“经”与“纬”的交织，可编织成千姿百态、韵律感非常强的表面效果，这种具有图案效应的表面是普通木质家具无法比拟的。常见的编织方法有：十字编、六角编、图案花编等，如图 10-5 所示。将竹编席用作台、桌类家具的表面和用作闺门门面的用法已相当普遍。

竹编常常用于贴于竹椅的靠背，竹家具的面板上起装饰作用。如图 10-6 所示为竹编家具。

(a) 单篾十字编

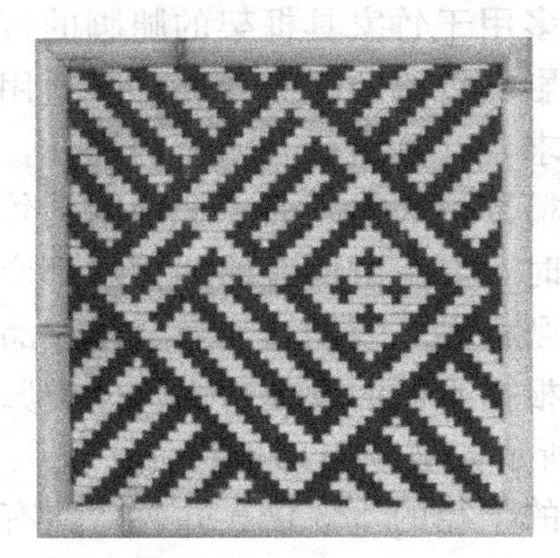

(b)“福”字编

(c) 满天星图案编

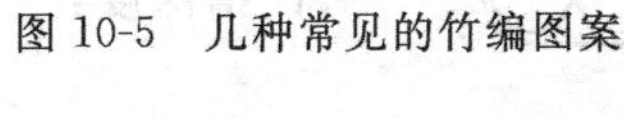

图 10-5　几种常见的竹编图案

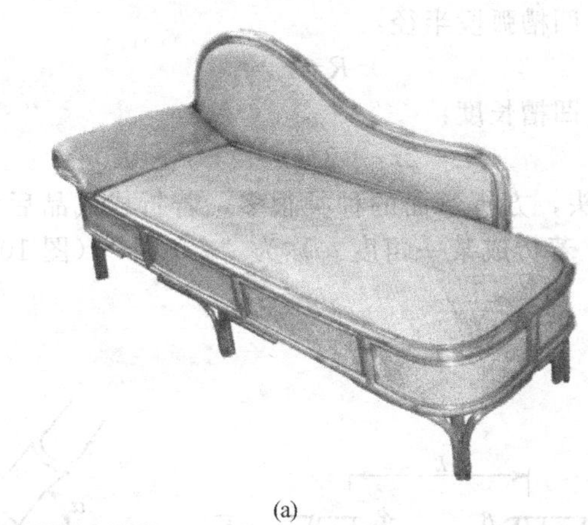

(a)

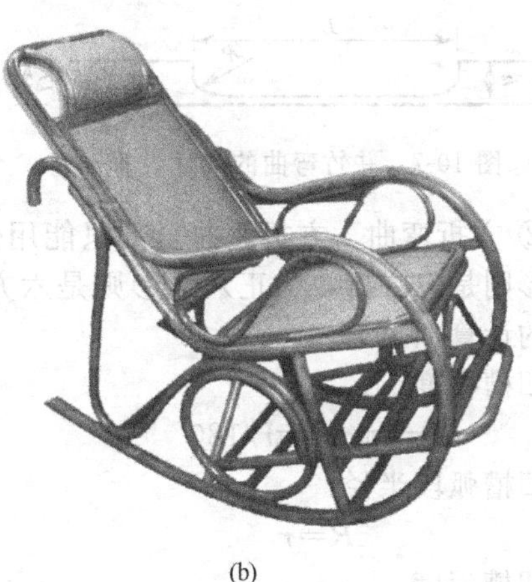

(b)

图 10-6　竹编家具

此外，在现代家具的生产中，常见竹材形态还有竹质薄木和竹质复合材料等，都是竹材现代加工的产物，经常用于家具表面装饰和竹材集成材家具的生产中。它们均属于现代竹家具的竹材形态。

10.1.2　框架部件制造工艺

竹家具的框架不仅体现家具的外观造型，而且还是主要受力部件，因此，框架结构的合理与否，直接影响到家具的外观造型与使用。框架结构形式有弯曲接合和直材接合两大类。

10.1.2.1　框架竹段的弯曲

(1) 加热弯曲法　采用此法加工快捷、省时、省力，既可保持竹材的天然美，又能保持竹材的强度基本不变，所以竹家具框架多采用这种形式，特别适用于小径竹材的加工制作。但不宜用于大径竹材的弯曲加工，因为容易烧坏竹段杆皮、影响美观。

加热的方法有多种，常用的是火烧加热法。为了避免竹段杆皮烧黑损坏，一般不用有黑烟的燃料，多用炭火。温度一般控制在 120℃左右，当杆皮上烤出发亮的水珠（俗称竹油）时，再缓缓用力，将竹子弯曲成要求的曲度，然后用冷水或冷湿布擦弯曲部位促使其降温定型。工业化大批量生产时，可将竹子烤软后放入定型模具中，再降温定型。还可采用水蒸气加热，先把竹子放入热容器中的机械模具中，再通入水蒸气，使机械模具在高温下把竹段慢慢弯曲成预先设定的弧度，然后冷却定型。

为了减少弯曲过程中竹段因应力变化而产生破裂或变扁，可先打通竹段内部的节隔，装进热砂，将竹子缓缓弯曲成要求曲度，再冷却定型后倒出热砂。

(2) 开凹槽弯曲法 此法多用于竹家具框架的腿脚的弯曲和水平框架的弯曲。加工过程相对复杂，而且在一定程度上影响竹段的受力强度，多适用于大径竹材的弯曲。取一条待弯曲的竹段，根据不同的弯曲要求，计算出待开凹槽的尺寸，划线定位，铣出凹槽，槽内要求平整，并削去内部竹黄。将凹槽部位加热弯曲，把预制的竹段或圆木棒填入凹槽，夹紧冷却成型。若对水平构件进行弯曲时，要注意所有的凹槽口都应在节间位置上，并保持在一条纵线上，不得左右交错歪斜，否则将无法装配，或者会使产品变形开裂，影响质量。

开凹槽弯曲的方式很多，根据不同的弯曲角度，分类归纳如下。

① 并竹弯曲 如图 10-7 所示，被弯曲部件称为“箍”，被包部件称为“头”，并竹弯曲时，被弯曲部件的直径 $D\geqslant$头的半径的 4/3 倍，并竹弯曲有单头、双头和多头之分，它们的开料尺寸分别为如下（假设有 n 个箍）。

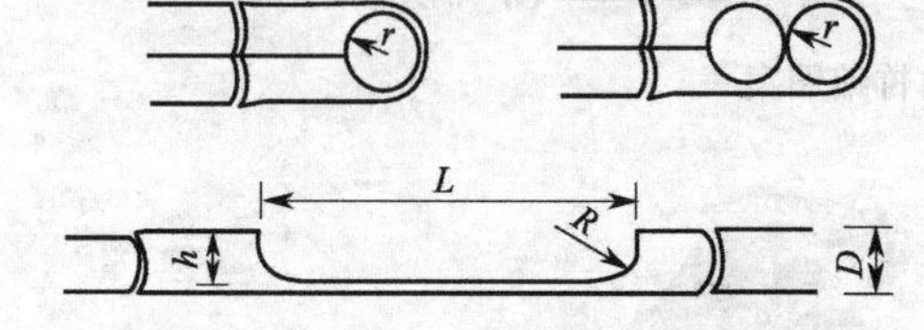

图 10-7 并竹弯曲的尺寸计算

凹槽深度：

$$D/2\leqslant h\leqslant 3D/4$$

凹槽弧段半径：

$$R=r=h$$

凹槽长度：

$$L=2\pi r+2(n-1)r-2R$$

② 方折弯曲 方折弯曲全部只能用作单头，方折弯曲的种类很多，若折成成品后为正三角形则是三方折，为正六边形则是六方折，若折成某一角度 α 称为“α 角折”（图 10-8），后者的计算如下。

凹槽长度：

$$L=2\pi r-\alpha\pi r/180^\circ$$

凹槽弧段半径：

$$R=r$$

凹槽深度：

$$h\leqslant r+r\sin(\alpha/2)$$

折角：

$$\beta=90^\circ+\alpha/2$$

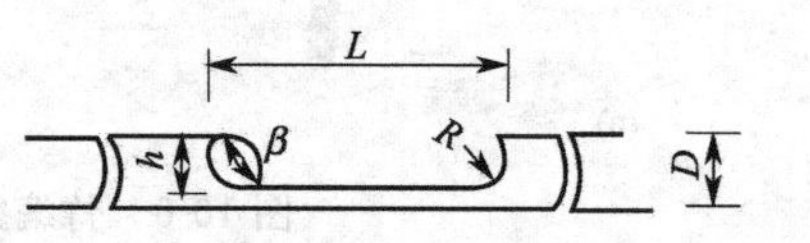

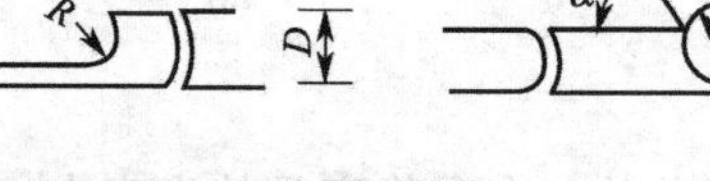

图 10-8 方折弯曲的计算

三方折、四方折、五方折、六方折、八方折、十二方折、十八方折是最常用的几种方式，为了方便加工使用，特列表统计如下，以供参考（其详细尺寸见表 10-1）。

(3) 开三角槽弯曲法 在竹段弯曲部位的内方，均匀地锯三角形狗牙状槽口，在用火烤弯曲部位后，将竹段向内弯曲。冷却定型后即可。此法也是用于弯曲大径竹材，其不足也是竹段强度会受到破坏，且加工复杂，工艺要求高。开三角槽弯曲有正圆弯曲和角圆弯曲两种类型。

表 10-1 常用方折弯曲包接计算表

名　称	角度 α/(°)	长度 L	角度 β/(°)	高度 h $\leqslant$
三方折	60	$5.23r$	120	$1.50r$
四方折	90	$4.71r$	135	$1.71r$
五方折	108	$4.39r$	144	$1.81r$
六方折	120	$4.17r$	150	$1.87r$
八方折	135	$3.92r$	157.5	$1.92r$
十二方折	150	$3.66r$	165	$1.97r$
十八方折	160	$3.49r$	170	$1.98r$

把竹段弯曲后形成正圆形（图 10-9）。比如：圆椅座板、圆桌面等构件，一般正圆弯曲构件多有外包边，其计算如下（总共开槽数为 n 个）。

图 10-9 开三角槽的正圆弯曲

外包边料长：

$$L=2\pi r+\text{接头长}$$

外包边料净长：

$$L_{\text{净}}=2\pi r$$

开口深：

$$D/2\leqslant h\leqslant 3D/4$$

开口宽：

$$d=2\pi h/n$$

开口间隔：

$$h=2\pi r/n$$

角圆弯曲：将竹段弯曲后成某一角度（图 10-10），角圆弯曲件常见产品有沙发扶手、圆角茶几面外框框架，其计算如下（总共开槽数为 n 个）。

弯曲部位长：

$$P=\alpha\pi r/180^{\circ}$$

开口深：

$$D/2\leqslant h\leqslant 3D/4$$

开口宽：

$$d=\alpha\pi h/180^{\circ}n$$

开口间隔：

$$l=\alpha\pi r/180^{\circ}n$$

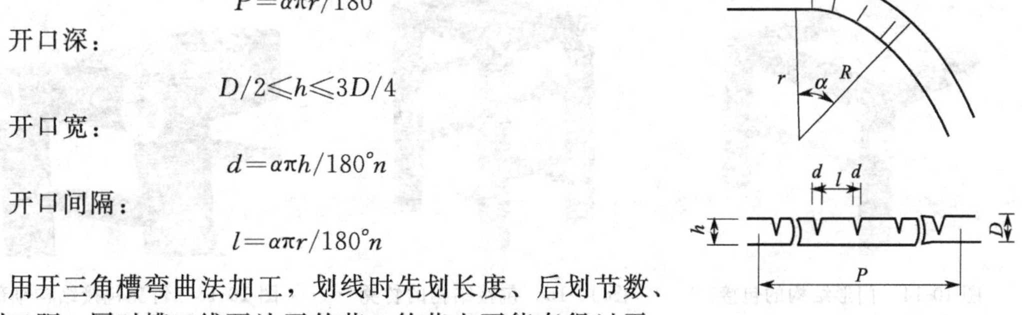

图 10-10 角圆的弯曲的计算

用开三角槽弯曲法加工，划线时先划长度、后划节数、再划口距，同时槽口线要让开竹节，竹节也不能车得过平。一般一次划线难以成功，要反复划线，并且要求开口处加工光滑，没有倒刺丝皮。若开口过大，要准备竹片和胶水作加垫。

10.1.2.2 框架竹段的连接工艺

竹段弯曲后，再与其他圆竹或竹片接合才能组成真正的竹家具框架，这个过程称为“框架竹段的连接”。连接的方法很多，一般常用的有：包接、棒状对接、“丁”字接、“十”字接、“L”字接、并接、嵌接、缠接等。同时要使用圆木芯、竹钉、铁钉、胶黏剂等辅助材料才能取得良好的效果。此种连接的框架受力性能良好，但稳定性较差，容易在接合处脱落。在众多的结构中，应用最广泛的结构是包接和榫接，它们不需要复杂的加工设备，工艺较简单，工效较高，强度较好。

(1) 包接

① 方折包接 包接和并竹弯曲是分不开的，它既是一种结合方式，又是一种弯曲方式。如图 10-11 所示，被弯曲零件称为“箍”（也称“围子竹杆”），被包零件称为“头”，箍与头组成部件，部件为几边形即称几方折，也称几方墨（一方折则称为独墨），比如部件为正三角形则称三方折（三方墨），为正六边形为六方折（六方墨）（图 10-12）。在方折弯曲中一般为单头方折，即一个箍只包接一个头，但例外的是一方折（即独墨，也称并竹包接），有单头、双头和多头等形式（图 10-13）。在方折结构中，三方折、四方折、五方折、六方折、八方折、十二方折、十六方折等是最常用的几种方式。门形结构是四方折的一种变形，是传统竹家具常用的接合形式，如图 10-14～图 10-16 所示。

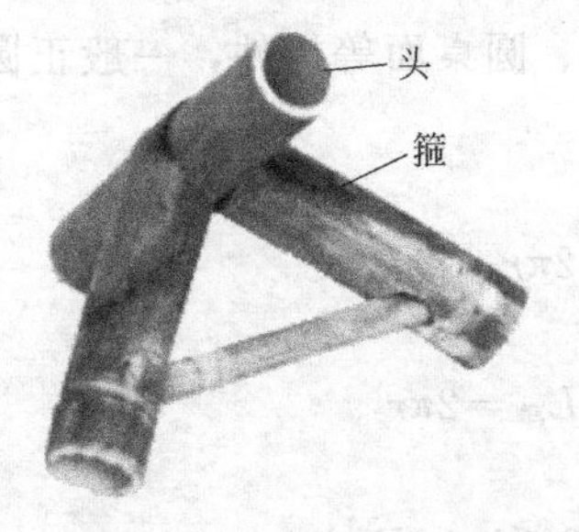

图 10-11　包接的头和箍

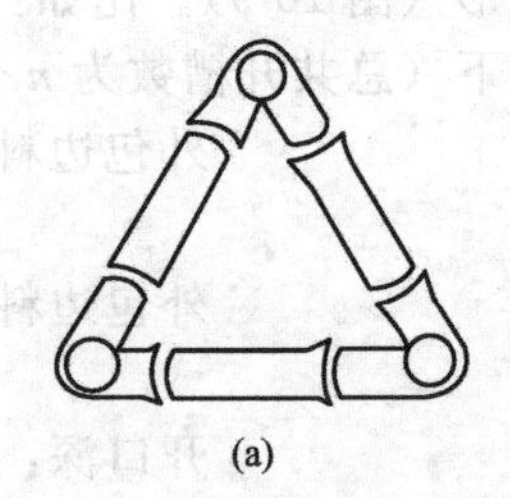

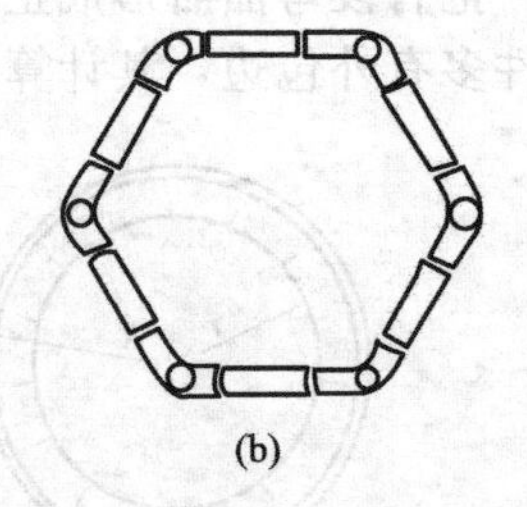

图 10-12　三方折和六方折

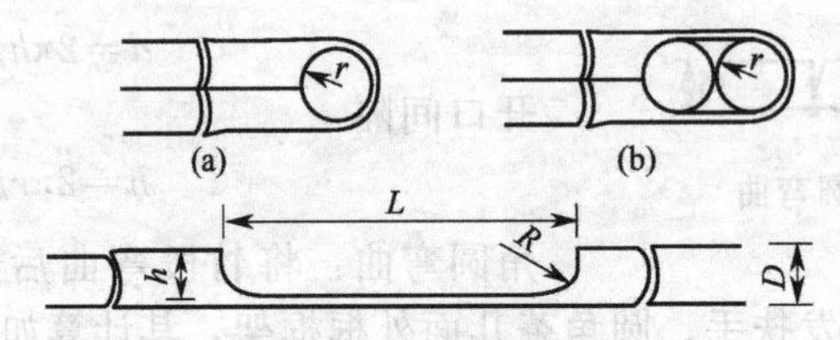

图 10-13　并竹包接

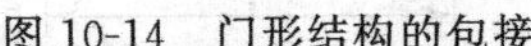

图 10-14　门形结构的包接

图 10-15　包接结构的竹凳

图 10-16　竹凳包接结构细部

② 嵌接　一根竹段弯曲环绕一周之后再将两个端头相嵌接。选上下径相同的竹段，两个端头纵向各相应锯去或削去一半，弯曲一周之后，再与保留的另一半相嵌而接（图 10-17）。竹段端头处理有正劈和斜削两种，如图 10-17(a) 所示为正劈，图 10-17(b) 为斜削。无论正劈还是斜削，嵌合后都要再钉入销钉以增强强度。这种连接方法是竹家具的面层框架和水平框架的制作中常见的接合方式。

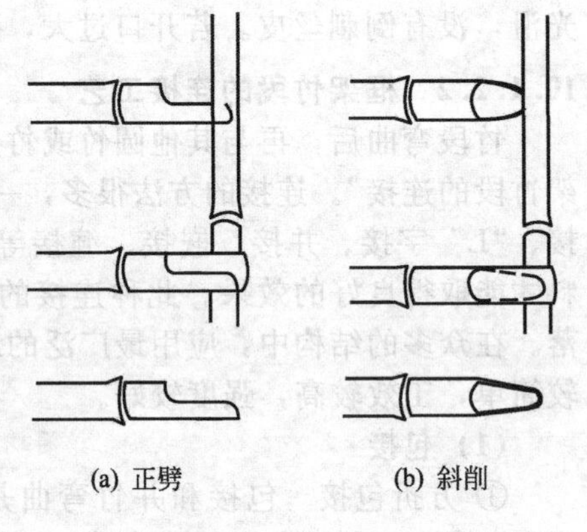

图 10-17　嵌接

(2) 榫接　以榫头的贯通与否来分，榫接有明榫与暗榫之分。暗榫避免了榫端的外露，可以使产品外形美观，一般圆竹家具尽可能采用暗榫接合，特别在外部结构中更是如此。明榫因榫头贯穿榫眼，又称为贯通榫，暗榫又可称为不贯通榫。

① 暗榫接合　暗榫接合包括竹杆材与竹杆材之间的暗榫接合和竹杆材与竹片之间的暗榫接合。前者榫头不贯通，榫端不外露，一般用竹销钉连接固定，如图 10-18 和图 10-19 所示。后者榫眼开在竹杆材上，用 1～2 个竹销钉固定，如图 10-20 和图 10-21 所示。

② 明榫接合　榫头贯通，榫端外露，有十字接（图 10-22）和斜接（图 10-23）。

(3) 圆木芯（塞）接

① 棒状对接　把一个预制好的圆木芯涂胶后串在两根等粗的竹段空腔中［图 10-24(a)］，若端头有节隔，需打通竹节隔后再接合。这种方法适用于延长等粗的竹段的长度或者闭合框

图 10-18　竹杆材与竹杆材的暗榫接合

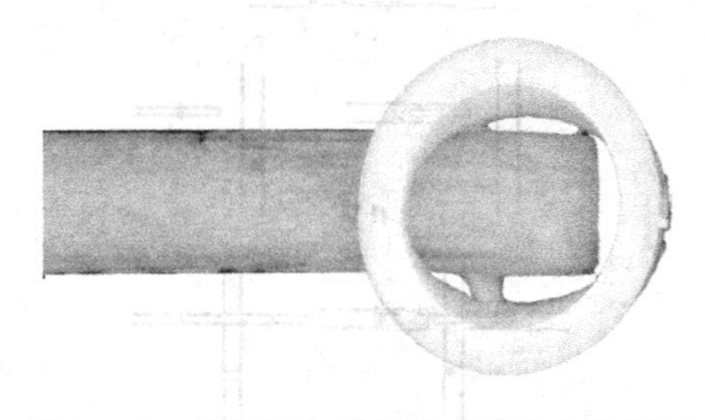

图 10-19　竹杆材与竹杆材暗榫接合的端面

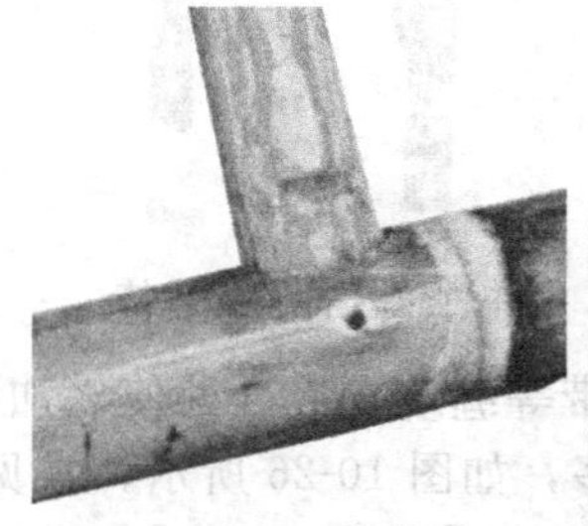

(a) 一根竹销钉连接固定

(b) 两根竹销钉连接固定

图 10-20　竹杆材与竹片的暗榫接合

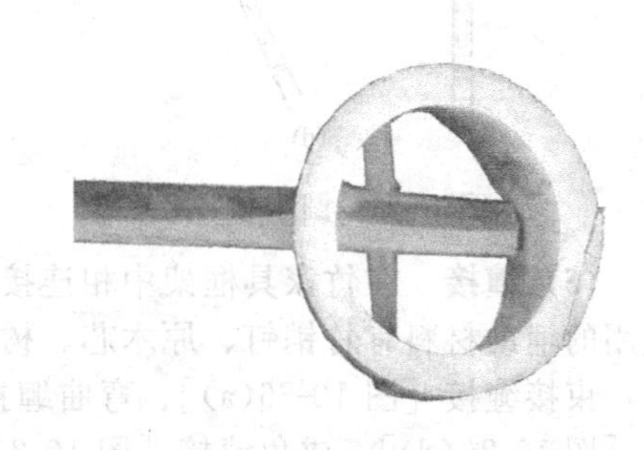

图 10-21　竹杆材与竹片暗榫接合的端面

图 10-22　十字接

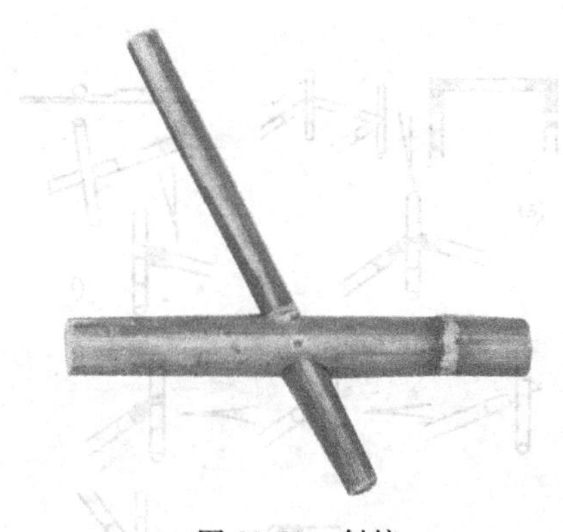

图 10-23　斜接

架的两端连接。

② 丁字接、十字接　把一根竹段和另一根竹段成直角或某一角度相接，称为“丁字接”[图 10-24(b)]；十字接是将两根竹段或者三根竹段接合成十字形 [图 10-24(c)]。同径竹段相接，在一根上打孔，将另一根的端头做成“鱼口”形，把预制好的木芯涂上树脂胶后进行连接。直径不同的竹段连接，在较粗的竹段上打孔，孔径的大小与被插入的竹段直径相同，涂胶后进行连接。如果竹段上有竹节留在孔外，则要把它削平以便于穿过孔洞。

③ L 字接　把同径竹段的端头按设计的角度连接。被连接的竹段端头要削成预计角度，且光滑平整无倒刺。将预制好的成一定角度的圆木芯涂胶，分别插入预制竹段的端口连接即可 [图 10-24(d)]。

(4) 并接　把两根竹段和两根以上的竹段平行接起来，以提高竹家具框架的受力强度和增强造型美。将预备好的同径竹段接合面的竹节削平，使其相互紧密靠近，再打孔销钉即可。打孔销钉的方向不宜平行，应互相交错，以防止相并竹段间错动。如果并接弯曲的框架，则要求每根竹段的弯曲弧度相同。这种方法常见于竹家具的靠背、扶手、腿脚等框架的制作。如图 10-25 所示为由并竹竹杆材做的竹椅。

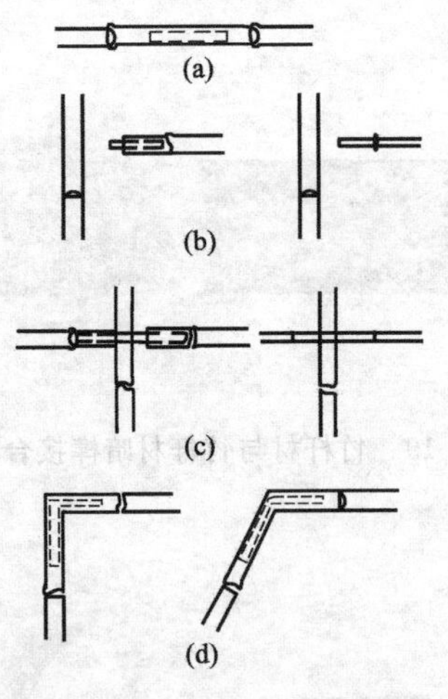

图 10-24　圆木芯（塞）接

图 10-25　由并竹竹杆材做的竹椅

(5) 缠接　在竹家具框架中相连接的部位，用藤皮、塑料带等缠绕在接合处使之加固，使用的辅助材料有竹销钉、原木芯、树脂胶等。缠接的方式很多，如图 10-26 所示，常见的有：束接缠接［图 10-26(a)］、弯曲缠接［图 10-26(b)］、端头缠接［图 10-26(c)］、拱接缠接［图 10-26(d)］、成角缠接［图 10-26(e)］。如图 10-27 所示为并接与缠接工艺结合的竹扶手椅。

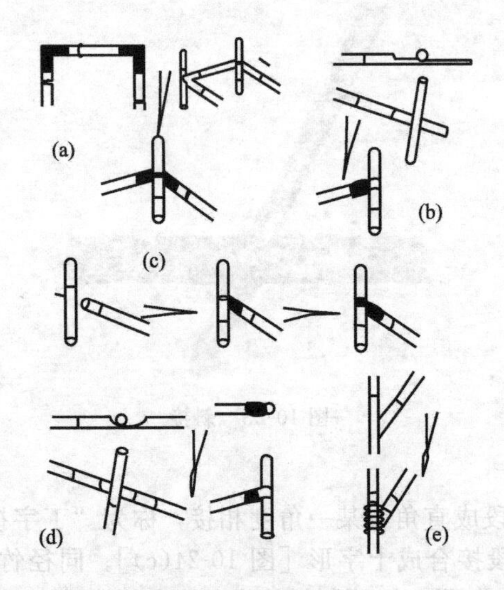

图 10-26　缠接

图 10-27　并接与缠接工艺结合的竹扶手椅

10.1.3　板状部件制造工艺

竹家具的板件是充分显露竹材的外观特征的部件，在使用上和装饰上都很重要，因此必须精心加工才能达到设计的要求。板状部件种类很多，在竹家具中常用的有：竹片板、竹排板、圆竹片竹帘板、麻将块板、竹黄板、编结板和胶合板等。

10.1.3.1　竹条板

竹条板用一根根竹条平行相搭组成。它是竹家具中很常见而又很简单的板，如图 10-28 所示。在竹家具的框架相对应的两边，打上相对应的空洞，在竹条上制作榫头，然后涂胶组合即成。常见的榫接合方式有（图 10-29）：月榫接合、方榫接合、双月榫接合、半圆榫接合、尖头榫接合等，它们的接合通常都要用竹销钉加固。如果竹条过长，常在竹条下面做横衬，在横衬和竹条上打孔，用绳索穿越而固定在下面的横衬上。

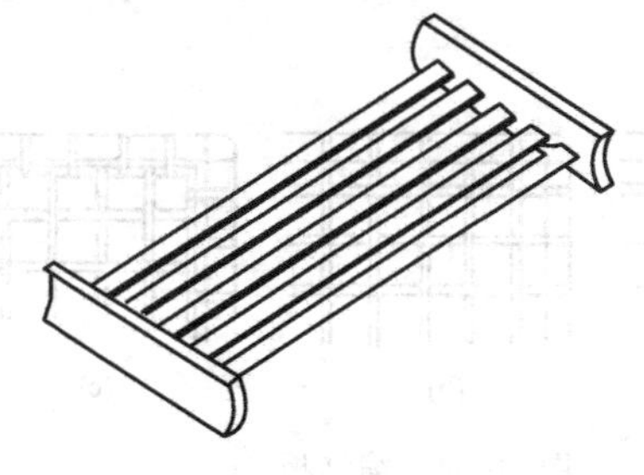

图 10-28　竹条板

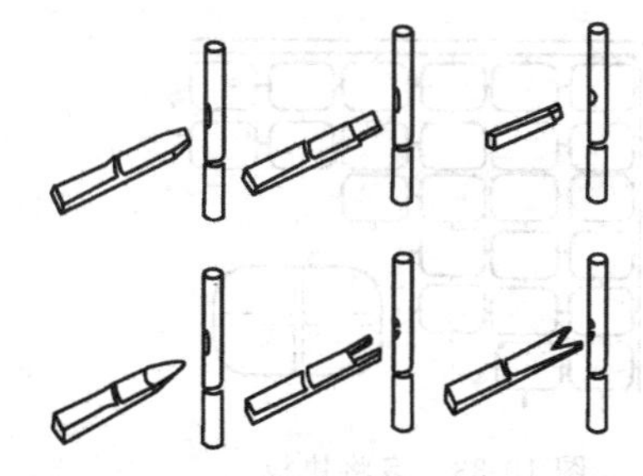

图 10-29　竹条板常见的榫接合方式

10.1.3.2　竹排板

竹排板是大型竹桌、竹床及普通竹家具最常用的板件。一般选用直径较大、竹壁较厚的毛竹、斑竹等为原料。把它们截成所需要的长度后纵劈成两半，除去节隔，再对两端进行细劈，但要保证被细劈后的小竹条在端部处于不完全分离的相连状态，形成小“竹排”料。用数块竹排料并联成竹排板件，然后在竹排板件的背面即竹黄部分避开节隔横向划线，再依线锯 2mm 深度的锯口，从锯口开始向一个方向纵劈 50mm 左右，在劈口处嵌入一个竹篾即横穿梢进行接连。横穿梢的数量可根据竹排的长度来定，短的穿两条即可，方桌面板一般穿三四条，竹床板面长且负荷大，通常穿七八条。如图 10-30 和图 10-31 所示为竹排板的上下表面。

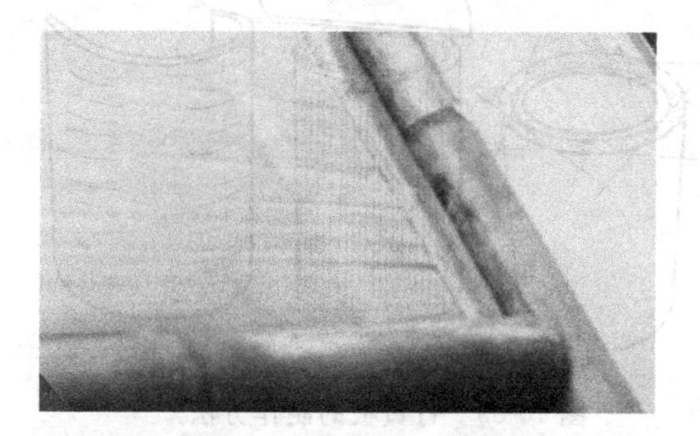

图 10-30　竹排板上表面横衬固定

图 10-31　竹排板下表面横衬固定

10.1.3.3　圆竹片竹帘板

这类板件用作一般的层板和椅类的座板、靠背板与竹条席子等。圆竹帘板用料以直径为 6mm 左右为宜，它可以充分利用小径竹材，并且受力性能比较好。竹帘板用料一般选用直径在 80mm 以上，厚度在 5mm 以上的厚壁大径竹材。把它们劈成断面为矩形的竹条，也可利用一些加工余料。把所选材料接合面的竹节削平，如图 10-32 所示横向排好，用直尺压住，在其背面上划上“W”形线，在竹片或圆竹上，沿划线方向钻孔，用铁丝或尼龙绳等把它们穿结起来即可。

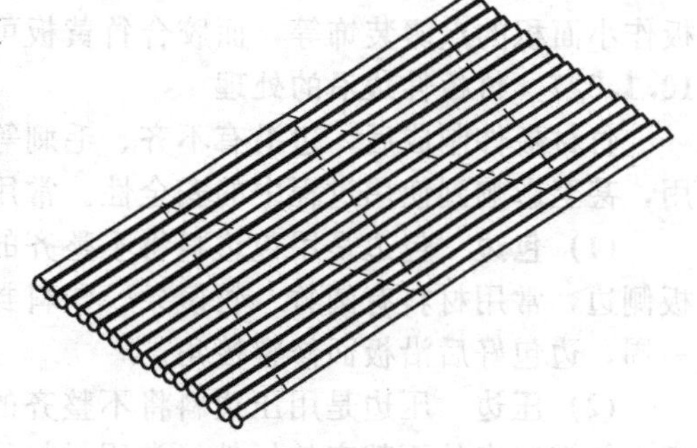

图 10-32　圆竹片竹帘板孔

10.1.3.4　麻将块板

最常见的麻将块面层是近几年兴起的麻将块沙发垫（图 10-33）、麻将块席子等。其特点是在纵向和横向上都可以以被垫物的形状而变化。选材也要选用大径厚壁竹材，将它劈成宽约 200mm 的竹条，再将其截为长度为 35mm 的竹块，砂去四边棱角，然后在竹块上沿中心线部位打穿为“十”字孔，用有弹性和韧性的绳子把它们逐个穿结起来，制成一个大面积的垫子，有时还在它四边加上软边。

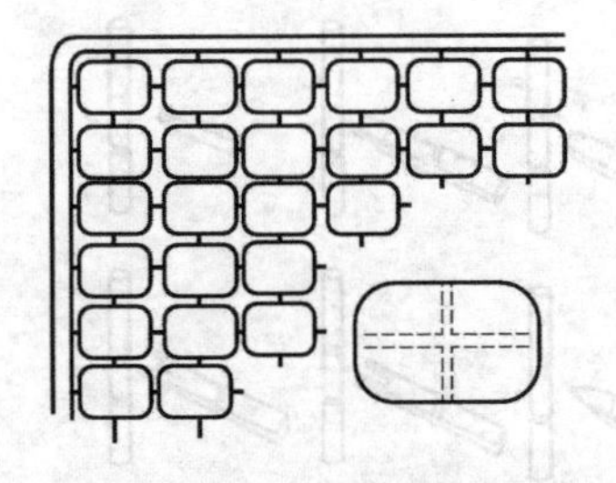

图 10-33 麻将块板

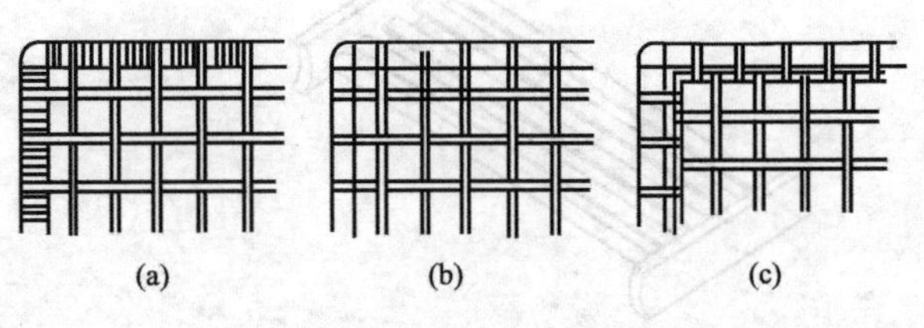

图 10-34 编结板

10.1.3.5 编结板

编结板是在家具的框架上，用藤条、竹篾、尼龙绳等编结而成的板件，如图 10-34 所示，一些竹家具的座面、靠背采用这种板件。编结的图案非常丰富，比如：四方眼、十字花、人字孔、文字编等。用竹篾、藤条等在框架面层经纬方向上排列穿结而成，编结物与框架的连接方法有很多种，常用的有三种：最简单的是直接把藤条等编结物编结在框架上，如图 10-34(a) 所示；第二种是穿孔编结面层，如图 10-34(b) 所示，在框架上打孔，将编结物穿过孔洞进行编织，此种编结面稳定，不易变形，强度大；如果编结图案复杂，或者在造型上要求高，要采用压条编结法，如图 10-34(c) 所示，取一个细竹条与框平行编结，或将框架中的造型编结固定在框架边沿上。

10.1.3.6 竹黄板

竹黄板也称竹翻黄，即取色美、质硬、光洁度高的竹黄作家具的面料，分单块竹黄板和胶合竹黄板。竹黄板的制作方法如图 10-35所示：截取竹材的节间部分，劈去竹青，再将竹筒衬在圆柱上用刨刀刨薄，再纵向切开，放入沸水内煮，或用明火烘烤，待竹黄变柔韧时，取出趁热展开，并用两块平板加压夹平定型。竹黄板如单块使用，则要求厚度较大，为 2.5mm 左右，而如胶合成胶合板使用，则要求厚度较小，为 1.8mm 左右，胶合时要将竹黄单板竹肉面对竹肉面组坯后再冷压胶合。此外，竹黄板也可作表板与其他板胶合使用。在竹家具和工艺品中，竹黄工艺独具一格，由于单块竹黄板面积小，不便制作大的构件，所以在竹家具制作中，小件产品可以用它作板面，如凳面、墩面等，或用单块竹黄板作小面积的点缀装饰等，而胶合竹黄板可用大件产品的板件，如桌面、椅面、几面等。

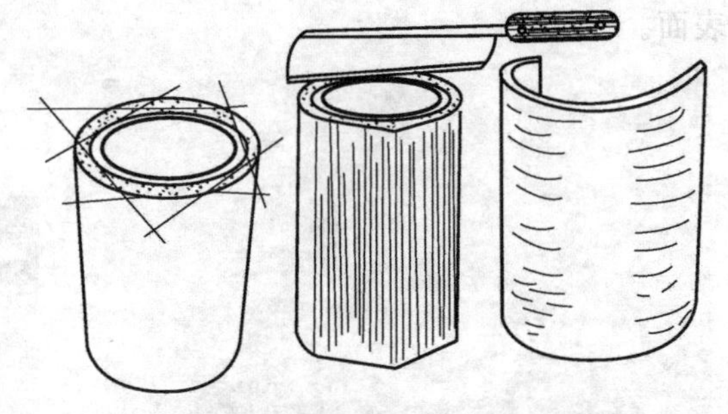

图 10-35 竹黄板的制作方法

10.1.3.7 竹板件边沿的处理

竹材板件制成后，边沿有不齐、毛刺等缺陷，若不进行处理，不仅影响美观，而且不耐用，甚至影响到使用过程中的安全性。常用的方法有包边和压边。

(1) 包边 包边是用包边料将不整齐的外侧边包住，如图 10-36 所示，主要用于遮盖竹板侧边，常用材料有圆竹、竹篾条、塑料封边条等，形状也非常丰富。将包边料顺着板侧包一周，边包好后沿板面修整棱角。

(2) 压边 压边是用压边料将不整齐的边侧掩盖掉，如图 10-37 所示，主要用于遮盖竹板上侧露出来的不整齐的板件，常用材料是竹篾条、竹片、木条等。

10.1.4 装配工艺

把加工好的零部件，按照设计要求组合成一个完整竹家具的过程，称为装配。它是竹家具制作的最后阶段，竹家具装配有部件装配和总装配之分，但其装配结构特征大致相同，故放在一起阐述。

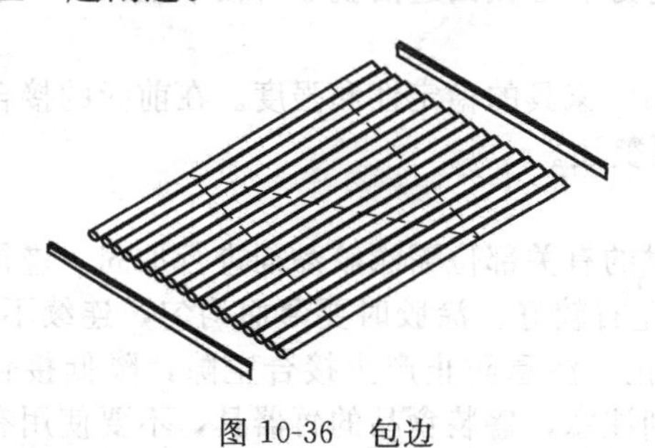

图 10-36 包边　　图 10-37 压边

10.1.4.1 打孔与销钉装配

(1) 打孔和打穴 由于竹材的竹青部分密度大，如果把钉子直接从竹青表面钉入，杆皮容易破裂，因此必须在杆皮上按设计要求定点，打孔或打穴之后才能从中销钉。打孔如图 10-38(a) 所示，是在竹材一定的位置上用钻头钻出对穿孔洞，以利销钉。打穴如图 10-38(b) 所示，是在竹材表皮上用钻头钻出上宽下窄的孔穴，以利钉入铁钉或木螺钉，需注意应将钉帽嵌在穴中，避免出现如图 10-38(c)、(d) 所示的现象。钻孔时可用木工的钻头或电钻头，打孔和打穴的钻头要锐利，以防止钻头把纤维撕破。另外还要注意每个空间的方向不要一致，要相互交错，这样销钉后框架不会错位，增加竹家具的牢度。

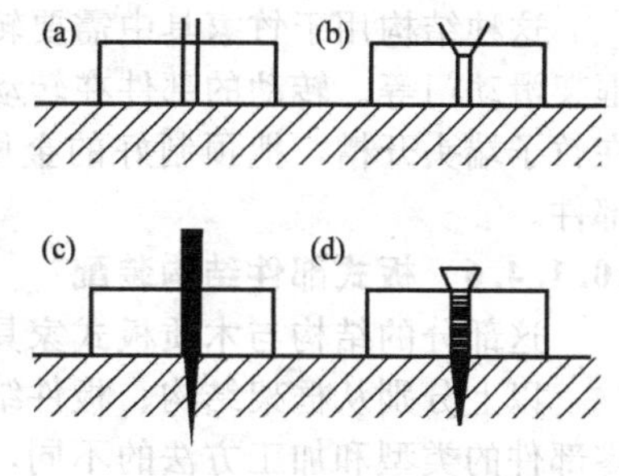

图 10-38 打孔与销钉装配

(2) 销钉 竹销钉的做法是利用老竹的竹青部分劈成四方的篾棒，再削成前端尖细后部稍粗的长形圆锥状即成竹销钉，把竹销钉打入孔洞中，再把多余部分削平，以保证表面平整，也可用铁钉或木螺钉代替，但都要保证钉头、钉帽不露出杆皮，避免出现如图 10-38(d)所示的现象，影响美观和使用。这种装配最为常用，几乎每件竹家具都会用到，如图 10-39 所示。

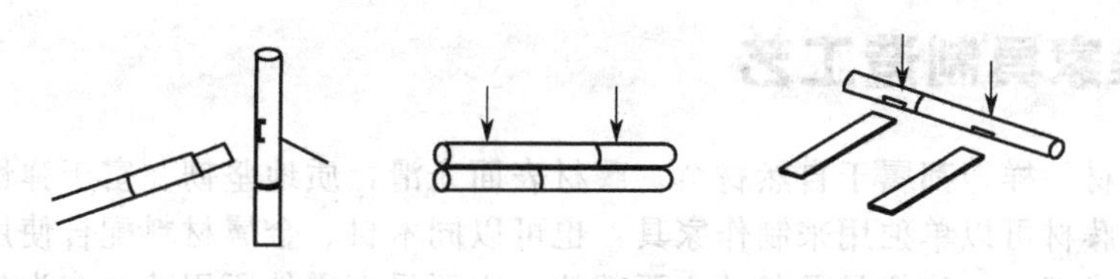

图 10-39 竹销钉连接

10.1.4.2 压条装配

压条是用于固定板面竹条端头的宽竹片，常选毛竹竹片削制而成。由于它压于竹板面的四周之上，依靠竹钉与框架、托衬连接在一起，使竹板面固定，因而称为压条，如图 10-40 所示。竹制家具的板面通常是安放在框架的上一道围子竹杆上，中间有托衬支撑。压条则夹住板面的四周而与围子竹杆外沿平齐，这样不仅固定了板面，而且成为整齐的板面边沿。压条全部钉牢之后，各端头互相重叠在一起，这时用锯子把端头重叠的部分沿对角锯开，于是两压条的端头正好相吻合。削制压条最好选用同

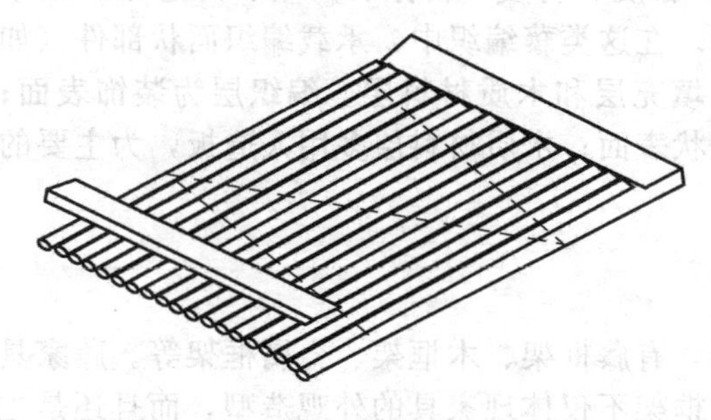

图 10-40 压条装配法

一根竹段，这样，每一根压条的竹壁厚薄一致，钉好后各板面边沿就显得很平整。

10.1.4.3 缠结配装

此法多用于框架与框架的部件装配中，能增加竹家具的稳定性和强度。在前面的接合内容中已详细地阐述过，如图 10-26 所示，这里不再赘述。

10.1.4.4 胶合装配

竹家具的框架、面层或竹编织的缘口和装配时的有关部位需涂胶黏剂进行加固。进行胶合作业时，竹材要相当干燥，一般含水率在10%左右较好。涂胶时要薄而均匀，连续不断，不能留有空隙。相接时要固定压紧，直到硬化为止。注意防止产生接合空隙，降低接合强度。弹性大的竹材可使用快速固化剂。另外要特别注意，盛装食品的竹器具，不要使用有毒的或无抗菌能力的胶黏剂。常用的胶黏剂有：动物胶、聚醋酸乙烯树脂胶（乳白胶）、脲醛树脂胶等。

10.1.4.5 活动结构装配法

这种结构用于竹家具中需要转动或滑动部位的装配。常见有竹子折叠床、竹子躺椅、竹框架滑动门等。转动的部件在转动交叉部位打孔，用金属件连接作为轴。在竹子上打孔或者在竹子端头开槽，把预制好的金属杆、竹段或木条穿过孔洞或者嵌入端头槽中，形成滑动部件。

10.1.4.6 板式部件结构装配

这部分的结构与木质板式家具用的结构是通用的，在此不再赘述。

以上分别从框架结构、板件结构、装配结构三方面讨论了竹家具的结构与制造工艺，因零部件的类型和加工方法的不同，再加上部件装配和总装配方式的多样性，竹家具有多种结构类型，一些结构能久经时间考验并传承至当代，说明其具有一定的合理性，如包接和榫接因其充分考虑了竹材力学性能，加工制作时不需借助复杂的加工设备，可就地取材，绿色环保，仍然是一种运用广泛的装配形式。但是，另一方面，也必须看到，目前竹家具的结构基本上为不可拆装的固定结构，这种固定结构浪费材料，生产效率低下，不利于实现产品的标准化、系列化、通用化，增加了产品运输、贮存和成本，所以有必要对现有竹家具的制造工艺加以研究改进，吸其精华，使之适应绿色生产、工业化生产的要求。

10.2 藤家具制造工艺

藤材与木材一样，都属于自然材料。藤材表面光滑，质地坚韧、富于弹性，且富有温柔淡雅的感觉。藤材可以单独用来制作家具，也可以同木材、金属材料配合使用。藤条是藤家具最主要的组成部分，往往是承载的主要部位。主要受力零件所用藤材多为省藤属大径级藤类和大黄藤，次要受力部位用省藤属中、小径级藤类。直藤条和主要用藤条弯曲而成的曲线形藤条在藤家具的框架中应用都非常多。

藤皮又可称为藤篾（皮），面板通常由藤篾、藤皮、竹篾、柳条、芦苇、灯芯草、稻草等编织而成，编织纹样图案丰富，编织手法多样。在这类藤编织中，承载编织面状部件（如沙发坐面）的结构，从上到下，依次为编织层、填充层和木质材料层。编织层为装饰表面；填充层可以保证藤家具功能舒适性以及保护编织状表面；木质材料层多用人造板，为主要的受力部分。如图 10-41 所示为各类藤家具。

10.2.1 藤家具框架制造工艺

藤家具多为框架结构，根据框架材料的不同，有藤框架、木框架、金属框架等。藤家具的构造可以分为两部分：骨架和面层。藤家具的框架不仅体现家具的外观造型，而且还是主要的受力部件，因此，框架结构的合理与否，直接影响到家具的使用寿命、稳固性及外观

(a) 原藤家具

(b) 木与藤结合家具

(c) 金属与藤结合家具

图 10-41 各类藤家具

造型。

10.2.1.1 藤框架的结构

藤框架的结构形式多种多样，富于变化，常见的结构装配形式有花瓣式、S字式、不规则式、连环式等，如图 10-42 所示。这几种形式的变形极多。

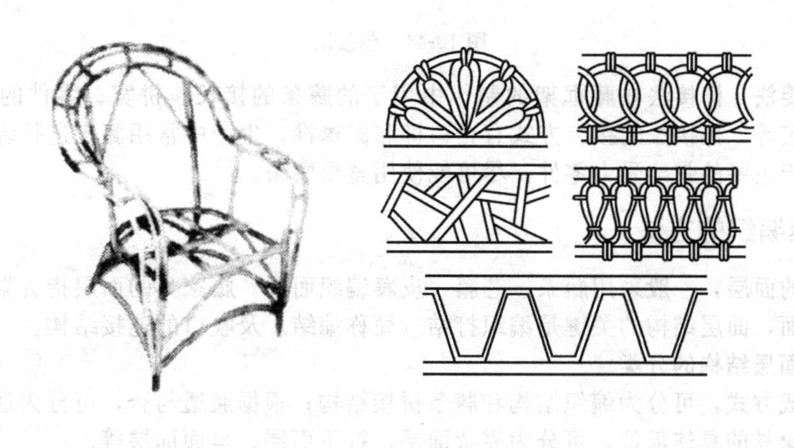

(a) (b)

图 10-42 藤椅的框架

制作框架的藤条常需经弯曲、接长（一般采用企口或圆榫接合）、拼宽（把两根或两根以上的藤条在径向连接起来，以提高藤家具框架的受力强度和增强造型感）等处理，弯曲由具体的工艺来实现，连接方法一般有包接、钉接（包括圆钉、木螺钉）、榫接、胶接、连接件接合等。

10.2.1.2 藤框架的连接方法

(1) 钉接法 藤条与藤条的连接以钉固定的连接方法简单易行，使用较广。加工过程中需注意尽量于藤条首尾处留出一定长度，以免钉接时藤材发生劈裂现象，影响家具牢固性。钉接时常用胶黏剂加固。如图 10-43 所示为钉接法。

(2) 包接法 藤家具框架连接中使用包接法较多，用藤皮包接，有许多绑扎技法，可以变换花样，既体现技艺美，又有朴实自然之趣。常用的包接法有缠接、交错包接、编织扎法。如图 10-44 所示为包接法。

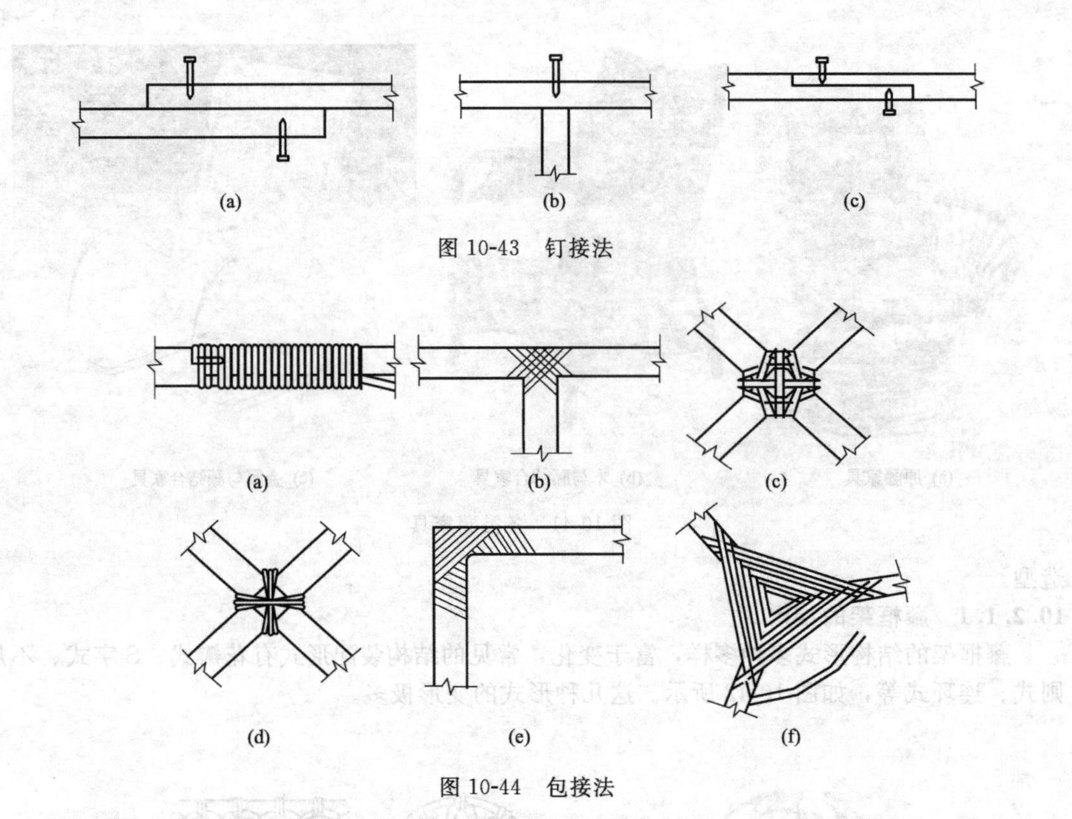

图 10-43　钉接法

图 10-44　包接法

(3) 榫接法　榫接法在藤框架的制作中用于的藤条的接长、拼宽、零件的 **T** 字接、十字接及交叉接等。榫接法的接合方式有企口榫和圆棒榫，生产中常用藤皮进行绑扎及涂胶加强处理。对于主要的骨架受力零件，尽可能使用整根藤条。

10.2.2　藤编织的方法

藤家具的面层，一般采用藤条、芯藤、皮藤编织而成。藤家具的面层指骨架外围与人体相接触的表面，面层结构的关键是编织打结（简称编结）及收口的连接结构。

10.2.2.1　面层结构的分类

根据形成方式，可分为编织结构和藤条拼接结构；根据通透与否，可分为通透型和非通透型；根据家具的具体部位，可分为靠背面层、扶手面层、坐面面层等。

10.2.2.2　编结结构

(1) 编织结构　藤家具基本的编织纹样有米字纹、人字纹、方孔纹、蛇目纹、胡椒纹、三角孔纹、立体方块纹等，其他纹样多为上述七种的变形。下面以最常用的米字纹为例来说明其编织结构：取四条藤篾作为经线，彼此重叠，相互展开如扇子形；取藤篾若干，根据条数分组做纬线，可以一条为一组，或以两条为一组，也可以三条或四条为一组；以两组篾条挑一压一进行编织。如图 10-45 所示为米字纹结构。

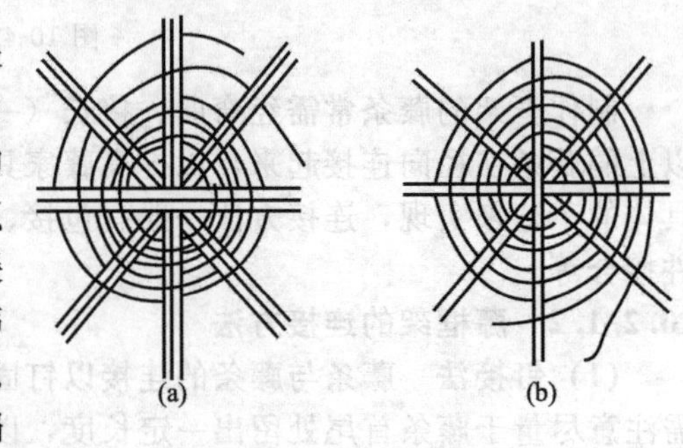

图 10-45　米字纹结构

(2) 藤皮藤篾的打结结构　打结的作用在于藤皮或藤篾的接长、收尾和装饰等。打结关系着藤家具的结构完整性和装饰性，常用的打结结构如图 10-46 所示（中国结）。

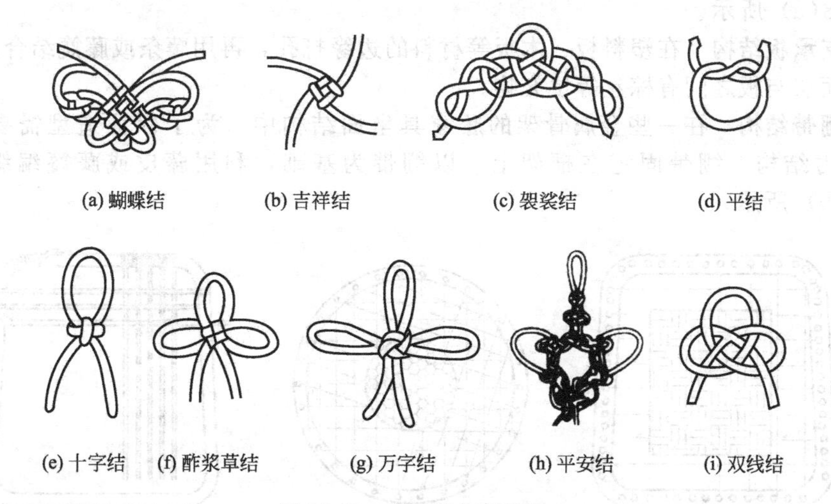

图 10-46 常用的打结结构

10.2.2.3 收口结构

收口结构是指面层编织完成后，将剩余的经线加以特殊的编织处理，或另外用藤篾及藤皮进行绕扎处理，以防止纬线松弛，加强面层的张紧度，有时为了加强收口的强度，用小径级藤条或竹篾作加强条。收口结构直接决定着藤家具的使用寿命和外观质量，一般要求收口结构过渡自然、规整、平滑、牢固。收口结构有编织收口和压边收口之分。

(1) 编织收口 将剩余的各经线相互编织，或在加强条的作用下，通过篾条之间的相互挤压将边部编织在一起，称为编织收口，人字纹为常用的编织方法。根据其编织收口的外观，编织收口结构有闭缘收口、开边收口及综合收口，如图 10-47 所示。

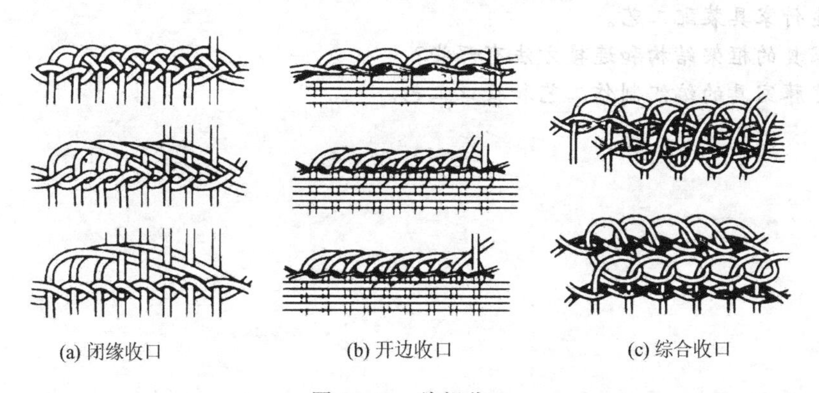

图 10-47 编织收口

(2) 压边收口 压边收口结构在藤器中应用十分广泛。以木框架方块纹桌面为例来说明压边收口结构，在编织过程中，首先将经线、纬线端部作为环状用钉固定在框架上；其次编织桌面，编织完成后，将经线、纬线另一端用力张紧，用钉固定在框架上，并在阴凉通风的地方放置若干天，等藤皮阴干为止；最后，用钉将一剖为二的藤条或实竹固定在桌面的上表面或下表面，紧紧压住藤篾。

10.2.2.4 坐面结构

坐面结构有框架结构、支承板结构和绷带结构。一般情况下，表层的编织面均非主要受力部分。

(1) 框架结构 使用木（金属、塑料、竹）构件制作木框，木框一般采用榫结合，木框上钻孔，然后再用藤皮及藤篾进行编结，可编结成实心的也可编结成通透型的，如图 10-48(a) 所示。

(2) 支承板结构 在塑料板、木板等材料的边缘打孔，再用藤条或藤篾结合底板编织形成面层，面层与板之间有棕丝等填充物。

(3) 绷带结构 在一些金属骨架的藤家具坐面结构中，为了保证造型需要，利用绷带作为受力结构。绷带固定在框架上，以绷带为基础，利用藤皮或藤篾编织面层，如图 10-48(b) 所示。

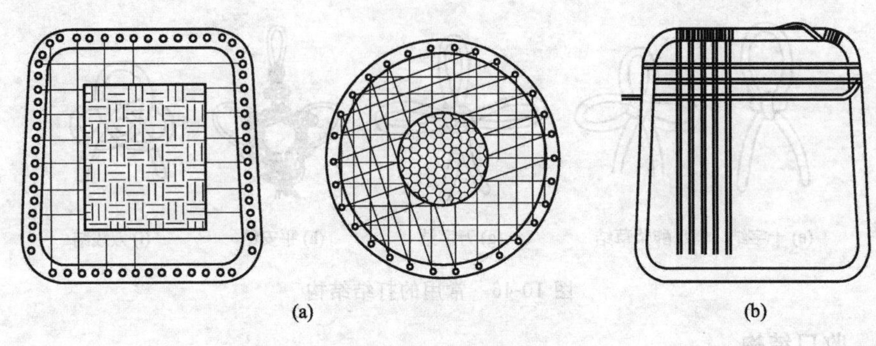

图 10-48 框架、绷带结构

思考题

1. 组成竹家具的竹材形态有哪几种？各有何特点？
2. 简述竹家具框架的制造方法和工艺技术要求。
3. 竹家具框架竹段连接工艺有哪些？各有何特点？
4. 竹家具板状部件有哪些形式？各有何工艺技术要求？
5. 简述竹家具装配工艺。
6. 藤家具的框架结构和连接方法有哪些？
7. 简述藤家具的编织制作工艺和收口工艺。

第11章

金属家具制造工艺

金属材料强度高，弹性好，韧性，可进行焊、锻和铸造等机械加工，可任意弯成不同形状，营造出曲直结合、刚柔相济、纤巧轻盈、简洁明快的各种造型风格。金属家具是完全由金属材料制作或以金属管材、板材和线材等作为主构件，配以木材、人造板材、玻璃、塑料和石材等制作而成的家具。

11.1 金属家具结构

11.1.1 结构分类

按结构的不同特点，可将金属家具的结构分为固定式、拆装式、折叠式和插接式。

① 固定式　通过焊接的形式将各零部件接合在一起。此结构受力及稳定性较好，有利于造型设计，但表面处理较困难，占用空间大，不便运输。

② 拆装式　将产品分成几个大的部件，部件之间用螺栓、螺钉、螺母连接（加紧固装置）。有利于电镀和运输。

③ 折叠式　又可分为折动式与叠积式家具，常用于桌椅类。折动式是利用平面连杆机构的原理，以铆钉连接为主。存放时可以折叠起来，占用空间小，便于携带，使用、存放与运输方便。

④ 插接式　利用金属管材制作，将小管的外径套入大管的内径，用螺钉连接固定。

11.1.2 连接形式

金属家具的连接形式主要可分为焊接、铆接、螺钉连接和销连接，如图 11-1 所示。

① 焊接　可分为气焊、电弧焊和贮能焊。焊接牢固性及稳定性较好，多应用于固定式结构；主要用于受剪力与载荷较大的零件。

② 铆接　主要用于折叠结构或不适于焊接的零件，如轻金属材料。此种连接方式可先将零件进行表面处理后再装配，给工作带来方便。

③ 螺钉连接　应用于拆装式家具，一般采用来源广泛的紧固件，且一定要加防松装置。

④ 销连接　销也是一种通用的连接件，主要应用于不受力或受力较小的零件，起定位和帮助连接作用。销的直径可根据使用的部位与材料适当确定。起定位作用的销不少于两个；起连接作用的销的数量以保证产品和稳定性来确定。

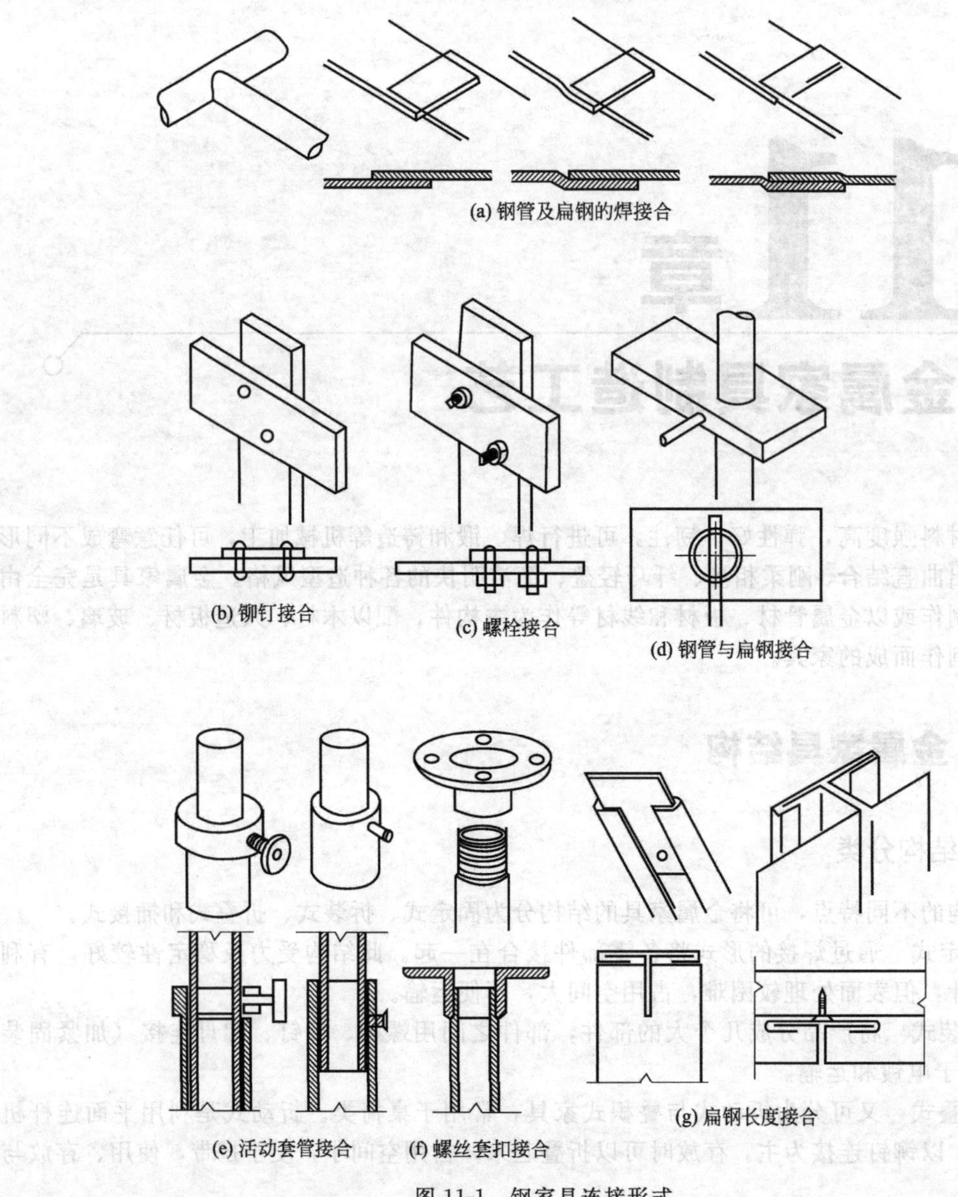

图 11-1　钢家具连接形式

11.2 金属家具类型

主要部件由金属所制成的家具称为金属家具。一般根据所用材料来分，可分为：全金属家具，如保险柜、钢丝床、厨房设备和档案柜等；金属与木结合家具；金属与非金属（竹、藤和塑料等）材料结合的家具。

11.2.1 全金属家具

所有构件用金属材料构成的家具称为全金属家具。全金属家具常用的金属材料有钢、铸铁、铜及铜合金和铝及铝合金等。如图 11-2 所示为全金属家具。

(1) 钢家具是目前最常用的全金属家具　钢是铁-碳合金，除了含有碳元素外，也包含其他微量合金元素。金属家具中使用的钢材，按基材分为钢管和钢板两种，钢管常见的断面

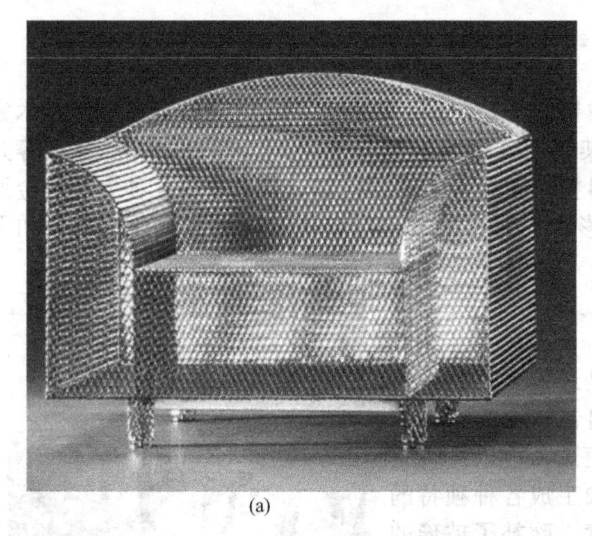
(a)

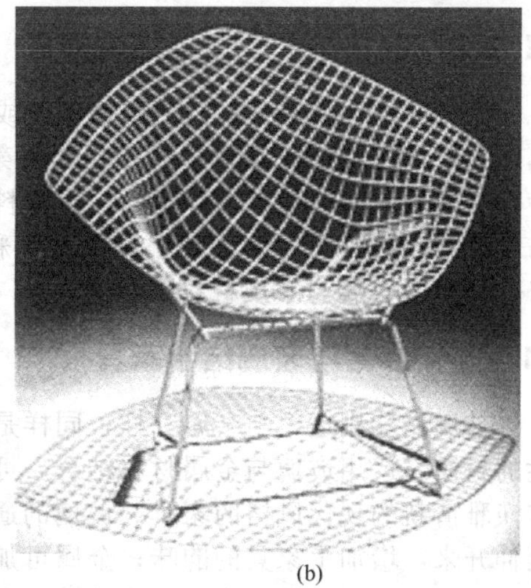
(b)

图 11-2　全金属家具

形状有圆形、方形、矩形、菱形、扇形、椭圆形和三角形等；钢管在一定弯曲半径范围内可进行任意造型。家具中使用厚度为 0.8～3mm 的薄钢板，按结构需要进行冲压、折弯，加工成各种造型。钢材表面涂饰的方法根据视觉的需要而异，聚氨酯粉末喷涂可以产生靓丽的色彩；镀铬则可达到光亮鉴人的效果；真空氮化钛或碳化钛镀膜会呈现晶莹璀璨、华贵典雅的视觉效果。钢材选用的原则是既要使结构安全可靠，又要最大可能节约钢材和降低造价。因而，在选择时应综合考虑结构、荷载、连接方法和结构的工作环境及钢材的厚度等因素。

(2) 铝及铝合金家具　铝的应用历史相对较短，但市面上铝产品的总量已远远超过了其他有色金属产品产量的总和。铝的主要合金元素包括铜、镁、硅、锰和锌，这些材料的重要特性在于它的比强度大，也就是说尽管铝合金的抗拉强度比高密度材料钢材差，但在同等重量的情况下来说它将承受大的负载。在表面处理中，铝合金有优良的抗腐蚀性能及氧化着色性能，色泽绚丽美观。铝合金材料类型有管材、板材、带材、棒材和线材等多个品种。用于制作家具的各种合金管材，其断面可根据用途、结构和连接等要求轧制成多种形状，并且可得到理想的外轮廓线条。

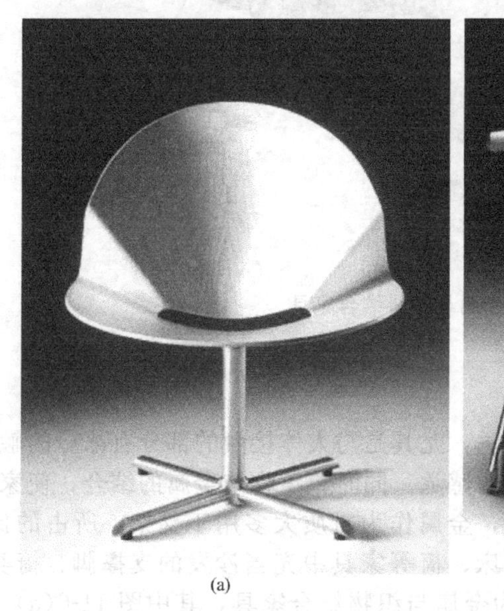
(a)

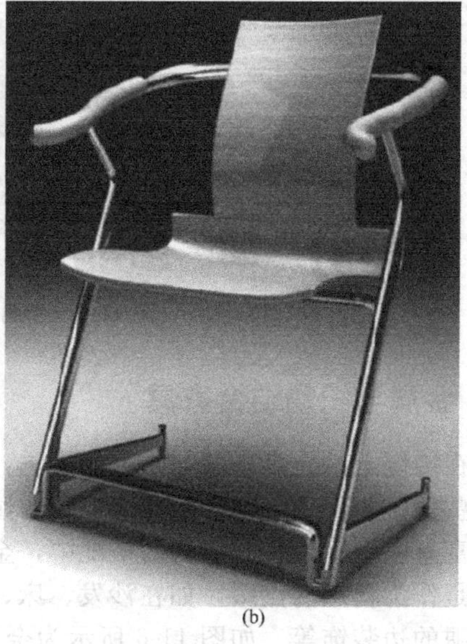
(b)

图 11-3　金属与木质材料结合家具

11.2.2 金属与木质材料结合家具

家具的主体材料大都采用不锈钢管或铝合金管制作，面板采用木质材料，被称为钢木家具。它以木材为板面基材，以钢板为骨架基材。钢木家具分固定式、拆装式和折叠式等几种。金属表面的处理包括静电喷涂、塑料粉末喷涂、镀镍、镀铬、仿镀金等几种方法。金属与木材结合兼具简约的线条、优雅的色彩和实用功能，产品定位于时尚与个性一族。如图11-3所示为金属与木质材料结合家具。

11.2.3 金属与玻璃结合家具

玻璃晶莹剔透，与金属一样，同样是最能体现简单特性的材质。运用玻璃与金属材料结合，可制造出简约轻盈与淡雅清新的现代风格的家具。玻璃的通透，可以把视觉延伸开来，增加了家具的韵味；金属可加工成各种独特的异形外观，也可以弯曲成各种优美的弧度，弥补了玻璃的脆性缺点，增加了家具的柔和性，增加了韧性的视觉感。如图11-4所示为金属与玻璃结合家具。

图11-4 金属与玻璃结合家具

11.2.4 金属与塑料结合家具

充满材质感的金属与色泽靓丽、硬度适中的塑料结合在一起，如PVC、玻璃钢和亚克力等塑料材料，具有一定的新鲜感。相对于金属的刚性材料，塑料构件显得柔和，表现出一种宽容、接纳与亲和的姿态，从而构建了一种崭新的美学平衡，使金属材料显得时尚而年轻。如图11-5所示为金属与塑料结合家具。

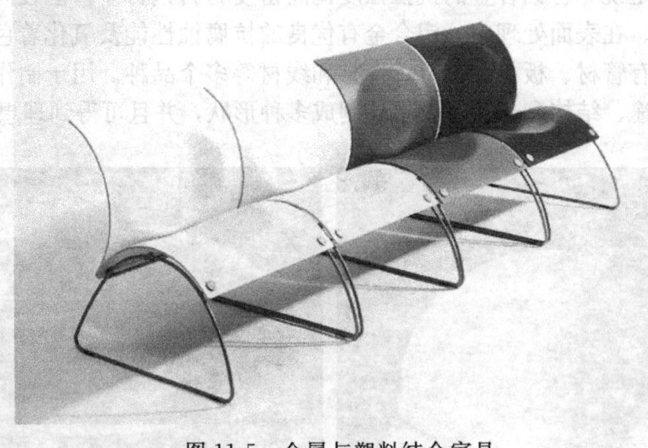

图11-5 金属与塑料结合家具

11.2.5 金属与织物结合家具

金属在传统上给人以冷峻与刚强的感觉，尤其是与人体接触的部分有冰冷的触感。织物包饰在一些关键的部位，则会给人以温暖的感觉。同时，织物与金属的结合，使家具变得更加优雅并富有艺术感。在与织物的搭配中，金属作为材质大多用于支架，所占的比例不大，更多的只是作为精彩的点缀，如在沙发、床、椅等家具中充当沙发的支撑脚、椅类的框架、把手和桌腿的边装饰等。如图11-6所示为金属与织物结合家具，其中图11-6(a)为金属与布艺结合，图11-6(b)为金属与皮革结合。

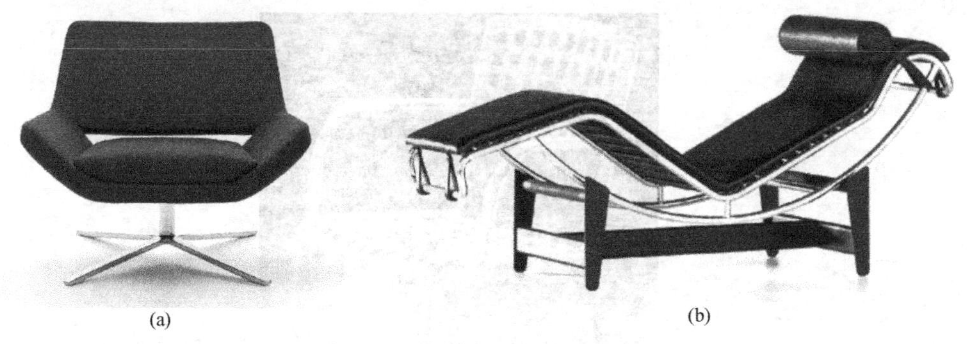

(a) (b)

图 11-6 金属与织物结合家具

11.3 金属家具制造工艺

金属家具制造工艺包括金属材料机械加工工艺、板料及型钢冲压工艺、焊接、铆接工艺、装配工艺、表面处理工艺和涂装等，其中金属家具的机加工工艺和板料及型钢冲压工艺是金属家具制造工艺的两个重要组成部分。

11.3.1 金属家具生产工艺流程

不同的金属家具，如全钢、钢木、钢塑和钢管软体家具等，其生产工艺流程各不相同。下面以两种有代表性的金属家具为例进行介绍。

11.3.1.1 钢家具的生产工艺流程

钢管网椅的生产工艺流程及成品如图 11-7 所示。

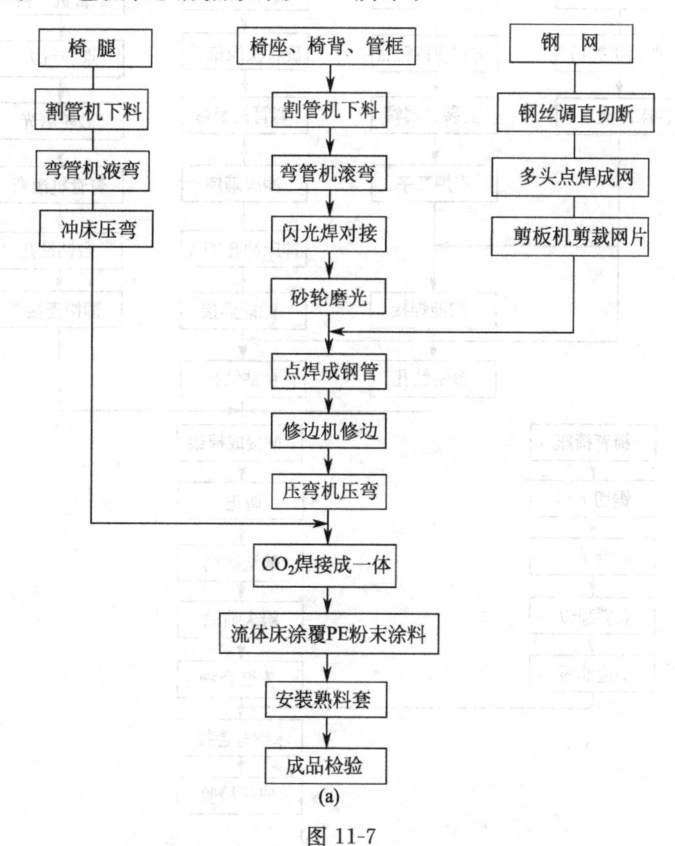

图 11-7

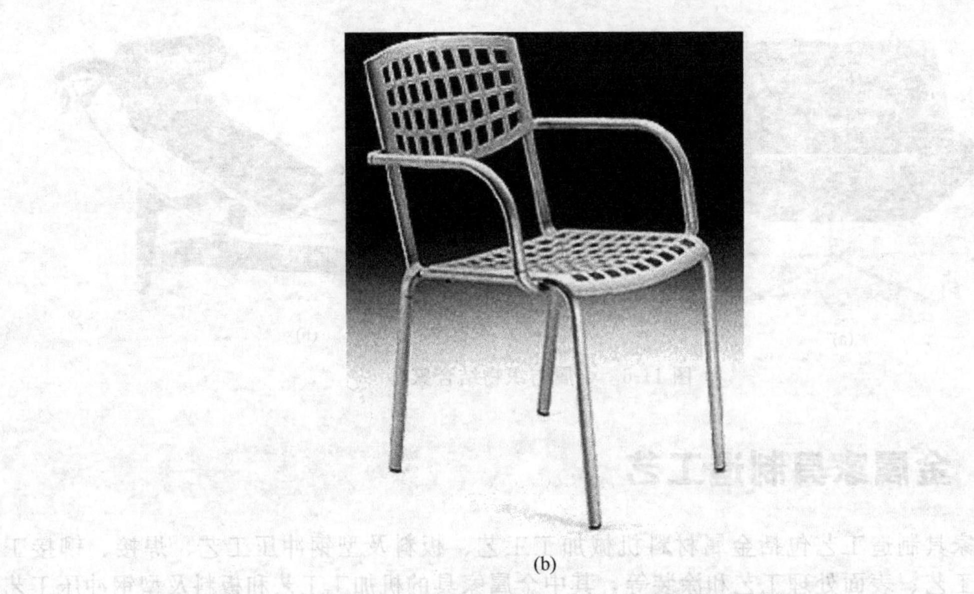

(b)

图 11-7　钢管网椅的生产工艺流程及成品

11.3.1.2　钢木家具生产工艺流程

折叠椅生产工艺流程及成品如图 11-8 所示。

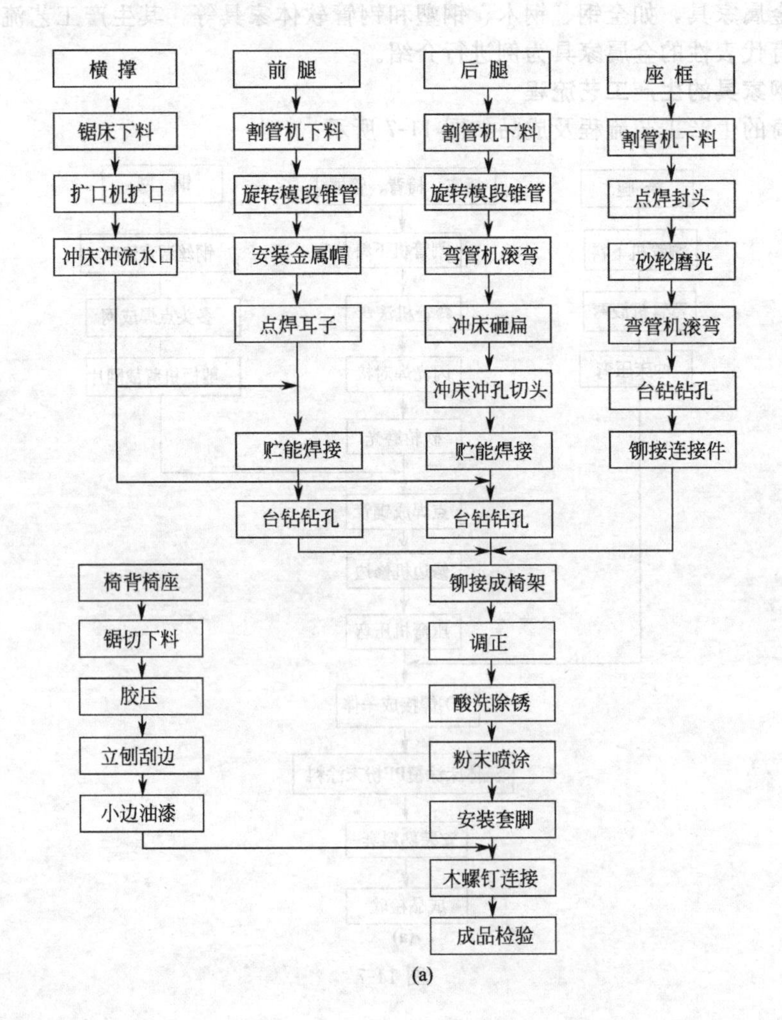

(a)

(b)

图 11-8 折叠椅的生产工艺流程及成品

11.3.2 管材机械加工工艺

钢管机械加工工艺包括高频焊接卷管、钢管截断、旋转模锻、弯管、钻孔及冲孔工艺。

11.3.2.1 高频焊管工艺

高频焊管主要工序见表 11-1。

表 11-1 高频焊管主要工序

工 序 名 称	工艺操作及主要参数
齐头	在 8～10t 小冲床上，采用平刃将钢带端部剪切严整，为气焊接头作准备
接头	将切过头的两卷钢带首尾对正，留 1～2mm 间隙，用气焊焊固，并用锄头将焊缝砸平，使焊缝增厚量小于 0.2mm
打卷	采用打卷机将接好头的钢带缠绕在轮盘上(通常轮盘有 2 个以上，一个供成形焊接，其他备用)，每卷不少于 600m，以保证连续焊管
切边	仅用于钢带有毛边或超宽时，采用圆盘切刀滚切
圆管成形	钢带通过 6 对水平轧辊(主动，起成形、传动作用)和 5 对立辊(被动，起成形、限位作用)，按圆周弯曲法逐步弯曲成管坯。为保证钢带前进，轧辊槽底直径后一道比前一道大 0.5～1mm
焊缝导向	在高频感应圈前装有导向装置，用以校正焊缝宽窄及保证焊缝不偏不歪呈直线进入感应圈。导向片厚度应保证管坯开口角在 3°～5°之间。
高频感应焊接(主参数)	(1)电源电压(三相交流)，380V (2)电频率，50Hz (3)主变压器容量，180kVA (4)主变压器输出电压，10～13.5kV (5)整流器输出电压，10～13.5kV (6)高频振荡器振荡功率，大于 100kW (7)高频振荡器加热功率，85kW (8)高频振荡器阳极电流，8～12A (9)高频振荡器栅极电流，0.8～2A (10)振荡频率，250～350kHz (11)槽路输出电压，8.5～10kV (12)高频焊接电压，小于 100V (13)感应器与管坯间隙，3～5mm (14)单匝感应器宽度(管径)，1～1.5mm (15)铁淦氧(磁棒)与管坯间隙，大于 2mm (16)焊接温度，1350～1500℃ (17)焊接速度，37～70m/min

续表

工序名称	工艺操作及主要参数
焊接夹紧	经高频焊接的焊口处于熔融状态时，立即通过焊接夹紧辊。其夹紧力大小，以焊缝在管壁内外形成一定高度的焊瘤为准
刮焊疤	使用硬质合金(YT15)刮刀将焊缝外的焊瘤刮除。刮刀刃口呈圆弧状(与管径配合)，要求将焊疤刮净而不损坏管壁。焊缝应圆滑，不可呈平面或凹凸状
冷却	钢管经刮疤后温度仍很高，管径处于不稳定状态，可采用风冷或循环凉水冷却
整型(校正、定径)	通过4对水平轧辊和3对立辊(不同管型轧辊数可增减)进行精轧，提高钢管表面光洁度，并使管径逐步减至标定直径(每对辊的孔型直径逐渐减小0.1～0.2mm，最后一对辊的孔型直径比标定管径小0.05mm)。为使钢管处于受拉前进状态，辊底径应从前至后依次递增0.5～1mm
截断	采用65Mn或T8有齿锯片截断。锯片直径ϕ80～400mm，厚度3mm，主轴转速5000r/min

钢带首先通过10～11道成形轧辊，逐步卷成管坯，然后送进高频感应圈内。感应圈通有高频电流，产生轴向高频磁场，在管坯内产生强大的涡流和磁滞损耗发热，加之管坯感应电流的趋肤效应，使焊口处接触电阻发热，致使金属熔化，并在焊接夹紧辊挤压下将钢管焊接而成。其工艺流程见表11-1。

11.3.2.2 钢管截断工艺

(1) 割切 割切适用于薄壁圆管的截断。截断在专用割管机上进行，利用旋转的圆形割刀（俗称无齿锯片）挤压管材，在相对转动、摩擦过程中完成切割。割刀刃口形状分正角、偏角两种，如图11-9所示，前者切割的钢管两端均有倒角，后者切割的钢管一端有角一端为平头。圆管割切主要参数见表11-2。

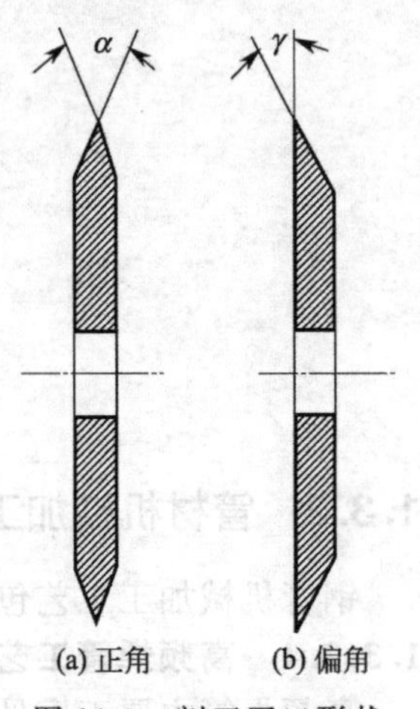

图11-9 割刀刃口形状

表11-2 圆管割切主要参数

名称	参数	名称	参数
割刀材料	W18Cr4V、T12	刃口角度/(°)	$\alpha=44\sim45$，$\gamma=32\sim33$
割刀硬度/HRC	62～64	割刀转速/(r/min)	200～250
割刀直径/mm	ϕ60～80	进刀次数/(次/min)	35～37
割刀厚度/mm	$\delta=4.5$	割切管径/mm	ϕ12～40

(2) 锯切 锯切适用于各种形状管材的截断。锯机按结构形式分为锯片固定、工件自动进料（或人工进料）以及工件固定、锯片自动进退刀两种类型。锯片按齿形分有截断锯和盘头锯两种类型，如图11-10所示。钢管锯切主要参数见表11-3。

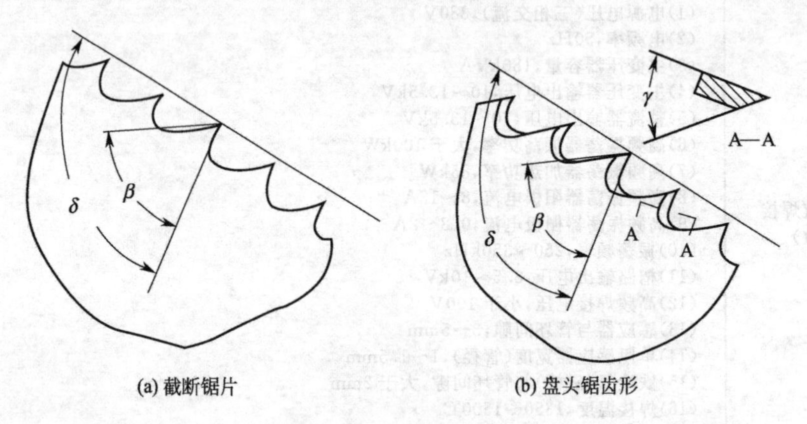

图11-10 锯片参数

表 11-3　钢管锯切主要参数

名　　称	参　　数	名　　称	参　　数
锯片材料	65Mn、T8	锯片转速/(r/min)	2500～4500
锯片直径/mm	ϕ220～330	进料次数/次	12～18
锯片厚度/mm	1.6～2.5	锯切最大管径/mm	ϕ55(壁厚 2mm 以下)
锯齿角度/(°)	δ=58～62,β=105～108,γ=44～45		

(3) 铣切　铣切适用于不锈钢管及异形钢管的截断，通常在专用铣锯机上进行。在铣切过程中，锯片铣刀需用循环皂液冷却。锯片铣刀切割主要参数见表 11-4。

表 11-4　锯片铣刀切割主要参数

名　　称	参　　数	名　　称	参　　数
铣刀材料	W18Cr4V	铣刀齿数/个	60～72
铣刀直径/mm	ϕ200～225	铣刀转速/(r/min)	120
铣刀厚度/mm	3～4	铣切效率/(次/min)	2～3

11.3.2.3　旋转模锻管工艺

旋转模锻管工艺又称锥管工艺，通常在专用旋转模锻机上进行。当旋转模锻机主轴以 200r/min 速度旋转时，主轴内的滑块由于离心力的作用而向外运动，当与主轴外周的滚柱相撞后又返回压向主轴中心的锻模，锻模一面带动钢管旋转，一面以 1200 次/min 的频率锻打钢管，使之成锥状。锻模长度为 180mm，可锻出长 180mm 以上的锥管，其超长部分（通常不超过 60mm）为等径细管。钢管旋转模锻参数见表 11-5。凡实行锥管的管材，不许可有焊口错位、开裂和焊接不牢等现象，否则将会产生焊口叠层和卷缩等缺陷。

表 11-5　钢管旋转模锻参数　　单位：mm

钢管直径 ϕ	锥管端部直径 ϕ	锻模长度	可超长度	钢管直径 ϕ	锥管端部直径 ϕ	锻模长度	可超长度
18	14	180	40	25	20	180	50
20	14	180	40	28	22	180	60
22	17	180	50	32	25	180	60

注：本表数据为参考值。锥度大小可根据管径大小、产品部位及结构自行确定。

11.3.2.4　弯管工艺

金属家具管材的弯曲，通常采用常温弯曲，即冷弯。可在专用弯管机上采用型轮滚弯，也可在冲床或专用压弯机上采用模具压弯。大径圆管及异型管弯曲时需加芯子。

(1) 管材冷弯的最小弯曲半径　如图 11-11 所示，管材冷弯的最小弯曲半径一般取 $R_{min}=(2\sim3)d$；管径小、管壁厚取小值。

(2) 金属管材常用弯曲半径　金属管材常用弯曲半径见表 11-6。

表 11-6　金属管材常用弯曲半径　　单位：mm

规　格	壁　厚	常用弯曲半径				
12	0.8～1	25	30	40	50	60
14	0.8～1	30	35	40	50	60
18	0.8～1	40	50	60	70	80
20	1～1.2	40	45	55	80	100
22	1～1.2	40	55	80	100	125
25	1.2～1.5	50	75	90	100	125
28	1.2～1.5	55	75	90	100	125
32	1.2～1.5	60	75	100	125	150
36	1.2～1.5	75	100	125	130	180
42	1.2～1.5	80	100	125	150	180
48	1.2～1.5	100	120	145	180	200
14×14	0.8～1	30	45	55	65	75
20×20	1.2～1.5	45	55	70	80	100
25×25	1.2～1.5	50	65	75	100	125
25×50	1.2～1.5	80	100	125	160	180

注：1. 本表所列弯曲半径为参考值，可根据产品造型、结构自行确定弯曲半径。
2. 钢管弯曲处弧形应圆滑一致，弯曲处的皱纹高低不大于 0.4mm。
3. 25mm×50mm 管为宽面弯曲半径。

11.3.2.5 钻孔及冲孔工艺

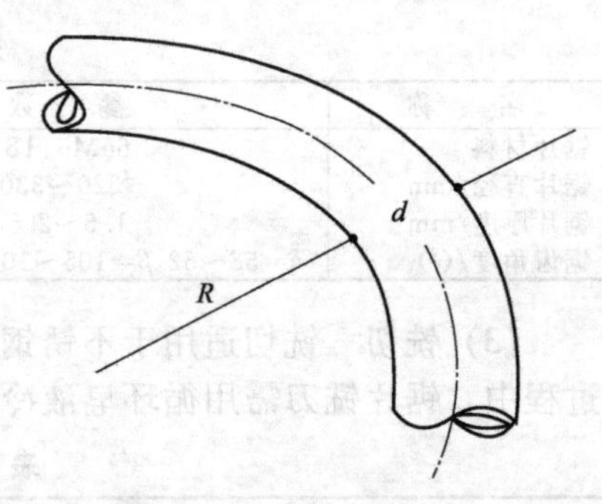

图 11-11 管材弯曲半径

(1) 钻孔 在薄壁钢管上钻 ϕ12mm 以下的孔，通常在小型钻床——台钻上进行；钻 ϕ12mm 以上的孔一般在立式钻床上进行。同时钻两个以上的孔，要在专用的双头或多头钻床上进行。薄壁钢管钻孔多采用麻花钻头（图 11-12）。直径小于 ϕ13mm 的钻头尾部为圆柱形，可用钻夹头夹紧在钻床主轴上；直径大于 ϕ13mm 的钻头尾部为圆锥形，可直接插入钻床主轴的锥孔内，借助锥孔面的摩擦力带动钻孔旋转。麻花钻头两个主切削刃相交的角度（2ϕ）称为顶角。顶角起定心（防止钻头跑偏、折断）和易于钻入工件的作用。一般钻 ϕ4mm 以下的孔，钻头刃磨成如图 11-13(a) 所示形状（$2\phi=70°\sim80°$）。钻 ϕ4mm 以上的孔，钻头刃磨成如图 11-13(b) 所示形状（$2\phi=110°\sim118°$，$h_1=1\sim2$mm，$h_2=0.5\sim1$mm）。钻头直径与转速的关系见表 11-7。

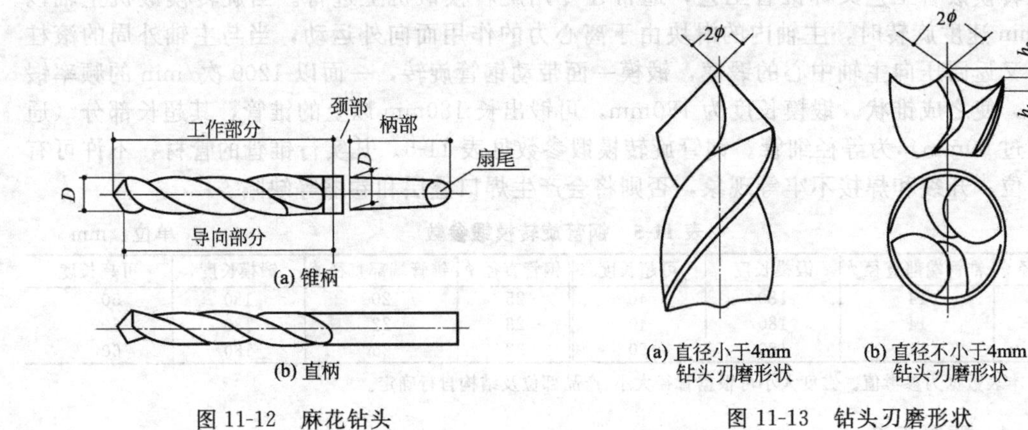

图 11-12 麻花钻头

图 11-13 钻头刃磨形状

表 11-7 钻头直径与转速的关系

钻头直径/mm	钻床主轴转速/(r/min)
ϕ3～6	2800～3000
ϕ6～14	1800～2000
>ϕ14	750～1500

(2) 冲孔 冲孔效率比钻孔高 2～3 倍，而且孔中心距比较精确。在管材上冲孔有带沉窝的透孔和不带沉窝的半透孔两种类型；前者要在管下方放置凹模（图 11-14），后者要向管内插入芯子（图 11-15）。冲头材料与热处理硬度见表 11-8。

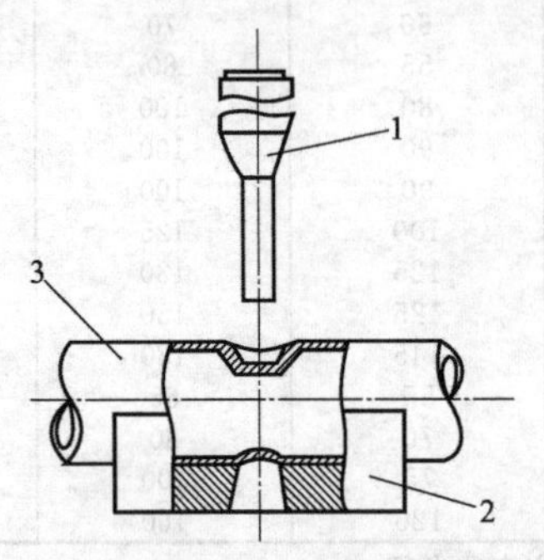

图 11-14 冲带沉窝透孔的管件
1—冲头；2—凹模；3—管件

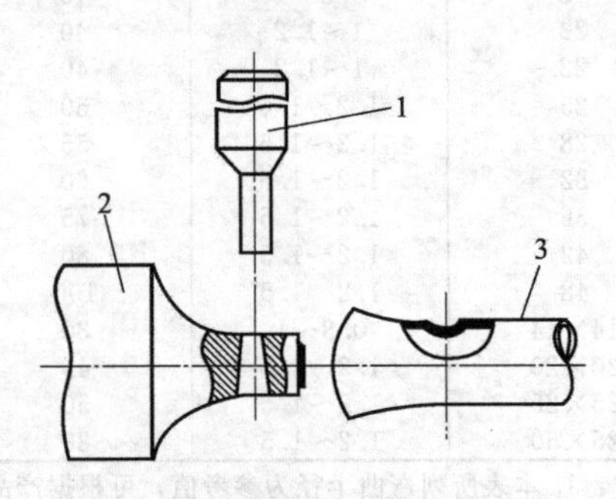

图 11-15 冲半透孔的管件
1—冲头；2—芯子；3—管件

表 11-8　冲头材料与热处理硬度

冲头材料	T8、T10、9CrSi、Cr12
热处理硬度/HRC	58～62

11.3.3　板材及型钢冲压工艺

板料及型钢冲压工艺主要介绍板料剪裁、冲裁、板料及型钢弯曲、板料拉延及成形工艺。

11.3.3.1　板料剪裁工艺

板料剪裁是冲压的首道工序，通常在剪床上进行。剪床分平刃和斜刃两种类型。前者效率高，所需剪裁力大；后者所需剪裁力小，但被剪板料有弯扭现象。剪裁间隙与板料厚度有关，如图 11-16 所示。

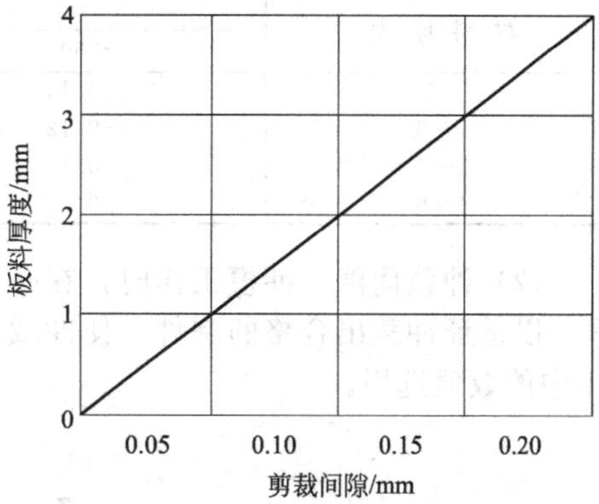

图 11-16　剪裁间隙与板料厚度的关系

11.3.3.2　板料冲裁工艺

在冲压设备上利用冲模使板料沿一定封闭曲线相互分离称为冲裁。冲裁后，封闭曲线内部为制件者称为落料；封闭曲线外部为制件者称为冲孔。

(1) 冲裁件的工艺要求

① 冲裁件应尽可能采用圆形、矩形或对称的规则形状，并避免过长的悬臂和切口。悬臂和切口的宽度 b 要大于料厚 t 的两倍，如图 11-17(a) 所示。

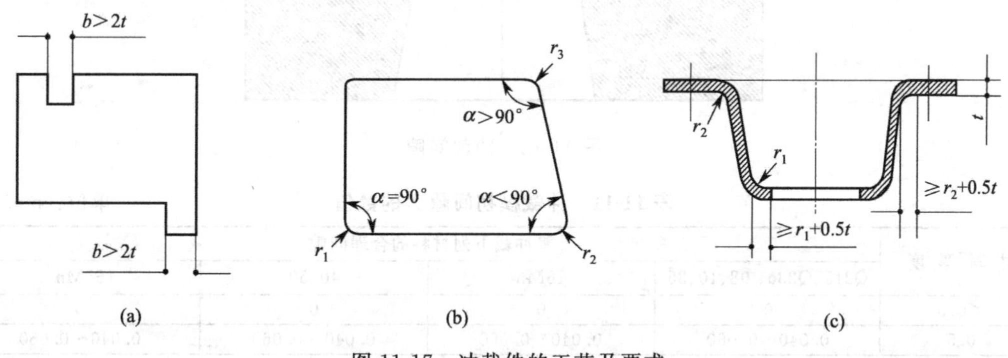

图 11-17　冲裁件的工艺及要求

② 冲裁件外形和内形的转角处，应避免尖角，尽量采用圆弧过渡，以减少模具热处理或冲压时在尖角处开裂，防止尖角部位刃口过快磨损。其圆角半径 r 按料厚 t 而定，在夹角 $\alpha \geqslant 90°$ 时，取 $r_1 \geqslant (0.3 \sim 0.5)t$；$\alpha < 90°$ 时，取 $r_2 \geqslant (0.6 \sim 0.7)t$，如图 11-17(b) 所示。

③ 冲孔时，由于受凸模强度限制，孔的尺寸不能太小；一般冲模可冲出的最小孔径见表 11-9。

表 11-9　最小冲孔尺寸

材　　料	冲　孔　形　状			
	圆　　孔	方　　孔	长　方　孔	长　圆　孔
硬钢	$d \geqslant 1.3t$	$a \geqslant 1.2t$	$b \geqslant t$	$s \geqslant 0.9t$
软钢	$d \geqslant t$	$a \geqslant 0.9t$	$b \geqslant 0.8t$	$s \geqslant 0.7t$
黄铜、铜	$d \geqslant 0.9t$	$a \geqslant 0.8t$	$b \geqslant 0.7t$	$s \geqslant 0.6t$
铝、锌	$d \geqslant 0.8t$	$a \geqslant 0.7t$	$b \geqslant 0.6t$	$s \geqslant 0.5t$

注：d 为圆孔直径，a 为方孔边长，b 为长方孔短边长，s 为长圆孔对边距离，t 为料厚。

④ 制件上孔与孔、孔与边缘之间的距离 a，受凹模强度和制件质量限制，不宜太小，一般取 $a \geqslant 2t$，并保证 a 为 3～4mm。

⑤ 在弯曲件或拉延件上冲孔时，其孔壁与直壁之间应保持一定距离，如图 11-17(c) 所

示。如距离太小，由于孔边进入制件圆角部分，会使凸模受水平推力而折断。

⑥ 冲裁件上孔的中心距公差应符合表 11-10 的规定。

表 11-10　冲裁件孔中心距允许偏差　　单位：mm

材料厚度	下列中心距时的允许偏差		
	＜50	50～100	100～300
＜1	±0.10	±0.15	±0.20
1～2	±0.12	±0.20	±0.30
2～4	±0.15	±0.25	±0.35
4～6	±0.20	±0.30	±0.40

(2) 冲裁间隙　冲模工作时，在凸模与凹模之间应保持四周合理的间隙，如图 11-18 所示，以保证冲裁出合格的制件，使冲裁力降低和模具寿命延长。冲裁模初始间隙可按表 11-11 中的数值选用。

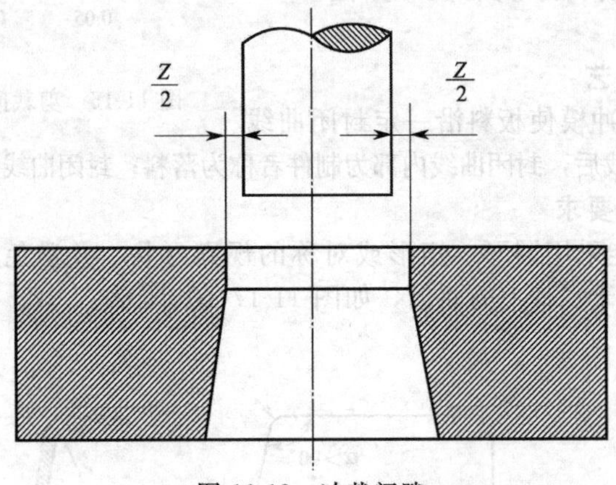

图 11-18　冲裁间隙

表 11-11　冲裁模初间隙 Z 的数值　　单位：mm

材料厚度	冲裁下列材料的合理间隙			
	Q215、Q235、08、10、35	16Mn	40、50	65Mn
＜0.5	0	0	0	0
0.5	0.040～0.060	0.040～0.060	0.040～0.060	0.040～0.060
0.6	0.048～0.072	0.048～0.072	0.048～0.072	0.048～0.072
0.7	0.064～0.092	0.064～0.092	0.064～0.092	0.064～0.092
0.8	0.072～0.104	0.072～0.104	0.072～0.104	0.064～0.092
0.9	0.090～0.126	0.090～0.126	0.090～0.126	0.090～0.126
1.0	0.100～0.140	0.100～0.140	0.100～0.140	0.090～0.126
1.2	0.126～0.180	0.132～0.180	0.132～0.180	—
1.5	0.132～0.240	0.170～0.240	0.170～0.230	—
1.75	0.220～0.320	0.220～0.320	0.220～0.320	—
2.0	0.246～0.360	0.260～0.380	0.260～0.380	—
2.2	0.260～0.380	0.280～0.400	0.280～0.400	—
2.5	0.360～0.500	0.380～0.540	0.380～0.540	—
2.75	0.400～0.560	0.420～0.600	0.420～0.600	—
3.0	0.460～0.640	0.480～0.660	0.480～0.660	—
3.5	0.540～0.740	0.580～0.780	0.580～0.780	—
4.0	0.640～0.880	0.680～0.920	0.680～0.920	—
4.5	0.720～1.000	0.680～0.960	0.780～1.040	—
5.5	0.940～1.280	0.780～1.100	0.980～1.320	—
6.0	0.940～1.280	0.840～1.200	1.140～1.500	—

注：1. 冲裁模初始间隙为凹模与凸模刃口尺寸之差（两边间隙之和）。

2. 冲裁皮革、纸张、三层胶合板、石棉板等间隙取 08 钢的 25%。

(3) 冲裁搭边 排样时制件之间、制件与材料边缘之间留下的余料称为搭边（图 11-19)。搭边虽为废料，但可补偿定位误差，保证冲出合格的零件，还可保持材料刚度，便于冲裁进料。搭边值应合理确定，过大造成浪费；过小易被拉断，使制件产生毛刺。严重的还会挤入凹凸模间隙之间，毁坏模具刃口，降低模具寿命。冲裁搭边值可参照表 11-12 数值确定。

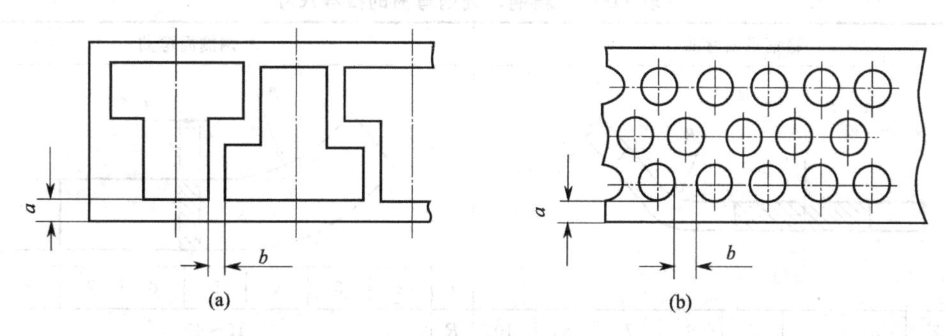

图 11-19 冲裁搭边

表 11-12 冲裁搭边数值

料厚/mm	人工进料						自动进料	
	圆形		非圆形		往复送料			
	a	*b*	*a*	*b*	*a*	*b*	*a*	*b*
＜1	1.5	1.5	2	1.5	3	2	—	—
1～2	2	1.5	2.5	2	3.5	2.5	3	2
2～3	2.5	2	3	2.5	4	3.5	—	—
3～4	3	2.5	3.5	3	5	4	4	3
4～5	4	3	5	4	6	5	5	4
5～6	5	4	6	5	7	6	6	5
6～8	6	5	7	6	8	7	7	6
8	7	6	8	7	9	8	8	7

注：胶合板、纤维板等的搭边值应乘以 1.5～2。

11.3.3.3 板料及型钢弯曲工艺

在冲压设备上，利用模具将板料及型钢弯成一定角度或一定形状的冲压方法称为弯曲。弯曲属于变形工序。

(1) 板料最小弯曲半径 板料弯曲时，外层纤维受拉伸发生变形，容易断裂造成废品。弯曲半径越小，外层纤维被拉得越长。为防止断裂，必须限制其弯曲半径，使之大于导致材料开裂之前的临界弯曲半径——最小弯曲半径。板料的最小弯曲半径尺寸 R_{min} 参阅表 11-13 中的数值。

表 11-13 板料弯角≥90°时最小弯曲半径 R_{min}

材料	回火或正火		淬火	
	弯曲线位置			
	垂直纤维	平行纤维	垂直纤维	平行纤维
Q195、Q215、10	0.1t	0.4t	0.4t	0.8t
Q235、15、20	0.1t	0.5t	0.5t	1.0t
Q255、25、30	0.2t	0.6t	0.6t	1.2t
Q275、35、40	0.3t	0.8t	0.8t	1.5t
45、50	0.5t	1.0t	1.0t	1.7t
半硬黄铜	0.1t	0.4t	0.5t	1.2t
软黄铜	0.1t	0.3t	0.4t	0.8t
紫铜	0.1t	0.2t	1.0t	2.0t
铝	0.1t	0.2t	0.3t	0.8t

注：1. 弯曲半径是指板料弯曲内圆半径，t 为板厚。
2. 当弯曲线与纤维成一定角度时，可采用垂直和平行纤维两者的中间数值。
3. 在冲裁或剪切后没有退火的毛料，取冷作硬化数值。
4. 弯曲时应使有毛刺的一边处于弯曲内侧，以免产生裂纹。
5. 弯角小于 90°时，R_{min} 增加 30%～50%。

(2) 扁钢的最小弯曲半径 扁钢的最小弯曲半径 $R_{\min}$ 与轧制纹路方向有关。当垂直纹路时，$R_{\min}=0.1t$；当平行纹路时，$R_{\min}=0.5t$。圆钢的最小弯曲半径 $R_{\min}=0.2d$。扁钢、圆钢弯曲的推荐尺寸见表 11-14。

表 11-14 扁钢、圆钢弯曲的推荐尺寸

扁钢平面弯曲

t	2	3	4	5	6	7	8	10
R	3		5			8		10

扁钢侧面弯曲

t	2	3	4	5	6	7	8	10
R	15～40							≥40
b	30							50

圆钢 90°弯曲

d	6	8	10	12	14	16	18	20	25	28	30
R	4		6		8		10		12	15	

圆钢 180°弯曲

$D=2d$

D 系列尺寸:8～40(以 2 进位)

11.3.3.4 板料拉延工艺

拉延又称压延或拉伸，是利用模具使平面毛料变成开口空心制件的冲压方法。拉延属于变形工序，可以制成筒形、阶梯形、锥形、球形、方盒形和其他不规则形状。在拉延过程中，会产生起皱、厚度变化及材料硬化等现象。为了保证拉延的质量，可采用压边圈，压住凸缘部分，使其产生合适的压边力，避免该部分毛料在切向应力作用下产生起皱。对于高度较大的压延件应采用多次拉延，并采用中间退火措施，以消除变形毛料的加工硬化，防止制件破裂。

11.3.3.5 板料成形工艺

在冲压生产中，除弯曲、拉延变形工序外，尚有翻边、起伏、校平、旋压、整形和缩口等变形工序，统称成形工艺。金属家具制造中，经常采用翻口（攻螺纹）、起伏（压加强筋、百叶孔、凹凸台）等变形工序，满足造型、结构及使用功能的需要。

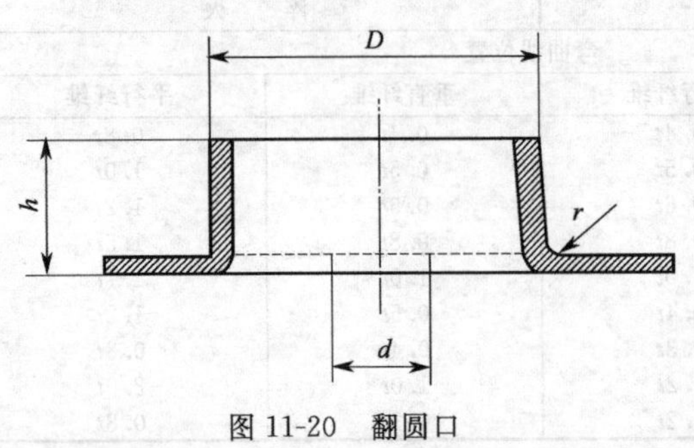

图 11-20 翻圆口

(1) 翻边 将毛料上的孔或外缘翻成一定角度的直壁，或将空心件翻成凸缘的成型工艺称为翻边，又称翻口。因翻口多为圆形，也称翻圆口（图 11-20）。毛料翻边前的冲孔（或钻孔）方向，应与翻口方向相反，或使毛料有毛刺的一侧向上，使有毛刺的一边受到较小的拉伸，以免孔口产生裂纹。

(2) 起伏 利用深度不大的局部拉延，使毛料或制件的形状改变，而形成局部的下凹和凸起的工艺，称为起伏。在金属家具生产中，通常是在平板毛料上压制加强筋或局部的凹槽和凸台，用作增加刚度、提高装饰性或满足使用功能的需要。

① 在起伏过程中，毛料主要承受拉应力，塑性差或变形过大都可能产生裂纹。应用多次起伏时，应先压出制件中央部分的起伏形状，然后再冲压边缘的起伏形状，以减缓材料变薄现象。当起伏的形状处在毛料边缘时，压制后毛料边缘因收缩而不平整，应进行修边。

② 加强筋是具有一定长度的起伏成形，其形状有弧形和梯形。加强筋的中间段受单向拉伸，端头部分受双向拉伸。弧形加强筋和梯形加强筋的形状、尺寸及加强筋的适宜间距见表 11-15 和表 11-16。

表 11-15　加强筋的形状和尺寸

简　图	R	h	B	r	$\alpha/(°)$
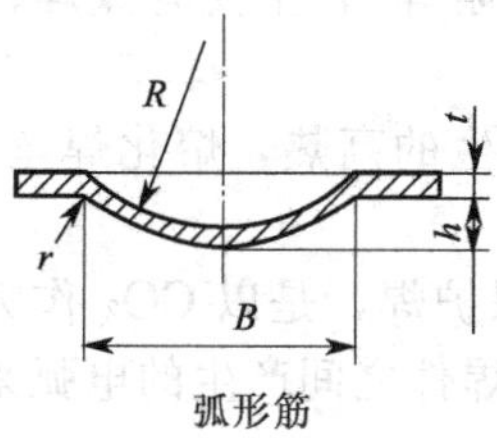 弧形筋	$<3t$	$\leqslant R$	$\geqslant 2R$	$(1\sim2)t$	—
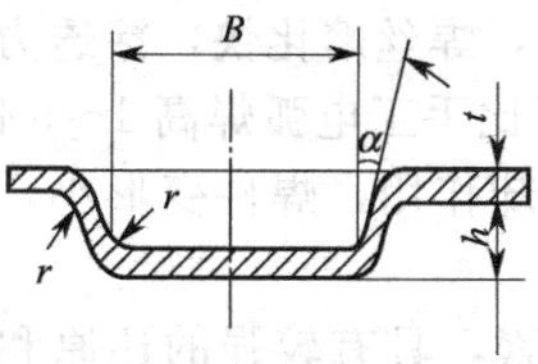 梯形筋	—	$(1.5\sim2)t$	$\geqslant 3h$	$(0.5\sim1.5)t$	$15°\sim20°$

注：表中所列数值是极限尺寸关系。

表 11-16　加强筋的适宜间距

简　图	L	K
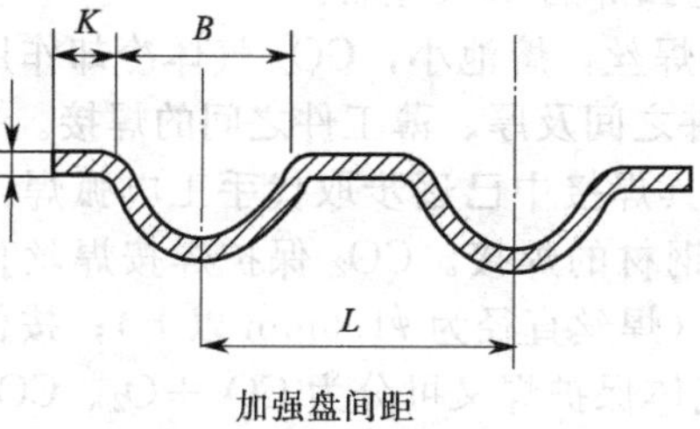 加强盘间距	$\geqslant 3R$	$(3\sim5)t$

11.3.4　焊接与铆接工艺

焊接结构牢固度好，适宜于固定式的金属家具，以及主要受剪力或较大载荷的构件。通常使用气焊和电弧焊，设备简单，具有较高的灵活性。但手工操作较多、焊后还需磨平焊口，比较难以实现连续化、自动化生产，而且劳动强度大，生产效率低，焊接易变形；其次是构件经焊接后体积增大，给镀、涂等表面处理工序造成困难，成品的包装、贮运也都不方便。以金属薄板为主要构件的板式家具其零、部件的连接采用点焊加工是比较优越的。采用先进的贮能焊接工艺，生产效率较高，焊接后焊口一般不用磨削，可以大大改善工人的劳动条件，而且焊接热影响区域小，焊接性好。但是设备制造费用较高，一般只用于较小功率的一些小接头上。此种焊接工艺要求比较严格，除锈要彻底，管的接触面吻合性要好，精度要高。

铆接结构适用于折叠式家具。不宜焊接的固定式结构亦可采用固定铆接，如某些异性金属、铝合金等焊接性能不良的金属，或与非金属物的连接等。镀、涂后的零、部件一般不宜进行焊接加工，但可进行铆接。铆接加工后不会损坏经过镀、涂的表层。这样，零、部件就可以先分别进行表面处理，然后再进行装配，给工作带来方便。金属家具零、部件的固定连接，由于造型及结构条件的限制，也有不宜采用铆接的，这就要视具体情况而酌情采用，不可千篇一律。

焊接和铆接工艺主要是气焊、CO_2 气体保护焊、点焊、闪光焊、电容贮能焊及各种铆接工艺。

11.3.4.1 焊接工艺

通过加热、加压，或两者同时施加，使两个以上零件进行原子间互相结合，以获得永久牢固连接成整体的工艺过程称为焊接。金属家具的焊接方法基本分两大类：一为熔化焊接，主要有气焊、CO_2 气体保护焊等；二为压力焊接（又称接触电阻焊），主要有点焊、闪光对焊及贮能焊等。

(1) 气焊 气焊是通过焊炬使乙炔气和氧气混合燃烧所产生的高热，熔化焊丝和工件，使两个零件熔接成整体的焊接方式。

(2) CO_2 气体保护焊 CO_2 气体保护焊简称 CO_2 焊接或保护焊，是以 CO_2 作为保护介质，依靠由焊枪（有推丝式、拉丝式两种）自动输出的焊丝与焊件之间产生的电弧来熔化金属的焊接方式。CO_2 气体保护焊的优点如下。

① 生产效率高 可用较大的电流密度（高达 $200A/mm^2$），焊丝熔化快，穿透力强，钢板可不开坡口，不用清渣，自动送丝，易实现自动化，其效率比手工电弧焊高 1～5 倍。

② 焊接质量好 熔池小，热区集中，加之 CO_2 气体的冷却作用，焊件变形小，采用含锰焊丝，抗裂性较高。

③ 对铁锈的敏感性小 焊丝中含较多的硅、锰等脱氧元素，具有较强的还原和抗锈能力，且焊缝不易产生气孔。

④ 操作性能好 因是明弧焊，可直接观察焊接情况，操作简便灵活，易掌握焊接过程。

⑤ 成本低 CO_2 气体为酿酒厂副产品，货源充足，价格低廉，用它作焊接保护介质，熔池小，散热少，因而耗电能少，成本只相当电弧焊的 40%左右。

⑥ 适宜焊接薄工件 采用 $\phi 1.2$mm 以内细焊丝，熔池小，CO_2 气体冷却作用好，熔池冷却结晶速率快，尤适合 0.3～0.8mm 的薄工件之间及厚、薄工件之间的焊接。

由于 CO_2 保护焊具有以上优点，在金属家具焊接中已逐步取代手工电弧焊，广泛应用于低碳钢、低合金钢、耐热钢和不锈钢等多种钢材的焊接。CO_2 保护焊按焊丝直径可分为细丝焊（焊丝直径为 $\phi 0.5$～1.2mm）和粗丝焊（焊丝直径为 $\phi 1.6$mm 以上）；按保护气体成分可分为纯 CO_2 气体及混合气体保护焊；混合气体保护焊又可分为 CO_2+O_2、CO_2+Ar+O_2 及 CO_2+Ar 三种。

(3) 点焊 点焊是通过电极对两焊件（薄钢板与薄钢板、薄钢板与钢管等）施加一定压力，然后通以电流，利用接触电阻热使焊件金属熔化；切断电流后，在电极压力作用下，熔化金属冷却结晶形成焊点的焊接方式。点焊机按电源性质分，有工频点焊机、脉冲点焊机（包括交流脉冲、直流冲击波和电容储能点焊机）、高频点焊机、低频点焊机；按每次点焊数目分，有单头及多头点焊机。低碳钢薄板点焊规范见表 11-17。

表 11-17 低碳钢薄板点焊规范

焊接厚度/mm	电极接触面直径/mm	电极压力/N	焊接通电时间/s	焊接电流/A	功率/kW
0.5+0.5	4	500～1000	0.1～0.3	4000～5000	10～20
1.0+1.0	5	1000～2000	0.2～0.4	6000～8000	20～50
1.5+1.5	6	1500～2500	0.25～0.5	8000～12000	40～60
2.0+2.0	8	2500～2800	0.35～0.6	9000～14000	50～75
3.0+3.0	10	5000～5500	0.6～1.0	14000～18000	75～100

注：焊接电压在 2.5～6V 范围内，可进行多挡或无级调压。

电极接触面直径的确定，当两个焊件厚度相同时，如图 11-21(a) 所示。

$$d=2\delta+3 \quad (\delta<2\text{mm})$$

$$d=1.5\delta+5 \quad (\delta\geqslant 2\text{mm})$$

式中 d——电极接触面直径，mm；

δ——焊件厚度，mm。

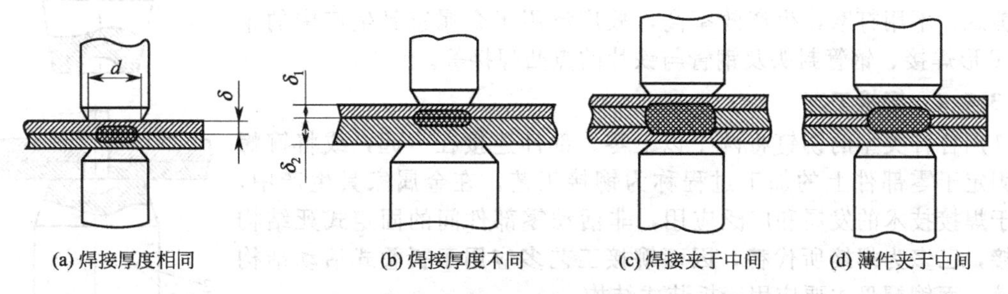

(a) 焊接厚度相同 (b) 焊接厚度不同 (c) 焊接夹于中间 (d) 薄件夹于中间

图 11-21 电极接触面直径

当两个焊接厚度不同时，如图 11-21(b) 所示，一般采用薄焊件规范，将焊接电源稍增大些；当 $\delta_2\geqslant 3\delta_1$ 时，焊点便向薄件一侧偏移。

当焊接 3 个不同厚度的焊件时，若中间焊件较厚，如图 11-21(c) 所示，焊接规范由薄件决定，同时将焊接电流增大一些；若中间焊件较薄，如图 11-21(d) 所示，焊接规范由厚件决定，同时将焊接电流或焊接时间减少一点。常用的电极材料见表 11-18。

表 11-18 电极材料的化学成分及力学性能

名称		牌号	化学成分	强度极限/MPa
紫铜	软铜	T2	不小于 99.9%的 Cu	板材 200,棒材 200
	冷轧铜	T2	不小于 99.9%的 Cu	板材 300,棒材 270
镉青铜		QCd1.0	0.9%～1.2%的 Cd,其余为 Cu	板材 400,棒材 380
铬青铜		QCr0.5-0.2-0.1	0.4%～1.0%的 Cr 0.1%～0.25%的 Al 0.1%～0.25%的 Mg 其余为 Cu	—

注：本表所列材料，适用所有接触电阻焊（点焊、对焊、闪光焊、贮能焊等）的电极材料。

(4) 闪光焊 闪光焊是先使两焊件断面保持轻微接触，当电流通过接触点时，依靠接触电阻热使接触点熔化并向四周喷溅，形成闪光过程；随着焊件继续靠近，接触点不断产生变化和熔化，使两端面加热到一定温度，然后迅速断电加压，从而使两个焊件焊接在一起的焊接方式。在金属家具生产中，闪光焊主要用于焊接闭合形工作的割角对接，或将短管接长。由于接口处杂质随金属火花一同喷出，故焊缝质量好，强度高。

对接 ϕ18～30mm 薄壁（1.0～1.2mm）钢管的一般焊接规范见表 11-19。

表 11-19 闪光对接薄壁钢管的焊接规范

名称	焊接规范	名称	焊接规范
额定容量/kVA	75～125	最大顶锻力/kN	40
初级电压/V	380	单位面积顶锻力/MPa	60～80
初级空载电压/V	4～12	顶锻速度/(mm/s)	15～40
暂载率/%	50	压缩空气压力/MPa	0.5～0.8
焊接时间/s	5～25	对接范围/(°)	90(角接)～180(平接)
闪光留量/mm	3～6	接口抗压强度/MPa	不低于 180
顶锻留量/mm	2～4		

(5) 电容贮能焊 电容贮能焊是利用低功率的直流电源（三相交流电经调压、整流）给电容充电，然后在很短的时间内使电容向焊接变压器放电，由变压器次级绕组感应出很大的电流脉冲，用来加热焊件，进行焊接的方式。电容贮能焊由于焊接（放电）时间极短（0.01～0.05s），故能量集中，热影响区小，焊件变形小，并可节省能量。而且焊缝整洁美观，不用打磨，生产效率高，故广泛用于金属家具生产中的钢管T形焊接、钢管封头及钢管与铁片的点凸焊接等。

11.3.4.2 铆接工艺

用各种类型的铆钉将两个以上零、部件连接在一起，或将铆螺母固定于零部件上的加工过程称为铆接工艺。在金属家具生产中，由于焊接技术的发展和广泛应用，非活动零部件间的固定式死结构连接，已多为焊接所代替，因而铆接工艺多应用于折叠式活动结构连接，而铆螺母主要应用于拆装式结构。

(1) 冲头铆接 冲头铆接是对于金属板材之间的铆接，常用安装在小型冲床（200kN以下）上的冲头和窝子来完成（图11-22）。冲头分为半圆头、一字槽和十字花等多种形式。冲头铆接的工艺规范见表11-21。

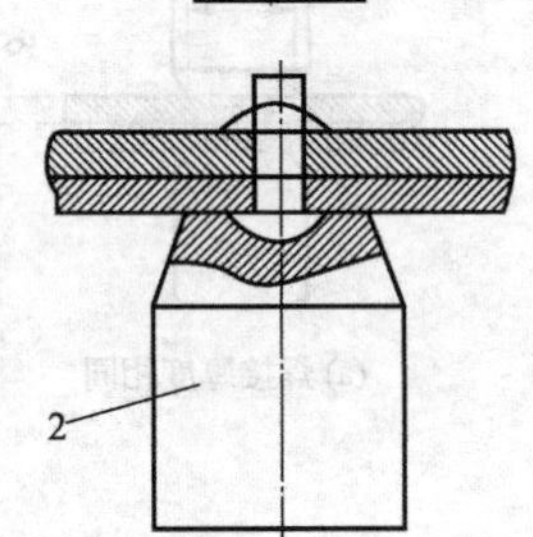

图11-22 冲头铆接
1—冲头；2—窝子

表11-20 冲头铆接的工艺规范

名称		工艺规范
冲头	材料	Cr12
	热处理硬度/HRC	60
窝子	材料	Cr12
	热处理硬度/HRC	55
常用铆钉直径/mm		ϕ4、ϕ5、ϕ6
钻孔直径/mm		铆钉直径+0.2～0.4(电镀产品取大值)
铆钉伸出量/mm		2～3(手工铆接1.5～2.5)

(2) 旋转片铆接 对于钢管与钢管、钢管与钢板之间的铆接，常用安装在专用铆接机上的旋转铆片来完成（图11-23）。其特点是铆接端部成形好，表面光滑，可进行单头、双头和多头铆接，生产效率高。旋转片铆接的工艺规范见表11-21。

表11-21 旋转片铆接工艺规范

名称	工艺规范	名称	工艺规范
铆头转速/(r/min)	2800～2900	钻孔直径/mm	铆钉直径+0.2～0.4 (电镀产品取大值)
铆片材料	W18C14V		
铆片热处理硬度/HRC	63	铆钉伸出量/mm	2.5～5(长铆钉取大值)
常用铆钉直径/mm	ϕ4、ϕ5、ϕ6		

(3) 摆辗头铆接 对于钢管与钢管、钢管与钢板的铆接，还可采用液压摆辗铆接机来完成（图11-24）。其特点是铆钉受铆接压力较小，不易弯曲，头部组织致密，有利于铆接钉杆长细比大、硬度高及表面有镀层的各类铆钉。摆辗头铆接的工艺规范见表11-22。

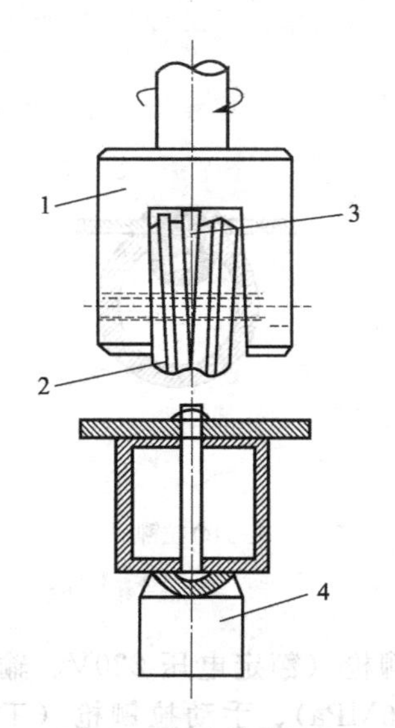

图 11-23　旋转片铆接

1—铆头；2—铆片；3—楔形片；4—窝子

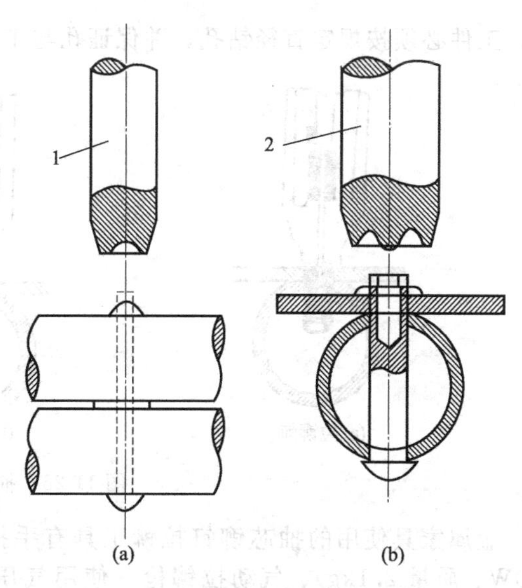

图 11-24　摆辗头铆接

1—实心铆钉摆辗头；2—空心铆钉摆辗头

表 11-22　摆辗头铆接的工艺规范

名　　称	工 艺 规 范	名　　称	工 艺 规 范
摆辗头材料	CrW5	主轴行程/mm	13
摆辗头热处理硬度/HRC	HRC	工作台面与铆头开启高度/mm	1.75
最大铆接力/kN	8	铆钉直径/mm	$\phi5$、$\phi6$、$\phi7$
铆接频率/(次/min)	8～20	钻孔直径/mm	铆钉直径＋2.5
铆接时间/s	1～8		

(4) 击芯铆钉手锤铆接　对于钢板与钢板之间的单面铆接，可采用击芯铆钉铆接。铆接时将击芯铆钉放入已钻好孔的工件内，用手锤敲击钉芯至帽檐端面；钉芯敲入后，铆钉的另一端即刻朝外翻成四瓣，将工件紧固。击芯铆钉铆接操作简便，只需一把手锤，效率高、噪声低。但必须严格按钻孔直径要求钻孔，所钻的孔必须与构件垂直，才能达到较高的坚固程度（图 11-25）。

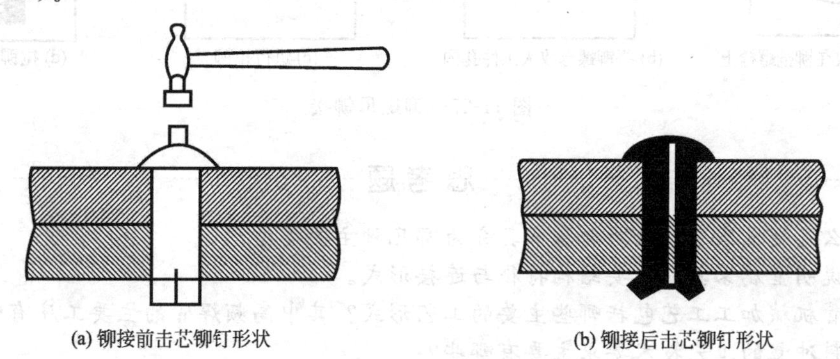

(a) 铆接前击芯铆钉形状
(b) 铆接后击芯铆钉形状

图 11-25　击芯铆钉铆接

(5) 抽芯铆钉拉铆枪铆接　对于钢管与钢板之间的盲孔铆接，可采用抽芯铆钉铆接。铆接时将抽芯铆钉放入已钻好孔的工件内，钉芯插入拉铆枪枪头内，铆枪紧顶铆钉的端面，在拉铆作用下，铆钉逐渐膨胀，直至钉芯拉断，工件紧固在一起（图 11-26）。为保证铆件坚固，工件必须按规定直径钻孔，并保证孔与工件垂直。

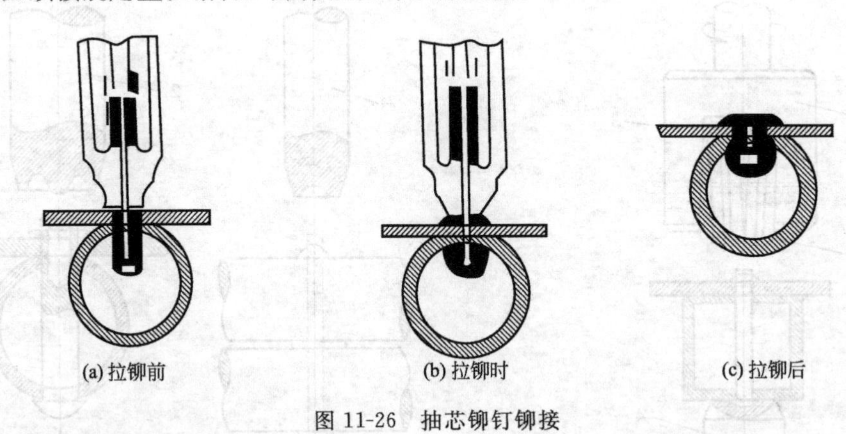

图 11-26　抽芯铆钉铆接

金属家具使用的抽芯铆钉拉铆工具有手提式电动拉铆枪（额定电压 220V、输入功率 260W、质量 2.1kg）、气动拉铆枪（使用气压 0.48～0.56MPa）、手动拉铆枪（工作行程 12mm、拉力 6kN、质量 1.43kg，适用 ϕ3～5mm 抽芯铆钉）及手钳式拉铆枪（质量 0.65kg，适用 ϕ3～5mm 纯铝抽芯铆钉、ϕ3～4mm 铝镁合金铆钉）。

(6) 铆螺母手动枪铆接　对于在钢管或钢板上固定的铆螺母，可采用铆螺母手动枪铆接。在使用该手动枪时，将手柄全部拉出，把相应规格的铆螺母放在枪头的螺栓上，然后推进手柄，在推进的同时，螺栓自行旋转，进入铆螺母的螺纹内。再将铆螺母放进工件孔内，然后挤压手柄，铆螺母即膨胀将工件紧固。铆接完后拉出手柄，螺栓便从铆螺母中脱出。为达到良好的铆接效果，工件必须严格按照钻孔直径要求钻孔。拉铆时，铆枪端面必须紧贴工件平面。铆接不同规格的铆螺母，应调换相应的拉铆螺栓。铆螺母手动枪的拉力为 6kN，工作行程 12mm，质量 1.5kg（图 11-27）。

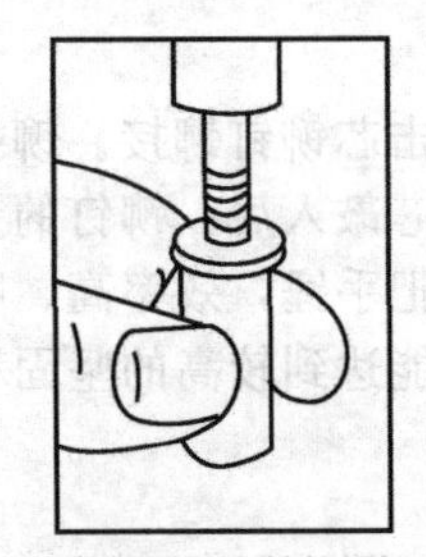
(a) 铆螺母放在铆枪螺栓上

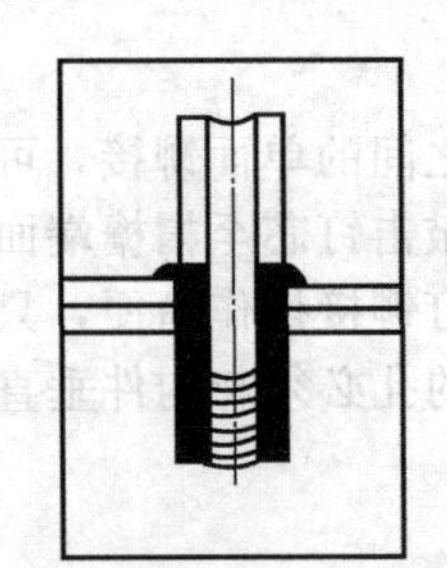
(b) 将铆螺母放入工件孔内

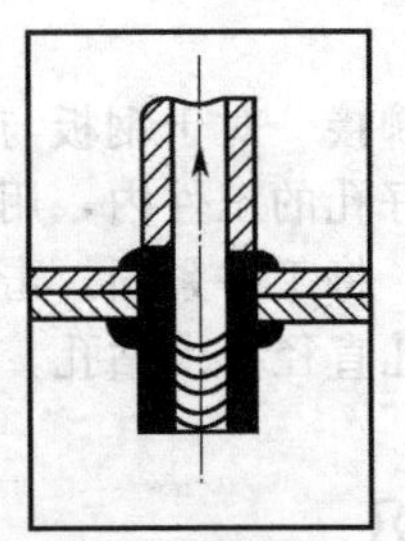
(c) 进行拉铆

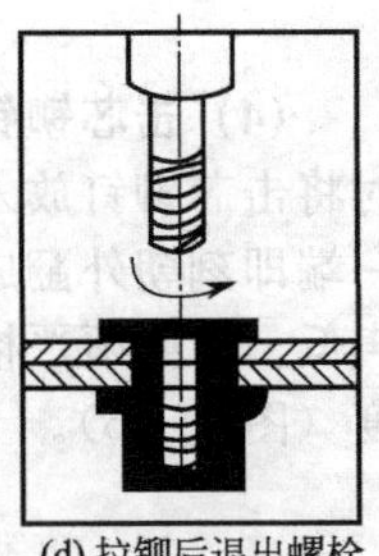
(d) 拉铆后退出螺栓

图 11-27　铆螺母铆接

思考题

1. 什么是金属家具？可将金属家具分为哪几种主要类型？
2. 请说明金属家具的主要结构特征与连接形式。
3. 钢管机械加工工艺包括哪些主要的工艺形式？其中高频焊管的主要工序有哪些？
4. 板料冲裁的工艺技术要求主要有哪些？
5. 什么叫焊接？焊接有哪些种类？各有何特点？
6. 铆接工艺有哪几种？简述各种铆接工艺特点。

第12章

工艺设计

家具企业的生产工艺设计，应当以产品的造型结构图和生产计划（产量、批量）为依据，通过计算原辅材料和设备产能，在制定出生产工艺过程的基础上，选择加工设备，进行车间规划，确定车间面积，最后绘制出车间平面布置图。

12.1 工艺设计的依据

12.1.1 家具的造型结构图

家具的设计图纸和有关技术文件是组织生产、选用加工设备的主要依据。进行工艺设计时，首先要对产品的造型结构图认真分析研究，尤其应注意审定产品结构的工艺性及其材料（特别是贵重材料）利用的合理性。产品零部件的尺寸规格和接合结构要尽可能地精简。要充分应用新材料、新工艺、新设备、新技术，应力求产品能按标准化的要求投入生产。

通过对制品造型结构图的分析，确定产品的原辅材料、制造工艺、设备类型。在审定的过程中如发现产品设计存在不合理的地方，就应及时修改，必要时需重新设计。需编制出家具用料明细表，标明每个零件的名称、尺寸规格、所用材料、所用材种、材积等详细的技术数据及要求。

12.1.2 确定家具产品的年产量

家具产品的年产量即企业的生产计划。在进行工艺设计时，需按照设计任务书规定的生产计划进行各车间、各工段、各工序的工艺计算，然后确定车间类型、车间面积、加工设备或工作位置的数量。生产计划通常以各种产品的件数来表示。也可以年耗主要原材料的数量（m^3）来表示。编制生产计划的方法有精确计划和折合计划两种。

12.1.2.1 精确计划

精确计划是根据设计任务书上规定的所有家具来编制。在这种情况下，进行工艺计算时，必须按所有家具的每个零件逐个计算，此法所得的结果最为精确，较为理想。此种计划适用于成批生产与大量生产类型，难以用于灵活多变的单件生产类型计划的编制。对于没有资料可供选用的新产品，也必须对所有零件进行工艺计算。依此法进行工艺设计的时间长，需要有较大的设计力量和较多的设计费用。

12.1.2.2 折合计划

当企业生产的制品类型和零件数较多时，计算就显得非常烦琐，这时就需要采用折算后的概略计划，以简化计算过程，缩短设计时间和节省设计费用。此法精确度较差，包括折合系数法、类似部件分组法和典型工艺路线法三种。

(1) 折合系数法 折合系数法是统计各种制品所消耗的劳动量与计算制品所消耗的劳动量相比，确定劳动量系数。再用劳动量系数将各种制品折算成计算制品的产量。如所有制品能并成一类时，折合计划就以一种产品的生产量表示。当不能归并为一类时，要划分为几类，每一类都必须按结构类型来分，如柜类、桌类、椅类等。举例如下。

【例 1】某企业准备生产四种不同型式的同类制品——椅子。此时，用折合系数法来计算，按生产时所需要的劳动量求出劳动量系数，将各种制品折合成某一种计算制品。具体数字见表 12-1。

表 12-1 制品劳动量折合计算表

椅子型式	每班产量/张	机械加工劳动量(台时)	劳动量系数	折算生产量/张
Ⅰ	100	80	1.14	114
Ⅱ	600	70	1.00	600
Ⅲ	200	65	0.92	185
Ⅳ	100	50	0.715	71.5
合计	1000			970.5

制品所消耗的劳动量，根据生产类似制品企业的先进指标或已完成的设计资料来确定。同时，为了尽可能地接近实际生产情况，应当选用产量最大的制品作为计算制品。如表 12-1 中选定Ⅱ型椅子作为计算产品，其系数定为 1，此时，车间应按 971 张Ⅱ型椅子作为生产计划来进行工艺计算。

(2) 类似部件分组法 这种方法就是按结构装配图把所有制品拆开，根据制品中的零部件（方材、木框、板式部件等）进行分组，再将各组零部件按尺寸分成 3～4 个小组，然后从每一组中计算出一个平均尺寸（这个平均尺寸在整个制品中可能是没有的）来进行工艺计算。

【例 2】在不同制品中有下列两种木框，求其平均尺寸。

Ⅰ组：长：$L=1000\sim1500$mm
宽：$b=400\sim600$mm
厚：$h=25\sim30$mm

Ⅱ组：长：$L=600\sim900$mm
宽：$b=350\sim500$mm
厚：$h=25\sim30$mm

在第一组木框中：

长：$L=1000$mm 30 个
$L=1200$mm 20 个
$L=1300$mm 10 个
$L=1500$mm 20 个
(共计 80 个)

宽：$b=400$mm 20 个
$b=500$mm 30 个
$b=600$mm 30 个
(共计 80 个)

厚：$h=25$mm 40 个
$h=30$mm 40 个

（共计 80 个）

平均尺寸：

$$L_p = \sum Ln/\sum n$$
$$=(1000\times30+1200\times20+1300\times10+1500\times20)/(30+20+10+20)$$
$$=1211(mm)$$
$$h_p = \sum hn/\sum n = 27.5(mm)$$

经计算后把 80 个尺寸不同的木框，折算为尺寸为 1211mm×511mm×27.5mm 的木框。根据同样的方法计算出其他各组的平均尺寸，最后就按各组的平均尺寸来进行工艺计算。经证明，这种编制生产计划的方法与按精确生产计划进行工艺计算的结果相比较，在机床与工作位置的数量上并没有差别，但它们的负荷则比精确计算有 5%～10%的出入。

(3) 典型工艺路线法 将生产计划中规定生产的多品种制品的所有零部件按照事先确定的加工工艺路线分组，再根据尺寸将每个组分成 2～3 个小组，并求出小组的平均尺寸。然后，按照每组的工艺路线和平均尺寸进行工艺计算。此法比类似部件法精确，但在确定工艺路线时，要求有经验丰富的设计人员。

当确定自动线和传送带时，不能采用折算计划，因为它是根据所规定的具体制品来进行设计的。当调整这些生产线时，也应根据具体制品进行计算。

12.1.3 制品的批量

按制品的种类和生产规模不同，家具生产可分为三种类型，即单件生产、成批生产和大量生产。

(1) 单件生产 在生产计划中包括有许多不同种类、不同规格的产品，而且每种产品往往是按用户订货只生产一件或几件。对于单件生产，可以选用一种具有代表性的产品，按一般的工艺过程，适当考虑某些特殊需要来进行设计，以通用性的生产设备为主。由于产品经常变换，刀具及工、夹具设计任务较重，要求有较强的技术力量。

(2) 大量生产 在较长时间内，只生产一种或少数几种产品。大量生产通常是以某一定型产品为依据来进行设计，多选用高生产能力的专用设备、自动机床及联合机床等。采用工序集中的工艺过程，严格按照工艺路线来布置加工设备。

(3) 成批生产 产品的种类不多，而且是定期更换和成批地投入生产的，成批生产则介于上述两者之间，它以批量最大而又经常出现的产品为依据来进行设计。要力求达到最高的生产能力和最好的适应产品品种变换的能力。

12.1.4 投资金额

在进行工艺设计时，还应考虑投资金额的多少。在资金有限时，鉴于我国现在劳动力价格较低，可以考虑在满足基本的工艺要求的情况下，采用普通的小型多用的加工设备，不采用自动化程度高的大型机械设备，以降低投入成本。在资金充足的情况下，应选择精度高、自动化程度高、技术先进的机械设备，以提高生产效率与产品质量。

12.2 工艺设计的基本类型

12.2.1 非流水线工艺

非流水线工艺过程是指零部件在加工的过程中，不是完全按照生产工艺顺序依次向前进行加工，而是在完成某道工序后，有的要送到缓冲仓库堆放一段时间，然后再往前进行后续工序的加工；有的甚至回头加工，然后再向前进行加工。这种情况多半是由机床设备布置不合理或设备数量不够而造成的。这种生产线由于零部件在生产车间里要停止或往返进行加工，不仅增加了运输工作量和占地面积，而且严重影响车间的交通运输，造成生产紊乱和效率的提高缓慢。故这种生产工艺很不合理，应尽量避免。

12.2.2 间断流水线工艺

间断流水线工艺过程，机床设备是根据零部件加工先后顺序排列的，所以零件的加工是一道工序接着一道工序往前进行的，只是相邻两道工序之间的运输，需用小车或人力搬运，故生产是间断的，不是连续不断地进行。

此种流水线虽比非流水线有所进步，但仍有较繁重的运输工作，各种工序要留有堆放加工件的地方，占用生产面积，生产效率仍较低。这是国内目前普遍采用的一种生产方式。

12.2.3 连续流水线工艺

连续流水线与间断流水线的差别在于相邻工序之间的工件运输是用机械传送的，使工件按工艺顺序从头到尾像流水一样不停地连续向前进行加工。各道工序都是有节拍地协调进行，准时完成每道工序的加工。但每台机床仍要有人操作，每道工序的定位、装卸都得靠人工操作。

这种生产线较间断流水线有很大的进步，缩短了生产周期，减少了生产场地和繁重的运输工作，有力地促进了生产效率提高，是现实自动化生产的初级阶段。主要适用于专业化大批量生产。

12.2.4 自动流水线工艺

自动流水线工艺就是在连续流水线生产工艺的基础上，进一步使各道工序的运输、定位、安装、走刀、进给、装卸等工作都实现自动化，工件一道工序紧接一道工序地有节拍地自动进行加工，机床基本不需要操作人员。

自动流水线根据自动化程度不同又可分为半自动化和全自动化生产线。

12.2.4.1 半自动化生产线

就是在生产过程中，工件第一道工序的进料和最后一道工序的出料堆放以及工件在各道工序中的质量检测等工作，还需少数人员操作。

12.2.4.2 全自动化生产线

在工件加工的各道工序中，加工的装卸与检测等工作均由机器与检测仪等装置自动完成。整个生产过程在计算机的监控下完成，不需要人直接操作。

12.2.4.3 自动流水线的分类

自动流水线按其复杂程度不同可分为：零件自动流水线；部件自动流水线；整体产品自动流水。前者较简单些，后者就极为复杂。对于单一的零件实现自动流水线生产比较容易些，这种自动流水生产线，在不少企业里都能看到，适合于大批量、专业化的生产。

12.2.4.4 建立自动流水的注意事项

(1) 必要性 必要性就是要考虑产品是否能大批量、长期地进行生产，也就是保证原材料的供应与产品的销售可靠性，否则就不宜建立。

(2) 可能性 可能性是指建立自动流水线的人力、物力、财力、技术条件是否具备。要放在可靠的基础上，否则不能盲目上马建立。

(3) 产品的质量标准化、规格系列化、生产专业化 实现产品的质量标准化、规格系列化、生产专业化，是实现自动化生产的先决条件。否则产品质量不一，规格变化无常，就难以实现自动化生产。

12.3 工艺设计的步骤

家具企业生产工艺设计的步骤依次为：材料计算，编制零件工艺卡片和制品工艺流程图，设备选择与计算，划分车间、工段与工序，确定车间面积，绘制车间工艺平面布置图，确定各类仓库地点与面积，设计生产车间平面布置图，设计厂区总平面布置图。

12.3.1 材料计算

材料计算是做好工艺设计的重要基础，主要包括原材料与辅助材料的计算。

12.3.1.1 原材料计算

原材料的计算是指木材和木质人造板材等主材耗用量的计算。合理地计算和使用原材料是实现高效益、低消耗生产的重要环节。不论是按精确的生产计划还是按折合的生产计划，都要计算所有制品的原材料耗用量。通常采用概略计算法，即首先计算出制品的净材积，然后除以各种原料的净料出材率而计算出所需各种原材料的耗用量，但因净料出材率在各地大多是估计的，出入很大，故宜采用表 12-2 进行原材料耗用量计算。具体计算步骤如下。

表 12-2 原材料计算明细表

产品名称：____________ 计划产量：____________

编号	部件名称	零件名称	材料与树种	一件制品中零件数	净料尺寸/mm			一件制品中零件材积 V/m^3	加工余量/mm			毛料尺寸/mm			一件制品中毛料材积 V'/m^3	按计划产量毛料材积 $V'A/m^3$	报废率 k/%	按计划产量并考虑报废率后的毛料材积 V''/m^3	配料时的毛料出材率 N/%	原料材积 V^0/m^3	净料出材率 C/%
					长度	宽度	厚度		长度	宽度	厚度	长度	宽度	厚度							
1	2	3	4	5	6	7	8	9	10	11	12	13	14	15	16	17	18	19	20	21	22

(1) 根据制品的结构装配图上的零件明细表，确定每个零件的净料尺寸，填写表中的第1～8栏，由此和零件数量可计算出一件制品中每种零件的材积 V，填入第 9 栏。

(2) 分别确定长度、宽度和厚度上的加工余量并填入第 10～12 栏，将净料尺寸与加工余量分别相加得到毛料尺寸，并填入第 13～15 栏，由此计算出毛料材积并乘以制品中的零件数后，即可得到一件制品中毛料材积 V'，填入第 16 栏，再乘以生产计划中规定的产量 A，得到按计划产量计算的毛料材积 $V'A$，填入第 17 栏。

(3) 确定报废率 k（一般情况下，报废率总值通常不超过 5，而且对于小型或次要的零件可以不考虑其报废率），并填入第 18 栏，再按公式计算按计划产量并考虑报废率后的毛料材积 V''[即 $V'A\ (100+k)/100$]，填入第 19 栏。

(4) 确定配料时毛料出材率 N，填入第 20 栏，再按公式计算出需用原材料材积 V^0[$=100\,V''/N=V'A\ (100+k)/N$]和净料出材率 C\{$=100VN/[(100+k)/V']$\}，并分别填入第 21、22 栏。

(5) 根据以上计算结果编出必须耗用的原材料清单，见表 12-3。为使配料时的加工剩余物最少，提高原材料利用率，应当根据零件的具体情况，选用最佳规格尺寸的原材料。在原材料清单中，各种材料应当分类填写。

(6) 当前人造板家具和板木结合家具产量较大，相关生产部门还应编制人造板材料清单，见表 12-4。

表 12-3　原材料清单

产品名称：＿＿＿＿＿＿＿＿　　　　　　　　　　　　　计划产量：＿＿＿＿＿＿＿＿

木质材料种类与等级	树　　种	规格尺寸/mm			数量	
		长度	宽度	厚度	材积/m^3	材积/块
1	2	3	4	5	6	7

表 12-4　人造板材料清单

产品名称：＿＿＿＿＿＿＿＿　　　　　　　　　　　　　规格：(mm)＿＿＿＿＿＿＿＿

序号	部件名称	零件名称	材　料	尺寸/mm	数量/块	单件材积/m^3(或/m^2)	合计材积/m^3(或/m^2)	备注
1	2	3	4	5	6	7	8	9
… *n*								
	总计							

12.3.1.2　辅助材料的计算

辅料主要包括胶料、涂料、贴面材料、封边材料、金属材料、塑料、玻璃、镜子和配件等，另外还包括加工过程中必须使用的其他材料，如砂纸、拭擦材料、棉花、纱头等。

计算时，先根据结构装配图来确定材料的数量，或确定一个制品、一个零件的材料数量，再按生产计划计算出全年的材料消耗量。

(1) 胶料的计算　见表 12-5，根据胶合工艺要求计算出每一制品所需涂胶的总面积，然后按单位面积的涂胶量（消耗定额）来确定每一制品的耗胶量及年总耗胶量。

表 12-5　胶料计算明细表

产品名称：＿＿＿＿＿＿＿＿　　　　　　　　计划产量：＿＿＿＿＿＿＿＿

编号	零件或部件名称	零件或部件数量/个	胶料种类	涂胶尺寸/mm		每一制品涂胶面积/m^2	消耗定额/(kg/m^2)	耗用量/kg	
				长度	宽度			每一制品	年耗用量
1	2	3	4	5	6	7	8	9	10

(2) 涂料的计算　见表 12-6，根据涂饰工艺要求计算出每一制品所需涂饰的总面积，然后按单位面积的涂料量（消耗定额）来确定每一制品的耗漆量及年总耗漆量。

另外，也可根据每个制品所需涂饰的总面积和每千克涂料可涂饰的面积数来计算出每一制品所需的耗用量。

表 12-6　涂料计算明细表

产品名称：＿＿＿＿＿＿＿＿　　　　　　　　计划产量：＿＿＿＿＿＿＿＿

编号	零件或部件名称	零件或部件数量/个	涂料种类	涂饰尺寸/mm				每一制品涂饰面积/m^2		消耗定额/(kg/m^2)	耗用量/kg	
				内表面		外表面						
				长度	宽度	长度	宽度	内面	外面		每一制品	年耗用量
1	2	3	4	5	6	7	8	9	10	11	12	13

(3) 其他相关材料的计算　应根据制品设计中的具体要求和规定，并考虑留有必要的余量进行计算，然后列表说明。以五金件为例，其他相关材料计算明细表见表 12-7；以加工刀具为例，其他相关材料计算明细表见表 12-8。

表 12-7　其他相关材料计算明细表（以五金件为例）

产品名称：________________

序　　号	材料名称	零件名称	规格/mm	数　　量	备　　注
1	连接件	偏心连接件			
		直角尺连接件			
2	木螺丝	沉头自攻螺丝			
		半沉头自攻螺丝			
3	螺杆	双头螺杆			
4	抽屉滑道	钢珠全展滑道			
5	铰链	门铰链(大弯臂)			
6	镀金花饰	镀金花边			
n					

表 12-8　其他相关材料计算明细表（以加工刀具为例）

编　号	名　　称	单　位	规格型号/mm	数　量	备　　注
1	木工钻	支	ϕ6,ϕ8,ϕ10,ϕ12	各 30	多排多轴立钻用
2	阶梯钻	支	9×4,12×8	各 20	多轴卧钻用
3	榫孔直柄铣刀	支	ϕ10,ϕ12	各 10	单轴镂铣机用
4	成型铣刀	件	脚形	2	背刀车床用
5	车刀	支	尖形、半圆形	各 10	高速钢
6	线条锯	片	ϕ250×25.4	4	尖形三角齿
7	圆棒榫刀	套	ϕ16,ϕ10	各 5	配刀套
8	铣刀	套	ϕ100×80×30	2	双立轴木工铣床用
9	铣刀	套	ϕ100×120×30	2	双立轴木工铣床用
10	铣刀	套	ϕ100×100×30	2	四面六轴刨木机用
n					

12.3.2　编制零件工艺卡片

工艺卡片是生产中的指导性技术文件，也是准备生产、组织生产、经济核算的依据。每个零件从原料到成品的生产，必须按照工艺卡片的规定来进行加工，使工艺过程得以实现。

在填写工序名称时，应按工序的先后顺序排列，确保整个工艺流程直线进行，实现最合理的工艺方案，并需满足零件加工精度与表面质量的要求。

在刀具名称、刀具尺寸两栏内，对应填入所选刀具的名称与尺寸；在进料速度、切削速度两栏内，填入零件加工最优的参数，以选择最优的加工规程。

各工序的操作人数，需以合理的工作位置组织为依据，并根据该工序的复杂程度以及加工精度要求，确定操作工人的技术等级。

确定工时定额，以现有企业中技术较熟练工人达到的指标为依据，或是采用相关工时定额手册中的数据。此外，也可以按计算公式来计算各工序的工时定额。

工时定额 t 可以按下列公式计算：

$$t=\frac{t_{班}}{A}$$

式中　$t_{班}$——工作班的持续时间；

　　A——设备的班生产率。

工艺卡片的具体编制见表 12-9。

表 12-9 工艺卡片的具体编制

产品名称			产品代码					产品数量		只				年 月 日	批号		
零部件名称			零部件编号					零部件加工尺寸及工序流程图									
零部件加工表								长	宽		厚	数量		备注			
零部件			加工规格														
零件名称	材料种类	规格	长	宽	厚	数量	序号	工序名称	刀具名称	刀具尺寸	进料速度	切削速度	操作者	消耗工时	工时定额	质检	备注
							1										
							2										
							3										
							4										
							5										
							6										
							7										
零件草图及备注							8										
							9										
							10										
							11										
							12										
							13										
							14										
							15										
							16										
							17										
加工零部件经过的工序							18										

12.3.3 编制制品工艺流程图

所有零件的工艺卡片编制好以后，即可着手编制工艺流程图。从工艺流程图中，不仅可以看出每一零件加工的顺序，而且能够明了各种设备的配置。

家具生产企业，一般是成批生产，同时在各个机床和工作位置上允许加工不同的零件，故在编制工艺流程图时，机床的排列顺序应避免零件在加工过程中有倒流现象，或增加不必要的机床和工作位置而延长工艺路线，造成浪费。因此，当在图表编成后，即可看出何种操作需要转移到另一种机床，何种机床可以取消或代替。总之，能使机床利用率取得最佳效果。

编制工艺过程路线图时，要经过周密的考虑，既要使加工设备达到尽可能高的负荷率，又要使所有零件的加工路线保持直线性。如果某些零件的加工路线出现环形或倒流等现象，就应当进一步加以调整，以获得最佳方案。确定工艺过程方案时，应注意以下几点。

① 在保证产品质量的前提下，最大限度地节约原材料，提高木材的利用率。

② 提高生产过程的机械化程度，减少劳动消耗。在大量生产的情况下，可以考虑组织适当形式的连续流水生产线。

③ 缩短生产周期，加速流动资金的周转。例如：胶合工序应尽可能采取加速胶合过程的措施。

④ 在保证技术条件要求的加工精度和加工质量前提下，应注意选择廉价设备，并尽可能使工序集中，例如胶合与弯曲；弯曲与接触干燥等工艺。

⑤ 减轻工人体力劳动。应对运输机械化，涂饰、装配机械化给予充分的考虑。

⑥ 要提高单位设备和单位生产面积的产量。

⑦ 降低企业的投资和产品成本。

⑧ 应实现文明生产和安全生产，合理解决环境污染等问题。表 12-10 为某板式家具部件的工艺流程，表 12-11 为某实木家具的工艺流程。

表 12-10 生产工艺流程图（以板式家具面板为例）

编号	零部件名称	基材	零件数/个	净料规格/mm	设备名称	定厚砂磨机	圆锯机	圆锯机	框架装订机	四辊涂胶机	冷压机	双面圆锯机	直线封边机	多组排钻	单组排钻	截锯机	制圆榫机	圆榫注胶机	壳体装配机	部件组装	备注
					工序名称	定厚砂磨	锯截板料	锯芯料	排芯料	上胶	胶压	齐边	边部处理	钻孔	钻孔	锯截板料	制圆榫	胶接圆榫	装配	组装	
1	左右旁板	饰面板	4	1800×450×3			○														
		人造板框架	2	1800×450×12		○	○	○	○	○	○	○	○	○							
2	面板顶板	饰面板	2	706×450×3			○														
		胶合板	2	706×450×3		○	○														
		人造板框架	2	706×450×12		○	○	○	○	○	○	○	○	○							
3	隔板 1	饰面板	2	706×410×3			○														
		胶合板	2	706×410×3		○	○														
		人造板框架	2	706×410×12		○	○	○	○	○	○	○	○	○				○	○	○	
4	隔板 2	饰面板	1	706×450×3			○														
		胶合板	1	706×450×3		○	○														
		人造板框架	1	706×450×12		○	○	○	○	○	○	○	○	○							
5	底板	胶合板	2	706×450×3		○	○														
		人造板框架	1	706×450×12		○	○	○	○	○	○	○	○	○							
6	门板	饰面板	2	600×353×3			○														
		胶合板	2	600×353×3		○	○														
		人造板框架	2	600×350×12		○	○	○	○	○	○	○	○	○							

表 12-11 生产工艺流程图（以实木沙发为例）

编号	部件名称	零件名称	基材	零件数/个	净料规格/mm	设备名称	断料锯	纵解锯	平刨机	立式铣床	圆锯机	压刨机	开榫机	立式铣床	双面圆锯机	榫眼机	单排钻	立式铣床	砂光机	卧式组装机	部件组装	备注
						工序名称	定长	定宽	基准面加工	基准边加工	精截	相对面边加工	开榫	开槽	齐边	钻孔	钻孔	曲面加工	表面修整	部件装配	组装	
1	腿	腿	柚木	4	190×100×100		○	○	○	○	○	○	○	○			○		○			
2	框架	底板长边框	柚木	2	2000×100×30		○	○	○	○		○		○	○		○		○	○	○	
		底板短边框	柚木	2	752×100×30		○	○	○	○		○	○		○		○		○			
3	扶手	扶手上横	柚木	2	700×70×60		○	○	○	○	○	○				○		○	○	○		
		扶手前撑	柚木	2	295×70×50		○	○	○	○	○	○	○					○	○			
		扶手后撑	柚木	2	370×70×40		○	○	○	○	○	○	○					○	○			
4	靠背	低靠背立撑	柚木	4	445×75×40		○	○	○	○	○	○	○			○		○	○			
		低靠背帽头	柚木	2	628×130×40		○	○	○	○	○	○		○				○	○			
		高靠背立撑	柚木	2	515×75×40		○	○	○	○	○	○	○			○		○	○			
		高靠背帽头	柚木	1	628×530×40		○	○	○	○	○	○		○				○	○	○		
5	横撑	脚架横撑	柚木	2	552×65×30		○	○	○	○		○	○		○			○	○			
		边框横撑	柚木	2	680×70×30		○	○	○	○		○	○		○			○	○	○		

12.3.4 设备的选择与计算

12.3.4.1 确定设备的型号与规格

家具生产要根据企业发展的规划、生产规模、工艺流程、工艺要求、设备供应的途径及售后服务的情况等条件来选择设备。选择设备总的原则是：技术先进、生产效率高、确保产品质量、使用方便、安全可靠、环保性能好、经济合理。具体要求如下。

① 设备的生产率应与长远规划的生产任务相适应，要保证设备有较高的负荷，即设备的选择在满足工艺要求的前提下，应视企业或车间生产任务的大小而定。

② 设备的精度等级应与产品的工艺要求相适应，需保证产品质量。设备精度的保持性、可靠性、零配件的耐用性等应符合要求。

③ 节约能源，动力消耗少，维修方便，维护与使用费用低，对环境污染小。

④ 设备要配套，主机、辅机、控制设备及其他设备工具、附件要配套。

12.3.4.2 确定设备的数量

在确定设备的型号与规格以后，还应计算出所需机床设备的数量。机床设备和工作位置的计算，按下列步骤进行。

(1) 按年生产计划，用下列公式计算出每一道工序所需机床的小时数。

$$T_a = tAnK/60(\mathrm{h})$$

式中 T_a——按年生产计划该工序所需机床的小时数；

t——零件加工的工时定额，min；

A——年生产计划规定的产量；

n——该零件在制品中的数量；

K——考虑到生产过程中零件报废的系数。

(2) 对于不只是加工一种零件，而是加工多种零件的机床设备或工作位置，按下式统计出按年生产计划在该工序上所需的总的机床小时数，即：

$$\sum T=T_1+T_2+T_3+\cdots+T_n$$

式中 T_1，T_2，T_3，…，T_n——按年生产计划各种零件在该工序上所需的机床小时数。

将统计的结果填入需用设备与工作位置明细表（表 12-12）。

(3) 计算机床设备全年拥有的机床小时数：

$$T_b=[365-(52\times 2+10)]CSK$$

式中 C——工作班数；

S——工作班的持续时间；

K——考虑到设备由于技术上的原因停歇修理的系数，对于较复杂的机床设备取 K 值为 0.93～0.95，对于较简单的机床设备或工作位置取 K 值为 1。

(4) 用按年生产计划需用的机床小时数 T_a 除以全年拥有的机床小时数 T_b，即可求得机床设备或工作位置的计算数。详见表 12-12。

表 12-12 需用设备与工作位置明细表

编号	设备与工作位置	按年生产计划需用机床时数/h			全年拥有机床时数/h	工作班数/个	计算的机床或工作位置数	采用的机床或工作位置数	负荷率/%
		制品甲	制品乙	合计					
1	2	3	4	5	6	7	8	9	10
	配料车间								
1	划线台	1896	6790	8686	4560	2	1.91	2	96
2	横截锯	1152	2009	3161	4560	2	0.96	1	69
3	自动纵解锯	2503	4511	7014	4560	2	1.54	2	77
	机加工车间								
4	平刨								
…	……								

(5) 当设备或工作位置的计算数的小数部分超过 0.25 时，其采用数应升为整数。如果计算数的小数部分不足 0.25，一般情况下可以舍去，通过调整机床负荷等措施来解决。但对于某些专用设备，而且其价格也不昂贵的，为了保持加工路线的直线性，仍可以升为整数。

(6) 用计算的机床或工作位置数除以采用的机床设备或工作位置数，再乘 100，即得出机床设备的负荷率。

根据以上的计算结果，还应对采用机床数及机床负荷率进行分析、平衡和调整，使之达到均衡。在分析调整时应按以下原则进行。

① 对于个别机床允许超负荷 10%，但必须采取相应措施。如选择技术熟练的高级工人去操作。

② 所有设备的负荷率平均应在 70%以上。

③ 某些专用机床（如燕尾榫机、车床等），如果是生产不可缺少的，尽管其负荷率很低，但又不能用别的机床代替时，仍必须保留。

④ 如果某类机床的选用数很多，就应尽可能地选用生产率高的同类机床来代替，以减少机床台数，节约车间面积。

调整设备负荷的一些具体措施如下。

(1) 对于超负荷机床，可以采用下列措施来调整。

① 将超负荷机床上的部分工作转移到别的机床上去。例如将截端锯的部分工件转移到

开榫机上去截端。

② 改善工作位置组织，增加辅助工人。

③ 在工艺上采取某些不降低产品产量和质量的措施，如将开榫头的工序从开榫机转移到铣床上去加工等。

④ 用性能更加完备的高生产能力的机床来代替。

(2) 对负荷率低的机床，可采取以下措施来调整。

① 对复杂和贵重的机床，可另选用价廉和生产能力较低的机床来代替，如双面开榫机换成单面开榫机等。

② 负荷率很低，而该工序又可以在其他机床上完成时，则将此低负荷的机床取消。

在调整中应注意保证零件加工路线的直线性，防止出现零件在加工过程中倒流或作环形移动等现象。

(3) 设备的平均负荷百分率，可通过以下两种方法来提高。

① 选定最好的生产计划：根据以上机床负荷的计算结果，按设计时的生产计划再增加10%、20%、30%…算出其平均负荷百分率，然后根据最高的平均负荷百分率来确定最优的生产计划，见表12-13。

平均负荷百分率 P 用下式计算：

$$P=\frac{p_1n_1+p_2n_2+\cdots+p_nn_n}{n_1+n_2+\cdots+n_n}$$

式中　p_1，p_2，…，p_n——各种机床的负荷百分率；

n_1，n_2，…，n_n——同类机床数。

表 12-13　生产量不同时机床负荷分析表

机床	生产量									
	90%		100%		110%		120%		130%	
	负荷/%	机床台数/台	负荷/%	机床台数/台	负荷/%	机床台数/台	负荷/%	机床台数/台	负荷/%	机床台数/台
A	78	2	86	2	95	2	103	2	74	3
B	105	2	78	3	86	3	93	3	101	3
C	81	1	90	1	99	1	54	2	59	2
D	63	1	70	1	77	1	81	1	81	1
合计		6		7		7		8		9
平均负荷	85		81		89		85		82	

从表12-13中可以看出，产量增加10%时，机床平均负荷为最高，达89%。所以，为使机床平均负荷率最高，机床利用最好，可以考虑在原生产计划的基础上再增加10%的产量。当然，这时还应综合考虑到原材料的供应、产品销售、能源供给、劳动力等问题。

② 在调整设备负荷的同时，提高生产量。当调整设备负荷后，应使各设备负荷均衡，此时找出负荷最大的设备，该设备的负荷百分率与满负荷之差，即为整个企业或车间的生产潜力。如果继续对负荷最大的设备采取种种措施降低其负荷后，就会有更大的生产潜力，就能继续提高企业的生产能力。同时，企业或车间的平均负荷百分率也将相应提高。

在设备负荷平衡调整好后，就可以决定采用设备的种类和数量，从而编制工艺设备清单，见表12-14。

表 12-14 工艺设备清单

序号	设备名称	型号	数量	质量/kg	装机容量/kW	国别	设备制造厂	主要技术参数						单价/元	备注
								刀具转速/(r/min)	进料速度/(m/min)	可加工最大最小尺寸/mm	机床外围尺寸/mm	电动机数/台	电机功率/kW		
1															
2															
…															
n															

12.3.5 划分车间

对车间进行划分，可以分为生产车间和辅助车间两大部分。生产车间可分为木材干燥车间、配料车间、零件加工车间、部件装配车间、制板车间、涂饰车间、总装配车间等；辅助车间主要有机修车间、刀具刃磨车间、动力车间等。

家具生产工艺过程通常分为以下几个阶段：制材、干燥、配料、毛料机加工、净料机加工、胶合与胶贴、弯曲成型、装饰（涂饰）、装配等。

制材作业和木材干燥，无论从技术观点和经济观点来说都是以集中进行为好，不宜在每个家具工厂（不论生产规模大小）都自己进行制材作业和木材干燥处理，可由制材企业供应干燥好的板材，甚至为了合理使用木材，提高木材综合利用率，制材企业还可以根据要求进行配料加工，向家具生产企业供应毛料或坯料。尽管如此，由于目前木材原料来源广、木家具含水率要求高，因此，家具生产企业还应具备一定木材二次干燥和毛料生产的能力。

木家具生产中的胶合工段，有的可与其相邻的工序配合，或归并到某些相关工序中去，如拼板中的胶合、部件装配中的胶合等。有的则必须单独安排，如板式部件加工中的胶合以及大尺寸方材的胶合等，但也应与部件胶合尽量靠近。

装饰与装配过程的先后顺序主要取决于家具的结构。非拆装结构制品总是在完成总装配以后再进行涂饰；而拆装结构制品（特别如板式家具）为了实现装饰过程机械化，就必须先进行零部件装饰，最后才完成总装配。其他如曲木加工过程或弯曲胶合过程，则应安排在净料机加工之前进行。

总之，应当根据木家具生产工艺过程的构成和顺序，结合原材料供应条件、家具结构、生产计划、企业性质（单一或综合）等具体情况来划分车间及工段。

12.3.5.1 生产车间

（1）木材干燥车间 将购买来的各种木材进行干燥，使其含水率符合制造家具工艺的要求。对于木材干燥作业，无论从技术观点或经济观点来说，最好是实现木材干燥专业化，由专门的干燥企业来承担，给各家具生产企业提供含水率符合工艺要求的各类木材，不宜在每个家具工厂都进行木材干燥处理。

（2）配料车间 配料车间是将符合家具生产工艺要求的木料、人造板锯解成各种零部件的毛料。该车间对合理使用木材、提高木材利用率起着决定性的作用。需选择经验丰富、责任心强的技术工人去操作。

（3）零件加工车间 零件加工车间是将配料车间配好的零、部件的毛料，加工成符合设计图纸要求的零部件。这是制造家具的各种设备较为集中的车间，也是家具厂的主要车间，对家具的制造精度与生产效率起着决定性的作用。

（4）部件装配车间 又称为木工装配车间，主要是将加工好的零件装配成部件，如门框、抽屉框、镜框、实木板等的装配。也有直接将零件直接装配成白坯产品，如未涂饰的实木凳、实木椅、实木桌等的装配。该车间以装配机械为主，如木框、箱框、椅、凳、桌的装配机。另配备一定数量的修整加工设备，如平刨、铣床、砂光机等。还有各种手工修整工具，并要配备技术较好的木工师傅，以确保装配的质量。

(5) 制板车间 该车间主要是制造各种覆面板部件。需有各种涂胶机、压机、裁边机、封边机、立式铣床、镂铣机、砂光机等设备，或是刨花板、纤维板部件的贴纸、覆膜、真空覆膜生产线。承担各种覆面板部件的生产任务。

(6) 涂饰车间 涂饰车间是将已装配好的白坯产品或部件进行涂饰，使之获得所要求的色彩、光泽及一定厚度的涂膜。车间的主要设备为各种涂饰机械、涂层干燥与涂膜修整设备。在此，存在装配与涂饰过程的先后顺序问题，对于非拆装的框架式家具，需在完成总装配以后，再进行涂饰；而拆装式（特别是板式）家具，为了实现涂饰过程机械化，宜先进行零部件的涂饰，然后再完成总装配。

(7) 总装配车间 总装配车间是将涂饰好的零部件装配成产品。车间的主要设备是装配机械、加工各种连接件安装孔、槽的机械，还需各种手工工具与电动工具。

12.3.5.2 辅助车间

(1) 机修车间 该车间需配备金工车床、刨床、铣床、锯床、钻床、磨床、电焊机、风焊机等常用设备，以承担各生产车间设备、运输车辆等的保养与维修任务。同时能承担起厂内专用设备、专用工具、专用刀具的制造及一般的技术革新工作。

(2) 刀具刃磨车间 对于具有一定规模的家具制造企业，需有专门的刀具刃磨车间，负责工厂各种锯片、锯条、刨刀、铣刀、钻头等刀具的刃磨工作，以确保刀具刃磨质量与机床及时换刀。

(3) 动力车间 对于具有一定规模的家具制造企业，还需要专门的动力车间，其主要是保证维持企业生产所必需的各种压力蒸汽、压缩空气、循环水、电力等的供应和调配。家具企业动力车间主要包括锅炉房、压缩气站、发电站等部门。

12.3.6 确定车间面积

在确定了设备型号、规格和数量的基础上，就可以确定车间的面积。在初步设计时，各车间所需的生产面积，可先根据概略指标来确定。各种设备占用生产面积平均标准的数值根据家具的类型和车间的加工特征来确定，具体见表12-15。

表12-15 设备占用生产面积平均标准

车间或工段名称	每台机床及工作位置占用生产面积平均标准/m^2			
	最大型产品（车厢等）	大型产品（建筑构件等）	中型产品（家具等）	小型产品（机壳与工艺装饰件）
配料车间	55～80	45～55	45～55	45～55
加工车间	55～80	45～55	30～40	25～30
装配车间		45	25～40	20～30
涂饰车间	—	—	25～35	20～30
机修车间	15～18	15～18	15～18	15～18

在确定了设备型号、规格和数量的基础上，就可以确定车间的面积。车间总面积应包括机床和工作位置所占地面积（含工人操作机床所需面积及机床前面堆放工件面积）、缓冲仓库面积、车间通道面积及车间辅助面积（办公室、工人更衣室、吸烟室、卫生间所需面积）。通道所占用面积，大约为30%。机床和设备所占面积约为50%，缓冲仓库面积约为10%，车间辅助面积约为10%。因此，车间所需总面积为：

$$S=(\sum S_1+S_2)K+S_3+S_4$$

式中 S——车间总面积，m^2；

$\sum S_1$——机床和工作位置所占面积的总和，m^2；

S_2——缓冲仓库的面积，$S_2=Lbnt$，m^2；

L——工件堆长度，m；

b——工件堆宽度，m；

t——存放时间，班；

n——班生产的工件堆数，$n=N/n'$；

n'——一个工件堆中的零件数；

N——班生产的工件数；

K——面积利用系数，为1.1～1.2；

S_3——车间通道面积；

S_4——车间辅助面积。

12.3.7 绘制车间工艺平面布置图

12.3.7.1 车间工艺平面布置图的设计

(1) 工作位置的组织 组织工作位置就是沿着家具生产的工艺流水线方向，合理地安排操作工人、加工设备和工件之间的相互位置。工作位置组织得愈合理，就愈能减少非生产时间的消耗，对机械进料的机床，可以达到最大的允许进料速度。对手工进料的机床，可以在不增加劳动强度的条件下，提高工作时间的利用系数，达到最高的劳动生产率。

设计工作位置时，应考虑以下各项。

① 应使机床或工作位置达到最佳生产率要求，并减轻工人的劳动强度，确保操作安全。

② 工作位置的大小，需根据加工零件的尺寸、机床外形尺寸和加工方法来确定。

③ 机床的开关、制动等操作装置，都应离工人不远而且方便操作，以便工人不离开工作地点就可以操作。

④ 工作台的标高一般为800mm，当女工占多数的情况下，可采用700mm。材料堆的高度为700～1200mm。对较大较重的零件，可采用升降架堆放，使材料堆的高度在加工过程中始终保持在工作台的高度水平上。

⑤ 当工人需要在工件堆与工作台之间走动时，工件堆离工作台的距离应为400～600mm；不需要在工件堆与工作台之间走动时，应为100～300mm；当工人要在两工件堆之间工作时，其距离不小于1200mm。

工件堆的宽度不应超过800mm，这主要是考虑到工人手臂的活动范围。工件需堆放在专用的框架上，框架的高度为150～200mm。

⑥ 为避免原材料与半成品在机床前面堆放过多，影响工人操作与车间交通，须考虑设置缓冲仓库。

⑦ 对于需要进行工艺陈放的工序，如胶拼、胶贴、涂饰等，应该组织连续式的工作方法，如采用扇形胶拼架、回转式工作台和涂饰用的回转式喷涂室等设备。这样，在工艺陈放时间内，工人不必等待，即可转入另一工序的加工。

(2) 车间建筑平面设计 主要根据设计任务书、生产计划、产品特点以及工艺技术上的要求，按照国家建筑规范的标准进行。

① 流水生产线配置对车间建筑的影响 对于一层建筑，一般的流水线的始端和末端配置在建筑物的两端。建筑物的跨度与长度需满足安装流水生产线的要求。流水线的方向一般都是沿建筑物纵向排列。对于多层建筑，各层的流水线也沿建筑物纵向排列，但各层的方向可以不同，这主要取决于升降机的位置、数量及工艺过程路线的长短，应使设计方案最经济、最合理。对于涂饰车间，由于它要求有最清洁的工作环境，同时，又存在有害气体的挥发，所以，在一层建筑中，应考虑既不受其他加工车间粉尘的影响，又使其挥发性有害气体

得到安全处理。在多层建筑中，则应配置在最高层。

② 工艺过程对建筑形式的影响　有些零部件，例如覆面空芯板中的木框零件的加工，其加工过程较简单，工序也少，又不涉及其他工段，这时，为了降低建筑投资，可选用如图12-1所示的台阶式建筑。

有些部件的加工工艺过程包括几个相互关联的工段，如覆面板的生产，其芯板制造与覆面材料（表、背板）制造的两条作业线，需在胶压工段汇合。这时，可采用如图12-2所示的插入式建筑。

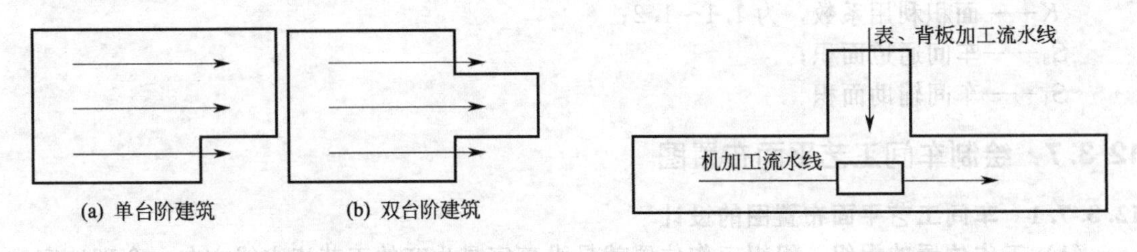

图 12-1　台阶式建筑　　　图 12-2　插入式建筑

有些工段需要特殊温度与湿度条件或特殊的加工环境。如涂饰车间的干燥室，胶合、胶贴工段中涂胶后的陈放场所等。这时，应把这些工段设置在该车间外面相应的地方，或在该车间内用墙壁隔开，如图12-3和图12-4所示。

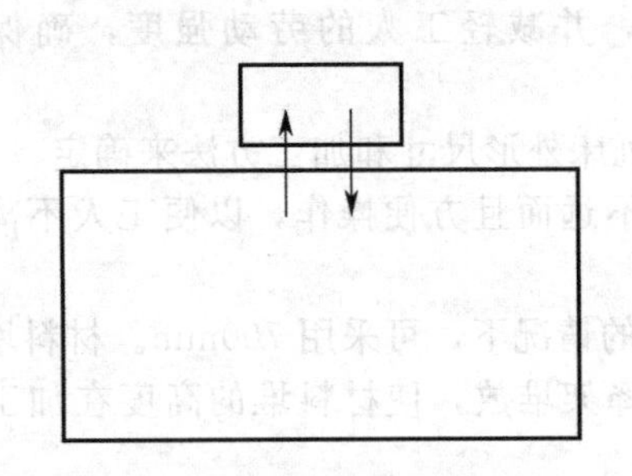

图 12-3　配置在主建筑物旁边

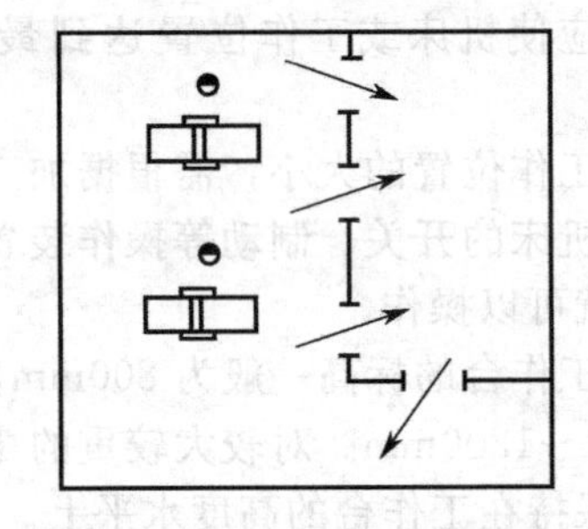

图 12-4　在车间内用间壁隔开

有些作业线需呈折线展开，建筑物的形式应为“L”形或“Ⅱ”形。此两种形式的建筑物也适用于受场地条件限制的情况下。但是，这种建筑形式的拐弯处，场地不易充分利用。

③ 车间环境卫生对建筑的影响　车间卫生是实现环境保护和安全文明生产的重要组成部分，在工艺设计时应为卫生技术设计提供下列资料：各车间各班组的男、女工人数，并指定使用的卫生设备种类；各车间使用的电器设备（如电动机、电热装置等）的数量、功率及工作情况；车间的气力运输系统所吸走的空气量；按工艺规程规定的车间和仓库的温度和湿度；在有电热装置（包括干燥设备）的场所散发的热量，蒸发的水分以及温度等情况；有害气体的挥发量以及其他与卫生有关的资料。

④ 车间划分以及机床的布置对建筑的影响　进行车间建筑平面设计时，还应充分考虑车间划分以及机床的布置要求，尽可能使所设计的车间建筑满足生产计划、工艺技术、设备布置的要求。另外，对车间建筑进行设计时，还要考虑通风、采光以及消防、应急出口的设置。

(3) 设备的布置　车间设备布置是工艺设计的主要内容，车间机床设备和工作位置布置的合理与否，将会影响到最佳工艺过程路线的实现和生产能力的发挥。一般有以下几种布置方法。

① 按类布置　这种方法是把同类机床按加工顺序来布置，这种布置方式适用于工

艺过程较简单，工序较少，工件沿工艺流水线方向移动距离短，同时生产量大，需要布置几条平行作业线的情况。此时，产品中的零件，不论在哪条流水线上都能完成加工过程。

这样布置的优点是便于管理同类机床，但当工序和零件数量过多、制品结构经常改变时，零件在加工过程中就可能会产生倒流现象。

② 按加工顺序布置　采用这种方法时，应按照各种零件加工工艺的相似性，兼顾某些零件加工的实际需要来布置加工设备。同类设备可分布在作业线的不同位置上，使工件在加工过程中按规定的工艺顺序移动，不允许有倒流现象和环形移动。各工序不一定同步进行，需有工序间的停顿。工件的移动也不一定是直线式的，必要时可转到另一条平行的作业线上。当每批加工的零件改变时，就按照其加工工艺规程对作业线上的机床进行调整。这种布置方法适合于多品种而又有较多零件的产品生产。

③ 直线流水式布置　在加工过程中，工件在作业线上是单个传送的，而且某些工序没有同期性，因而有工序间的停顿。按这种方法布置时，需充分运用运输机械，此法常用于机械加工的个别区段，但更适用于产品的装配或涂饰工段。

④ 连续流水线布置　这是最完善的组织方式，它要根据具体产品的详细资料来专门设计。对于定型产品的大量生产，此法具有显著的经济效果。

配置机床时，机床与机床之间的横向和纵向距离，以及机床与墙壁、柱子之间的距离，均应保证工人和运输工具的顺利通过，保证工人在工作时的安全，保证机床安装光线充足。一般情况下，布置机床应遵循以下原则。

① 确定机床的位置时，其距离一定要从柱脚，而不应从墙根或墙的中心线算起。把各开间、各柱子逐根编号，这样当某台机床与某根柱子之间的距离确定后，该机床的位置就明确地指出来了。在进行设备安装时需安装在标明的具体位置上。在平面图上除了画出机床的位置（中心线及外围尺寸）外，还应用虚线画出柱子基础，避免机床基础与柱子基础重叠。

② 工人的工作位置，距机床 700～750mm，用直径为 6mm 的圆圈表示人。主要工人的位置用一半涂黑的圆圈表示，圆圈空白的一半朝向机床，表示工人的正面；辅助工人则以空白圆圈表示；未加工的和已加工的料堆，则分别用有一条对角线和两条对角线的长方框表示。

③ 机床与墙壁之间的距离。工人面向墙站，并且机床的长边与墙平行时，机床的突出部分和墙上半露柱子之间的距离为 500～800mm，如图 12-5 所示。工人背向墙站，距离为 800～1000mm，如图 12-6 所示。

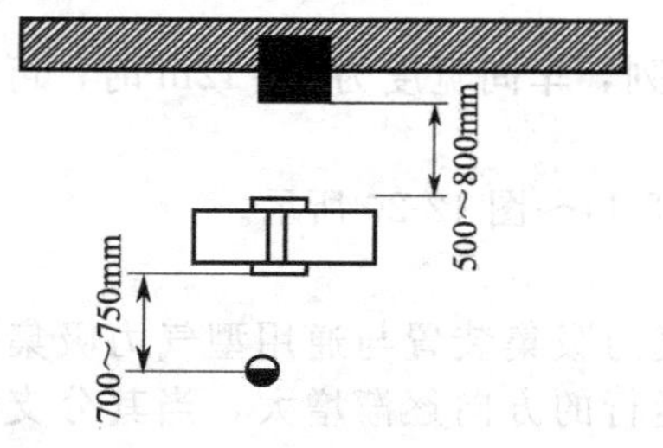

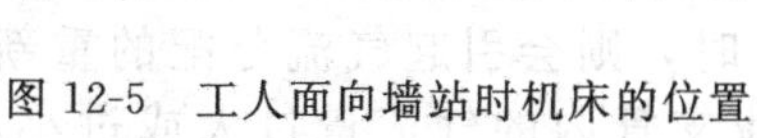

图 12-5　工人面向墙站时机床的位置

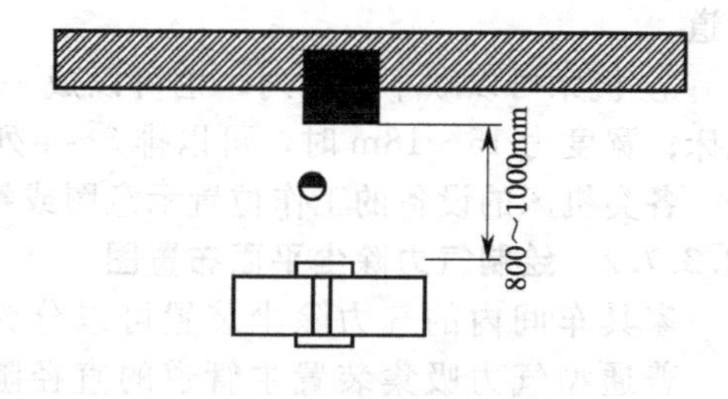

图 12-6　工人背向墙站时机床的位置

机床的配置与墙壁垂直时，这个距离应不小于在此机床上加工的最长零件的长度再加上 500～800mm，如图 12-7 所示。

机床旁的料堆需在机床与墙壁之间运输时，其距离应大于运输小车宽度再加上 500～600mm，如图 12-8 所示。

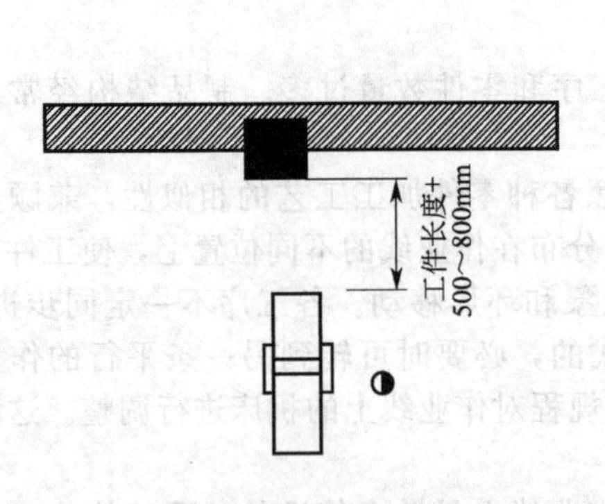

图 12-7 机床垂直放置时的位置

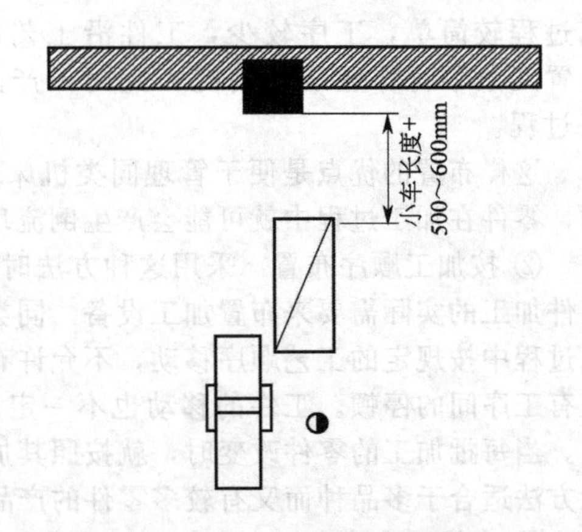

图 12-8 在机床与墙壁之间进行运输时的距离

④ 机床与柱子间的距离。工人面向柱子时，机床突出部分与柱子间的距离应大于500mm，如图 12-9 所示；工人背向柱子时，机床突出部分与柱子间的距离应大于 700mm，如图 12-10 所示。

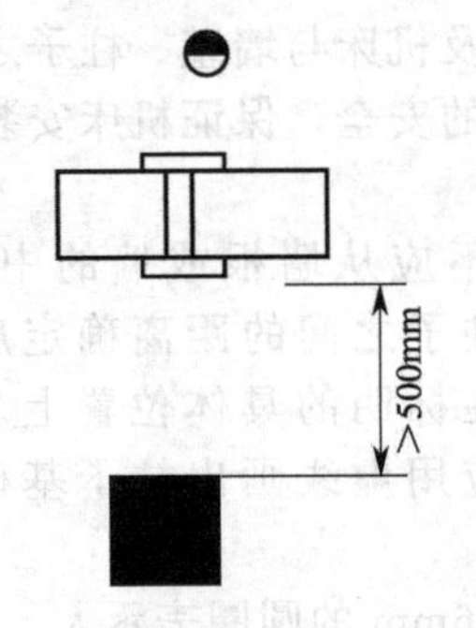

图 12-9 工人面向柱子时机床的位置

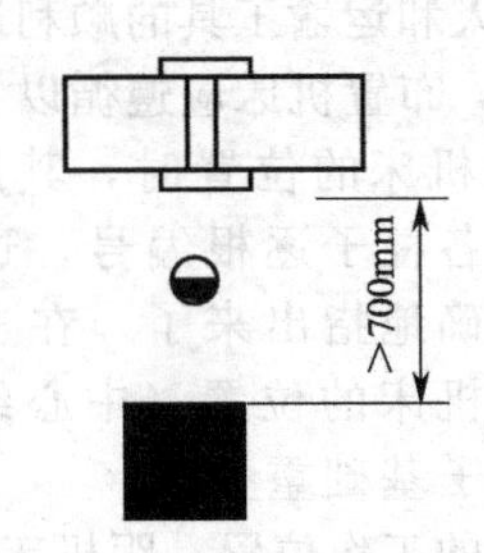

图 12-10 工人背向柱子时机床的位置

⑤ 机床与机床之间的净空距离应根据各机床的工作位置组织及必要的间距而定，一般为最长零部件长度的 2～3 倍。

⑥ 沿车间长度方向上应设置纵向通道（主通道），其宽度为：用手推车单向运输时，宽为 2.0m；用手推车双向运输时，宽为 3.0m；用电动小车单向运输时，宽为 3.0m；用电动小车双向运输时，宽为 4.0m。在车间长度方向上，每隔 50m 应设一条宽度为 2～3m 的横向通道。

⑦ 机床可以顺车间排列，也可以成一定角度排列，车间宽度为 9～12m 时，可排两列机床；宽度为 15～18m 时，可以排 3～4 列机床。

各类机床的设备的工作位置示意图或符号如图 12-11～图 12-20 所示。

12.3.7.2 绘制气力除尘平面布置图

家具车间内的气力除尘装置可以分为普通型气力吸集装置与通用型气力吸集装置。

普通型气力吸集装置主管道的直径随着气流运行的方向逐渐增大，当其分支气流管长度及连接位置发生改变或者接入新的分支气流管时，则会引起气流分配的重新改变，甚至会由于不能保持原来的平衡状态，使某些气流支管内的气流量过大或过小，而导致破坏吸集装置的正常工作。因此，应该是在比较固定的工艺过程的情况下，即车间内机床位置及数量都是比较固定时，才考虑采用普通型气力吸集装置。如图 12-21 为普通型气力吸集装置。

通用型气力吸集装置可以为车间内任何位置处的机床服务，其工作性能不会因为车间内

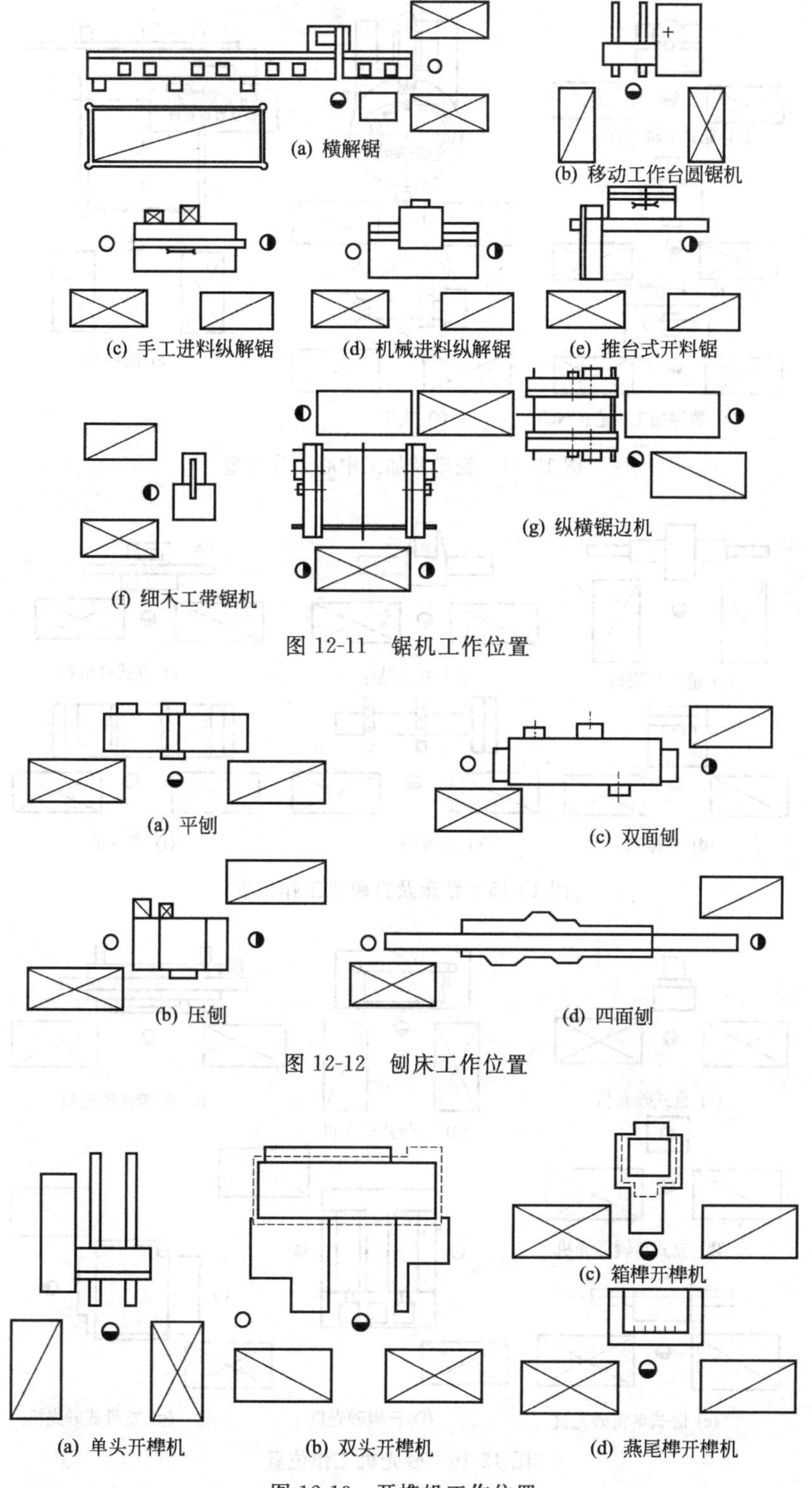

图 12-11　锯机工作位置

图 12-12　刨床工作位置

图 12-13　开榫机工作位置

各机床工作位置的改变或者机床数量有所增减而导致破坏。但是，在增加机床数量时，总的吸气量应该在配用风机的额定风量范围内。所以，通用型气力吸集装置具有较大的灵活性。通用型气力吸集装置主要有两类：一是具有等截面主管道的通用型车间除尘装置；二是聚集器式通用型车间除尘装置。具有等截面主管道的通用型车间除尘装置结构笨重、设备投资较

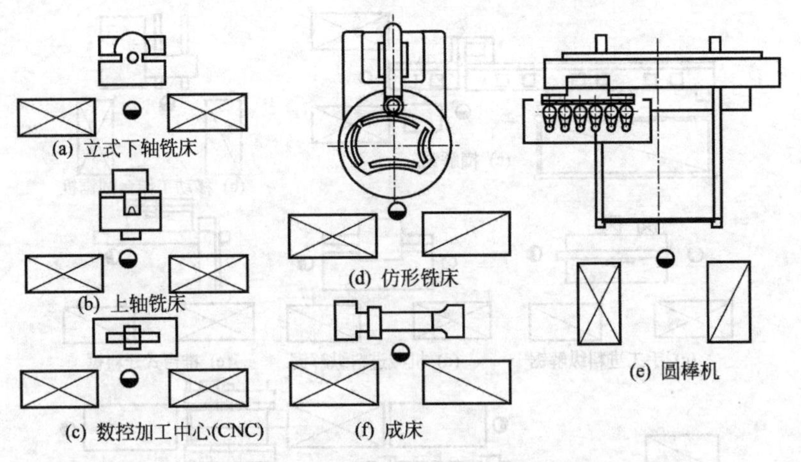

图 12-14　铣床及加工中心工作位置

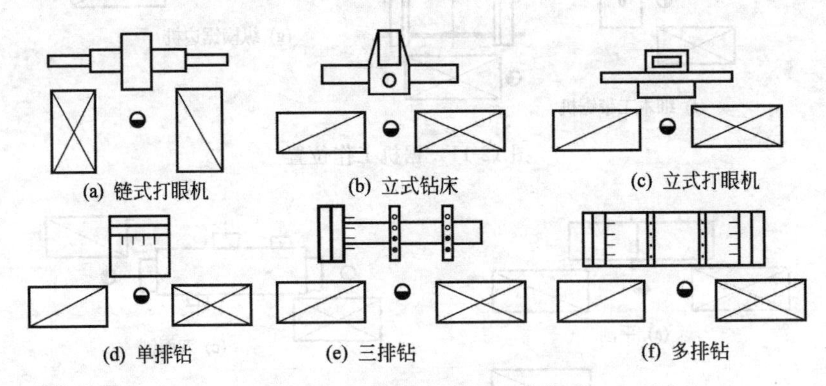

图 12-15　钻床及打眼机工作位置

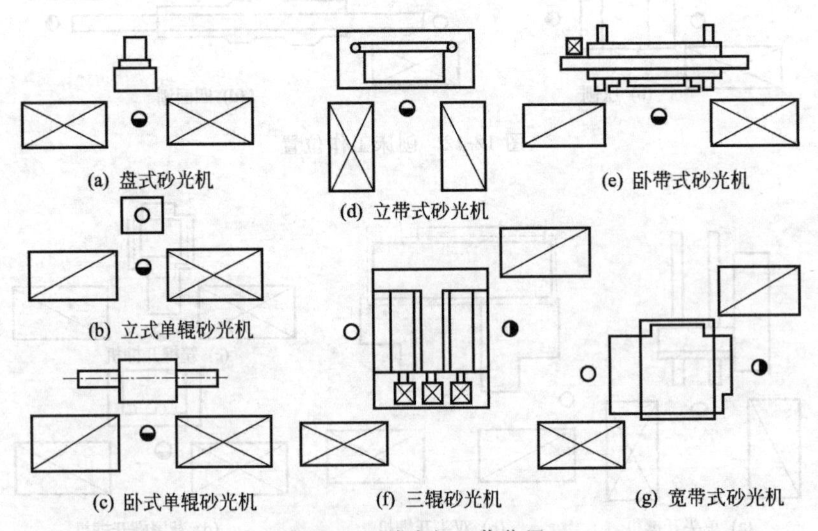

图 12-16　砂光机工作位置

大、整体高度尺寸较大，一般只适用于高大型的拥有大量机床设备的车间；聚集器式通用型车间除尘装置结构简单轻便，灵活性及工作可靠性很大，而且造价较低廉，具有很好的推广价值。如图 12-22 所示为聚集器式气力吸集装置。

设计车间气力吸集装置时，应首先确定采用何种结构形式的气力吸集装置为好，再根据车间的平面布置图（示有各机床的位置及工人的工作位置）与断面图（示有车间的高度、屋

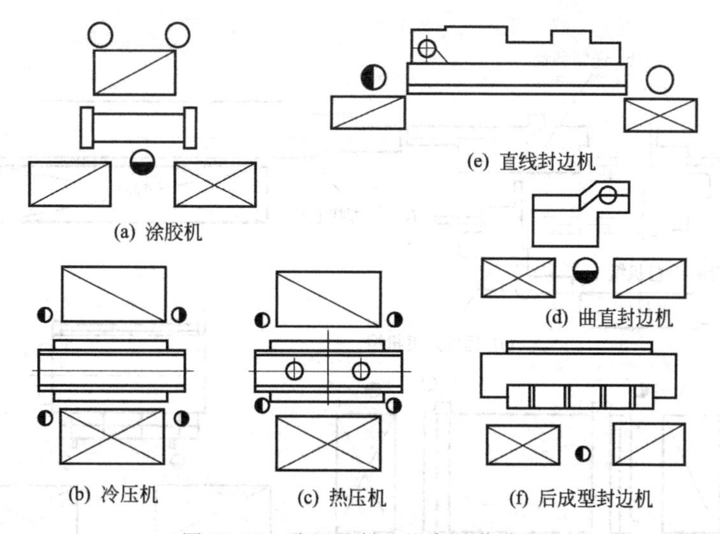

图 12-17　胶压及封边设备工作位置

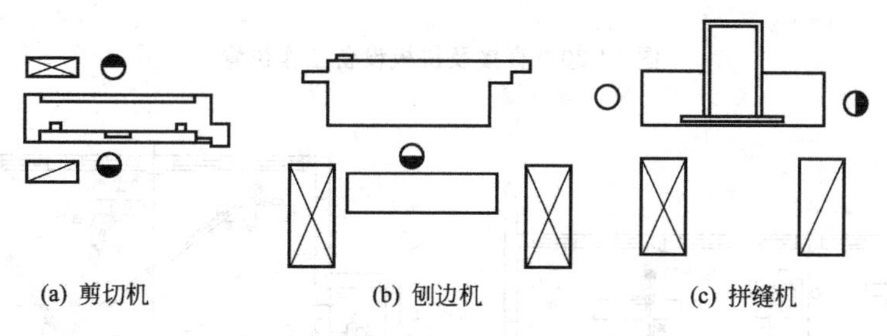

图 12-18　薄木加工设备工作位置

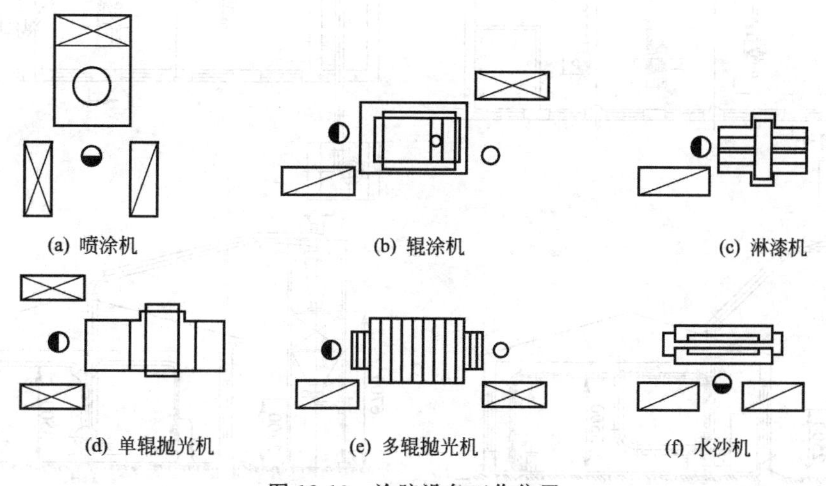

图 12-19　涂胶设备工作位置

梁及门窗的高度）以及允许安装风机与分离器装置的地点来确定整个气流输送管道的系统的布置方案（主管道、分支管道、风机、旋风分离器及料仓位置等）。

12.3.8　确定各类仓库的地点与面积

工厂各类仓库的设置是生产顺利进行的重要保障，是厂房平面布置的重要内容，仓库的设置地点与面积都要以企业发展的规划、生产规模的大小、生产计划的安排、工艺流程的需

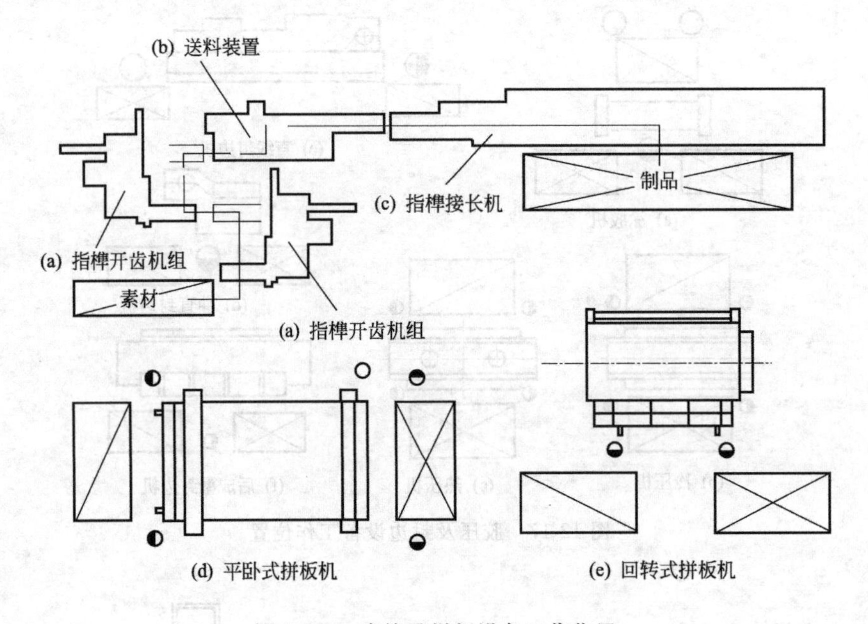

图 12-20　直接及拼板设备工作位置

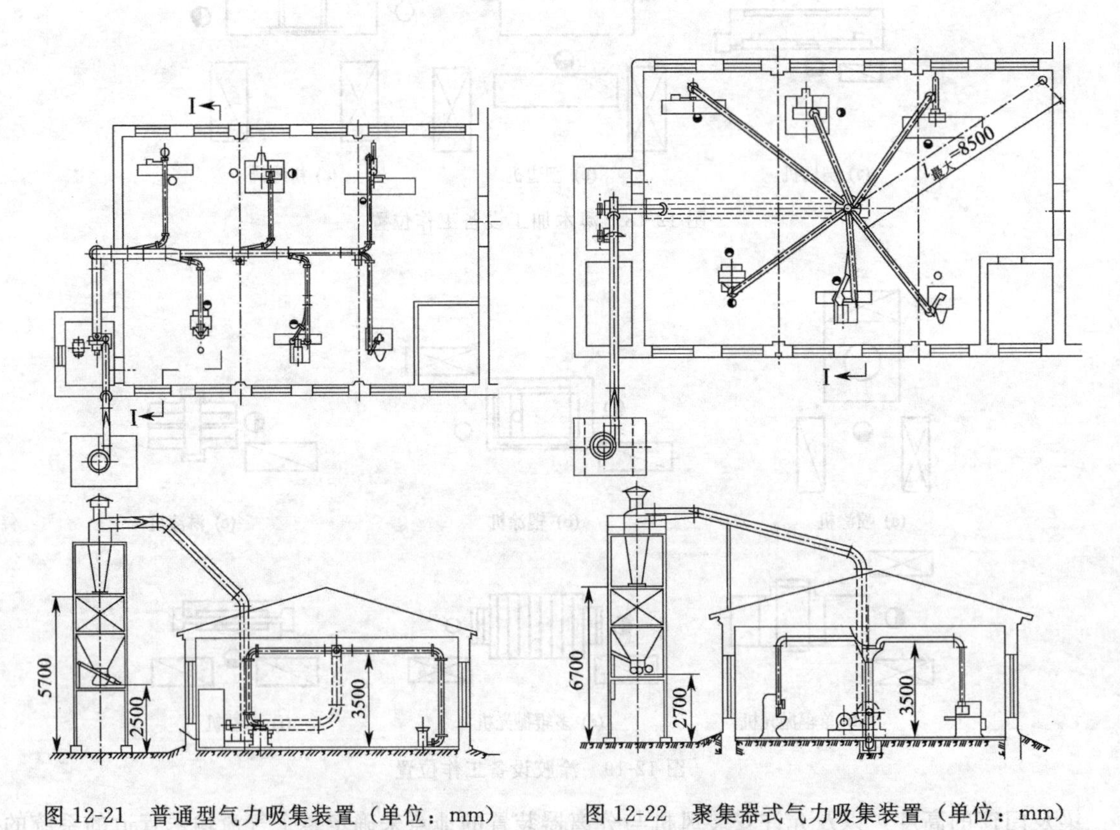

图 12-21　普通型气力吸集装置（单位：mm）　图 12-22　聚集器式气力吸集装置（单位：mm）

要等情况为依据，进行合理的计算与设置。人造板仓库和成材仓库的安排，应该充分考虑与机加工车间位置的联系，便于运输和调配。配件与工具仓库可以安排在机加工车间的边角位置，以方便、及时地选用配件和工具。涂料、胶料仓库应考虑接近胶合工段或涂料车间，但是要注意远离高温、高湿的环境（锅炉房、配电室等），做好安全防范工作。半成品与成品仓库应适当地安排在装配车间的前后位置，便于装配工作的顺利、高效进行。

12.3.9 生产车间平面布置设计

生产车间平面布置设计是工艺设计的集中表现，以上各项计算、分析、论证的结果，经过调整、平衡或优选后确定的方案和数据，都将用于生产车间平面的布置。生产车间平面布置设计的步骤如下。

① 根据设计任务书和具体的生产条件，按照国家规定的建筑标准，首先确定生产车间的建筑物形式、跨度及中间立柱的间距；然后，按计算出的车间面积和跨度，来确定车间的长度，并将开间（立柱的中心距离）调整为整数开间数，从而得到车间的实际长度。

② 按一定比例（常为1∶50或1∶100)，依据车间设计的建筑形式、跨度和开间数，设计出车间平面图，并标出跨度、柱距、柱子编号、门窗尺寸和车间总尺寸。

③ 规划出车间内机床摆放的列数与通道基本宽度。

④ 规划出生活间及其他辅助用房的大致位置。

⑤ 根据设备明细表，将各种设备和工作位置按相应的代号与比例绘制在车间建筑平面图中；并绘出机床操作工人、未加工和已加工的工件堆放的配置以及缓冲仓库的位置。

⑥ 从生产的具体情况出发，需考虑几种生产车间平面布置的设计方案，以便比较，从中选出较为先进、经济且更为合理的设计方案。

⑦ 确定车间规划方案之后，画出正式的车间平面布置图。在平面图上，标注各类机床设备布置和安装时所必需的尺寸，进行设备编号，并编出设备明细表。

如图12-23所示为某家具厂车间平面布置图。

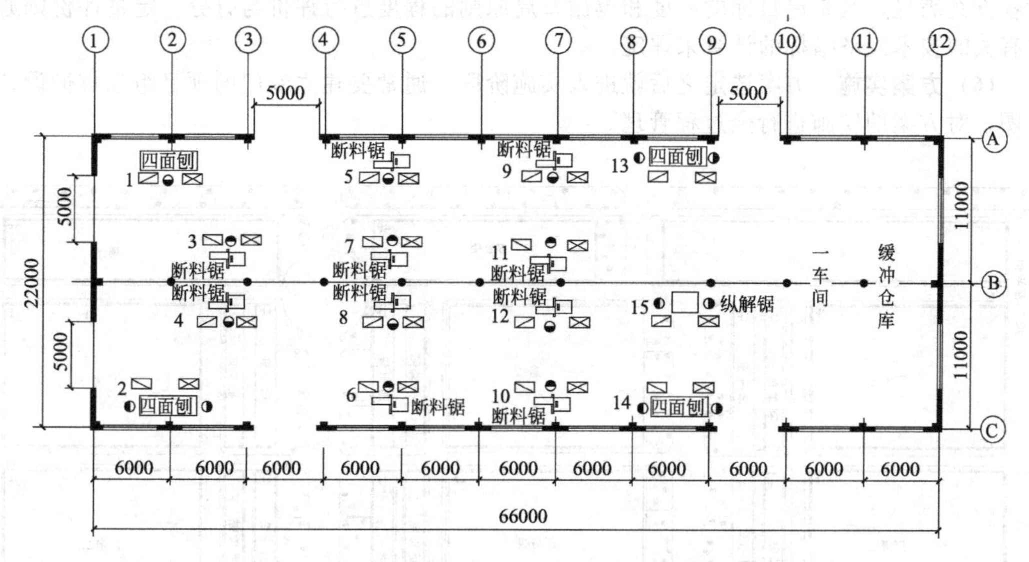

图12-23 某家具厂车间平面布置图

12.3.10 厂区总平面布置设计

根据设计任务书，大致规划出生产区、生活区、办公区及其他辅助用房的面积与位置，并绘出厂区建筑平面布置图，进而绘出总体规划效果图。如图12-24所示为某家具厂的厂区建筑平面布置图，如图12-25所示为某家具厂的总体规划效果图。

12.3.10.1 厂区布置设计的原则

进行厂区布置时，应遵循以下原则，① 以基本生产为中心，保持企业各部门之间的协调配合；② 合理划分厂区；③ 规划合理的物流路线；④ 厂区的平面布置应尽量紧凑；⑤

厂区的绿化和美化；⑥ 厂区布置要考虑企业的远景发展。

12.3.10.2　厂区布置设计的程序

(1) 明确目标　通过合理的厂区布局，使厂区的各个组成部分井然有序，整齐美观，为企业员工创造一个良好的工作环境。

(2) 收集资料　进行厂区总平面布置时，需要收集各种资料，以便布置更科学、合理，这些资料如下。

① 基础资料：包括厂区的地形地貌、水文地质、厂区面积、自然条件、交通运输条件、当地的政策法规、经济情况以及有关建厂的各种协议文件等。

② 工厂生产单位的组成及其专业化形式。

③ 生产系统图：生产系统图是指企业生产系统各组成部分之间的生产联系和物资流向的简图。生产系统图简要地说明了企业的产品生产过程和各生产部门之间的联系，反映出从原材料、半成品到成品的物流过程。

(3) 计算和确定各生产单位和业务部门所需的面积　各生产车间和仓库的面积是根据生产流程和生产规模的大小，由各专业车间设计决定的。技术部门和行政管理部门的科技大楼及行政办公大楼是根据科室的设置与人员的编制的情况，先确定大致的需求的面积，再由专业人员来设计。关于餐厅、医疗室等服务部门所需的面积，通常根据职工的就餐人数和就医的人数按规定的指标计算。

(4) 设计初步方案　设计与布置生产单位及工作部门在厂区内的位置，制定几个平面布置的初步方案。

(5) 方案评价　方案评价通常可以从定性和定量两方面进行。定性评价可组织有关专家对各方案满足厂区布局目标的程度和遵循布局原则的程度进行评价与打分。定量评价则通过对有关的技术经济指标的计算来评定。

(6) 方案实施　方案选定之后就进入实施阶段。通常要建立专门的项目组来贯彻设计的意图，对方案的实施进行全过程管理。

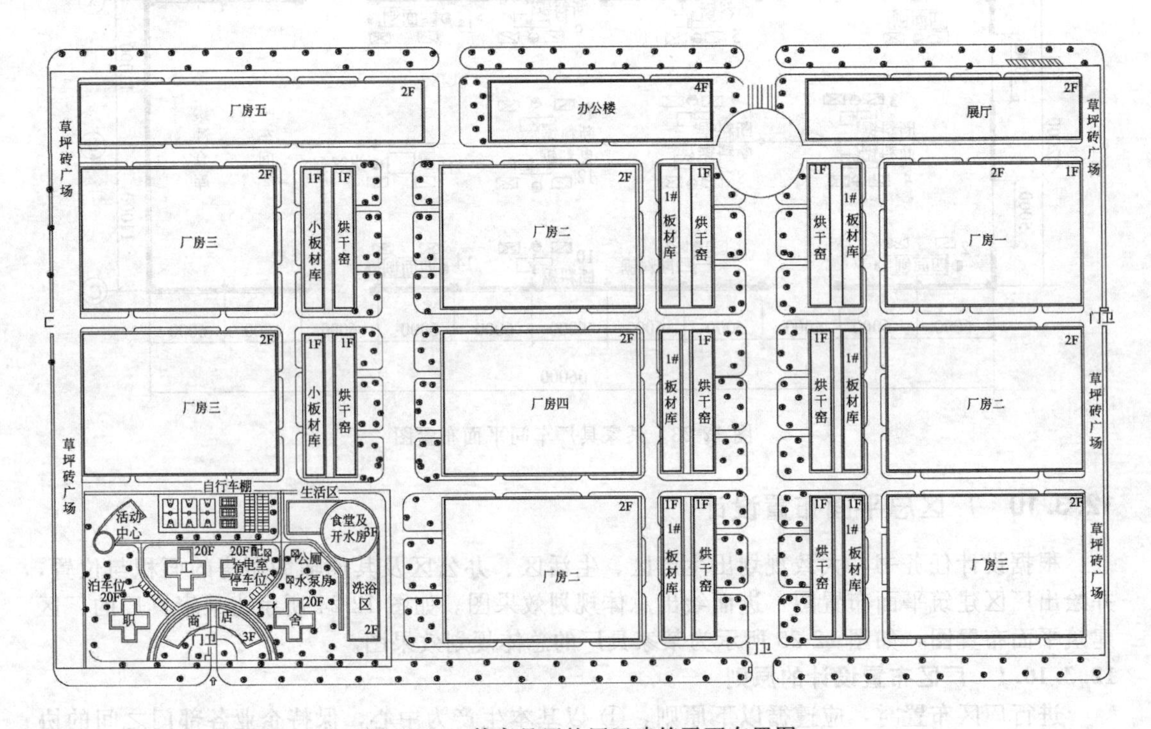

图 12-24　某家具厂的厂区建筑平面布置图

图 12-25　某家具厂的总体规划效果图

12.4 企业生产作业组织概述

在理解上述工艺设计理论的基础上，作为家具工程技术人员还应对家具企业生产作业组织情况有所了解。

12.4.1 生产作业准备

为了确保生产作业计划顺利地进行，必须检查和安排好各项生产作业准备工作。生产作业准备工作的主要内容有以下几个方面。

(1) 技术文件方面的准备　技术文件包括产品和零件的图纸、装配系统图、毛坯和零件的工艺规程、材料消耗定额和工时定额等，这是计划和组织生产作业的活动的重要依据。

(2) 原材料和外协条件的准备　进行生产作业，必须具备品种齐全、质量合格、数量合适的各种原料、材料和外协条件等。采购部门应尽量满足生产物资的需要，生产管理部门则要根据物资的实际贮备和供应情况，及时对计划进行必要的调整，避免发生停工待料的现象。

(3) 机器设备的检修准备　生产作业时机器设备状态是否良好，能不能正常运转，是保证完成生产作业计划的一个重要条件。设备维修部门要按照计划规定的检修期限，提前做好检查、配件等准备工作，按期把设备检修好。

(4) 工艺装备的设计和制造　产品制造过程中各种工具、量具、夹具、模具等装备，是保证生产作业计划正常进行的一项重要物质条件。编制生产作业计划书时，要检查工艺装备的库存情况和保证程度。

(5) 作业人员方面的准备 由于生产任务和生产条件的变化，有时各工种之间会出现人员配备的不平衡现象，这就要根据生产作业计划的安排，提前做好某些环节劳动组织的调整和人员的调配，保证生产作业计划的执行。

12.4.2 生产作业分配

生产作业分配也叫生产派工，就是根据生产作业计划及实际生产情况，为各个工作场所具体地分派生产任务，并做好准备工作。生产作业分配是根据作业计划安排的，是生产作业控制的开始。通过作业分配，把车间、班组的作业计划任务进一步具体分解为各个作业场所在更短时间内，如一周、一天、一个轮班的生产任务。

作业分配是以个人别或机械别进行工作分配，一般应考虑下列两点。

① 考虑交货日期：按交货日期要求，依先后顺序分配。从提高作业效率的角度进行分配：将工作量同作业者的能力相配合或将相同的作业集中安排，以提高工作效率。

② 作业分配若只考虑交货日期，则制程作业更换频率大，效率低。若只考虑效率，则在制品、物品、材料会增多，生产进度会有两极现象，不是超前，就是落后，因此，应该进行综合考虑。尤其是订单生产型，接受订单，依计划发出制造命令，然后制定实施作业分配。

作业分配方法如下。

① 集中分配法 集中分配法如图 12-26 所示，作业分配由生产管理部门负责。

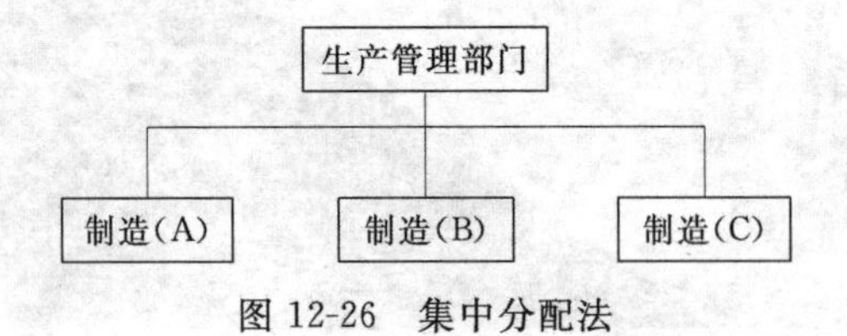

图 12-26 集中分配法

② 分散分配法 分散分配法如图 12-27 所示，由生产管理部门将“生产日程表”或“制造命令单”下达分派给各制造部门主管，由其视情况排序往下分配。

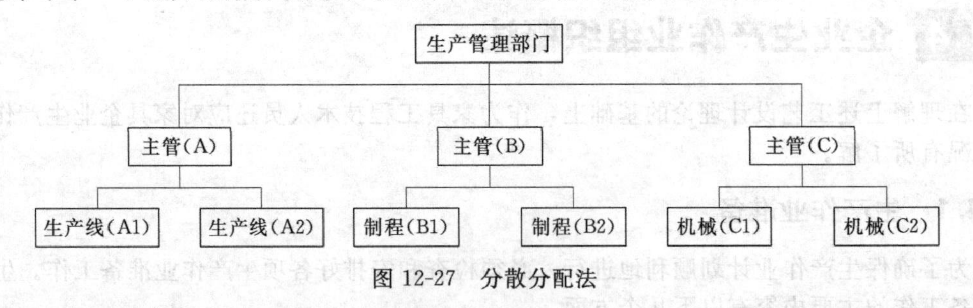

图 12-27 分散分配法

③ 混合式分配法 混合式分配法如图 12-28 所示，由生产管理部门负责主要关键的日程，安排作业分配。次要的分配安排由制造部门主管自行决定。

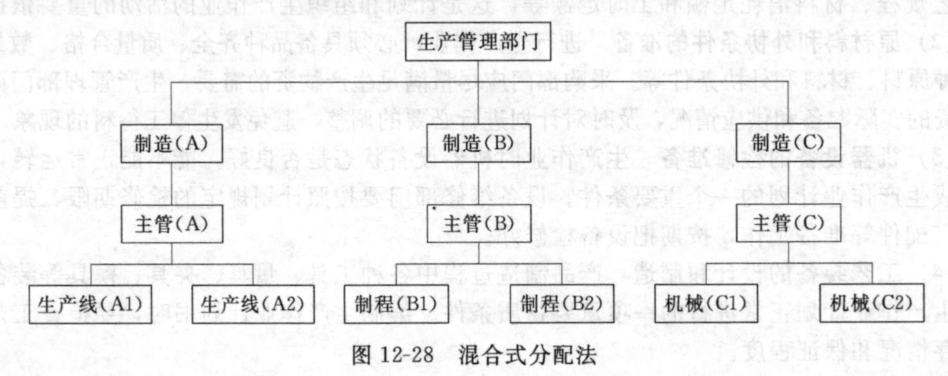

图 12-28 混合式分配法

12.4.3 作业品质控制

生产作业工程中每个环节和员工的工作都会对产品质量有影响。因此必须把企业所有人员的积极性和创造性充分调动起来，不断提高人员的素质，全员参与品质管理，确保产品质量。

(1) 全员的质量职责 要实行全员参与品质管理，必须让每个人都了解自己的质量职责。包括生产部主管、车间管理人员、基层管理人员、生产线管理人员的职责。

(2) 全员把关 全面质量管理要求每个人都对产品质量负有责任，及时发现质量问题，在问题出现的萌芽阶段解决。生产线上的每名员工都有责任及时发现质量问题并寻找其根源，不让任何有质量缺陷的加工件进入下一工序。

(3) 质量教育 要求全员参与质量管理，必须不断地对全体人员进行质量教育，使他们认识到质量管理的重要性，提高操作水平，掌握管理方法。质量教育主要包括以下内容。

① 每个员工都应当建立质量意识，让他们意识到，自己有责任及时发现质量问题，并单独或和其他人合作，及时解决质量问题。

② 全体员工都应该学习一些必要的质量管理方法。

③ 要加强对员工的技术培训，以有效地提高生产率并减少不合格产品或服务的数量。

④ 让每位员工了解与他们工作内容相关的环节的工作，使他们认识到自己这一环节的工作如果出现问题，对相关环节的工作会有哪些影响。也就是应该使每名员工都要找到自己的“顾客”，应在员工中树立“下道工序是顾客”的思想，满足“顾客”的需求。

思考题

1. 家具企业的工艺设计包括哪些内容？进行工艺设计的依据有哪些？如何根据家具企业实际情况合理确定家具企业的年产量？

2. 工艺设计有哪些基本类型？分析全自动流水生产的优缺点是什么？思考在我国家具制造业现今态势下实现生产方式向全自动流水生产方向转变的突出困难在哪里？

3. 试分析在编制制品的工艺卡片和工艺流程图时，应注意哪些问题？

4. 在进行设备选型和计算时，应着重考虑哪几方面的内容？如何确定机床设备和工作位置？

5. 通常家具企业需设计哪些主要生产车间？各生产车间的作用是什么？

6. 试分析家具工艺设计的主要步骤，并指出确定生产车间的建筑面积需考虑哪些主要因素？

7. 什么叫做生产作业分配？生产作业分配的方法有哪几种？

参 考 文 献

[1] 上海家具研究所编写．家具设计手册．北京：中国轻工业出版社，1989.
[2] 刘忠传主编．木制品生产工艺学．北京：中国林业出版社，1993.
[3] 吴悦琦主编．木材工业实用大全·家具卷．北京：中国林业出版社，1998.
[4] 宋魁彦编著．现代家具生产工艺与设备．哈尔滨：黑龙江科学技术出版社，2001.
[5] 张齐生主编．中国竹工艺．北京：中国林业出版社，2003.
[6] 刑忠文主编．金属工艺学．哈尔滨：哈尔滨工业大学出版社，2003.
[7] 谢拥群主编．木材加工装备木工机械．北京：中国林业出版社，2005.